“十二五”职业教育国家规划教材
经全国职业教育教材审定委员会审定

食品分析与检验

王　磊　主编
逯家富　主审

化学工业出版社
·北京·

本书为“十二五”职业教育国家规划教材。依据相关文件要求，本书按照“工学结合＋双证融通”人才培养模式，根据就业岗位群的任职要求组织内容，注重对检测方法的解读及产品典型任务的技能训练；每项技能训练通过检测任务分析、任务实施、关键技能点操作指南及技能操作考核点四部分内容，培养学生食品专项检验的技能，强化标准化意识及安全意识。

本书编写时参照最新国家标准，不仅可以作为高职高专院校食品类专业的教材，亦可作为相关行业职业技能鉴定培训的参考用书。

图书在版编目（CIP）数据

食品分析与检验/王磊主编.—北京：化学工业出版社，2017.2（2023.2重印）
“十二五”职业教育国家规划教材
ISBN 978-7-122-28799-1

Ⅰ.①食… Ⅱ.①王… Ⅲ.①食品分析-高等职业教育-教材②食品检验-高等职业教育-教材 Ⅳ.①TS207.3

中国版本图书馆 CIP 数据核字（2016）第 321392 号

责任编辑：梁静丽　迟　蕾　　文字编辑：张春娥
责任校对：王　静　　装帧设计：张　辉

出版发行：化学工业出版社（北京市东城区青年湖南街 13 号　邮政编码 100011）
印　　装：天津盛通数码科技有限公司
787mm×1092mm　1/16　印张 19　字数 501 千字　2023 年 2 月北京第 1 版第 5 次印刷

购书咨询：010-64518888　　售后服务：010-64518899
网　　址：http://www.cip.com.cn
凡购买本书，如有缺损质量问题，本社销售中心负责调换。

定　　价：39.00 元

《食品分析与检验》编写人员

主　　编　王　磊

副 主 编　余奇飞　杨玉红　郁艳梅

编　　者　（按照姓名汉语拼音排列）

陈　芬（武汉职业技术学院）

马广礼（许昌职业技术学院）

梁卓然（哈尔滨职业技术学院）

孙明哲（长春职业技术学院）

田艳花（山西药科职业技术学院）

王　磊（长春职业技术学院）

王　妮（长春职业技术学院）

王宇鸿（海南职业技术学院）

王玉琪（吉林省食品药品检验所）

温慧颖（长春职业技术学院）

徐亚杰（长春职业技术学院）

杨玉红（鹤壁职业技术学院）

于洪梅（长春职业技术学院）

余奇飞（漳州职业技术学院）

郁艳梅（长春职业技术学院）

主　　审　逯家富（长春职业技术学院）

前言

《食品工业“十二五”发展规划》将“强化食品质量安全”作为七大任务中的首要任务，把“加强检测能力建设”作为首要任务的五个着力点之一，并强调“重点加强农药残留、重金属、真菌毒素、微生物等项目的检测”。食品分析与检测作为保障食品安全的一项基础性和关键性工作，是食品安全各环节监管的主要技术依据，是构建食品安全长效机制的重要方面。因此《食品分析与检验》是高职高专食品类专业的一门重要的职业岗位技术课程。

为适应目前高职高专项目化课程教学法的改革要求，本教材根据《国家中长期教育改革和发展规划纲要（2010—2020年）》和《教育部关于“十二五”职业教育教材建设的若干意见》的文件精神及对国家规划教材的编写要求，结合国家现行的食品卫生检验方法和食品卫生标准，以及国家职业标准对食品检验工的知识要求和技能要求，按照岗位需要的原则编写而成。本教材的特色主要体现在以下几个方面。

一、教材编写模式职教特色鲜明

本教材打破传统模式，将传统的按照食品成分及功能划分章节，转变为按行业职业岗位（群）来划分章节，将传统的课程体系知识点解构在各产品典型的工作任务中，力求满足职业领域完成工作任务的知识系统性和工作的整体性；同时把职业资格标准融入教材，推动课程教学与职业资格考试在教学内涵上的整合，体现高职教育的特色。

在教材编写上，按照“工学结合十双证融通”人才培养模式，根据就业岗位群的任职要求，通过与行业企业专家共同论证，参照最新国家标准，以职业能力培养为主线，注重对检测方法的解读及产品典型任务的技能训练。通过检测任务分析、任务实施、关键技能点操作指南及技能操作考核点四部分内容，提高学生食品专项检验的技能，强化标准化意识及安全意识，充分体现高职教育的理念，有利于推进高职教育人才培养模式的改革。

二、内容选取与职业标准、岗位要求紧密对接

本教材以劳动和社会保障部最新颁布的《国家职业标准——食品检验工》为依据，以2014版《中华人民共和国国家标准·食品卫生检验方法·理化部分》为蓝本，选取食品工业重点行业的代表性产品（包括粮油及其制品、糕点、乳及其制品、白酒、葡萄酒、啤酒、饮料、肉制品、调味品、罐头、茶叶），以各产品典型的工作任务重组教材，力求检测方法涵盖目前理化检测岗位的常用方法，做到知识新、方法新、标准新。同时内容选取与职业标准、岗位要求紧密对接，与食品检验工资格认证相衔接，为学生考证和就业奠定坚实基础。

三、产学结合共同编写教材

本书编写团队由来自多个国家示范性高职院校和食品药品检验行业的专家组成，主编系全国高职高专食品类专业精品课程《食品品控技术》的课程负责人，其丰富的课程建设经验和实际操作经验为教材质量提供了有力保障。

参加本书编写的有：王磊（基础知识模块），陈芬（粮油及其制品检验），马广礼（糕点

检验)，温慧颖、孙明哲（乳及乳制品的检验)，王玉琪（白酒、葡萄酒的检验)，于洪梅、王妮（啤酒检验)，王宇鸿（饮料检验)，余奇飞（罐头食品检验)，杨玉红（肉及其制品检验)，郁艳梅、梁卓然（调味品检验)，田艳花（茶叶检验)。全书由王磊担任主编并完成统稿、定稿工作，吉林省食品药品检验所研究员王玉琪以及长春职业技术学院徐亚杰老师对教材内容选取及编写提纲进行了指导，长春职业技术学院逯家富教授进行审稿。

由于编者水平有限，书中难免存在不足和疏漏，恳望广大师生和同行批评指正。

编者

2016 年 12 月

目录

基础知识模块

第一节 食品检验工作内容及基本条件

一、食品分析与检验的任务

食品分析与检验工作是食品质量管理过程中的一个重要环节，在原材料质量方面起着保障作用，在生产过程中起着监控作用，在最终产品检验方面起着监督和标示作用。食品分析与检验贯穿于产品研发、生产和销售的全过程。

(1) 根据制定的技术标准，运用现代科学技术手段和检测手段，对食品生产的原辅料、中间品、包装材料及成品进行分析与检验，从而对食品的品质、营养、安全与卫生进行评定，保证食品质量符合食品标准的要求。

(2) 对食品生产工艺参数、工艺流程进行监控，确定工艺参数、工艺要求，掌握生产情况，以确保食品的质量，从而了解与控制生产工艺过程。

(3) 为食品生产企业进行成本核算、制订生产计划提供基本数据。

(4) 开发新的食品资源，提高食品质量以及寻找食品的污染来源，使消费者放心获得美味可口、营养丰富和经济卫生的食品。

(5) 检验机构根据政府质量监督行政部门的要求，对生产企业的产品或上市的商品进行检验，为政府管理部门对食品品质进行宏观监控提供依据。

(6) 当发生产品质量纠纷时，第三方检验机构根据解决纠纷的有关机构（包括法院、仲裁委员会、质量管理行政部门及民间调节组织等）的委托，对有争议的产品做出仲裁检验，为有关机构解决产品质量纠纷提供技术依据。

(7) 在进出口贸易中，根据国际标准、国家标准和合同规定，对进出口食品进行检测，保证进出口食品的质量，维护国家出口信誉。

(8) 当发生食物中毒等食品安全事件时，检验机构对残留食物做出仲裁检验，为事件的调查解决提供技术依据。

二、食品检验人员的基本条件

《加强食品质量安全监督管理工作实施意见》规定：“检验人员必须掌握与食品生产加工有关的法律基础知识和食品检验的基本知识和技能”。

食品检验人员包括质检机构从事食品质量检验的检验人员和对检验结果进行审核的审核人员，以及食品生产企业从事出厂检验的检验人员和检验部门负责人。

食品质量检验岗位专业性非常突出，责任也非常重大，不仅要对企业负责，同时还要对消费者负责。从事食品质量检验的人员，应该熟悉食品质量检验基础知识，熟悉食品质量技术法规，掌握质量检验基本技能。从事食品质量检验结果审核的人员，不仅要熟悉质量检验基础知识，熟悉食品质量技术法规，掌握质量检验基本技能，还要熟悉食品生产基础知识以及关键工艺基本流程。没有以上的知识基础作支撑，很难胜任食品质量检验工作，难以保证检验结果的科学性和准确性。

第二节 食品标准与法规

一、我国食品法规概述

在我国与食品安全密切相关的法律有《中华人民共和国食品卫生法》、《中华人民共和国食品安全法》、《产品质量法》和《中华人民共和国标准化法》。相关的制度和规范有《食品质量安全市场准入制度》和《食品QS生产许可证审查细则》，另有与食品市场有序规范运行相关的100多个规章和500多个卫生标准。

1.《中华人民共和国食品卫生法》（以下简称《食品卫生法》）

1995年，我国颁布《食品卫生法》，全文共九章五十七条。《食品卫生法》第一次全面、系统地对食品、食品添加剂、食品容器、包装材料、食品用具和设备等方面提出卫生要求，明确规定全国食品卫生监督管理工作由国务院卫生行政部门主管，国家卫生标准、卫生管理办法和检验规程由国务院卫生行政部门制定或者批准颁发。它的颁布实施对我国食品卫生法制建设具有里程碑意义，在保证食品卫生、防止食品污染和有害因素对人体的危害、保障人民身体健康、增强人民体质方面发挥了重要的作用，标志着我国食品卫生管理工作正式纳入法制轨道。《食品卫生法》已自2009年6月1日起废止。

2.《中华人民共和国食品安全法》（以下简称《食品安全法》）

2015年4月24日，十二届全国人大常委会第十四次会议表决通过了新修订的《中华人民共和国食品安全法》。

2015年最新修改的食品安全法共十章，154条，于2015年10月1日起正式施行。经全国人大常委会第九次会议、第十二次会议两次审议，三易其稿，被称为“史上最严”的食品安全法。新的食品安全法规定：保健食品标签、说明书应声明“本品不能代替药物”；特殊医学用途配方食品应当经国务院食品药品监管部门注册；同时增设网络食品交易相关主体的食品安全责任；在餐饮服务环节，增设餐饮服务提供者的原料控制义务和学校等集中用餐单位的食品安全管理规范；国家建立食品安全全程追溯制度；食品安全风险评估不得向生产经营者收取费用，采集样品应当按照市场价格支付费用；增设责任约谈制度；增加规定风险分级管理要求；严格监管婴幼儿配方食品，婴幼儿配方食品生产企业应当实施从原料进厂到成品出厂的全过程质量控制，对出厂的婴幼儿配方食品实施逐批检验，保证食品安全。

新的食品安全法建立最严格的法律责任制度，实行社会共治，突出民事赔偿责任，加大行政处罚力度，细化并加重对失职的地方政府负责人和食品安全监管人员的处分，做好与刑事责任的衔接；规定食品安全有奖举报制度，规范食品安全信息发布，任何单位和个人不得编造、散布虚假食品安全信息，增设食品安全责任保险制度。

3. 产品质量法

现行使用的《产品质量法》于2000年7月8日经第九届全国人民代表大会常务委员会第十六次会议进行了全面的修改和完善，由原先的6章51条扩展为6章74条，于2000年9月1日起施行。该法内容分为总则、产品质量的监督、生产者及销售者的产品质量责任和义务、损害赔偿、罚则、附则共6章。《产品质量法》以加强对产品的监督管理、提高产品质量水平、明确产品质量责任、保护消费者的合法权益、维护社会经济秩序为立法宗旨，因此它既是我国的产品质量监督法，更是我国的产品质量责任法，是我国食品质量安全的主要法律依据之一。但因《产品质量法》所称的产品范围是指经过加工、制作、用于销售的产品，就食品而言，对未经加工、制作的初级农产品、初级畜禽产品、初级水产品不属于该法的产品范畴。2006年发布的《中华人民共和国农产品质量安全法》弥补了《产品质量法》的不足，对未经加工的食品（即农产品）的质量要求和承担的质量责任作了明确规定。

4.《中华人民共和国标准化法》（以下简称《标准化法》）

《标准化法》是一部实施较早的针对于技术要求标准化的法律，于1988年4月1日起实施。其立法宗旨是为了发展社会主义商品经济，促进技术进步，改进产品质量，提高社会经济效益，维护国家和人民的利益，使标准化工作适应社会主义现代化建设和发展对外经济关系的需要。其主要内容包括：标准化机构的设置和权限；标准编制的对象和程序；标准化的纲要和计划；标准的应用范围；推广新标准的时间；贯彻标准化的制度、责任以及违反标准化规定时的处罚等。根据《标准化法》的规定，我国的标准按效力或标准的权限分为国家标准、行业标准、地方标准和企业标准 4 大类。截至 2010 年 4 月，我国已颁布的食品检测方法国家标准有 918 项，其中覆盖面最广的是 GB/T 5009 系列，基本包括了我国加工食品、食用农产品和食品相关产品的检测。

5. 食品质量安全市场准入制度

为从源头上加强食品质量安全的监督管理，提高食品生产企业的质量管理和产品质量安全水平，保障消费者身体健康和安全，根据《食品生产加工企业质量安全监督管理办法》，我国对从事以销售为目的的食品生产加工活动，全面实施质量安全市场准入制度。2005 年公布施行的《食品生产加工企业质量安全监督管理实施细则（试行）》中明确规定了食品质量安全市场准入制度的基本原则：食品生产企业实施生产许可证制度，食品生产许可证证书式样由国家质检总局统一规定，如图 0-1 所示；食品出厂必须经过检验，未经检验或者检验不合格的，不得出厂销售；检验人员必须具备相关产品的检验能力，取得从事食品质量检验的资质；实施食品质量安全市场准入制度的食品，出厂前必须在其包装或者标识上加印（贴）QS 标志即食品生产许可证标志，以“质量安全”的英文 quality safety 缩写“QS”表示，其式样由国家质检总局统一制定，如图 0-2 所示。

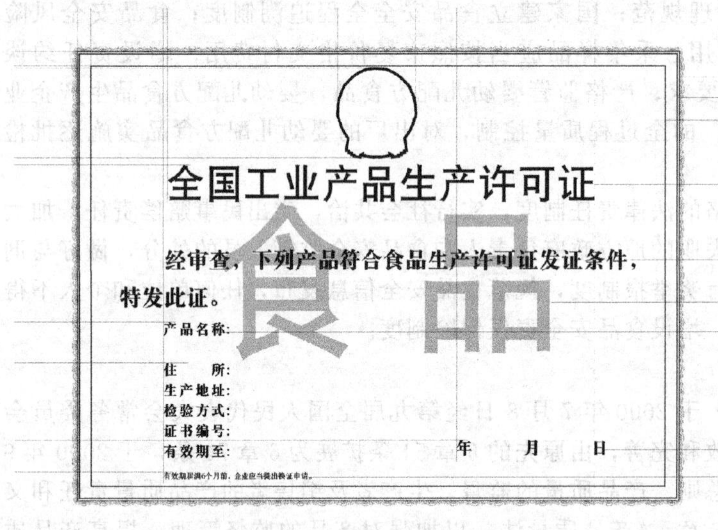
全国工业产品生产许可证

食品

经审查，下列产品符合食品生产许可证发证条件，特发此证。

产品名称：

住　　所：

生产地址：

检验方式：

证书编号：

有效期至：　　　　年　　月　　日

有效期届满6个月前，企业应当提出换证申请。

图 0-1　食品生产许可证图样

图 0-2　食品生产许可证标志

6. 食品质量安全生产许可证审查细则

2005 年国家质量监督检验检疫总局发布了《食品质量安全市场准入审查通则》，适用于所有生产加工食品企业的质量安全市场准入审查；同时，对每一大类食品又制定了具体的审查细则，如《糕点生产许可证审查细则》。表 0-1 为部分食品质量安全市场准入制度列表。

通常《审查通则》与《审查细则》配合使用，共同完成对某一类食品企业的质量安全市场准入审查。

表 0-1　食品质量安全市场准入制度食品分类表

序号	食品类别名称	已有细则的食品	细则发布日期
1	粮食加工品	小麦粉	2002 年发布,2005 年修订
		大米	2002 年发布,2005 年修订
		挂面	2006 年
2	食用油、油脂及其制品	食用植物油	2002 年发布,2005 年修订
3	调味品	酱油	2002 年发布,2005 年修订
		食醋	2002 年发布,2005 年修订
		味精	2003 年发布,2005 年修订
		鸡精调味料	2006 年
		酱类	2006 年
4	肉制品	肉制品	2003 年发布,2006 年修订
5	乳制品	乳制品	2003 年发布,2006 年修订
6	饮料	饮料	2003 年发布,2006 年修订
7	方便食品	方便面	2003 年发布,2006 年修订
8	饼干	饼干	2003 年发布,2005 年修订
9	罐头	罐头	2003 年发布,2006 年修订
10	冷冻饮品	冷冻饮品	2003 年发布,2005 年修订
11	速冻食品	速冻面米食品	2003 年发布,2006 年修订
12	薯类和膨化食品	膨化食品	2003 年发布,2005 年修订
13	糖果制品(含巧克力及制品)	糖果制品	2004 年发布,2006 年修订
		果冻	2006 年
14	茶叶及相关制品	茶叶	2004 年
15	酒类	葡萄酒及果酒	2004 年
		啤酒	2004 年
		黄酒	2004 年
16	蔬菜制品	酱腌菜	2004 年发布,2006 年修订
17	水果制品	蜜饯	2004 年
18	炒货食品及坚果制品	炒货食品	2004 年发布,2006 年修订
19	蛋制品	蛋制品	2004 年发布,2006 年修订
20	可可及焙烤咖啡产品	可可制品	2004 年
		焙炒咖啡	2004 年
21	食糖	糖	2003 年发布,2006 年修订
22	水产制品	水产加工品	2004 年
23	淀粉及淀粉制品	淀粉及淀粉制品	2004 年
24	糕点	糕点食品	2006 年
25	豆制品	豆制品	2006 年
26	蜂产品	蜂产品	2006 年

7. 我国食品法律法规的获取途径

(1) 政府网站——全国人大法律法规数据库。

(2) 卫生部——食品安全与卫生监督司。

(3) 农业部——农业部规章。

(4) 质检总局网站。

(5) 各省市自治区的质量技术监督局及出入境检验检疫局。

(6) 商业参考网站：食品伙伴网、我要找标准、中华食品信息网等。

(7) 购买现行出版的标准单行本和合订本。

二、我国食品标准概述

根据《中华人民共和国标准化法》的规定，我国的标准按效力或标准的权限，可以分为国家标准、行业标准、地方标准和企业标准。食品领域内需要在全国范围内统一的食品技术要求，可确定为食品国家标准；没有国家标准，但需要在全国某个食品行业范围内统一的技术要求，可确定为食品行业标准。国家标准由国务院标准化行政主管部门制定；行业标准由国务院有关行政主管部门制定；地方标准由省、自治区和直辖市标准化行政主管部门制定；企业标准由企业自己制定。对食品标准层级的确定，食品国家标准和食品行业标准的侧重不同，如国家标准侧重环境、安全、基础、通用的技术内容，而行业标准侧重产品的技术内容。从标准的法律级别上来讲，国家标准高于行业标准，行业标准高于地方标准，地方标准高于企业标准。但从标准的内容上却不一定与级别一致，一般来讲，企业标准的某些技术指标应严于地方标准、行业标准和国家标准。

从标准的属性划分，食品标准可分为强制性食品标准、推荐性食品标准和指导性技术文件。强制性标准包括：食品安全质量标准（如食品中农药残留限量、兽药残留限量等）；食品安全性毒理学评价要求和方法；食品添加剂产品及使用要求标准；食品接触材料卫生要求；食品标签、标识标准；婴幼儿食品产品标准；国家需要控制管理的重要产品标准等。其他为推荐性食品标准。国家强制性标准的代号是“GB”，国家推荐性标准的代号是“GB/T”。

从标准的内容划分，食品标准包括食品基础标准、食品安全限量标准、食品通用的试验及检验方法标准、食品通用的管理技术标准、食品标识标签标准等。

1. 食品安全限量标准

食品安全限量标准规定了食品中存在的有毒有害物质的人体可接受的最高水平，其目的是将有毒有害物质限制在安全阈值内，保证食用安全性。主要包括农药最大残留限量标准、兽药最大残留限量标准、污染物限量标准、生物毒素限量标准、有害微生物限量标准等。

2. 食品添加剂使用标准

GB 2760—2011《食品安全国家标准 食品添加剂使用标准》于 2011 年 6 月 20 日实施，是我国现行的强制性添加剂使用标准。标准规定了食品添加剂的使用原则、允许使用的品种、使用范围及最大使用量或残留量。要求食品添加剂的使用不得对消费者产生急性或潜在危害；不得掩盖食品本身或加工过程中的质量缺陷；不得有助于食品假冒；不得降低食品本身的营养价值。目前我国已经批准的食品添加剂包括 23 大类 2000 多个品种，食品添加剂标准主要有产品标准、食品卫生标准、检验方法标准等。

3. 食品安全控制与管理标准

食品安全控制与管理标准主要包括食品安全管理体系、食品企业通用良好操作规范（GMP）、良好农业规范（GAP）、良好卫生规范（GHP）、危害分析和关键控制点（HACCP）体系等。食品安全控制与管理标准作为食品行业的指导性标准，在食品安全控制领域和认证方面已经得到国内外的普遍认可，并对食品安全改进起着基础性的作用，同时为政府主管部门对食品加工企业的监督和管理提供科学全面的法律依据。

4. 食品检验方法标准

食品检验检测方法标准涉及的感官指标有外观、色泽、香气、滋味、风味、形态、颜色等；理化指标有水分、密度、灰分、蛋白质、脂肪、总糖及还原糖、粗纤维、氨基酸、淀粉、蔗糖、酸度、维生素等，以及食品添加剂、各类食品的特征性指标；涉及卫生标准理化指标和微生物要求的有铅、总砷及无机砷、铜、锌、镉、总汞及有机汞、氟、有机磷农药残留、黄曲霉毒素、菌落总数、大肠菌群、沙门菌、致病菌等。

5. 食品包装材料与容器卫生标准

目前我国已制定塑料、橡胶、涂料、金属、纸等69项食品容器和包装材料的法规，涉及5类国家食品卫生标准和7类检验方法。如GB 17374—2008《食用植物油销售包装》，GB/T 2681—2014《食品工业用不锈钢薄壁容器》，GB 9683—1988《复合食品包装袋卫生标准》，GB 4803—1994《食品容器、包装材料用聚氯乙烯树脂卫生标准》，GB 7718—2011《预包装食品标签通则》等。

三、国际食品法律法规概述

国际上，各国对食品质量安全法律法规的建设也非常重视，各国均有和本国国情相对应的相关食品法律法规，并不断进行修订和完善。

美国《食品、药品和化妆品法》是美国100多部与食品安全相关的法律中最重要的一部法律，另有《公共健康服务法》、《食品质量保障法》等法律法规一起构成较为严格的食品安全体系。美国推行民间标准优先的标准化政策，现有食品安全标准600多种，典型的且目前被我国等同采用的标准有“良好生产规范”、“危害分析和关键控制点”等。

加拿大采用的是分级管理、相互合作、广泛参与的食品安全管理模式，有全球盛名的完整的食品安全保障系统。在加拿大，食品安全被视为是每个人的责任。与食品安全有关的法律法规主要有《食品药品法》、《加拿大农业产品法》、《消费品包装和标识法》等。

欧盟的食品质量安全控制体系被公认为是最完善的食品质量安全控制体系，它是一系列以“食品安全白皮书”为核心的法律、法令、指令并存的架构。

各国的法律法规逐步趋于完善和改进，但随着各国贸易往来频率的提高，由于法律法规的差异所引发的贸易壁垒问题日益成为阻碍正常贸易的重要因素之一。因此，国际上一些权威性的机构或协会积极探索，商讨制定通用性法规框架，特别是技术含量、参数等易量化指标和测定方法。比较著名的国际机构有国际食品法典委员会（CAC）、国际标准化组织（ISO）、国际乳业联合会（IDF）、国际各类科学技术协会（ICC）等。

第三节　检验用水及试剂的要求

一、检验用水的要求

食品分析检验中大部分的分析是对水溶液的分析检验，因此水是最常用的溶剂。在未特殊注明的情况下，无论配制试剂用水，还是分析检验操作过程用水，均为纯度能满足分析要求的蒸馏水或去离子水。蒸馏水可用普通的自来水经蒸馏汽化冷凝制成，也可以用阴阳离子交换树脂处理的方法制得。国家标准《分析实验室用水规格和试验方法》（GB/T 6682—2008）中规定了实验室用水的技术指标、制备方法及检验方法。实验室用水的级别及主要指标见表0-2。

应根据检验方法及仪器对水的要求合理选用适当级别的水，并注意节约用水。一般常量分析检验中使用三级水即可；仪器分析检验一般使用二级水，特殊项目的检验包括一些精密仪器对水的要求较高，则需要使用一级水。

表 0-2 实验室用水的级别与主要指标

指标名称		三级	二级	一级
pH 值范围(25℃)		5.0～7.5	—	—
电导率(25℃)/(mS/m)	≤	0.50	0.10	0.01
可氧化物质含量(以 O 计)/(mg/L)	≤	0.4	0.08	—
吸光度(254nm,1cm 光程)	≤	—	0.01	0.001
蒸发残渣(105℃±2℃)含量/(mg/L)	≤	2.0	1.0	—
可溶性硅含量(以 SiO_2 计)/(mg/L)	≤	—	0.02	0.01
适用场合		一般化学检验	用于无机痕量检验，如原子吸收光谱分析用水	用于有严格要求(包括对颗粒度、微生物的要求)的检验，如 HPLC 检验用水

注：1. 一级、二级水的纯度下，pH 值难于测定，故无此项质量指标。2. 考虑到纯水在储存过程中会因接触空气而吸收 CO_2 或储水容器材质本身的可溶性成分的溶解导致电导率改变，一级、二级水的电导率需“在线检测”。

二、检验用试剂的要求

试剂的纯度对分析检验很重要，它会影响到结果的准确性，试剂的纯度达不到检验的要求就不会得到准确的分析结果。能否正确选择、使用化学试剂，将直接影响到分析检验的成败、准确度的高低及实验成本。因此，检验人员必须充分了解化学试剂的性质、类别、用途及使用方法，以便正确使用。

根据质量标准及用途的不同，化学试剂分为标准试剂、普通试剂、高纯度试剂与专用试剂四类。

(1) 标准试剂 标准试剂是用于衡量其他化学物质化学量的标准物质，其特点是主体成分含量高而且准确可靠。滴定分析常用标准试剂，我国习惯称为基准试剂（PT），分为 C 级（第一基准）和 D 级（工作基准），主体成分体积分数分别为 99.98%～100.02% 和 99.95%～100.05%。

(2) 普通试剂 普通试剂是实验室广泛使用的通用试剂，一般可分为三个级别，其规格和适用范围见表 0-3。

表 0-3 普通试剂的规格和适用范围

级别	名称	符号	标签颜色	适用范围
一级	优级纯	G.R.	绿色	精密分析、科研，也可用作基准物质
二级	分析纯	A.R.	红色	一般分析实验
三级	化学纯	C.P.	蓝色	一般化学实验(要求较低)

(3) 高纯度试剂 高纯度试剂的主体成分含量与优级纯试剂相当，但杂质含量很低。主要用于痕量分析中试样的分解及试液的制备。

(4) 专用试剂 专用试剂是一类具有专门用途的试剂。如光谱纯试剂（SP）、色谱纯试剂（GC）、基准试剂（PT）、生物试剂（BR）等。

各种试剂要根据检验项目的要求和检验方法的规定，合理正确地选择使用，不要盲目地追求纯度高。例如配制铬酸洗液时仅需工业用的 $K_2Cr_2O_7$ 和工业硫酸即可，若用 A.R. 级的 $K_2Cr_2O_7$，必定造成浪费。对于滴定分析常用的标准溶液，应采用分析纯试剂配制，再采用 D 级基准试剂标定；对于酶试剂应根据其纯度、活力和保存条件及有效期正确选择使用。

三、试剂的保管与取用

试剂保管不善或取用不当，极易变质和沾污，从而影响检验的结果。因此必须按一定要求保管和取用试剂。

（1）使用前，要认清标签；取用时，不可将瓶盖随意乱放，应将瓶盖反放在干净的地方。固体试剂应用干净的药匙取用，用毕立即将药匙洗净、晾干备用。液体试剂一般用量筒取用，倒试剂时，标签朝上，不要将试剂泼洒在外，多余的试剂不应倒回原试剂瓶内，取完试剂随手将瓶盖盖好，切不可盖错以免沾污。

（2）盛装试剂的试剂瓶都应贴上标签，写明试剂的名称、规格、日期等，不可在试剂瓶中装入与标签不符的试剂，以免造成差错。标签脱落的试剂，在未查明前不可使用。

（3）易腐蚀玻璃的试剂，如氟化物、苛性碱等，应保存在塑料瓶或涂有石蜡的玻璃瓶中。

（4）易氧化的试剂（如氧化亚锡、低价的铁盐）、易风化或潮解的试剂（如三氯化铝、无水碳酸钠、氢氧化钠等），应用石蜡密封瓶口。

（5）易受光分解的试剂，如高锰酸钾、硝酸银等，应用棕色瓶盛装，并保存在暗处。

（6）易受热分解的试剂、低沸点的液体和易挥发的试剂，应保存在阴凉处。

第四节　食品分析与检验的一般程序

食品的分析与检验包括感官、理化及微生物分析与检验，一般包括下面四个步骤：第一步，检测样品的准备过程，包括采样及样品的处理和制备过程；第二步，进行样品的预处理，使其处于便于检测的状态；第三步，选择适当的检测方法，进行一系列的检测并进行结果的计算，然后对所获得的数据（包括原始记录）进行统计及分析；第四步，将检测结果以报告的形式表达出来。

一、样品的采集与制备

样品的采集简称为采样，是指从大量的分析对象中抽取具有代表性的一部分样品作为分析化验样品的过程。所抽取的分析材料称为样品或试样。

1. 采样的原则

采样是食品分析检验的第一步工作，它关系到食品分析的最后结果是否能够准确地反映它所代表的整批食品的性状，这项工作的进行必须非常慎重。

为保证食品分析检测结果的准确与结论的正确，在采样时要坚持下面几个原则。

（1）采样应具有代表性　采集的样品必须具有充分的代表性，能代表全部检验对象，代表食品整体，否则，无论检测工作做得如何认真、精确都是毫无意义的，甚至会得出错误的结论。

（2）采样应具有准确性　采样过程中要保持原有的理化指标，防止成分逸散或带入杂质，否则将会影响检测结果和结论的正确性。

（3）采样应具有真实性　采集样品必须由采集人亲自到实地进行该项工作。

2. 采样的一般步骤

要从一大批被测对象中采取能代表整批物品质量的样品，必须遵从一定的采样程序和原则。采样的步骤如下：

（1）获得检样　由整批待检食品的各个部分抽取的少量样品称为检样。

（2）得到原始样品　把多份检样混合在一起，构成能代表该批食品的原始样品。

（3）获得平均样品　将原始样品经过处理，按一定的方法和程序抽取一部分作为最后的检测材料，称平均样品。

（4）平分样品三份　将平均样品分为三份，即检验样品、复检样品和保留样品。

① 检验样品　由平均样品中分出，用于全部项目检验用的样品。

② 复检样品　对检验结果有争议或分歧时，可根据具体情况进行复检，故必须有复检样品。

③ 保留样品　对某些样品，需封存保留一段时间，以备再次验证。

（5）填写采样记录　包括采样的单位、地址、日期、样品批号、采样条件、采样时的包装情况、采样的数量、要求检验的项目及采样人等。

3. 采样的一般方法

样品的采集通常有随机抽样和代表性取样两种方法。

随机抽样是按照随机的原则从大批物料中抽取部分样品。操作时，可用多点取样法，即从被检食品的不同部位、不同区域、不同深度，上、下、左、右、前、后多个地方采取样品，使所有的物料的各个部分都有机会被抽到。

代表性取样是用系统抽样法进行采样，即已经了解样品随空间（位置）和时间而变化的规律，按此规律进行取样，以便采集的样品能代表其相应部分的组成和质量。如分层采样、依生产程序流动定时采样、按批次或件数采样、定期抽取货架上陈列的食品采样等。

随机抽样可以避免人为因素的影响，但在某些情况下，如难以混匀的食品（如果蔬、面点等），仅用随机抽样是不够的，必须结合代表性取样，从有代表性的各个部分分别取样，才能保证样品的代表性，从而保证检测结果的正确性。因此通常采用随机抽样与代表性取样相结合的取样方法。具体采样方法视样品不同而异。

（1）散粒状样品（如粮食、粉状食品）　粮食、砂糖、奶粉等均匀固体物料，应按不同批号分别进行采样，对同一批号的产品，采样点数可由以下采样公式(0-1)决定，即：

$$S=\sqrt{\frac{N}{2}} \tag{0-1}$$

式中　N——检测对象的数目（件、袋、桶等）；

S——采样点数。

然后从样品堆放的不同部位，按照采样点数确定具体采样袋（件、桶、包）数，用双套回转取样管，插入每一袋子的上、中、下三个部位，分别采取部分样品混合在一起。若为散堆状的散料样品，先划分若干等体积层，然后在每层的四角及中心点，也分为上、中、下三个部位，用双套回转取样管插入采样，将取得的检样混合在一起，得到原始样品。混合后得到的原始样品，按四分法对角取样，缩减至样品不少于所有检测项目所需样品总和的2倍，即得到平均样品。

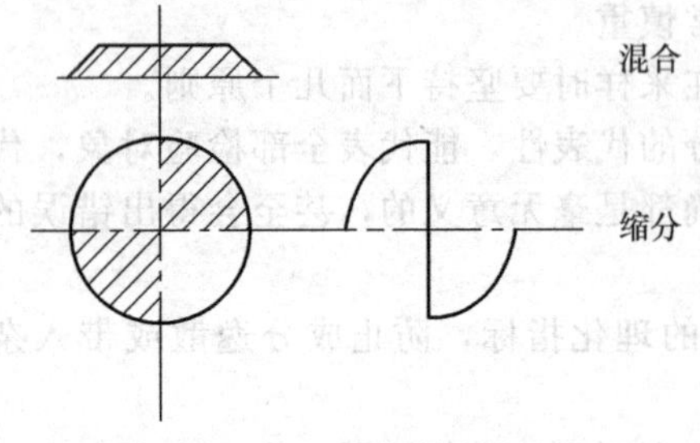

图0-3　四分法取样

四分法是将散粒状样品由原始样品制成平均样品的方法，如图0-3所示。将原始样品充分混合均匀后，堆集在一张干净平整的纸上，或一块洁净的玻璃板上，用洁净的玻璃棒充分搅拌均匀后堆成一圆锥形，将锥顶压平成一圆台，使圆台厚度约为3cm；划“十”字等分成4份，取对角2份，其余弃去；将剩下2份按上法再行混合，四分取其二，重复操作至剩余为所需样品量为止。

(2) 液体及半固体样品（如植物油、鲜乳、饮料等） 对桶（罐、缸）装样品，先按采样公式确定采取的桶数，再启开包装，用虹吸法分上、中、下三层各采取少部分检样，然后混合分取、缩减所需数量的平均样品。若是大桶或池（散）装样品，可在桶（或池）的四角及中点分上、中、下三层进行采样，充分混匀后，分取缩减至所需要的量。

(3) 不均匀的固体样品（如肉、鱼、果蔬等） 此类食品本身各部位成分极不均匀，个体及成熟差异大，更应注意样品的代表性。一般从被检物有代表性的部位分别采样，混匀后缩减至所需数量。个体较小的鱼类样品可随机取多个样品，混匀后缩减至所需数量。

(4) 小包装食品（罐头、瓶装饮料、奶粉等） 根据批号或班次连同包装一起分批取样，如小包装外还有大包装，可按取样公式抽取一定量的大包装，再从中抽取小包装，混匀后，分取至所需的量。

各种各类食品采样的数量、采样的方法均有具体的规定，可参照有关标准。

样品分检验用样品与送检样品两种。检验用样品是由较多的送检样品中，均匀混合后再取样，直接供分析检测用，取样量由各检测项目所需样品量决定，在以后的章节会有详述。

4. 采样的数量

采样数量能反映该食品的营养成分和卫生质量，并满足检验项目对样品量的需要，送检样品应为可食部分食品，约为检验需要量的4倍。通常为一套三份，每份不少于0.5～1kg，分别供检验、复验和仲裁使用。同一批号的完整小包装食品，250g以上的包装不得少于6个，250g以下的包装不得少于10个。

5. 采样注意事项

(1) 采样应注意抽检样品的生产日期、批号、现场卫生状况、包装和包装容器状况等。

(2) 小包装食品送检时应保持原包装的完整，并附上原包装上的一切商标及说明，供检验人员参考。

(3) 盛放样品的容器不得含有待测物质及干扰物质，一切采样工具都应清洁、干燥无异味，在检验之前应防止一切有害物质或干扰物质带入样品。供细菌检验用的样品，应严格遵守无菌操作规程。

(4) 采样后应迅速送检验室检验，尽量避免样品在检验前发生变化，使其保持原来的理化状态。检验前不应发生污染、变质、成分逸散、水分变化及酶的影响等。

(5) 要认真填写采样记录，包括采样单位、地址、日期、样品批号、采样条件、包装情况、采样数量、现场卫生状况、运输、贮藏条件、外观、检验项目及采样人员等。

6. 样品的制备

食品的种类繁多，许多食品各个部位的组成都有差异。为了保证分析结果的正确性，在检验之前，必须对分析的样品加以适当的制备。样品的制备是指对采取的样品进行分取、粉碎及混匀等过程，目的是保证样品的均匀性，在检测时取任何部分都能代表全部样品的成分。

样品的制备一般是将不可食部分先去除，再根据样品的不同状态采用不同的制备方法。制备过程中，应注意防止易挥发性成分的逸散和避免样品组成成分及理化性质发生变化。

样品制备的方法因样品的状态不同而异。

(1) 液体、浆体或悬浮液体一般是将样品充分混匀搅拌。常用的搅拌工具有玻璃棒、电动搅拌器以及液体采样器等。

(2) 互不相溶的液体如油与水的混合物，分离后分别采取样品。

(3) 固体样品应先粉碎或切分、捣碎、研磨或用其他方法研细、捣匀。常用工具有绞肉机、磨粉机、研钵、高速组织捣碎机等。

(4) 水果罐头在捣碎前须清除果核，肉、鱼类罐头应预先清除骨头、调味料（葱、八角、辣椒等）后再捣碎，常用高速组织捣碎机等。

7. 样品的保存

采取的样品，为了防止其水分或挥发性成分散失以及其他待测成分含量的变化（如光解、高温分解、发酵等），应在短时间内进行分析。如果不能立即分析，则应妥善保存；保存的原则是干燥、低温、避光、密封。

制备好的样品应放在密封洁净的容器内，置于阴暗处保存；易腐败变质的样品应保存在0～5℃的冰箱里，保存时间也不宜过长；有些成分，如胡萝卜素、黄曲霉毒素 B_1、维生素 B_2等，容易发生光解，以这些成分作为分析项目的样品必须在避光条件下保存；特殊情况下，样品中可加入适量的不影响分析结果的防腐剂，或将样品置于冷冻干燥器内进行升华干燥来保存。此外，样品保存环境要清洁干燥；存放的样品要按日期、批号、编号摆放，以便查找。

二、食品微生物检验样品的采集

食品微生物检验是对食品中是否存在微生物及其种类和数量的验证。

1. 食品微生物检验样品采集的原则

(1) 根据检验目的、食品特点、批量、检验方法、微生物的危害程度等确定采样方案。

(2) 所采样品应具有代表性。

(3) 采样必须符合无菌操作的要求，防止一切外来污染。

(4) 在保存和运送过程中应保证样品中微生物的状态不发生变化。

注：采集的非冷冻食品一般在0～5℃冷藏。不能冷藏的食品尽快检验，一般在36h内进行检验。

(5) 采样标签应完整、清楚。每件样品的标签须标记清楚，尽可能提供详尽的资料。

2. 食品微生物检验的取样方案

目前国内外使用的取样方案多种多样，如一批产品采若干个样后混合在一起检验，按百分比抽样；按食品的危害程度不同抽样；按数理统计的方法决定抽样个数等。不管采取何种方案，对抽样代表性的要求是一致的。最好对整批产品的单位包装进行编号，实行随机抽样。

(1) 我国的采样方案　依据GB 4789.1—2010《食品安全国家标准 食品微生物学检验总则》，采样方案分为二级和三级采样方案。

二级采样方案设有 n、c 和 m 值，三级采样方案设有 n、c、m 和 M 值。其中，n 表示同一批次产品应采集的样品件数；c 表示最大可允许的其相应微生物指标超出 m 值的样品数；m 表示微生物指标可接受水平的限量值；M 表示微生物指标的最高安全限量值。

① 按照二级采样方案设定的指标，在 n 个样品中，允许有 $\leqslant c$ 个样品其相应微生物指标检验值大于 m 值。

② 按照三级采样方案设定的指标，在 n 个样品中，允许全部样品中相应微生物指标检验值小于或等于 m 值；允许有 $\leqslant c$ 个样品其相应微生物指标检验值在 m 值和 M 值之间；不允许有样品相应微生物指标检验值大于 M 值。

例如：$n=5$，$c=2$，$m=100$CFU/g（CFU：菌落形成单位），$M=1000$CFU/g。

含义是从一批产品中采集5个样品，若5个样品的相应微生物指标检验结果均小于或等于m值（≤100CFU/g），则这种情况是允许的；

若≤2个样品的相应微生物指标结果（X）位于m值和M值之间（100CFU/g＜X≤1000CFU/g），则这种情况也是允许的；

若有3个及以上样品的相应微生物指标检验结果位于m值和M值之间，则这种情况是不允许的；

若有任一样品的相应微生物指标检验结果大于M值（＞1000CFU/g），则这种情况也是不允许的。

（2）ICMSF的取样方案　国际食品微生物规范委员会（简称ICMSF）的取样方案是依据事先给食品进行的危害程度划分来确定的，将所有食品分成三种危害度：

Ⅰ类危害　危害度增加——老人和婴幼儿食品及在食用前可能会增加危害的食品；

Ⅱ类危害　危害度未变——立即食用的食品，在食用前危害基本不变；

Ⅲ类危害　危害度降低——食用前经加热处理，危害减小的食品。

另外，将检验指标对食品卫生的重要程度分成一般、中等和严重三档，根据以上危害度的分类，又将取样方案分成二级法和三级法。

在中等或严重危害的情况下使用二级抽样方案，对健康危害低的则建议使用三级抽样方案。

二级法只设有n、c及m值，三级法则有n、c、m及M值。

（3）美国FDA的取样方案　美国食品及药物管理局（FDA）的取样方案与ICMSF的取样方案基本一致，所不同的是严重指标菌所取的15个、30个、60个样可以分别混合，混合的样品量最大不超过375g。也就是说所取的样品每个为100g，从中取出25g，然后将15个25g混合成一个375g样品，混匀后再取25g作为试样检验，剩余样品妥善保存备用。

3. 食品微生物检验的采样方法

微生物样品种类可分为大样、中样、小样三种。大样系指一整批，中样是从样品各部分取得的混合样品，小样系指检测用的样品。微生物采样必须遵循无菌操作原则。预先准备好的消毒采样工具和容器必须在采样时方可打开；采样时最好两人操作，一人负责取样，另一人协助打开采样瓶、包装和封口；尽量从未开封的包装内取样。

采样前，操作人员先用75%酒精棉球消毒手，再用75%酒精棉球将采样开口处周围抹擦消毒，然后将容器打开。

按照上述采样方案，采取最小包装的食品就采取完整包装，按无菌操作进行。

不同类型的食品应采用不同的工具和方法：

（1）液体食品　充分混匀，用无菌操作开启包装，用100mL无菌注射器抽取，注入无菌盛样容器。

（2）半固体食品　用无菌操作拆开包装，用无菌勺子从几个部位挖取样品，放入无菌盛样容器。

（3）固体样品　大块整体食品应用无菌刀具和镊子从不同部位割取，割取时应兼顾表面与深部，注意样品的代表性，小块大包装食品应从不同部位的小块上切取样品，放入无菌盛样容器。

（4）冷冻食品　大包装小块冷冻食品按小块个体采取，大块冷冻食品可以用无菌刀从不同部位削取样品或用无菌小手锯从冻块上锯取样品，也可以用无菌钻头钻取碎屑状样品，放入盛样容器。

（3）和（4）所述食品取样还应注意检验目的，若需检验食品污染情况，可取表层样品；

若需检验其品质情况，应取深部样品。

(5) 生产工序监测样品

① 车间用水　自来水样从车间各水龙头上采取冷却水；汤料等从车间容器不同部位用100mL无菌注射器抽取。

② 车间台面、用具及加工人员手的卫生监测　用$5cm^2$孔无菌采样板及5支无菌棉签擦拭$25cm^2$面积（若所采表面干燥，则用无菌稀释液湿润棉签后擦拭，若表面有水，则用干棉签擦拭)，擦拭后立即将棉签头用无菌剪刀剪入盛样容器。

③ 车间空气采样　直接沉降法。将5个直径为90mm的普通营养琼脂平板分别置于车间的四角和中部，打开平皿盖5min，然后盖盖送检。

4. 样品的处理

(1) 固体样品　用灭菌刀、剪、镊子，取不同部位25g剪碎，放入灭菌均质器内或乳钵内，加定量灭菌生理盐水，研碎混匀，制成1∶10混悬液。

不同食品混悬液制法不同：一般食品取25g，加225g灭菌生理盐水使其溶解即可；含盐量较高的食品直接溶解在灭菌蒸馏水中；在室温下较难溶解的食品如奶粉、奶油、奶酪、糖果等样品，应先将盐水加热到45℃后放入样品（不能高于45℃)，促使其溶解；蛋制品可在稀释液瓶中加入少许玻璃珠，振荡使其溶解；生肉及内脏应先将样品放入沸水内煮3～5s或灼烧表面进行表面灭菌，再用灭菌剪刀剪掉表层，取深度样品25g，剪碎或研碎制成混悬液。

(2) 液体样品

① 原包装样品　将液体混匀后，用点燃的酒精棉球对瓶口进行消毒灭菌，用石炭酸或来苏儿（煤酚皂液）等浸泡过的纱布盖好瓶口，再用消毒开瓶器开启后直接吸取进行检验。

② 含CO_2的液体样品（如汽水、啤酒等）可用上述无菌方法开启瓶盖后，将样品倒入无菌磨口瓶中，盖上一块消毒纱布，开一缝隙轻轻摇动，使气体溢出后再进行检验。

③ 酸性液体食品　按上述无菌操作方法倒入无菌容器内，再用20%的Na_2CO_3调节pH值为中性后检验。

(3) 冷冻食品

① 冰棍儿　用灭菌镊子除去包装纸，将3支冰棍放入灭菌磨口瓶中，棍留在瓶外，用盖压紧用力将棍抽出或用灭菌剪刀剪掉棍，放于45℃水浴30min溶化后立即检验。

② 冰淇淋　用灭菌勺取出后放入灭菌容器内，待其溶化后检验。

③ 冰蛋　将装有冰蛋的磨口瓶盖紧放入流动的冷水中，溶化后充分混匀检验。

(4) 罐头　对罐头先进行密封实验及膨胀实验，观察是否有漏气或膨胀情况。

若进行微生物检验，先用酒精棉球擦去油污，然后用点燃的酒精棉球消毒罐口，用来苏水浸泡过的纱布盖上，再用灭菌的开罐器打开罐头，除去表面，用灭菌勺或吸管取出中间样品进行检验。

5. 样品的送检

样品送到微生物检验室应越快越好，一般不超过3h。如果路途遥远，可将不需冷冻的样品保持在1～5℃环境中（如冰壶)。如需保持冷冻状态，则需保存在泡沫塑料隔热箱内（箱内有干冰可维持在0℃以下)。

三、样品的预处理

食品的成分复杂，既含有大分子的有机化合物，如蛋白质、糖、脂肪、维生素及因污染引入的有机农药等，也含有各种无机元素，如钾、钠、钙、铁等。这些组分往往以复杂的结合态或络合态形式存在。当应用某种化学方法或物理方法对其中某种组分的含量进行测定时，其他组分的存在常给测定带来干扰。因此，为了保证分析工作的顺利进行，得到准确的分析结果，必须在测定前排除干扰组分；此外，有些被测组分在食品中含量极低，如污染物、农药、黄曲霉毒素等，要准确测出它们的含量，必须在测定前对样品进行浓缩，以上这些操作过程统称为样品预处理。它是食品分析过程中的一个重要环节，直接关系着检验的成败。

样品预处理的方法有很多，可根据食品的种类、特点以及被测组分的存在形式和物化性质不同采取不同的方法。总的原则是：消除干扰因素；完整保留被测组分。常用的方法有以下六种。

1. 有机物破坏法

有机物破坏法主要用于食品中无机盐或金属离子的测定。

食品中的无机盐或金属离子，常与蛋白质等有机物结合，成为难溶、难离解的有机金属化合物。欲测定其中金属离子或无机盐的含量，则需在测定前破坏有机结合体，释放出被测组分。通常可采用高温、或高温加强氧化条件，使有机物质分解，呈气态逸散，而被测组分残留下来。根据具体操作条件不同，又可分为干法灰化、湿法消化和微波消解三大类。

(1) 干法灰化　将样品置于坩埚中加热，先小火炭化，然后经500～600℃灼烧灰化后，水分及挥发性物质以气态逸出，有机物中的碳、氢、氧、氮等元素与有机物本身所含的氧及空气中的氧气生成CO_2、H_2O和氮的氧化物而散失，直至残灰为白色或浅灰色为止，所得残渣即为无机成分，可供测定用。常见的灼烧装置是灰化炉，又称高温马弗炉。

此法的优点在于有机物分解彻底，操作简单，无需工作者经常看管。另外，此法基本不加或加入很少的试剂，所以空白值低。但此法所需时间较长，因温度过高易造成某些易挥发元素的损失，坩埚对被测组分有吸留作用，致使测定结果和回收率降低。

对于难以灰化的样品，为了缩短灰化时间，促进灰化完全，可以加入灰化助剂。灰化助剂主要有两类：一类是乙醇、硝酸、碳酸铵、过氧化氢等，这类物质在灼烧后完全消失，不增加残灰的质量，可起到加速灰化的作用；另一类是氧化镁、碳酸盐、硝酸盐等，它们与灰分混杂在一起，使炭粒不被覆盖，使燃烧完全，此法应同时做空白试验。

(2) 湿法消化　向样品中加入强氧化剂，并加热煮沸，使样品中的有机物质完全分解、氧化呈气态逸出，待测成分转化为无机物状态存在于消化液中，供测试用。常用的强氧化剂有浓硝酸、浓硫酸、高氯酸、高锰酸钾、过氧化氢等。实际工作中，一般使用混合的氧化剂，如浓硫酸-浓硝酸、高氯酸-硝酸-硫酸、高氯酸-浓硫酸等。

湿法消化的特点是有机物分解速度快，所需时间短；由于加热温度较干法低，故可减少金属挥发逸散的损失，容器吸留也少。但在消化过程中，常产生大量有害气体，因此操作过程需在通风橱内进行；消化初期，易产生大量泡沫外溢，故需操作人员随时照管。此外，试剂用量较大，空白值偏高。

(3) 微波消解　微波消解基本原理与湿法消化相同，区别在于微波消解是将样品置于密封的聚四氟乙烯消解管中，用微波进行加热，完成有机质分解工作。

与湿法消化相比，微波消解具有使用试剂少、耗时短的特点，但是需要使用价格较高并且消解样品容量偏小的微波消解仪。由于微波消解时样品处于封闭状态，一旦剧烈反应，容易产生爆炸，所以不太适宜处理高挥发性的物质，必要时需要进行加热预消解。

2. 溶剂提取法

利用样品各组分在某一溶剂中溶解度的差异，将各组分完全或部分地分离的方法，称为溶剂提取法。此法常用于维生素、重金属、农药及黄曲霉毒素的测定。

溶剂提取法又分为浸提法、溶剂萃取法。

(1) 浸提法　用适当的溶剂将固体样品中的某种待测成分浸提出来的方法称为浸提法，

又称液-固萃取法。

① 提取剂的选择　一般来说，提取效果符合相似相溶的原则，故应根据被提取物的极性强弱选择提取剂。对极性较弱的成分（如有机氯农药）可用极性小的溶剂（如正己烷、石油醚）提取；对极性强的成分（如黄曲霉毒素 B_1）可用极性大的溶剂（如甲醇与水的混合溶液）提取。溶剂沸点宜在 45～80℃之间，沸点太低易挥发；沸点太高则不易浓缩，且对热稳定性差的被提取成分也不利。此外，溶剂要稳定，不与样品发生作用。

② 提取方法

a. 振荡浸渍法　将样品切碎，放在一合适的溶剂系统中浸渍、振荡一定时间，即可从样品中提取出被测成分。此法简便易行，但回收率较低。

b. 捣碎法　将切碎的样品放入捣碎机中加溶剂捣碎一定时间，使被捣成分提取出来。此法回收率较高，但干扰杂质溶出较多。

c. 索氏提取法　将一定量样品放入索氏提取器中，加入溶剂加热回流一定时间，将被测成分提取出来。此法溶剂用量少，提取完全，回收率高。但操作较麻烦，且需专用的索氏提取器。

（2）溶剂萃取法　利用某组分在两种互不相溶的溶剂中分配系数的不同，使其从一种溶剂转移到另一种溶剂中，而与其他组分分离的方法，叫溶剂萃取法。此法操作迅速，分离效果好，应用广泛。但萃取试剂通常易燃、易挥发，且有毒性。

① 萃取溶剂的选择　萃取用溶剂应与原溶剂不互溶，对被测组分有最大溶解度，而对杂质有最小溶解度。即被测组分在萃取溶剂中有最大的分配系数，而杂质只有最小的分配系数。经萃取后，被测组分进入萃取溶剂中，即同仍留在原溶剂中的杂质分离开。此外，还应考虑两种溶剂分层的难易以及是否会产生泡沫等问题。

② 萃取方法　萃取通常在分液漏斗中进行，一般需经 4～5 次萃取，才能达到完全分离的目的。当用较水轻的溶剂，从水溶液中提取分配系数小，或振荡后易乳化的物质时，采用连续液体萃取器较分液漏斗效果更好。

3. 蒸馏法

蒸馏法是利用被测物质中各组分挥发性的差异来进行分离的方法。可用于除去干扰组分，也可用于被测组分蒸馏逸出，收集馏出液进行分析。此法具有分离和净化双重效果。根据样品中待测组分性质不同，可采取常压蒸馏、减压蒸馏、水蒸气蒸馏等方式。

对于沸点不高或者加热不发生分解的物质，可采用常压蒸馏。

当常压蒸馏容易使蒸馏物质分解，或其沸点太高时，可以采用减压蒸馏。

某些物质沸点较高，直接加热蒸馏时，因受热不均易引起局部炭化；还有些被测成分，当加热到沸点时可能发生分解。这些成分的提取，可用水蒸气蒸馏法。水蒸气蒸馏是用水蒸气来加热混合液体，使具有一定挥发度的被测组分与水蒸气分压成比例地自溶液中一起蒸馏出来。

4. 色层分离法

色层分离法又称色谱分离法，是一种在载体上进行物质分离的一系列方法的总称。根据分离原理的不同，可分为吸附色谱分离、分配色谱分离和离子交换色谱分离等。此类分离方法分离效果好，近年来在食品分析中应用越来越广泛。

（1）吸附色谱分离　利用聚酰胺、硅胶、硅藻土、氧化铝等吸附剂，经活化处理后，其所具有的适当的吸附能力对被测成分或干扰组分可进行选择性吸附，从而进行的分离称吸附色谱分离。例如，聚酰胺对色素有强大的吸附力，而其他组分则难于被其吸附。在测定食品中的色素含量时，常用聚酰胺吸附色素，经过滤洗涤，再用适当溶剂解吸，可以得到较纯净的色素溶液，供测试用。

（2）分配色谱分离　此法是以分配作用为主的色谱分离法，是根据不同物质在两相间的分配比不同所进行的分离。两相中的一相是流动的（称流动相），另一相是固定的（称固定相）。被分离的组分在流动相沿着固定相移动的过程中，由于不同物质在两相中具有不同的分配比，当溶剂渗透在固定相中并向上渗展时，这些物质在两相中的分配作用反复进行，从而达到分离的目的。例如，多糖类样品的纸色谱，样品经酸水解处理，中和后制成试液，点样于滤纸上，用苯酚-1%氨水饱和溶液展开，苯胺邻苯二酸显色剂显色，于105℃加热数分钟，则可见到被分离开的戊醛糖（红棕色）、己醛糖（棕褐色）、己酮糖（淡棕色）、双糖类（黄棕色）的色斑。

（3）离子交换色谱分离　离子交换分离法是利用离子交换剂与溶液中的离子之间所发生的交换反应来进行分离的方法，分为阳离子交换和阴离子交换两种。交换作用可用下列反应式表示。

阳离子交换：$R—H + M^+X^- \rightleftharpoons R—M + HX$

阴离子交换：$R—OH + M^+X^- \rightleftharpoons R—X + MOH$

式中，R代表离子交换剂的母体；MX代表溶液中被交换的物质。

当将被测离子溶液与离子交换剂一起混合振荡，或将样液缓缓通过用离子交换剂做成的离子交换柱时，被测离子或干扰离子即与离子交换剂上的H^+或OH^-发生交换。被测离子或干扰离子留在离子交换剂上，被交换出的H^+或OH^-以及不发生交换反应的其他物质留在溶液内，从而达到分离的目的。在食品分析中，可应用离子交换分离法制备无氟水、无铅水。离子交换分离法还常用于分离较为复杂的样品。

5. 化学分离法

（1）磺化法和皂化法　磺化法和皂化法是除去油脂的一种方法，常用于农药分析中样品的净化。

① 硫酸磺化法　本法是用浓硫酸处理样品提取液，有效地除去脂肪、色素等干扰杂质。其原理是浓硫酸能使脂肪磺化，并与脂肪和色素中的不饱和键起加成作用，形成可溶于硫酸和水的强极性化合物，不再被弱极性的有机溶剂所溶解，从而达到分离净化的目的。

此法简单、快速、净化效果好，但用于农药分析时，仅限于在强酸介质中稳定的农药（如有机氯农药中的六六六、DDT）提取液的净化，其回收率在80%以上。

② 皂化法　本法是用热碱溶液处理样品提取液，以除去脂肪等干扰杂质。其原理是利用KOH-乙醇溶液将脂肪等杂质皂化除去，以达到净化目的。此法仅适用于对碱稳定的农药提取液的净化。

（2）沉淀分离法　沉淀分离法是利用沉淀反应进行分离的方法。在试样中加入适当的沉淀剂，使被测组分沉淀下来，或将干扰组分沉淀下来，经过过滤或离心将沉淀与母液分开，从而达到分离目的。例如：测定冷饮中糖精钠含量时，可在试剂中加入碱性硫酸铜，将蛋白质等干扰杂质沉淀下来，而糖精钠仍留在试液中，经过滤除去沉淀后，取滤液进行分析。

（3）掩蔽法　此法是利用掩蔽剂与样液中干扰成分作用使干扰成分转变为不干扰测定状态，即被掩蔽起来。运用这种方法可以不经过分离干扰成分的操作而消除其干扰作用，简化分析步骤，因而在食品分析中应用十分广泛，常用于金属元素的测定。如双硫腙比色法测定铅时，在测定条件（pH=9）下，Cu^{2+}、Cd^{2+}等离子对测定有干扰，可加入氰化钾和柠檬酸铵掩蔽，消除它们的干扰。

6. 浓缩法

从食品样品中萃取的分析物，如果其浓度在定量限之上，在色谱分析时无干扰，则可直接进行测定。当样品中被测化合物的浓度较低时，通常需要在净化和测定前将萃取液浓缩。样品液的浓缩过程就是溶剂挥发的过程。浓缩过程中应注意将溶剂蒸发至近干即可，否则由于溶剂蒸干会导致分析物损失。实验室常用的浓缩方法有：

(1) 常压浓缩法　此法主要用于待测组分为非挥发性的样品净化液的浓缩，通常采用蒸发皿直接挥发；若要回收溶剂，则可用一般蒸馏装置或旋转蒸发器。该法简便、快速，是常用的方法。

(2) 减压浓缩法　此法主要用于待测组分为热不稳定性或易挥发的样品净化液的浓缩，通常采用 K-D 浓缩器。浓缩时，水浴加热并抽气减压。此法浓缩温度低、速度快、被测组分损失少，特别适用于农药残留量分析中样品净化液的浓缩（AOAC 即用此法浓缩样品净化液）。

四、数据处理

获取准确、可靠的食品检验结果是食品理化分析的目的，这不仅需要准确的样品采集及检测，而且还要选择合适的数据处理及分析方法。

在分析过程中，许多因素都会影响分析结果，如仪器性能、玻璃量器的准确性、试剂的质量、采样的代表性及选用方法的灵敏度等。即使同一样品、同一分析方法、同一操作人员，进行平行实验，也难以获得相同的数据。因此误差是客观存在的，如何减少分析过程中的误差，提高分析结果的准确度和精密度，是保证分析数据准确性的关键。

1. 误差的表示方法

误差有两种表示方法，准确度反映系统误差，精密度反映偶然误差。准确度和精密度是对某一检验结果的可靠性进行科学综合性评价的常用指标。

(1) 准确度　准确度表示测量结果与真实值相接近的程度，其大小用误差（E）表示。分析结果与真实值越接近，误差越小，则分析结果的准确度越高。

误差可用绝对误差（E_a）与相对误差（E_r）两种方法表示。

$$\text{绝对误差}=\text{测定值}-\text{真实值}$$

$$E_a=x_i-\mu \tag{0-2}$$

相对误差（E_r）指绝对误差 E_a 在真实值中所占的百分率，即：

$$\text{相对误差}=\frac{\text{绝对误差}}{\text{真实值}}\times 100\%$$

$$E_r=\frac{E_a}{\mu}\times 100\% \tag{0-3}$$

对于多次测定，计算时测定值为多次测定结果的平均值。

真实值是客观存在的，但不可能直接测定。在食品分析中，一般用试样多次测定值的平均值或标准样品配制实际值表示。此外，实验室通过回收实验的方法确定准确度。多次回收实验还可以发现检验方法的系统误差。

加入标准物质的回收率，可按下式计算：

$$P=\frac{x_1-x_0}{m}\times 100\% \tag{0-4}$$

式中　P——加入标准物质的回收率；

x_1——加入标准物质的测定值；

x_0——未知样品的测定值；

m——加入标准物质的量。

(2) 精密度　精密度指在一定条件下，进行多次平行测定时，每一次测定结果相互接近的程度。精密度是由偶然误差造成的，它反映了分析方法的稳定性和重现性。通常用偏差（d）来表示。精密度的高低可用偏差、相对平均偏差、标准偏差、变异系数来表示。

$$相对偏差(d_r)=\frac{x_i-\bar{x}}{\bar{x}}\times 100\% \tag{0-5}$$

$$相对平均偏差=\frac{\sum|x_i-\bar{x}|}{n\bar{x}}\times 100\% \tag{0-6}$$

$$标准偏差(S)=\sqrt{\frac{\sum_{i=1}^{n}(x_i-\bar{x})^2}{n-1}}\quad(n\leqslant 20) \tag{0-7}$$

$$变异系数(CV)=\frac{S}{\bar{x}}\times 100\% \tag{0-8}$$

式中 x_i——各次测定值，$i=1，2，\cdots，n$；

$\bar{x}$——多次测定值的算术平均值；

n——测定次数。

(3) 准确度与精密度的关系　准确度表示的是测定结果与真实值之间的接近程度；精密度则表示几次测定值之间的接近程度。为了保证分析质量，分析数据必须具备一定的准确度和精密度。精密度是保证准确度的先决条件。精密度差，所测结果不可靠，就失去了衡量准确度的前提。高的精密度不一定能保证高的准确度。找出精密而不准确的原因（从系统误差考虑），就可以使测定既精密又准确。

2. 误差的控制方法

分析实验中，如何降低和减少误差的出现，提高分析结果的准确度，可通过以下几个措施来实现。

(1) 选择合适的分析方法　在选择分析方法时，应了解不同分析方法的特点及适宜范围，要根据分析结果的要求、被测组分的含量等因素来选择合适的分析方法。表 0-4 列举了一般分析中允许相对误差的大致范围，供选择分析方法时参考。

表 0-4　一般分析中允许相对误差

含量	允许相对误差/%	含量	允许相对误差/%	含量	允许相对误差/%
80～90	0.4～0.1	10～20	1.2～1.0	0.1～1	0.4～0.1
40～80	0.6～0.4	5～10	1.6～1.2	0.01～0.1	0.6～0.4
20～40	1.0～0.6	1～5	5.0～1.6	0.001～0.01	1.0～0.6

(2) 为保证仪器的灵敏度和准确度，应定期送计量部门检定；用作标准容量的容器应经过标定后按校正值使用；各种标准溶液应按规定进行定期标定。

(3) 根据待测组分的含量选取测定时所取的样品量。

(4) 做对照试验　在测定样品的同时，可用已知结果的标准样品与测定样品在完全相同的条件下进行测定，最后将结果进行比较。通过对照实验发现系统误差来源，并消除系统误差的影响。

(5) 做空白试验　在测定样品的同时进行空白试验，即在不加试样的情况下，按测定样品相同的条件（测定方法、操作条件、试剂加入量）进行实验，获得空白值，在样品测定值中扣除空白值，可消除或减少系统误差。

(6) 做回收试验　在样品中加入已知量的标准物质，然后进行对照试验，看加入标准物质是否定量的回收，根据回收率高低可检验分析方法的准确度，并判断分析过程中是否存在系统误差。

（7）标准曲线回归　在用比色、荧光、色谱等方法进行分析时，常配制一定浓度梯度的标准样品溶液，测定其参数（吸光度、荧光强度、峰高），绘制参数与浓度之间的关系曲线。正常情况下，标准曲线应为一条通过原点的直线，但实际工作中，常出现偏离直线的情况，此时可用回归法求出该直线方程，代表最合理的标准曲线。

最小二乘法计算直线回归方程的公式如下：

$$y = ax + b \tag{0-9}$$

$$a = \frac{n\sum x_i y_i - \sum x_i \sum y_i}{n\sum x_i^2 - (\sum x_i)^2}$$

$$b = \frac{n\sum x_i^2 - \sum y_i - \sum x_i y_i \sum x_i}{n\sum x_i^2 - (\sum x_i)^2}$$

式中　x——自变量，各点在标准曲线上的横坐标值；

y——因变量，各点在标准曲线上的纵坐标值；

a——直线斜率；

b——直线在 y 轴上的截距；

n——测定次数。

五、原始记录及检验报告单的编制

原始记录是指在实验室进行科学研究过程中，应用实验、观察、调查或资料分析等方法，根据实际情况直接记录或统计形成的各种数据、文字、图表、图片、照片、声像等原始资料，是进行科学实验过程中对所获得的原始资料的直接记录，可作为不同时期深入进行该课题研究的基础资料。原始记录应该能反映分析检验中最真实最原始的情况。

1. 检验原始记录的书写规范要求

（1）检验记录必须用统一格式带有页码编号的专用检验记录本记录。检验记录本或记录纸应保持完整。

（2）检验记录应用字规范，须用蓝色或黑色字迹的钢笔或签字笔书写。不得使用铅笔或其他易褪色的书写工具书写。检验记录应使用规范的专业术语，计量单位应采用国际标准计量单位，有效数字的取舍应符合实验要求；常用的外文缩写（包括实验试剂的外文缩写）应符合规范，首次出现时必须用中文加以注释；属外文译文的应注明其外文全名称。

（3）检验记录不得随意删除、修改或增减数据。如必须修改，须在修改处画一斜线，不可完全涂黑，保证修改前记录能够辨认，并应由修改人签字或盖章，注明修改时间。

（4）计算机、自动记录仪器打印的图表和数据资料等应按顺序粘贴在记录纸的相应位置上，并在相应处注明实验日期和时间；不宜粘贴的，可另行整理装订成册并加以编号，同时在记录本相应处注明，以便查对；底片、磁盘文件、声像资料等特殊记录应装在统一制作的资料袋内或储存在统一的存储设备里，编号后另行保存。

（5）检验记录必须做到及时、真实、准确、完整，防止漏记和随意涂改。严禁伪造和编造数据。

（6）检验记录应妥善保存，避免水浸、墨污、卷边，保持整洁、完好、无破损、不丢失。

（7）对环境条件敏感的实验，应记录当天的天气情况和实验的微气候（如光照、通风、洁净度、温度及湿度等）。

（8）检验过程中应详细记录实验过程中的具体操作，观察到的现象，异常现象的处理，产生异常现象的可能原因及影响因素的分析等。

(9) 检验记录中应记录所有参加实验的人员；每次实验结束后，应由记录人签名，另一人复核，科室负责人或上一级主管审核。

(10) 原始实验记录本必须按归档要求整理归档，实验者个人不得带走。

(11) 各种原始资料应仔细保存，以容易查找。

表 0-5 和表 0-6 分别列举了容量法原始记录和分光光度法原始记录。

表 0-5 容量法原始记录

样品名称		编号	
检验项目		检验方法依据	
仪器名称	编号	型号规格	仪器检定有效期
标准溶液名称		标定日期	
平行测定次数	1	2	3
取样量 W(　　)			
标准溶液的浓度 c/(mol/L)			
滴定管末读数 V_2/mL			
滴定管初读数 V_1/mL			
空白值 V_0/mL			
实际消耗量 V/mL			
计算公式			
实测结果			
平均值			

表 0-6 分光光度法原始记录

样品名称		编号	
检验项目		检验方法依据	
仪器名称	编号	型号规格	仪器检定有效期
工作曲线名称			
序号		标准浓度 c	吸光度 A
0			
1			
2			
3			
4			

续表

5			
6			
取样量 W(　)		吸取体积 V(　)	
平行次数	样品吸光度 A	对应浓度 c(　)	稀释倍数
1			
2			
空白值			
计算公式			
平均值			
实测结果			

2. 检测报告的编制

检测报告应准确、清晰、明确和客观地报告每一项或每一系列的检测结果，并符合检测方法中规定的要求。

(1) 检测报告的内容　检测报告的格式应由检测室负责人根据承检产品/项目标准的要求设计，其内容应包括以下部分：

① 检测报告的标题。

② 实验室的名称与地址，进行检测的地点（如果与实验室的地址不同）。

③ 检测报告的唯一编号标识和每页数及总页数，以确保可以识别该页是属于检测报告的一部分，以及表明检测报告结束的清晰标识。

④ 客户的名称和地址。

⑤ 所用方法的标识。

⑥ 检测物品的描述、状态和明确的标识。

⑦ 对结果的有效性和应用至关重要的检测物品的接收日期和进行检测的日期。

⑧ 如与结果的有效性和应用相关时，实验室所用的抽样计划和程序的说明。

⑨ 检测的结果带有测量单位。

⑩ 检测报告批准人的姓名、职务、签字或等同的标识。

⑪ 相关之处，结果仅与被检物品有关的声明。

⑫ 当有分包项时，则应清晰地标明分包方出具的数据。

(2) 当需要对检测结果作出解释时，对含抽样结果在内的检测报告，还应包括下列内容：

① 抽样日期。

② 抽取的物质、材料或产品的清晰标识（包括制造者的名称、标示的型号或类型和相应的系列号）。

③ 抽样的地点，包括任何简图、草图或照片。

④ 所用抽样计划和程序的说明。

⑤ 抽样过程中可能影响检测结果解释的环境条件的详细信息。

⑥ 与抽样方法或程序有关的标准或规范，以及对这些规范的偏离、增添或删节。

第五节 实验室安全防护知识

我国安全生产的方针是预防为主、安全第一。分析实验室同样应遵守安全第一的实验室首要规则。从事分析试验的工作者，必须掌握丰富的安全知识，不断保持警惕并提高安全意识，严格遵守实验室各种操作规程和规章制度，并积极采取可靠、有效的预防措施，就可以最大程度地避免安全事故。如果不幸发生意外事故，只要处理及时，措施得当，就可以将各种损害降低到最小程度。

一、实验室危险性的种类

1. 火灾爆炸危险性

化验室发生火灾的危险性具有普遍性，这是因为分析化学实验室中经常使用易燃易爆物品。高压气体钢瓶、低温液化气体、减压系统（真空干燥、蒸馏等），如果处理不当、操作失灵，再遇上高温、明火、撞击、容器破裂或没有遵守安全防火要求，往往会酿成火灾爆炸事故，轻则造成人身伤害、仪器设备破损，重则造成人员伤亡、房屋破坏。

2. 有毒气体危险性

在分析试验中常要用到煤气、各种有机溶剂，这些物质不仅易燃易爆而且有毒。在有些实验中由于化学反应还会产生有毒气体，如不注意有引起中毒的可能性。

3. 触电危险性

分析实验离不开电气设备，不仅常用220V的低电压，而且还要用几千乃至上万伏的高压电，分析人员应懂得如何防止触电事故或由于使用非防爆电器产生电火花引起的爆炸事故。

4. 机械伤害危险性

分析中经常用到玻璃器皿，还会遇到割断玻璃管、胶塞打孔、用玻璃管连接胶管等操作。操作者如果疏忽大意或思想不集中，容易造成皮肤与手指创伤，割伤也时常发生。

5. 放射性危险

从事放射性物质分析及X射线衍射分析的人员，很可能受到放射性物质及X射线的伤害，必须认真防护，避免放射性物质侵入和污染人体。

二、防火与防爆

1. 按照不同物质发生的火灾，火灾大体分为四种类型

（1）A类火灾为固体可燃材料的火灾，包括木材、布料、纸张、橡胶以及塑料等。

（2）B类火灾为易燃可燃液体、易燃气体和油脂类火灾。

（3）C类火灾为带电电气设备火灾。

（4）D类火灾为部分可燃金属，如镁、钠、钾及其合金等火灾。

一般灭火器都标有灭火类型和灭火等级的标牌，例如A、B等，使用者一看就能立即识别该灭火器适用于扑救哪一类火灾。目前常用的灭火器有各种规格的泡沫灭火器、各种规格的干粉灭火器、二氧化碳灭火器和卤代烷（1211）灭火器等。泡沫灭火器一般能扑救A、B类火灾，当电器发生火灾，电源被切断后，也可使用泡沫灭火器进行扑救。干粉灭火器和二氧化碳灭火器则使用于扑救B、C类火灾。可燃金属火灾则可使用扑救D类的干粉灭火剂进行扑救。卤代烷（1211）灭火器主要用于扑救易燃液体、带电电器设备和精密仪器以及机房的火灾，这种灭火器内装的灭火剂没有腐蚀性，灭火后不留痕迹，效果也较好。一般手提式灭火器其内装药剂的喷射灭火时间在1min之内，实际有效灭火时间仅有10～20s，在实际使用过程中，必须正确掌握使用方法，否则不仅灭不了火，还会贻误灭火时机。必须指出的是，发生火灾后，使用灭火器及时地扑救初起火灾，是避免火灾蔓延、扩大和造成更大损失的有力措施。同时，一旦发现火警，也应立即向消防部门及时报警，万万不可指望灭火器扑灭火灾而不向消防队报警，因为灭火器的扑救面积和能力是有限的，只能适应扑救初起的火灾。火灾发生后，一般蔓延都比较快，推迟了报警时间，贻误了灭火时机，势必会造成更大的损失。

物质起火的三个条件是物质本身的可燃性、氧的供给和燃烧的起始温度。一切可燃物的温度处于着火点以下时，即使供给氧气也不会燃烧。因而控制可燃物的温度是防止起火的关键。

2. 化验室常见的易燃易爆物

(1) 易燃液体　如苯、甲苯、甲醇、乙醇、石油醚、丙酮等。

(2) 燃烧爆炸性固体　钾、钠等轻金属等。

(3) 强氧化剂　硝酸铵、硝酸钾、高氯酸、过氧化钠、过氧化氢、过氧化二苯甲酰等。

(4) 压缩及液化气体　如 H_2、O_2、C_2H_2、液化石油气等。

(5) 可燃气体　一些可燃气体与空气或氧气混合，在一定条件下会发生爆炸。

3. 起火和起爆的防护措施

根据实验室着火和爆炸的起因，可采取针对性预防措施。

(1) 预防加热起火

① 在火焰、电加热器或其他热源附近严禁放置易燃物。

② 加热用的酒精灯、喷灯、电炉等加热器使用完毕后，应立即关闭。

③ 灼热的物品不能直接放置在试验台上，各种电加热器及其他温度较高的加热器都应放置在石棉板上。

④ 倾注或使用易燃物时，附近不得有明火。

⑤ 蒸发、蒸馏和回流易燃物时，不许用明火直接加热或用明火加热水浴，应根据沸点高低分别用水浴、沙浴或油浴等加热。

⑥ 在蒸发、蒸馏或加热易燃液体过程中，分析人员绝不能擅自离开。

⑦ 化验室内不宜存放过多的易燃品。

⑧ 不应用磨口塞的玻璃瓶贮存爆炸性物质，以免关闭或开启玻璃塞时因摩擦引起爆炸。必须配用软木塞或橡皮塞，并保持清洁。

⑨ 不慎将易燃物倾倒在试验台或地面上时，必须做到：

a. 迅速断开附近的电炉、喷灯等加热源。

b. 立即用毛巾、抹布将流出的液体吸干。

c. 室内立即通风、换气。

d. 身上或手上沾有易燃物时，应立即清洗干净，不得靠近火源。

(2) 预防化学反应热起火和起爆

① 分析人员对要进行的实验，需了解其反应和所用化学试剂的特性。对有危险的实验，要准备应有的防护措施及发生事故的处理方法。

② 易燃易爆物的实验操作应在通风橱内进行，操作人员应戴橡胶手套、防护眼镜。

③ 在未了解试验反应之前，试剂用量要从最小开始。

④ 及时销毁残存的易燃易爆物。

(3) 预防容器内外压力差引起爆炸

① 预防减压装置爆炸，减压容器的内外压力差不得超过1atm (101325Pa)。

② 预防容器内压力差增大引起爆炸的措施

a. 低沸点和易分解的物质可保存在厚壁瓶中，放置在阴凉处。

b. 所有操作应按操作规程进行。反应太猛烈时，一定要采取适当措施以减缓反应速率。

c. 不能将仪器装错导致加热过程中形成密闭系统。

d. 对有可能发生爆炸的实验一定要小心谨慎，严加管理，严格遵守操作规程。绝对不允许不了解实验的人员进行操作，并严禁一人单独在实验室工作。

(4) 实验室灭火　灭火原则是：移去或隔绝燃料的来源，隔绝空气（氧），降低温度。对不同物质引起的火灾，采取不同的补救方法。

① 实验室灭火的紧急措施

a. 防止火势蔓延，首先切断电源、熄灭所有加热设备，快速移去附近的可燃物，关闭通风装置，减少空气的流通。

b. 立即扑灭火焰，设法隔绝空气，使温度下降到可燃物的着火点以下。

c. 火势较大时，可用灭火器扑救。常用的灭火器有 4 种：二氧化碳灭火器，用以扑救电器、油类和酸类火灾；不能扑救钾、钠、镁、铝等物质的火灾，因为这些物质会与二氧化碳发生作用。泡沫灭火器，适用于有机溶剂、油类着火，不宜扑救电器火灾。干粉灭火器，适用于扑灭油类、有机物、遇水燃烧物质的火灾。1211 灭火器，适用于扑灭油类、有机溶剂、精密仪器、文物档案等火灾。

② 实验室灭火注意事项

a. 用水灭火注意事项：能与水发生猛烈作用的物质失火时，不能用水灭火，如金属钠、电石、浓硫酸、五氧化二磷、过氧化物。对于这些小面积范围的燃烧可用防火沙覆盖。

比水轻、不溶于水的易燃与可燃液体，如石油烃化合物和苯类等芳香族化合物失火燃烧时，禁止用水扑灭。

溶于水或稍溶于水的易燃物与可燃液体，如醇类、醚类、酯类、酮类等失火时，如数量不多可用雾状水、化学泡沫、皂化泡沫等灭火。

不溶于水、密度大于水的易燃物与可燃液体，如二氧化碳等引起的火焰，可用水扑灭，因为水能浮在液面上将空气隔绝。禁止使用四氯化碳灭火器。

b. 电气设备及电线着火时，首先用四氯化碳灭火剂灭火。电源切断后才能用水扑救。严禁在未切断电源之前用水或泡沫灭火剂扑救。

c. 回流加热时，如因冷凝效果不好，易燃蒸气在冷凝器顶端着火，应先切断加热源，再行扑救。绝对不能用塞子或其他物品堵住冷凝管口。

d. 若敞口的器皿中发生燃烧，应尽快切断加热源，设法盖住器皿口、隔绝空气，使火熄灭。

e. 扑灭产生有毒蒸气的火情时，要特别注意防毒。

③ 灭火器的维护

a. 灭火器要定期检查，并按规定更换药液。使用后应彻底清洗，并更换损坏的零件。

b. 使用前需检查喷嘴是否畅通，如有阻塞，应用铁丝疏通后再使用，以免造成爆炸。

c. 灭火器一定要固定放在明显的地方，不得任意移动。

三、防止烧伤、切割、腐蚀和烫伤

实验室中的烧伤，主要是由于接触到高温物质和腐蚀性化学物质以及由火焰、爆炸、电及放射性物质所引起的。

1. 化学烧伤

化学烧伤是由于操作者的皮肤触及到腐蚀性化学试剂所致。这些试剂包括：强酸类，特别是氢氟酸及其盐；强碱类，如碱金属的氢化物、浓氨水、氢氧化物等；氧化剂，如浓的过氧化氢、过硫酸盐等；某些单质，如钾、钠等。

化学烧伤的预防措施：取用危险药品及强酸、强碱和氨水时，必须戴橡皮手套和防护眼镜；酸类滴到身上，不论是哪一部位，都应立即用水冲洗；稀释硫酸时必须在烧杯等耐热容器中进行，应在不断搅拌下把浓硫酸加入水中，绝对不能把水加入浓硫酸中！在溶解NaOH、KOH等能产生大量热的物质时，也必须在耐热容器中进行。如需将浓硫酸与碱液中和，则必须先稀释、后中和。

2. 烫伤和烧伤

烫伤是操作者身体直接触及火焰及高温物品（低温引起的冻伤，其性质与烫伤类似）所造成的。

3. 割伤的防护处理

（1）安装能发生破裂的玻璃仪器时，要用布片包裹。

（2）往玻璃管上套橡皮管时，最好用水或甘油浸湿橡皮管的内口，一手戴线手套慢慢转动玻璃管，不能用力过猛。

（3）容器内装有0.5L以上溶液时，应托扶瓶底移取。

四、常见的化学毒物及中毒预防、急救

在实验室中引起的中毒现象有两种情况：一是急性中毒；二是慢性中毒，如经常接触某些有毒物质的蒸气。

1. 有毒气体

（1）CO（一氧化碳） CO是无色无臭的气体，对空气的相对密度为0.967，毒性很大。CO进入血液后与血红素的结合力比O_2大200～300倍，因而很快形成碳氧血红素，使血红素丧失输送氧的能力，导致全身组织尤其是中枢神经系统严重缺氧造成中毒。

CO中毒时，表现为头痛、耳鸣、有时恶心呕吐、全身疲乏无力。中度中毒者除上述症状加剧外，能迅速发生意识障碍、嗜睡、全身显著虚弱无力、不能主动脱离现场。重度中毒时，可迅速陷入昏迷状态，因呼吸停止而死亡。

急救措施：①立即将中毒者抬到空气新鲜处，注意保温，勿使受冻；②呼吸衰竭者立即进行人工呼吸，并给以氧气，立即送医院抢救。

（2）Cl_2（氯气） Cl_2为黄绿色气体，比空气重2.49倍，一旦泄漏将沿地面扩散。Cl_2是强氧化剂，溶于水，有窒息臭味。一般工作场所空气中含氯不得超过0.002mg/L。含量达3mg/L时，会使呼吸中枢突然麻痹、肺内引起化学灼伤而迅速死亡。

（3）H_2S（硫化氢） H_2S为无色气体，具有腐蛋臭味，对空气相对密度为1.19。H_2S使中枢神经系统中毒，使延髓中枢麻痹，与呼吸酶中的铁结合（生成FeS沉淀）使酶活动性减弱。H_2S浓度低时，会使人头晕、恶心、呕吐等，浓度高或吸入量大时，可使意识突然丧失、昏迷窒息而死亡。

因H_2S有恶臭，一旦闻到其气味应立即离开现场，对中毒严重者及时进行人工呼吸、吸氧，并送医院进行急救。

（4）氮氧化物 氮氧化物主要成分是NO和NO_2。氮氧化物中毒表现为对深部呼吸道的刺激作用，能引起肺炎、支气管炎和肺水肿等。严重者导致肺坏疽；吸入高浓度氮氧化物时，可迅速出现窒息、痉挛而死亡。

一旦发生中毒，要立即离开现场，呼吸新鲜空气或吸氧，并送医院急救。

2. 酸类

H_2SO_4、HNO_3、HCl这三种酸是实验室最常用的强酸。受到三酸蒸气刺激能引起急

性炎症。皮肤受到强酸伤害时，应该立即用大量水冲洗，然后用2%的小苏打水溶液冲洗患部。

3. 碱类

强碱 NaOH、KOH 的水溶液有强烈腐蚀性。皮肤受到强碱伤害时，应该迅速用大量水冲洗，然后用2%稀乙酸或2%硼酸冲洗患部。

4. 氰化物、砷化物、汞和汞盐

氰化物：KCN 和 NaCN 属于剧毒剂，吸入很少量也会造成严重中毒。发现中毒者应立即抬离现场，施以人工呼吸或给予氧气，立即送往医院。

砷化物：实验室常用的有 As_2O_3、Na_3AsO_3、AsH_3（砷化氢又称为胂），这些都属于剧毒物。发现中毒时立即送往医院抢救。

汞和汞盐常用的有 Hg、$HgCl_2$、Hg_2Cl_2，其中 Hg 和 $HgCl_2$ 毒性最大。

5. 有机化合物

有机化合物的种类很多，几乎都有毒性，只是毒性大小不同。因此在使用时必须对其性质进行详细了解，根据不同情况采取安全防护措施。

(1) 脂肪族卤代烃　短期内吸入大量这类蒸气有麻醉作用，主要控制神经系统。它们还刺激黏膜、皮肤以至全身出现中毒症状。这类物质对肾、心脏有较强的毒害作用。

(2) 芳香烃　有刺激作用，接触皮肤和黏膜能引起皮炎，高浓度蒸气对中枢神经有麻醉作用。大多数芳香烃对神经系统有毒害作用，有的还会损伤造血系统。

急性中毒时应立即进行人工呼吸、吸氧、送往医院治疗。

6. 致癌物质

某些物质在一定的条件下诱发癌症，被称为致癌物质。根据物质对动物的诱癌试验和临床观察统计，以下物质有明显的致癌作用：多环芳烃、3,4-苯并芘、1,2-苯并蒽（以上三种物质多存在于焦油、沥青中）、亚硝酸类、2-萘胺、联苯胺、砷、锡、石棉等。所以在使用这些物质时必须穿工作服，戴手套和口罩，避免进入人体。

7. 预防中毒措施

为避免中毒，最根本的一条是，一切实验室工作都应遵守规章制度。操作中应注意以下事项。

(1) 进行有毒物质实验时要在通风橱内进行，并保持室内通风良好。

(2) 用嗅觉检查样品时，只能拂气入鼻、轻轻嗅闻，绝不能对着瓶口猛吸。

(3) 室内有大量毒气存在时，分析人员应立即离开房间，只许佩戴防毒面具的人员进入室内，打开门窗通风换气。

(4) 装有煤气管道的实验室，应经常注意检查管道和开关的严密性，避免漏气。

(5) 有机溶剂的蒸气多属于有毒物质。只要实验允许，应选用毒性较小的溶剂，如石油醚、丙酮、乙醚等。

(6) 实验过程中如有感到头晕、无力、呼吸困难等症状，即表示有可能中毒，应立即离开实验室，必要时应到医院进行治疗。

(7) 尽量避免手与有毒试剂直接接触。实验后及进食前，必须用肥皂充分洗手。不要用热水洗涤。严禁在实验室内进食。

五、安全用电常识

在实验室中经常与电打交道，如果对电器设备的性能不了解，使用不当就会引起触电事故。因此，化工分析人员必须掌握一定的用电常识。

1. 电对人的危害

电对人的伤害可分为内伤和外伤两种，这两种伤害有可能单独发生，也有可能同时发生。

(1) 电外伤　包括电灼伤、电烙伤和皮肤金属化（熔化金属渗入皮肤）三种，这些都是由于电流热效应和机械效应所造成，通常是局部的，一般危害性不大。

(2) 电内伤　电内伤就是指电击，是电流通过人体内部组织而引起的。通常所说的触电事故，基本上都是指电击而言，它能使心脏和神经系统等重要器官、组织受损。

2. 安全电流和安全电压

(1) 安全电流　通过人体电流的大小对电击的后果起决定作用。一般交流电比直流电危险。通常把10mA的交流电流或50mA以下的直流电流看作是安全电流。

(2) 安全电压　触电后果的关键在电压，因此根据不同环境采用相应的“安全电压”使触电时能自主地摆脱电源。安全电压的数值，在国际上还尚未统一规定，国内规定有6V、12V、24V、36V、42V五个等级。电气设备的安全电压超过24V时，必须采取其他防止直接接触带电体的保护措施。

3. 保护接地

预防触电的可靠方法之一，就是采用保护性接地。其目的就是在电气设备漏电时，使其对地电压降到安全电压（24V以下）范围内。实验室所用的在1kV以上的仪器必须采取保护性接地。

4. 使用电气动力时，必须做到以下几点

(1) 先检查设备的电源开关，电机和机械设备各部分是否安置妥当，使用的电源电压是否为安全电压。

(2) 打开电源之前必须认真思考30s，确认无误时方可送电。

(3) 认真阅读电器设备的使用说明书及操作注意事项，并严格遵守。

(4) 实验室内不得有裸露的电线头，不要用电线直接插入电源接通电灯、仪器等，以免产生电火花引起爆炸和火灾等事故。

(5) 临时停电时，要关闭一切电气设备的电源开关，待恢复供电时再重新启动。仪器用完后要及时关掉电源，方可离去。

(6) 电器动力设备发生过热（超过最高允许温度）现象，应立即停止运转，进行检修。

(7) 实验室所有的电气设备不得私自拆卸及随便进行修理。

(8) 离开实验室前认真检查所有的电气设备的电源开关，确认完全关闭后方可离开。

5. 触电的急救

遇到人身触电事故时，必须保持冷静，立即拉闸断电，或用木棍将电源线拨离触电者。千万不要用手在脚底无绝缘体的情况下去拉触电者。如触电者在高处要防止切断电源后把人摔伤。脱离电源后，检查伤员呼吸和心跳情况，若停止呼吸，应立即进行人工呼吸。应该注意，对触电严重者，必须在急救后再送往医院做全面检查，以免耽误抢救时间。

单元复习与自测

一、选择题

1. 下面对GB/T 13662—92代号解释不正确的是（　　）。

A. GB/T为推荐性国家标准　　　　B. 13662是产品代号

C. 92是标准发布年号　　D. 13662是标准顺序号

2. 缓冲溶液中加入少量的酸或碱时，溶液的（　　）不发生显著改变。

A. pK 酸值　　B. 浓度　　C. 缓冲容量　　D. pH值

3. 食品卫生检验需在无菌条件下进行接种，为使接种室达到无菌状态，一般采用（　　）方法是正确的。

A. 30W紫外线灯开启1h后关灯操作　　B. 30W紫外线灯开启隔夜，关灯操作

C. 在紫外线灯开启下操作　　D. 开启紫外线灯1h后关灯，在酒精灯下操作

4. 实验中出现的可疑值（与平均值相差较大的值），若不是由明显过失造成，就需根据（　　）决定取舍。

A. 结果的一致性　　B. 是否符合误差要求

C. 偶然误差分布规律　　D. 化验员的经验

5. 实验室钾、钠活泼金属因剧烈反应而引起的失火只能用（　　）灭火。

A. 沙土覆盖　　B. 泡沫灭火器　　C. 干粉灭火器　　D. CO_2 灭火器

6. GB 601标准中规定，标准溶液标定时的两次测定结果平均值之差应（　　）。

A. ≤0.2%　　B. <0.2%　　C. <0.1%　　D. ≤0.1%

7. 按有效数字计算规则，3.40+5.7281+1.00421=（　　）。

A. 10.13231　　B. 10.1323　　C. 10.132　　D. 10.13

8. 对某食品中粗蛋白进行了6次测定，结果分别为59.09%、59.17%、59.27%、59.13%、59.10%、59.14%，标准偏差为（　　）。

A. 0.06542　　B. 0.0654　　C. 0.066　　D. 0.065

9. 定量分析中，使用试剂的纯度等级为（　　）。

A. A. R.　　B. C. P.　　C. L. R.　　D. 工业

10. 下列哪些物质不能放在磨口玻璃瓶中贮存?（　　）

A. 稀盐酸　　B. 浓盐酸　　C. 10%NaOH　　D. 浓硫酸

11. 一级试剂或保证试剂亦称优级纯试剂，简称G. R.级，标签颜色为（　　）。

A. 红色　　B. 绿色　　C. 蓝色　　D. 黄色

12. 仪器的电源开关应接在（　　）上。

A. 地线　　B. 零线　　C. 火线

13. 钾、钠等金属平时应贮存在（　　）中。

A. 水　　B. 95%的乙醇　　C. 煤油　　D. 氢氧化钠溶液

14. 国际标准化组织的缩写是（　　）。

A. FAO　　B. ISO　　C. CAC　　D. FDA

15. 扑灭D类火灾可用（　　）灭火剂或灭火材料。

A. 水　　B. 酸碱灭火剂　　C. 二氧化碳　　D. 沙土

16. 有毒气体中毒时，首先应（　　）。

A. 立即离开现场　　B. 进行人工呼吸　　C. 注射葡萄糖溶液　　D. 口服兴奋剂

17. 可燃性液体失火属于（　　）火灾。

A. C类　　B. D类　　C. A类　　D. B类

18. 电器失火不能用（　　）灭火剂。

A. 液体二氧化碳　　B. 四氯化碳　　C. 泡沫　　D. 1211

19. 氢氟酸烧伤时，应先用大量水冲洗，然后将烧伤处浸入（　　）。

A. （2+1）甘油　　B. 氧化镁悬乳液

C. 50g/L的碳酸氢钠溶液　　D. 25%氨水

20. 下列哪一种物质的标准溶液不能用直接法配制（　　）。
A. 重铬酸钾　B. 高锰酸钾　C. 溴酸钾　D. 碘
21. 根据标准化法，我国标准分为4级，下面不属于这4级类的是（　　）。
A. 国家标准　B. 行业标准　C. 企业标准　D. 卫生标准
22. 实验室危险药品分类贮藏规定易燃剂与氧化剂不能混放，下面贮放不正确的是（　　）。
A. 乙醚、丙酮、乙醇放在通风阴凉的地方
B. 高氯酸、双氧水放乙醚旁
C. 高氯酸、氯酸钾放置于砂箱内
D. 乙醚、苯、苯酮贮放温度<30℃
23. 下面对实验用过的氰化物试剂处理正确的是（　　）。
A. 用大量水冲入下水道　B. 放入废物缸中，处理成碱性
C. 放入废物缸中处理成酸性　D. 用试剂瓶装好弃于垃圾箱中
24. 实验室中常用的铬酸洗液是由哪两种物质配制的（　　）。
A. K_2CrO_4和浓H_2SO_4　B. K_2CrO_4和浓HCl
C. $K_2Cr_2O_7$和浓HCl　D. $K_2Cr_2O_7$和浓H_2SO_4
25. 实验室中干燥剂二氯化钴变色硅胶失效后，呈现（　　）。
A. 红色　B. 蓝色　C. 黄色　D. 黑色
26. （1+5）H_2SO_4这种体积比浓度表示方法的含义是（　　）。
A. 水和浓H_2SO_4的体积比为1∶6　B. 水和浓H_2SO_4的体积比为1∶5
C. 浓H_2SO_4和水的体积比为1∶5　D. 浓H_2SO_4和水的体积比为1∶6
27. pH=5.26中的有效数字是（　　）位。
A. 0　B. 2　C. 3　D. 4
28. 用15mL的移液管移出的溶液体积应记为（　　）。
A. 15mL　B. 15.0mL　C. 15.00mL　D. 15.000mL
29. ISO 9000系列标准是关于质量管理和质量保证以及（　　）方面的标准。
A. 质量管理　B. 质量保证　C. 产品质量　D. 质量保证审核
30. 从下列标准中选出必须制定为强制性标准的是（　　）。
A. 国家标准　B. 分析方法标准　C. 食品卫生标准　D. 产品标准
31. 食品质量安全市场准入标志是（　　）。
A. ISO 9000　B. QS　C. GMP　D. GMC
32. 配制一般溶液，应选用下面（　　）组的玻璃仪器。
A. 三角烧瓶、量筒、玻棒　B. 量筒、试剂瓶、玻棒
C. 容量瓶、玻棒、量筒　D. 烧杯、玻棒、量筒
33. 对样品进行理化检验时，采集样品必须有（　　）。
A. 代表性　B. 典型性　C. 随意性　D. 适时性
34. 使空白测定值较低的样品处理方法是（　　）。
A. 湿法消化　B. 干法灰化　C. 萃取　D. 蒸馏
35. 常压干法灰化的温度一般是（　　）。
A. 100～150℃　B. 500～600℃　C. 200～300℃
36. 可用"四分法"制备平均样品的是（　　）。
A. 稻谷　B. 蜂蜜　C. 鲜乳　D. 苹果
37. 湿法消化方法通常采用的消化剂是（　　）。
A. 强还原剂　B. 强萃取剂　C. 强氧化剂　D. 强吸附剂

38. 选择萃取的试剂时，萃取剂与原溶剂（　　）。

A. 以任意比混溶　　B. 必须互不相溶

C. 能发生有效的络合反应　　D. 不能反应

39. 水蒸气蒸馏利用具有一定挥发度的被测组分与水蒸气混合成分的沸点（　　）而有效地把被测成分从样液中蒸发出来。

A. 升高　　B. 降低　　C. 不变　　D. 无法确定

40. 在对食品进行分析检测时，采用的行业标准应该比国家标准的要求（　　）。

A. 高　　B. 低　　C. 一致　　D. 随意

41. 表示滴定管体积读数正确的是（　　）。

A. 11.1mL　　B. 11mL　　C. 11.10mL　　D. 11.105mL

42. 用万分之一分析天平称量样品质量正确的读数是（　　）。

A. 0.2340g　　B. 0.234g　　C. 0.23400g　　D. 2.340g

43. 要求称量误差不超过0.01，称量样品10g时，选用的称量仪器是（　　）。

A. 准确度百分之一的台秤　　B. 准确度千分之一的天平

C. 准确度为万分之一的天平

44. 标定氢氧化钠标准溶液用（　　）作基准物。

A. 草酸　　B. 邻苯二甲酸氢钾　C. 碳酸钠

45. 可用（　　）来标定盐酸标准溶液。

A. 氢氧化钠标准溶液　　B. 邻苯二甲酸氢钾

C. 碳酸钠

46. 对照实验是检验（　　）的有效方法。

A. 偶然误差　　B. 仪器试剂是否合格

C. 系统误差　　D. 回收率好坏

47. 空白试验可消除（　　）。

A. 偶然误差　　B. 仪器误差　　C. 主观误差　　D. 试剂误差

48. 在一组平行测定中，测得试样中钙的质量分数分别为22.38、22.36、22.40、22.48，用Q检验判断，应弃去的是（　　）。(已知：$Q_{0.90}=0.64$，$n=5$)

A. 22.38　　B. 22.36　　C. 22.40　　D. 22.48

49. 当蒸馏物受热易分解或沸点太高时，可选用（　　）方法从样品中分离。

A. 水蒸气蒸馏　　B. 常压蒸馏　　C. 高压蒸馏　　D. 减压蒸馏

50. 用于配制标准溶液的水最低要求为（　　）。

A. 一级水　　B. 二级水　　C. 三级水　　D. 四级水

51. 减少分析测定中偶然误差的方法是（　　）。

A. 对照试验　　B. 空白试验　　C. 仪器校准　　D. 增加平行测定次数

52. 干法灰化与湿法消化相比，湿法消化测定空白值（　　）。

A. 高　　B. 低　　C. 相等　　D. 不能确定

二、简答题

1. 简要说明样品预处理的目的。
2. 食品采样的原则是什么？简述采样的一般步骤。
3. 食品分析中样品预处理的方法有哪几种？
4. 蒸馏的原理是什么？什么情况下采用常压蒸馏、减压蒸馏、水蒸气蒸馏？
5. 对于难以灰化的样品，加速灰化的方法有哪些？
6. 简述湿法消化的基本原理。

7. 食品微生物检验样品采集的原则是什么？

8. 按照不同物质发生的火灾，说明火灾分为哪几种类型？对应不同类型火灾分别使用哪一类灭火器材？

9. 标定某标准溶液浓度时，得到以下 5 个数据：0.1014，0.1002，0.1019，0.10266，0.1016，其中数据 0.10266 可疑，用 *Q* 检验法确定该数据是否应舍弃？

专业知识与技能模块

第一章　粮油及其制品检验

第一节　粮油及其制品的质量及卫生标准

粮食的种类大体分为五种：水稻、小麦、玉米、豆类、杂粮，经过加工后的粮油制品种类繁多。国家针对不同制品有不同的质量标准，目前我国现行的国家粮油标准主要有7类。

① 稻谷、小麦、玉米、大豆等主要粮食质量标准。

② 大米、小麦粉、食用植物油等粮油产品质量标准。

③ 粮食卫生标准、植物油料卫生标准、食用植物油卫生标准。

④ 食品中农药最大残留量限定标准。

⑤ 食品中真菌毒素限量标准。

⑥ 食品中污染物限量标准。

⑦ 饲料卫生标准。

一、粮食的品质指标

(1) 纯粮率　纯粮（质）率是指粮油种子的纯净程度，包括籽粒完整、饱满、发育完善粒和有食用价值的不完善粒。测定纯粮（质）率是评定粮食（油料）价值的重要依据。

(2) 杂质　即粮食、油料中混入没有价值又影响品质的本品以外的物质。杂质主要包括：无机杂质（泥土、沙石、矿渣、金属物等）、有机杂质（植物茎叶、杂草种子、鼠雀粪、活虫、虫尸、空壳、限制的异种粮粒及无食用价值的粮粒等）及其他杂质。

(3) 加工精度　加工后米胚残留以及米粒表面和背沟残留皮层的程度。它是评定大米等级的重要指标。

(4) 不完善粒　一般包括未熟粒、虫蚀粒、病斑粒、生芽粒、破损粒、变色变质粒及异种粮粒。不完善粒含量是评定粮油品质和等级的主要依据，不完善粒不同程度地影响粮食、油料的外观品质、口味、使用价值以及储存时间。

(5) 小麦硬质率　硬质是指籽粒具有光亮的、玻璃状或角质的胚乳。胚乳如无光泽呈粉状，称粉质。硬质粒的多少，通常以硬质率表示。测定小麦硬质率对于制粉工艺中的原料搭配，调节面筋含量和掌握碾制压力，保证面粉品质及提高出品率等具有很大的意义。

(6) 出糙率 稻谷的出糙率是衡量稻谷品质的一项重要指标。出糙率是指稻谷脱壳后，其糙米的完善粒和1/2的不完善粒的总量占试样质量的百分数。出糙率越高，说明其品质越好。

(7) 密度　密度大的粮食，组织紧密，品质好。

(8) 容重　即单位体积内粮食的质量，一般说，同类粮食相比，容重越大，品质越好。

(9) 碎米率　大米中的碎米，是指由于加工而破碎的大米。

(10) 黏度　不同品种的大米其黏度不同，同一品种的大米因储存条件和时间不同，其黏度也有差异，因此，可根据大米的黏度鉴定大米的品质。

(11) 面粉粗细度　对高级粉，细度要求高，尽量减少麸皮含量。对于较低级的面粉，则允许含有一定的麸皮。

(12) 面筋质　面粉揉和成团，在水中洗去淀粉及麸皮后，剩余的具有弹性和延伸性的物质，就是面筋。面筋的含量、色泽、弹性和延伸性等是确定面粉质量的重要指标之一。

(13) 含砂量　面粉中含砂量不仅影响食用，而且对人体有害，因此，必须严格控制面粉中含砂量不得超过0.03%。

(14) 金属含量　面粉中磁性金属物含量应在3mg/kg以下。

以小麦粉为例，其质量指标见表1-1。

表1-1　小麦粉的质量标准（GB 8607—1988）

项目指标	特级一等	特级二等	标准粉	普通粉
加工精度	按照实物标准样品对照检验粉色、麸星			
灰分(干基)/%	≤0.70	≤0.85	≤1.10	≤1.40
粗细度	全部通过CB36号筛，留存在CB42号筛的不超过10.0%	全部通过CB30号筛，留存在CB36号筛的不超过10.0%	全部通过CB20号筛，留存在CB30号筛的不超过20.0%	全部通过CB20号筛
面筋质(湿基)/%	≥26.0	≥25.0	≥24.0	≥22.0
含砂量/%	≤0.02			
磁性金属物/(g/kg)	≤0.003			
水分/%	≤14.0		≤13.5	
脂肪酸值(湿基)	≤80			
气味	正常			

二、食用植物油的品质指标

(1) 透明度　在一定温度下，静置一定时间后，用肉眼可以观察到的浑浊物质的程度。影响透明度的主要有水分、磷脂、蛋白质等非甘油酯类物质。

(2) 油脂杂质　油脂杂质多，不仅影响使用价值，而且对安全储藏也有影响。

(3) 熔点　可了解该种油脂的纯度。

(4) 凝固点　各种油脂的凝固点都是一定的，所以测定油脂的凝固点，也可以衡量其纯度的高低。

(5) 皂化价　皂化1g油脂所需氢氧化钾的质量（mg）。各种油脂均有一定的皂化价范围。通过皂化价的测定，也可以了解油脂的纯度。

(6) 碘价　表示油脂的不饱和程度，取决于油脂中不饱和脂肪酸的含量。各种油脂脂肪酸的含量都有一定的范围，通过测定碘价，可以了解油脂的组分。

(7) 不皂化物　是指固醇、高分子醇、碳氢化合物、色素等物质，含量一般在1%左右。含量越高，油脂品质越差。

(8) 皂化量　精炼油脂中，常含有微量的肥皂。其含量大，将会明显影响油脂质量。因此油脂皂化量是评定油脂质量好坏的一个重要环节。

(9) 磷脂　油脂中含磷脂过多，不仅会影响油脂的色泽，而且磷脂能与水结合形成乳浊液，甚至会形成胶体溶液，影响油脂安全储存。

此外，油脂水分及挥发物、酸价、油脂密度、过氧化值、折射率等也与油脂品质密切相关。

几种主要植物油的质量指标见表 1-2 和表 1-3。

表 1-2 压榨、浸出成品大豆油的质量标准

检验项目		质量指标			
		一级	二级	三级	四级
色泽	罗维朋比色槽 25.4mm ≤	—		黄 70,红 4.0	**黄 70,红 6.0**
	罗维朋比色槽 133.4mm ≤	黄 20,红 2.0	黄 35,红 4.0	—	—
气味、滋味		无气味口感好	气味口感良好	具有大豆油固有的气味和滋味,无异味	**具有大豆油固有的气味和滋味,无异味**
透明度		澄清、透明			
水分及挥发物/% ≤		0.05	0.05	0.10	0.20
不溶性杂质/% ≤		0.05			
酸值/(mgKOH/g) ≤		**0.20**	**0.30**	**1.0**	**3.0**
过氧化值/(mmol/L) ≤		**5.0**		**6.0**	
加热试验(280℃)		—	—	无析出物,罗维朋比色:黄色值不变,红色值增加小于 0.4	**微量析出物,罗维朋比色:黄色值不变,红色值增加小于 4.0,蓝色值增加小于 0.5**
含皂量/% ≤		—		0.03	—
烟点/℃ ≥		215	205	—	
冷冻试验(0℃储藏 5.5h)		澄清、透明	—		
溶剂残留量/(mg/kg)	**浸出油**	**不得检出**		**≤50**	
	压榨油	**不得检出**			

注:1. 划"—"者表示不做检测,压榨油和一、二级浸出油的溶剂残留检出值小于 10mg/kg 时,视为未检出。
2. 黑体部分为强制指标。

表 1-3 压榨成品花生油的质量标准

检验项目	质量指标	
	一级	二级
色泽(罗维朋比色槽 25.4mm) ≤	黄 15,红 1.5	黄 25,红 4.0
气味、滋味	具有花生油固有的香味和滋味,无异味	
透明度	澄清、透明	
水分及挥发物/% ≤	0.10	**0.15**
不溶性杂质/% ≤	0.05	**0.05**
酸值/(mgKOH/g) ≤	**1.0**	**2.5**
过氧化值/(mmol/L) ≤	**6.0**	**7.5**
溶剂残留量/(mg/kg)	**不得检出**	
加热试验(280℃)	无析出物,罗维朋比色:黄色值不变,红色值增加小于 0.4	**微量析出物,罗维朋比色:黄色值不变,红色值增加小于 4.0,蓝色值增加小于 0.5**

第二节 粮食、油料中水分的测定

水分是粮食中的一个重要化学成分，它不仅对粮食籽粒的生理有很大作用，而且对粮食储藏、加工都有重要影响。粮食中有两种不同状态的水，一是游离水；二是结合水。游离水存在于粮粒的细胞间隙中和毛细管中，具有普通水的一般性质，是粮食进行生化反应的介质。游离水在粮食籽粒内很不稳定，能在环境温度、湿度的影响下自由出入。储藏和加工过程中粮食水分的增减，主要是游离水的变化。结合水存在于粮粒的细胞内，与淀粉、蛋白质等亲水性物质相结合，其性质稳定，不易散失，不能作为溶剂，不参与粮食籽粒内部的生化反应。一般晒粮或烘干粮食对结合水影响不大。在105℃的温度下维持一定时间，粮食中绝大部分的结合水都能挥发出来。因此，用烘干法测得的粮食水分，是游离水与结合水的总和。

一般正常粮食、油料的水分含量是在一定数值范围之内的。例如禾谷类粮食的临界水分为13%～15%，油料的临界水分为8%～10%。通常，粮食水分含量在16.0%（含）以上，油料水分含量在13.0%（含）以上的被视为高水分粮油。水分含有过多时，不仅浪费仓容和运输力，而且能促使粮食、油料种子生命活动旺盛，引起粮堆发热、变质，降低储藏稳定性。因此，水分含量是安全储藏的重要指标。

粮食、油料含有过量的水分必然会使籽粒中有使用价值的物质相对减少。因此，在粮食、油料的收购、销售、调拨中，水分含量是质量标准中一项重要的限制性指标。

检测依据：GB 5497—1985《粮食、油料检验　水分测定法》

测定方法：直接干燥法

1. 方法原理

食品中的水分受热以后，产生的蒸汽压高于空气在电热干燥箱中的分压，使食品中的水分蒸发出来。同时，若不断加热和排走水蒸气，可达到完全干燥的目的，并根据样品失重来计算水分含量的方法，称为直接干燥法。

干燥法需符合的条件：水分是样品中唯一的挥发物质，其他挥发物质含量要非常少或不含有；水分可以较彻底地被去除；在加热过程中，样品中的其他组分由于发生化学反应而引起的重量变化可以忽略不计。

2. 分析步骤

（1）试样制备　粮食、油料样品的制备方法见表1-4。

表1-4　粮油作物样品的制备方法

粮　种	分样数量/g	制备方法
粒状原粮或成品粮	30～50	除去大样杂质和矿物质，粉碎细度为通过直径为1.5mm谷物选筛的不少于90%
大豆	30～50	除去大样杂质和矿物质，粉碎细度为通过直径为2.0mm谷物选筛的不少于90%
花生仁	约50	取净仁用手摇切片机或小刀切成0.5mm以下的薄片或切碎
棉籽、葵花籽	约30	取净籽用研钵敲碎
芝麻、油菜籽	约30	除去大样杂质的整粒试样

（2）定温　使烘箱中温度计的水银球距离烘网2.5cm左右，调节烘箱温度在105℃±2℃。

（3）烘干铝盒　取干净的空铝盒，放在烘箱内温度计水银球下方烘网上，将盒盖斜置于铝盒旁，烘 30～60min 取出，置于干燥器内冷却至室温，取出称重；再烘 30min，烘至前后两次质量差不超过 0.005g，即为恒重。

(4) 称取试样　用烘至恒重的铝盒 (W_0) 称取试样约 3g (W_1，准确至 0.001g)，对带壳油料可按仁、壳比例称样，或将仁、壳分别称样。

(5) 烘干试样　将铝盒盖套在盒底上，放入烘箱内温度计周围的烘网上，在 105℃±2℃温度下烘 3h (油料烘 90min) 后，加盖并取出铝盒，置于干燥器内冷却至室温，取出称重后，再按上述方法进行复烘。每隔 30 分钟取出冷却称重一次，直至前后两次质量差不超过 0.005g 为止。如果后一次质量高于前一次质量，以前一次质量计算 (W_2)。

3. 分析结果表述

粮食、油料含水量按式(1-1) 计算：

$$水分(\%)=\frac{W_1-W_2}{W_1-W_0}\times 100\% \tag{1-1}$$

式中　W_0——铝盒质量，g；

W_1——烘前试样和铝盒质量，g；

W_2——烘后试样和铝盒质量，g。

双试验结果允许差不超过 0.2%，求其平均值即为测定结果。测定结果取小数点后第一位。

4. 方法解读

(1) 样品制备　固态样品所含水分在安全水分以上时，实验条件下粉碎过筛等处理会使产品水分含量发生损失，应采用二步干燥法。

① 安全水分　一般水分含量在 14%以下时称安全水分，即在实验室条件下进行粉碎过筛等处理，水分含量一般不会发生变化。

② 二步干燥法　对于水分含量在 14%以上的样品，如面包之类的谷类食品，先将样品称出总质量后，切成厚为 2～3mm 的薄片，在自然条件下风干 15～20h，使其与大气湿度大致平衡，然后再次称量，并将样品粉碎、过筛、混匀，放于称量瓶中以烘箱干燥法测定水分。

(2) 恒重操作　烘干后将样品取出，加盖置于干燥器内冷却 0.5h 后称重。重复此操作，直至前后 2 次质量差不超过 2mg (视实验方法规定而定) 视为恒重。称重的时间间隔一般为 30min。

(3) 操作条件选择

① 称量瓶的选择 (铝制、玻璃)：玻璃称量皿能耐酸碱，不受样品性质的限制，常用于常压干燥法。铝制称量盒质量轻，导热性强，但对酸性食品不适宜，常用于减压干燥法或原粮水分的测定。选择称量皿的大小要合适，一般样品不超过 1/3 高度。

② 称量瓶的预处理：用烘箱进行干燥处理，在 100℃的烘箱进行重复干燥，以使其达到恒重 (两次称量质量差不超过 2mg)。称量皿放入烘箱内，盖子应该打开，斜放在旁边，取出时先盖好盖子，用纸条取，放入干燥器内，冷却后称重。干燥之后的称量皿应存放在干燥器中。

③ 干燥器中冷却，一般采用硅胶作为干燥剂。当其颜色由蓝色减退或变成红色时，应及时更换，于 135℃条件下烘干 2～3h 后可重新利用。

④ 干燥温度一般选择 95～105℃，对热稳定的样品 (如谷类) 可提高到 120～130℃；对还原糖含量高的食品应先用低温 (50～60℃) 干燥 0.5h，再用 95～105℃干燥。

第三节　粮食中灰分的测定

食品中的灰分是指食品经高温灼烧后所残留的无机物质，主要是金属的氧化物或盐类。

灰分按其溶解性还可分为水溶性灰分、水不溶性灰分和酸不溶性灰分。

食品灰化后的变化：从数量和组成上看，食品的灰分与食品中原来存在的无机成分并不完全相同。食品在灰化时，某些易挥发元素，如氯、碘、铅等，会挥发散失，磷、硫等也能以含氧酸的形式挥发散失，使这些无机成分减少；另一方面，某些金属氧化物会吸收有机物分解产生的二氧化碳而形成碳酸盐，又使无机成分增多。因此，灰分并不能准确地表示食品中原来的无机成分的总量。通常把食品经高温灼烧后的残留物称为粗灰分。

灰分测定内容包括总灰分、水溶性灰分、水不溶性灰分和酸不溶性灰分。其中水溶性灰分反映的是可溶性的钾、钠、钙、镁等的氧化物和盐类的含量。水不溶性灰分反映的是污染的泥沙和铁、铝等氧化物及碱土金属的碱式磷酸盐的含量。酸不溶性灰分反映的是污染的泥沙和食品中原来存在的微量氧化硅的含量。

测定灰分的意义：

(1) 评价粮食的加工精度　例如，在面粉加工中，常以总灰分评价面粉等级，面粉的加工精度越高，灰分含量越低，标准粉为0.6%～0.9%，全麦粉为1.2%～2%。

(2) 灰分是某些食品重要的质量控制指标　如总灰分含量可说明果胶、明胶等胶质品的胶胨性能；水溶性灰分含量可反映果酱、果冻等制品中果汁的含量。

(3) 判断食品的污染程度　不同的食品，因所用原料、加工方法及测定条件不同，各种灰分的组成和含量也不相同。如果灰分含量超过了正常范围，说明食品中使用了不合乎卫生标准的原料或食品添加剂，或食品在加工、储运过程中受到污染，因此测定灰分可以判断食品受污染的程度。

粮食、油料中灰分的含量一般占1.5%～3.0%，且在粮食籽粒中的分布并不均匀，以胚乳灰分含量最低（约为0.6%），胚部次之，而皮层含量最高（皮胚共含约为1.2%）。灰分的测定是鉴定成品粮加工精度高低和品质优劣的重要指标之一，对指导粮油及其制品加工、提高其品质具有重要的意义。

检测依据：GB/T 5009.4—2010《食品安全国家标准 食品中灰分的测定》

测定方法：550℃灼烧法和乙酸镁法

一、550℃灼烧法

1. 测定原理

试样经炭化后置于550℃±10℃高温灼烧，水分及挥发性物质以气态形式放出，有机物质中的碳、氢、氮等元素与有机物本身的氧及空气中的氧生成二氧化碳、氮的氧化物及水分而散失，无机物以硫酸盐、磷酸盐、碳酸盐、氯化物等无机盐和金属氧化物的形式残留下来，即为灰分。

2. 分析步骤

(1) 瓷坩埚准备　将瓷坩埚用盐酸（1∶4）煮1～2h，洗净晾干，用三氯化铁与蓝墨水的混合液在坩埚外壁及盖上写上编号，置于550℃±10℃高温炉中灼烧30～60min，移至炉口冷却到200℃左右，转移至干燥器内冷却至室温，取出并称量坩埚的质量。再重复灼烧、冷却、称量直至恒重（两次称量之差不超过0.5mg）。

(2) 样品测定　称取混匀试样2～3g（准确至0.0002g）于处理好的坩埚中，将坩埚放在电炉上，错开坩埚盖，加热试样至完全炭化为止。然后把坩埚放在550℃±10℃的马弗炉内，先放在炉口片刻，再移入炉膛内，错开坩埚盖，关闭炉门，在550℃±10℃温度下灼烧2～3h。在灼烧过程中，可将坩埚位置调换1～2次，样品灼烧至黑点炭粒全部消失变成灰白色为止。移动坩埚至炉门口处，待坩埚红热消失后，转移至干燥器内冷却至室温，称量。再灼烧30min，冷却，称量，直至恒重为止。最后一次灼烧的质量如果增加，取前一次质量计算。

3. 分析结果表述

灰分（干基）含量按式(1-2) 计算：

$$灰分(干基，\%)=\frac{M_1-M_0}{M(1-W)}\times 100\% \tag{1-2}$$

式中 M_0——坩埚质量，g；

M_1——坩埚和灰分质量，g；

M——试样质量，g；

W——试样水分质量分数，%。

同一分析者使用相同仪器，相继或同时对同一试样进行两次测定，所得到的两个测定值的绝对差值不应超过 0.03%，取平均值作为测定结果。测定结果取小数点后第二位。

4. 方法解读

(1) 炭化 炭化的目的是防止在灼烧时试样中的水分急剧蒸发使样品飞溅而损失；避免含糖、蛋白质、淀粉量多的样品在高温下发生发泡膨胀而溢出。不经炭化而直接灰化，炭粒易被包裹，灰化不完全。炭化的操作一般在电炉或者煤气灯下进行，半盖坩埚盖，小心加热使样品在通气情况下逐渐炭化，直至无黑烟产生。对容易发泡的样品，可先加数滴辛醇或植物油，再进行炭化。

(2) 灰化温度 灼烧温度不应超过 600℃，灰化温度过高，将引起钾、钠、氯等元素挥发损失，而且磷酸盐、硅酸盐类也会熔融，包裹炭粒，使之难以被氧化。反之，灰化温度过低，则灰化速度慢、时间长，灰化不完全。因此，应根据食品种类和性状控制合适的灰化温度。由于各种食品中无机成分的组成、性质及含量各不相同，灰化的温度和时间有所不同，一般为 550℃±25℃灼烧 4h。对于鱼类及海产品、谷类及其制品、乳制品，灰化的温度控制为≤550℃；果蔬及其制品、砂糖及其制品、肉制品为 525℃；谷类饲料样品可达 575℃。

(3) 灰化时间的选择 一般不规定灰化时间，而是观察残留物直至为全白色或浅灰色，内部无残留的炭块，并达到恒重为止。对于已做过多次测定的样品，可根据经验限定时间，一般为 2～5h。绝大多数食品的灰分为白色或者灰白色，这是由于食品中含有 K、Ca、Na、P 等元素；而对某些样品即使灰化完全，残灰也不一定呈白色或者浅灰色，如铁含量高的食品，残灰呈褐色；锰、铜含量高的食品，残灰呈蓝绿色。

(4) 加速灰化的方法 对难于灰化的样品，如含磷较多的谷物制品，灰化过程中磷酸盐会熔融而包裹炭粒，难以完全灰化而达到恒量。通常可以采取以下方法加速灰化：

① 样品经初步灼烧后，取出冷却，从容器边缘慢慢加入少量去离子水，使可溶性盐类溶解，被包裹的炭粒暴露出来，在水浴上慢慢蒸发至干涸，置于 120℃烘箱中充分干燥，防止灼烧时残灰飞散，再灼烧至恒量。

② 加氧化剂、疏松剂。经初步灼烧后，取出冷却，加入几滴硝酸或双氧水，利用它们的氧化作用加速炭粒灰化，蒸干后再灼烧至恒量。也可以加入 10%碳酸铵等疏松剂，在灼烧时分解为气体逸出，使灰分松散，促进炭粒灰化。这些物质的添加不会增加残灰的质量，灼烧后完全消失。

③ 加入乙酸镁、硝酸镁等助灰化剂，这类镁盐随灰化而分解，与过剩的磷酸结合，残灰不熔融而呈松散状态，避免了炭粒被包裹，可缩短灰化时间，但产生了 MgO 会增重，应做空白试验。

(5) 灼烧后的坩埚应冷却到 200℃以下再移入干燥器内，否则冷却至室温后干燥器内真空度较大，不易打开玻盖。

二、乙酸镁法

1. 测定原理

试样中加入助灰化试剂乙酸镁后，经850℃±25℃高温灰化至有机物完全灼烧挥发后，称量残留物质量，并计算灰分含量。

2. 分析步骤

(1) 坩埚处理　除马弗炉的温度改为850℃±25℃外，其他操作步骤同550℃灼烧法。

(2) 样品测定　称取试样2～3g于处理好的坩埚内，加入乙酸镁乙醇溶液3mL，静置2～3min，用点燃的酒精棉引燃样品，按照550℃法进行炭化，将坩埚放入马弗炉内，先放到炉膛口预热片刻，再移入炉膛内，错开坩埚盖，关闭炉门。在850℃±25℃温度下灼烧1h。待剩余物变成浅灰白色或白色时，停止灼烧，移动坩埚置于炉门口处，待红热消失后，转移至干燥器内冷却至室温，称量。

(3) 空白试验　在已恒重的坩埚中加入乙酸镁乙醇溶液3mL，用点燃的酒精棉引燃并炭化后，同上述方法进行灼烧、冷却、称量。

注：3mL乙酸镁乙醇溶液的氧化镁质量为0.0085～0.0090g，应以空白试验所得的氧化镁质量为依据。

3. 分析结果表述

灰分（干基）含量按式(1-3)计算：

$$\text{灰分(干基，\%)}=\frac{(W_1-W_0)-(W_3-W_2)}{W(1-M)}\times 100\% \tag{1-3}$$

式中　W_0——坩埚质量，g；

W_1——坩埚和灰分质量，g；

W_2——空白试验坩埚质量，g；

W_3——氧化镁和坩埚质量，g；

W——试样质量，g；

M——试样水分质量分数，%。

同一分析者使用相同仪器，相继或同时对同一试样进行两次测定，所得到的两个测定值的绝对差值不应超过0.03%，取平均值作为测定结果。测定结果取小数点后第二位。

第四节　植物油脂含皂量的测定

油脂中的含皂量，是指油脂加碱精炼后，残留在油脂中的皂化物（脂肪酸钠）的量，一般以油酸钠的质量计。

植物油脂含皂量过高时，对油脂的质量与透明度有很大的影响。在加工色拉油时，碱炼后皂的分离程度直接影响到后面的脱色工艺，若油脂中含皂量过高会附着在脱色剂的表面，使脱色剂降低效率，附有肥皂的脱色剂不易与油分离而再利用。因此，对含皂量的测定不但是评价油脂品质的重要指标，对油脂加工工艺也有指导作用。在我国植物油脂国家标准中，含皂量是成品油等级质量指标之一。我国植物油脂国家标准规定了各品种、各等级植物油脂含皂量的最高值。

检测依据：GB/T 5533—2008《粮油检验 植物油脂含皂量的测定》

1. 方法原理

试样用有机溶剂溶解后，加入热水使皂化物溶解，用盐酸标准溶液滴定。

2. 分析步骤

称取样品 40g，精确至 0.01g，置于具塞锥形瓶中，加入 1mL 水，将锥形瓶置于沸水浴中，充分摇匀。加入 50mL 丙酮水溶液，在水浴中加热后，充分振摇，静置后分为两层。用微量滴定管趁热逐滴滴加 0.01mol/L 盐酸标准溶液，每滴一滴振摇数次，滴至溶液从蓝色变为黄色。重新加热、振摇、滴定至上层呈黄色不褪色，记下消耗盐酸标准溶液的总体积。

同时做空白试验。

3. 分析结果表述

植物油脂含皂量按式(1-4) 计算：

$$X=\frac{(V-V_0)\times c\times 0.304}{m}\times 100\% \tag{1-4}$$

式中 X——油脂中含皂量（以质量分数计），%；

V——滴定试样溶液消耗盐酸标准溶液的体积，mL；

V_0——滴定空白溶液消耗盐酸标准溶液的体积，mL；

c——盐酸标准溶液的浓度，mol/L；

m——试样质量，g；

0.304——每毫摩尔油酸钠的质量，g/mmol。

双试验结果允许差值不超过 0.01%，求其平均数，即为测定结果。测定结果取小数点后第二位。

第五节　动植物油脂过氧化值的测定

动植物油脂的过氧化值是指油脂试样在标准规定的条件下氧化碘化钾的物质的量，以每千克中活性氧的毫摩尔量（mmol/kg）（或毫克当量）表示。

油脂在储藏期间，由于受到光、热、氧以及水和酶的作用，常会发生腐败变质等品质变化，这种变化一般被称为酸败。油脂酸败一般有两种方式，即水解酸败和氧化酸败。水解酸败是指油脂在水和解脂酶的存在下，水解成甘油和脂肪酸的变化；氧化酸败是指油脂（特别是含有不饱和脂肪酸的油脂）在空气中氧的作用下，分解成醛、酮、醇、酸的作用。

油脂酸败，不但营养降低，而且具有毒性。对其评价和检验，常以测定油脂氧化生成初级产物氢过氧化物以及氧化分解产物（醛、酮、酸类物质）进行综合评价。氢过氧化物可用过氧化值来评价。

过氧化值是油脂初期氧化程度的质量指标之一，测定油脂的过氧化值是对油脂酸败定性和定量检验的参考，是鉴定油脂品质的重要指标之一。在现行的食用动植物油脂卫生标准中规定：植物油脂过氧化值/(g/100g) ≤0.25；动物油脂过氧化值/(g/100g) ≤0.20。

检测依据：GB/T 5538—2005《动植物油脂　过氧化值测定》

1. 方法原理

用乙酸和异辛烷混合溶液溶解样品，样品中氢过氧化物与加入的碘化钾发生氧化反应，析出游离碘，反应完成后用硫代硫酸钠标准溶液滴定析出的游离碘，根据其消耗硫代硫酸钠的量计算过氧化值。

2. 分析步骤

(1) 称样　用纯净干燥的二氧化碳或氮气冲洗锥形瓶，根据估计的过氧化值，按表 1-5

所示称取混匀和过滤的油样，装入锥形瓶中。

表 1-5　取样量和称量的精确度

估计的过氧化值/[mmol/kg(meq/kg)]	样品量/g	称量的精确度/g
0～6（0～12）	5.0～2.0	±0.01
6～10（12～20）	2.0～1.2	±0.01
10～15（20～30）	1.2～0.8	±0.01
15～25（30～50）	0.8～0.5	±0.001
25～45（50～90）	0.5～0.3	±0.001

（2）测定　将 50mL 冰醋酸-异辛烷（60＋40）混合液加入锥形瓶中，盖上塞子摇动至样品溶解。再加入 0.5mL 碘化钾饱和溶液，盖上塞子使其反应，时间为 1min±1s，在此期间摇动锥形瓶至少 3 次，然后立即加入 30mL 蒸馏水。用 0.01mol/L 硫代硫酸钠溶液滴定上述溶液。逐渐地、不间断地添加滴定液，同时伴随有力的搅动，直到黄色几乎消失。添加约 0.5mL 淀粉溶液，继续滴定，临近终点时，不断摇动使所有的碘从溶剂层释放出来，逐滴添加滴定液，至蓝色消失，即为终点。

异辛烷漂浮在水相的表面，溶剂和滴定液需要充分的时间混合，当油脂过氧化值≥35mmol/kg（70meq/kg）时，用淀粉溶液指示终点，会滞后 15～30s。为充分释放碘，可加入少量的（浓度为 0.5%～1%）高效 HLB 乳化剂（如 Twccn 60）以缓解反应液的分层和减少碘释放的滞后时间。

当油样溶解性较差时（如硬脂或动物脂肪）按以下步骤操作：在锥形瓶中加入 20mL 异辛烷，摇动使样品溶解，加 30mL 冰醋酸，再按上述方法测定。

（3）空白试验　当空白试验消耗 0.01 mol/L 硫代硫酸钠溶液超过 0.1mL，应更换试剂，重新对样品进行测定。

3. 分析结果表述

（1）过氧化值以每千克油脂中含活性氧的毫克当量（meq/kg）表示。

过氧化值按式(1-5) 计算：

$$\text{过氧化值(meq/kg)}=\frac{(V_1-V_2)\times c}{m}\times 1000 \tag{1-5}$$

式中　V_1——试样所消耗的硫代硫酸钠溶液的体积，mL；

V_2——空白试验所消耗的硫代硫酸钠溶液的体积，mL；

c——硫代硫酸钠溶液的浓度，mol/L；

m——试样质量，g。

双试验允许差值符合要求时，求其平均数，即为测定结果。结果小于 12 时保留一位小数，大于 12 时保留到整数位。允许误差按表 1-6 所示。

表 1-6　过氧化值与允许误差

过氧化值/(meq/kg)	允许误差
≤1	0.1
1～6	0.2
6～12	0.5
≥12	1

（2）过氧化值以每千克油脂中含活性氧的毫摩尔量（mmol/kg）表示，则有：

过氧化值(mmol/kg)＝过氧化值(meq/kg)×0.5

4. 方法解读

（1）溶剂对过氧化值测定准确度的影响

① 测定过氧化值的标准溶液是硫代硫酸钠的稀溶液，浓度为0.002mol/L，由0.1mol/L的硫代硫酸钠标准溶液稀释而成。配制0.1mol/L的硫代硫酸钠标准溶液时，应用新制的蒸馏水，加入少量Na_2CO_3使溶液呈微碱性，或加入少量HgI（20.001%），并储存在棕色瓶中。由于细菌和CO_2均能使$Na_2S_2O_3$分解，因此，配制硫代硫酸钠标准溶液时，要把蒸馏水重新煮沸以杀死细菌和除去CO_2。加入少量HgI（20.001%）也是为了杀死细菌。加入少量Na_2CO_3是为了使溶液呈微碱性。光照也能加速$Na_2S_2O_3$溶液的分解，所以要将$Na_2S_2O_3$标准溶液储存在棕色瓶中。0.1mol/L的$Na_2S_2O_3$标准溶液按GB 601规定配制并标定，0.002mol/L的稀标准溶液临用前现配。特别需要注意的是，0.1mol/L的$Na_2S_2O_3$标液配制好后，应放置一周后再标定。若长期保存，需要两个月标定一次。油脂氧化后生成过氧化物、醛、酮等，这些物质氧化能力较强，能将碘化钾氧化成游离碘，用硫代硫酸钠标准溶液滴定，计算含量。

② 三氯甲烷-冰醋酸混合液是用来溶解油脂的。三氯甲烷溶液，在使用前必须检验是否含有氧化物。因为三氯甲烷在光照和空气中被氧化生成有毒的光气，如果使用被氧化的三氯甲烷同样导致过氧化值分析结果偏高。三氯甲烷-冰醋酸混合液在暗处放置时间不能超过3min，到时间后必须滴定。超过3min其油脂容易酸败，测定的过氧化值不准确。

③ 严格控制反应溶液的酸度。加入冰醋酸的目的是调节溶液的酸度。硫代硫酸钠标准溶液与析出的游离碘反应迅速完全的条件是在中性或弱酸性溶液条件下。在碱性溶液中，碘与硫代硫酸钠将发生副反应，从而引起误差，若在强酸性环境中，硫代硫酸钠溶液会分解，也会引起误差。所以必须严格控制溶液的酸度，标准规定所用冰醋酸为弱酸，并规定了二者比例，异辛烷：冰醋酸为2：3，要严格按比例配制。

④ 加入蒸馏水后，蒸馏水和冰醋酸可以互溶，而和异辛烷是互不相溶的。反应结束后应立即加水，在样品称量好后，就要用量筒准确量取好30mL蒸馏水备用，否则等反应结束后再量取就会延长反应的时间。在蒸馏水量10～150mL范围内，随着蒸馏水量增加过氧化值减小。加蒸馏水后，稀释了H^+的浓度，酸性减弱，过氧化值减小。所以加入蒸馏水的数量应严格按30mL标准加，使用的蒸馏水应为当日新煮沸去氧冷却的。

（2）滴定前油脂的提取方法对测定结果的影响　在提取油脂时，应避免由于油脂氧化而引起的测定结果偏高的现象。因此在提取油脂时，要采用GB 5009.56—2003规定的方法，用30～60℃沸程的石油醚浸泡样品，然后用减压蒸馏的方法回收溶剂，得到油脂。这样可以降低蒸馏温度，避免高温引起的油脂氧化，以保证测定结果的准确性。若没有减压设备，可采用水浴蒸发溶剂的方法，水浴温度控制在60℃左右为宜，最高不要超过70℃。溶剂蒸发完后，即可闻一下，无醚味，就立即取出。根据工作经验和标准要求，一般可以大致知道样品的含油量（或先测出含油量），再根据需要做平行试验的次数（一般为2～3次），计算出需要浸泡的样品的质量，按量将样品均匀放入碘量瓶中，加石油醚至全部浸泡住样品为止。加盖放置过夜，过滤于已知质量的做平行试验的几个碘量瓶中，大致在每个碘量瓶中放入相同量的滤液，然后放入水浴锅中挥发干溶剂后即可取出。擦干外壁，称瓶与油脂的质量，即可算出油脂的质量。另应注意，用索氏抽提法测油脂含量所提取的油脂，不能用于测过氧化值，因为在两三个小时100℃烘至恒重的过程中，脂肪很容易被氧化，引起较大的正误差。

(3) 滴定过程对测定结果的影响

① 应严格控制反应溶液的酸度 $S_2O_3^{2-}$ 与 I_2 反应迅速完全的条件是在中性或弱酸性溶液中。在碱性溶液中，I_2 与 $S_2O_3^{2-}$ 将发生副反应，I_2 也会发生歧化反应，从而引起误差；若在强酸性环境中，$Na_2S_2O_3$ 溶液会分解，从而引起正误差。所以必须严格控制溶液的酸度，标准规定所用酸为冰醋酸（弱酸），并规定了加入比例，此比例一定不能擅自改变。

② 防止碘的挥发 碘易挥发，是间接碘量法误差的主要来源之一，所以在滴定时应注意以下问题：

a. 样品溶液温度不能太高，不能超过 20℃，防止由于高温引起的碘挥发，从而使测定引起负误差。

b. 要使用碘量瓶，不要剧烈摇动溶液，防止由于剧烈摇动而引起的碘挥发，使测定产生负误差。

c. 加入过量碘化钾溶液，可使碘分子生成较稳定的状态，从而减少碘的挥发，所以要用饱和的碘化钾溶液。

③ 防止 I^- 被空气氧化 由于碘化钾在酸性溶液中易被完全氧化，这是间接碘量法误差的另一主要来源。饱和碘化钾溶液在光照的作用下，生成黄色的游离碘。碘化钾是一种较强的还原物质，在空气中容易氧化。在试验过程中如果加入了已被氧化的碘化钾饱和溶液，使样品溶液所含的游离碘增加，造成结果不准确，导致样品过氧化值结果偏高。碘化钾溶液应澄清、无色，在做空白试验时，当加入淀粉溶液后，若呈蓝色，则试剂碘化钾不符合试验要求，用淀粉指示剂进行检查应不显蓝色。为了保证实验条件的一致性，也由于 KI 在酸性溶液中易被空气氧化，因此无论是样品或空白，饱和 KI 溶液要按 1.00mL 标准加入。I_2 析出后，快速加水，立即用 $Na_2S_2O_3$ 标准溶液滴定，而且滴定速度要快，避光存放时间也要严格控制。饱和碘化钾溶液变黄时应重新配制，最好是随用随配，消除操作中的误差。

④ 淀粉指示剂对过氧化值的影响 配制的淀粉溶液放置时间不能太长，否则影响测定结果，需重新配制；而且淀粉溶液必须是煮沸后才能使用，目的是驱除其中的氧，否则就要影响到测定结果的准确性。淀粉指示剂须在临近终点时加入，若加入过早，大量的碘分子与淀粉结合成蓝色物质，这一部分不容易与硫代硫酸钠反应，使滴定结果产生误差。在测定过氧化值时，滴定速度不同也可造成检验结果的差异。开始滴定时，不要剧烈摇动，临近终点时必须用力地摇，这样可尽量减免误差。因此必须掌握好接近终点时被滴定溶液的颜色，才能在最佳的时候加入淀粉指示剂，得以提高滴定的准确性。

第六节 动植物油脂碘值的测定

油脂中的脂肪酸可分为饱和脂肪酸和不饱和脂肪酸，其中不饱和脂肪酸中的双键可与卤素起加成反应。油脂中不饱和脂肪酸越多，不饱和度越高，则加成卤素的量越大。油脂吸收卤素的程度以碘价来表示。

油脂碘价又称碘值，是指一定质量的样品在标准规定的条件下吸收卤素的质量。以每 100g 油脂吸收碘的质量（g）来表示。

在我国植物油脂国家标准中，碘价是植物油脂质量要求中的特征指标之一。因为通过对油脂碘价的测定可检验油脂的不饱和程度；定性油脂的种类；判断油脂组成是否正常，有无掺假等；还可以在油脂氢化过程中，按照碘价计算氢化油脂时所需要的加氢量和检查油脂氢化程度。

各种油脂的碘价大小和变化范围是一定的，食用植物油脂的碘价范围在国家标准中都有严格的规定。例如：大豆油碘价为124～139g I/100g，玉米油碘价为107～135g I/100g，葵花籽油碘价为118～141g I/100g，花生油碘价为86～107g I/100g，米糠油碘价为92～115g I/100g等。

检测依据：GB/T 5532—2008《动植物油脂　碘值的测定》

检测方法：氯化碘-乙酸溶液法（韦氏法）

1. 方法原理

将油脂试样溶于惰性溶剂中，加入过量的卤素标准溶液，置暗处1～2h，使卤素起加成反应，但不使卤素取代脂肪酸中的氢原子；再加入碘化钾与剩余的卤素标准溶液反应析出碘，用硫代硫酸钠标准溶液滴定析出碘。

反应过程如下：

$$-CH=CH- + ICl \longrightarrow -ICH-CClH-$$

过量的未反应的ICl与KI反应生成碘。

$$KI + ICl = KCl + I_2$$

生成的碘用硫代硫酸钠标准溶液滴定。

$$I_2 + 2Na_2S_2O_3 \longrightarrow Na_2S_4O_6 + 2NaI$$

2. 分析步骤

（1）称样及空白样品的制备　根据样品预估的碘值，称取适量的样品于玻璃称量皿中，精确到0.001g。推荐的称样量见表1-7。

表1-7　试样称取质量

预估碘值/(g/100g)	试样质量/g	溶剂体积/mL	预估碘值/(g/100g)	试样质量/g	溶剂体积/mL
<1.5	15.00	25	20～50	0.40	20
1.5～2.5	10.00	25	50～100	0.20	20
2.5～5	3.00	20	100～150	0.13	20
5～20	1.00	20	150～200	0.10	20

注：试样的质量必须能保证所加入的韦氏试剂过量50%～60%，即吸收量的100%～150%。

（2）测定　将盛有试样的称量皿放入500mL锥形瓶中，根据称样量加入表1-7所示与之相对应的溶剂体积溶解试样，用移液管准确加入25mL韦氏（Wijs）试剂，盖好塞子，摇匀后将锥形瓶置于暗处。

注：对碘值低于150g/100g的样品，锥形瓶应在暗处放置1h；碘值高于150g/100g的、已聚合的、含有共轭脂肪酸的（如桐油、脱水蓖麻油）、含有任何一种酮类脂肪酸（如不同程度的氢化蓖麻油）的，以及氧化到相当程度的样品，应置于暗处2h。

到达规定的反应时间后，加20mL碘化钾溶液（100g/L）和150mL水。用标定过的硫代硫酸钠标准溶液（0.1mol/L）滴定至碘的黄色接近消失。加几滴淀粉溶液继续滴定，一边滴定一边用力摇动锥形瓶，直到蓝色刚好消失。也可以采用电位滴定法确定终点。同时做空白溶液的测定。

3. 分析结果表述

试样的碘值按式(1-6)计算：

$$W=\frac{12.69\times c\times(V_1-V_2)}{m}\times 100 \tag{1-6}$$

式中　W——试样的碘值，用每100g样品吸取碘的质量（g）表示，g/100g；

c——硫代硫酸钠标准溶液的浓度，mol/L；

V_1——空白溶液消耗硫代硫酸钠标准溶液的体积，mL；

V_2——样品溶液消耗硫代硫酸钠标准溶液的体积，mL；

m——试样的质量，g；

12.69——碘值的换算系数。

测定结果的取值要求见表1-8。

表1-8　测定结果的取值要求

W/(g/100g)	结果取值到
＜20	0.1
20～60	0.5
＞60	1

4. 方法解读

（1）在溶剂中溶解试样并加入Wijs试剂，在规定时间后加入碘化钾和水，用硫代硫酸钠溶液滴定析出的碘。双键的性质决定了油脂能与卤素起加成反应。氯、溴加成对定量反应有一定的困难，其不仅能与双键起加成反应，还会发生氢原子取代反应。碘的加成可定量，但反应速度慢。因此常用ICl、IBr等卤素试剂加成，可得到满意结果。

（2）Wijs试剂：含一氯化碘的乙酸溶液。市售一氯化碘含碘量可能不够，而试剂中碘与氯有一定比例，因此必须检验所配制的Wijs试剂是否满足要求。方法如下：

9g三氯化碘溶液溶入700mL冰醋酸和300mL环已烷的混合溶液中，从中取5mL，加5mL 10g/100mL碘化钾溶液和30mL水，以淀粉作指示剂，用0.1mol/L硫代硫酸钠标准滴定溶液滴定析出的碘，体积为V_1。

另取10g纯碘于试剂中，使其完全溶解，如上法滴定。得体积V_2。V_2/V_1应大于1.5，否则需稍加一点纯碘，直至V_2/V_1略超过1.5。溶液静置后，将上层清液倒入具塞棕色试剂瓶中，避光保存。此溶液可在室温下保存几个月。

（3）光与水分对氯化碘起作用，因此所用仪器必须干净、干燥并避光操作。

第七节　油脂羰基价的测定

油脂在氧化酸败分解时除了产生饱和醛和不饱和醛、酮及酸类外，还产生多种羰基化合物。习惯上把对于这些多种饱和羰基化合物和不饱和羰基化合物的测定、分析及计算而得到的值称为羰基价。

一般油脂随贮藏时间的延长和不良条件的影响，其羰基价的数值都呈不断增高的趋势，它和油脂的酸败劣变程度紧密相关。因此，用羰基价来评价油脂中氧化产物的含量和酸败劣变的程度，具有较好的灵敏度和准确性。

检测依据：GB/T 5009.37—2003《食用植物油卫生标准的分析方法》

测定方法：2,4-二硝基苯肼比色法

1. 方法原理

油脂在氧化酸败时会产生许多羰基化合物（醛、酮等）。这些化合物中的羰基都可与2,4-二硝基苯肼反应生成腙，在碱性条件下形成醌离子，呈葡萄酒红色，测定其在440nm处的吸光度，计算羰基价。

2. 分析步骤

精密称取约0.025～0.5g试样，置于25mL容量瓶中，加苯溶解试样并稀释至刻度。吸取5.0mL，置于25mL具塞试管中，加3mL三氯乙酸溶液及5mL 2,4-二硝基苯肼溶液，仔细振摇混匀，在60℃水浴中加热30min。冷却后，沿试管壁慢慢加入10mL氢氧化钾-乙醇溶液，使成为二液层，塞好，剧烈振摇混匀，放置10min。以1cm比色杯，用试剂空白调节零点，于波长440nm处测吸光度。

3. 分析结果表述

试样的羰基价按式(1-7)计算：

$$X=\frac{A}{854\times m\times\frac{V_2}{V_1}}\times 1000 \tag{1-7}$$

式中 X——试样的羰基价，meq/kg；

A——测定时样液吸光度；

m——试样质量，g；

V_1——试样稀释后的总体积，mL；

V_2——测定用试样稀释液的体积，mL；

854——各种醛的毫克当量吸光系数的平均值。

双试验两次测定结果的绝对差值不得超过其算术平均值的5%，求其平均数，即为测定结果。结果保留三位有效数字。

4. 方法解读

(1) 三氯乙酸是较强的有机酸，提供酸性环境，同时对生成腙有催化作用。

(2) 经反复煎炸过的油脂，羰基化合物增加，品质下降。对食用油脂中羰基价的规定为：食用植物油低于20mmol/kg；食用煎炸油低于50mmol/kg。

(3) 油脂氧化过程中生成的羰基化合物是多种醛类的混合物，组成不确定，因此计算时采用各种醛的毫摩尔吸光系数的平均值计算，以求得样品的羰基价。

第八节 小麦粉中过氧化苯甲酰的测定

过氧化苯甲酰又称过氧化二苯甲酰，是面粉企业用于小麦粉生产的添加剂。其分子式为$C_{14}H_{10}O_4$，分子量为242.2，结构式为：

过氧化苯甲酰是无色或白色结晶，有微毒，略带苯甲醛气味，不溶于水，难溶于乙醇，溶于二氧化碳、苯、氯仿、乙醚；加热至103～106℃熔化，受撞、受热易爆，一般稀释至28%以下使用。

过氧化苯甲酰具有强氧化性，在空气和酶的催化作用下，与面粉中的水分作用，释放出初生态的氧，反应式为：

$$(C_6H_5CO)_2O_2+H_2O \longrightarrow 2C_6H_5COOH+[O]$$

初生态的氧可以氧化面粉中的不饱和脂溶性色素和其他有色成分而使面粉变白。所以过氧化苯甲酰作为小麦粉改良剂，它的主要作用是增加面粉白度。其还原产物苯甲酸可抑制小麦粉中一些酶的作用及微生物的生长，促进小麦粉熟化。因为过氧化苯甲酰添加到面粉中水解后生成苯甲酸残留在面粉中，对人体造成积累中毒。因此，从2011年5月1日起国家已禁止在面粉中使用面粉增白剂过氧化苯甲酰。

一、气相色谱法

检测依据：GB/T 18415—2001《小麦粉中过氧化苯甲酰的测定方法》

1. 方法原理

小麦粉中的过氧化苯甲酰被还原铁粉和盐酸反应产生的原子态氢还原，生成苯甲酸，经提取净化后，用气相色谱仪测定，与标准系列比较定量。

2. 分析步骤

（1）样品处理　准确称取试样 5.00g 于具塞三角瓶中，加入 0.01g 还原铁粉、约 20 粒玻璃珠（ϕ6mm 左右）和 20mL 乙醚，混匀。逐滴加入 0.5mL 盐酸，回旋摇动，用少量乙醚冲洗三角瓶内壁，放置至少 12h。振摇三角瓶，摇匀后，静置片刻，将上层清液经快速滤纸过滤入分液漏斗中。用乙醚洗涤三角瓶内的残渣，每次 15mL（工作曲线溶液每次用 10mL），共洗三次。上清液一并滤入分液漏斗中，最后用少量乙醚冲洗过滤漏斗和滤纸，滤液合并于分液漏斗中。向分液漏斗中加入 5%氯化钠溶液 30mL，回旋摇动 30s，并注意适时放气，防止气体顶出活塞。静置分层后，弃去下层水相溶液。重复用氯化钠溶液洗涤一次，弃去下层水相。加入 1%碳酸氢钠的 5%氯化钠水溶液 15mL，回旋摇动 2min（切勿剧烈振荡，以免乳化，并注意适时放气）。待静置分层后，将下层碱液放入已预置 3～4 勺固体氯化钠的 50mL 比色管中，分液漏斗中的醚层用碱性溶液重复提取一次，合并下层碱液放入比色管中。加入 0.8mL 盐酸（1+1），适当摇动比色管以充分驱除残存的乙醚和反应产生的二氧化碳气味（室温较低时可将试管置于 50℃水浴中加热，以便于驱除乙醚），至确认管内无乙醚的气味为止。加入 5.00mL 石油醚+乙醚（3+1）混合溶液，充分振摇 1min，静置分层。上层醚液即为进行气相色谱分析的测定液。

（2）绘制工作曲线　准确吸取苯甲酸标准使用液（100μg/mL）0mL、1.0mL、2.0mL、3.0mL、4.0mL 和 5.0mL，分别置于 150mL 具塞三角瓶中，除不加还原铁粉外，其他操作同样品前处理。其测定液的最终浓度分别为 0μg/mL、20μg/mL、40μg/mL、60μg/mL、80μg/mL 和 100μg/mL。以微量注射器分别取不同浓度的苯甲酸溶液 2.00μL 注入气相色谱仪。以苯甲酸峰面积为纵坐标、苯甲酸浓度为横坐标，绘制工作曲线。

（3）测定

① 色谱条件　内径 3mm、长 2m 的玻璃柱，填装涂布 5%（质量分数）DEGS+1%磷酸固定液的（60～80 目）Chromosorb W/AW DMCS。调节载气（氮气）流速，使苯甲酸于5～10min 出峰。柱温为 180℃，检测器和进样温度为 250℃。不同型号仪器调整为最佳工作条件。

② 进样　用 10μL 微量注射器取 2.0μL 测定液，注入气相色谱仪，取试样的苯甲酸峰面积与工作曲线比较定量。

3. 分析结果表述

试样中的过氧化苯甲酰含量按式(1-8) 计算：

$$X_1=\frac{c_1\times 5\times 1000}{m_1\times 1000}\times 0.992 \tag{1-8}$$

式中　X_1——试样中的过氧化苯甲酰含量，mg/kg；

c_1——由工作曲线上查出的试样测定液中相当于苯甲酸溶液的浓度，μg/mL；

5——试样提取液的体积，mL；

m_1——试样的质量，g；

0.992——由苯甲酸换算成过氧化苯甲酰的换算系数。

取双试验测定算术平均值的两位有效数字，双试验测定值的相对偏差不得大于15%。

二、高效液相色谱法

检测依据：GB/T 22325—2008《小麦粉中过氧化苯甲酰的测定》

1. 方法原理

由甲醇提取的过氧化苯甲酰，用碘化钾作为还原剂将其还原为苯甲酸，高效液相色谱分离，在230nm下检测。

2. 分析步骤

(1) 样品制备　称取样品5g（精确至0.1mg）置于50mL具塞比色管中，加10.0mL甲醇，在漩涡混匀器上混匀1min，静置5min。加50%碘化钾水溶液5.0mL，在漩涡混匀器上混匀1min，放置10min。加水至50.0mL，混匀，静置，取上清液通过0.22μm滤膜，滤液置于样品瓶中备用。

(2) 标准曲线的制备　准确吸取苯甲酸标准使用液（100μg/mL）0mL、0.625mL、1.25mL、2.50mL、5.00mL、10.00mL、12.50mL、25.00mL分别置于8个25mL容量瓶中，分别加甲醇至25.0mL，配成浓度分别为0μg/mL、2.50μg/mL、5.00μg/mL、10.00μg/mL、20.00μg/mL、40.00μg/mL、50.00μg/mL、100.00μg/mL的苯甲酸标准系列溶液。

分别取8份5g（精确至0.1mg）不含苯甲酸和过氧化苯甲酰的小麦粉试样于8支50mL具塞比色管中，分别准确加入苯甲酸标准系列溶液10.00mL，在漩涡混匀器上混匀1min，静置5min。加50%碘化钾水溶液5.0mL，在漩涡混匀器上混匀1min，放置10min。加水至50.0mL，混匀，静置，取上清液通过0.22μm滤膜，滤液置于样品瓶中备用。

标准液的最终浓度分别为0μg/mL、5.0μg/mL、10.0μg/mL、20.0μg/mL、40.0μg/mL、80.0μg/mL、100.0μg/mL、200.0μg/mL。依次取不同浓度的苯甲酸标准液10.0μL，注入液相色谱仪，以苯甲酸峰面积为纵坐标、苯甲酸浓度为横坐标，绘制工作曲线。

(3) 测定

① 色谱条件　色谱柱：4.6mm×250mm，C_{18}反相柱（5μm）；检测波长：230nm；流动相：甲醇：水（含0.02mol/L乙酸铵）为10：90（体积比）；流速：1.0mL/min；进样量：10.0μL。

② 取10.0μL试液注入液相色谱仪，根据苯甲酸的峰面积从工作曲线上查取对应的苯甲酸浓度，并计算样品中过氧化苯甲酰的含量。

3. 分析结果表述

样品中过氧化苯甲酰的含量按式(1-9)计算：

$$D=\frac{c\times V\times 1000}{m\times 1000\times 1000}\times 0.992 \tag{1-9}$$

式中　D——样品中过氧化苯甲酰的含量，g/kg；

c——由工作曲线上查出的试样测定液相当于苯甲酸的浓度，μg/mL；

V——试样提取液的体积，mL；

m——样品质量，g；

0.992——换算系数。

结果保留两位有效数字。

第九节　粮食中磷化物的测定

磷化物包括磷化铝、磷化锌和磷化钙，是我国20世纪60年代初期开始应用的仓库杀虫剂，由于价廉、杀虫效果好，已成为我国主要的熏蒸杀虫剂。磷化物在酸、碱、水或光的作用下，均能产生有毒的气体磷化氢（PH_3）。磷化氢是一种无色气体，分子量小，沸点低，易挥发，扩散性及渗透性强。对于人的毒性主要作用于神经系统，抑制中枢神经，刺激肺部，引起肺水肿和使心脏扩大，其中以神经系统受害最严重。

测定依据：GB/T 25222—2010《粮油检验　粮食中磷化物残留量的测定》

测定方法：分光光度法

1. 方法原理

样品中磷化物遇水和酸，放出磷化氢，蒸出后吸收于酸性高锰酸钾溶液中被氧化成磷酸，与钼酸铵作用生成磷钼酸铵，遇氯化亚锡还原成蓝色化合物钼蓝，与标准系列比较定量。本方法检出量为1.0μg，取样量为50g时，最低检出浓度0.020mg/kg。

2. 分析步骤

（1）蒸馏吸收装置准备　按图1-1连接好蒸馏吸收装置。在三个串联的气体吸收管中各加5mL高锰酸钾溶液（3.3g/L）和1mL硫酸（1+17）。洗气瓶1中加入约100mL酸性高锰酸钾溶液，洗气瓶2中加入新配制的碱性焦性没食子酸溶液。分液漏斗中加入5mL硫酸（1+17）和80mL水。水浴锅中加入适量水并加热至沸腾。打开抽气泵检查装置气密性。

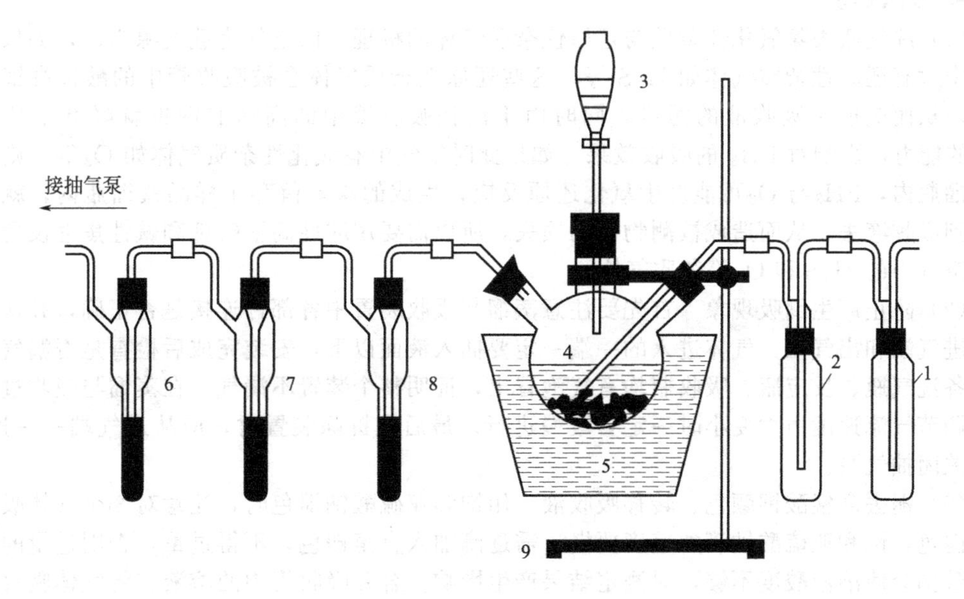

图1-1　磷化氢蒸馏吸收装置

1,2—洗气瓶；3—分液漏斗；4—反应瓶；5—水浴；6～8—气体吸收管；9—铁架台

（2）样品测定　预先通二氧化碳（或氮气）5min，打开反应瓶的塞子，迅速投入称好的50g样品，立即塞好瓶塞，加大抽气速度使分液漏斗中的5mL硫酸（1+17）和80mL水加至反应瓶中，然后减慢抽气和二氧化碳（或氮气）气流速度，将放置反应瓶的水浴加热至沸半小时，并继续通入二氧化碳（或氮气）。反应完毕，先除去气体吸收管进气的一端，再

除去抽气管的一端，取下三个气体吸收管，分别滴加饱和亚硫酸钠溶液使高锰酸钾溶液褪色，合并吸收管中的溶液至50mL比色管中，气体吸收管用少量水洗涤，洗液并入比色管中，加4.5mL硫酸（1＋5）、2.5mL钼酸铵溶液（50g/L），混匀，再加水至50mL刻度，混匀。

（3）绘制标准曲线　吸取0mL、1.00mL、2.00mL、3.00mL、4.00mL、5.00mL磷化物标准使用液（1.0μg/mL）（相当于0μg、1μg、2μg、3μg、4μg、5μg磷化氢），分别放入6支50mL比色管中，各加30mL水、5.5mL硫酸（1＋5）、2.5mL钼酸铵溶液(50g/L)，混匀。于样品及标准管中各加水至50mL混匀，再各加0.1mL氯化亚锡溶液，混匀。15min后，用3cm比色杯，以零管调节零点，于波长680nm处测吸光度，绘制标准曲线。根据标准曲线查得样品中磷化物的含量。取与处理样品量相同的试剂，按同一操作方法做试剂空白试验。

3. 分析结果表述

样品中磷化物的含量（以PH_3计）按式(1-10)计算：

$$X=\frac{m_2-m_3}{m} \tag{1-10}$$

式中　X——样品中磷化物的含量（以PH_3计），mg/kg；

m_2——测定用样品磷化物的质量，μg；

m_3——试剂空白中磷化物的质量，μg；

m——样品质量，g。

计算结果保留两位有效数字。

4. 方法解读

（1）洗气瓶去除氧化性杂质与还原性杂质气体的机理　以空气为载气源为例，如果此时空气中含有还原性杂质气体如H_2S等，这些还原性杂质气体会被吸收管中的酸性高锰酸钾吸收，从而造成了吸收液的污染，同时由于消耗吸收液中的高锰酸钾也就降低了其吸收PH_3的能力，影响对PH_3的吸收效果。如果此时空气中有氧化性杂质气体如O_2等，则在样品蒸馏瓶内，PH_3与O_2可能发生氧化还原反应，生成的磷酸留存于样品蒸馏瓶内，就不会再转到吸收液去，从而造成被测物磷的损失，所以需要用酸性高锰酸钾和碱性焦性没食子酸除去空气中的H_2S和O_2等杂质气体。

（2）防止产生倒吸现象　首先要注意蒸馏与吸收装置中各部件连接是否正确，并认清装置的进气端和出气端，气体进入的一端一定要插入液面以下，安装完成后检查是否漏气，通气后各洗气瓶、反应瓶、吸收瓶均有气泡冒出，证明整个装置不漏气。在蒸馏与吸收过程中若要调节气流速度由大变小时一定要缓慢进行。最后在拆除装置时，应从进气端一一拆除，最后关闭抽气泵。

（3）褪去高锰酸钾颜色、转移吸收液　用饱和亚硫酸钠褪色时，注意对3个气体吸收管分别褪色，饱和亚硫酸钠滴加速度要慢，需逐滴加入直至褪色，不得过量，否则过量的饱和亚硫酸钠会使溶液酸度不够，对测定结果产生影响。合并吸收管中的溶液，将气体吸收管用少量蒸馏水洗涤三次，挨着反应瓶的第一个吸收瓶可以多洗两次，因为第一个吸收管吸收的磷化氢气体较多。

（4）标准曲线制备及样品测定，各种试剂的加入顺序应严格遵守操作步骤　有三处要迅速充分摇匀，保证反应均匀进行，这是钼蓝法测定操作中的关键步骤。一是在加入钼酸铵时摇匀，其目的是让磷酸与钼酸铵充分作用生成磷钼酸铵；二是在加入蒸馏水至50mL时摇匀，主要是为了均匀溶液酸度和防止局部钼酸铵浓度过大，避免在加入氯化亚锡后造成氯化亚锡与钼酸铵作用；三是加入氯化亚锡要快速准确，加入后要迅速摇匀，并且每加一管摇一管，否则显色液中局部氯化亚锡过浓，还原钼酸铵生成游离钼并作用显色，使溶液颜色加深，导致实验失败。

技能训练一　小麦粉灰分含量的测定

一、分析检测任务

产品检测方法标准	GB 5009.4—2010《食品安全国家标准 食品中灰分的测定》
产品验收标准	GB/T 8607—1988《高筋小麦粉》
关键技能点	分析天平的使用
	坩埚处理
	炭化操作
	马弗炉的使用
检测所需设备	马弗炉，分析天平(感量为0.1mg)，石英坩埚或瓷坩埚，坩埚钳，干燥器，电热板
检测所需试剂	盐酸溶液(1∶4)，0.5%三氯化铁溶液和等量蓝墨水的混合液

二、任务实施

1. 安全提醒

马弗炉工作时，其周围严禁放易燃、易爆物品；向马弗炉内取放物品，必须戴防护手套，且用相应的工具（如长柄坩埚钳），以免烫伤；马弗炉在打开门进行降温时，人应远离马弗炉。不要用沾水的手去拔电源插头，以免触电。

2. 操作步骤

(1) 瓷坩埚准备

① 将瓷坩埚用盐酸（1∶4）煮1～2h，洗净晾干。

② 用三氯化铁与蓝墨水的混合液在坩埚外壁及盖上写上编号。

③ 置于550℃±10℃高温炉中灼烧30～60min，移至炉口冷却到200℃左右，转移至干燥器内冷却至室温，取出并称量坩埚的质量。

④ 再重复灼烧、冷却、称量直至恒重（两次称量之差不超过0.5mg）。

(2) 称样　灰分大于10g/100g的试样称取2～3g（精确至0.0001g）；灰分小于10g/100g的试样称取3～10g（精确至0.0001g）。

(3) 样品测定

① 将坩埚放在电热板或电炉上，错开坩埚盖，使试样充分炭化至无烟。

② 置于550℃±25℃的马弗炉内，先放在炉口片刻，再移入炉膛内，错开坩埚盖，关闭炉门，在550℃±10℃温度下灼烧4h。在灼烧过程中，可将坩埚位置调换1～2次，样品灼烧至黑点炭粒全部消失变成灰白色为止。

③ 移动坩埚至炉门口处，待坩埚红热消失后，转移至干燥器内冷却至室温，称量。

④ 再灼烧30min，冷却，称量，直至恒重为止。最后一次灼烧的质量如果增加，取前一次质量计算。

3. 原始数据记录与处理

原始数据记录

称量顺序编号	坩埚质量/g	坩埚+样品质量/g	坩埚+灰分质量/g
1			
2			
3			
4			

数据处理

计算公式：

$$灰分(干基,\%)=\frac{M_1-M_0}{M(1-W)}\times 100\%$$

式中 M_0——坩埚质量，g；

M_1——坩埚和灰分质量，g；

M——试样质量，g；

W——试样水分百分率，%。

三、关键技能点操作指南

马弗炉的操作规程及注意事项：马弗炉是英文 Muffle furnace 翻译过来的。Muffle 是包裹的意思，furnace 是炉子、熔炉的意思。马弗炉通用叫法有以下几种：电炉、电阻炉、茂福炉、马福炉。马弗炉是一种通用的加热设备，依据外观形状可分为箱式炉、管式炉、坩埚炉。按控制器来区分有如下几种：指针表，普通数字显示表，PID 调节控制表，程序控制表；按保温材料来区分有：普通耐火砖和陶瓷纤维两种。

1. 安全操作规程

(1) 通电前，先检查马弗炉电气性能是否完好，接地线是否良好，并应注意是否有断电或漏电现象。

(2) 接通电源，打开电源开关。

(3) 检查炉门及烟囱密封情况，必须密封。

(4) 装入热电偶，打开炉门及烟囱。

(5) 将温度设定到实验所需温度。

(6) 关上炉门，升温至 920℃，恒温 2h。

① 观察炉门是否密封漏热，正常为密封不漏热。用薄纸片插入炉门框四周间隙应一致。

② 观察炉膛内变红情况，正常时呈橘红色。用标准热电偶检测炉温。

③ 炉内温度在 850℃恒温 2h 后，观察机壳温度是否较热，正常时 60℃左右（手感能触摸）。

④ 观察底部散热风扇能否正常散热。

(7) 热电偶不要在高温状态或使用过程中拔出或插入，以防外套管炸裂。

(8) 经常保持炉膛清洁，及时清除炉内氧化物之类的杂物；炉子周围不要放置易燃易爆及腐蚀性物品。

(9) 禁止向炉膛内灌注各种液体及易溶解的金属。

（10）实验完毕后，关闭开关，切断电源。

2. 维护与注意事项

（1）当马弗炉第一次使用或长期停用后再次使用时，必须进行烘炉。烘炉的时间应为200℃ 4h或200～600℃ 4h。使用时，炉温最高不得超过额定温度，以免烧毁电热元件。禁止向炉内灌注各种液体及易溶解的金属，马弗炉最好在低于最高温度50℃以下工作，此时炉丝有较长的寿命。

（2）马弗炉和控制器必须在相对湿度不超过85%以及没有导电尘埃、爆炸性气体或腐蚀性气体的场所工作。凡附有油脂之类的金属材料需进行加热时，有大量挥发性气体将影响和腐蚀电热元件表面，使之销毁和缩短寿命。因此，加热时应及时预防和做好密封容器或适当开孔加以排除。

（3）热电偶不要在高温时骤然拔出，以防外套炸裂。

（4）经常保持炉膛清洁，及时清除炉内氧化物之类物质。

四、技能操作考核点

序号	考核项目	考核内容	技能操作要点
1	准备	着装	着工作服，仪容整洁
2	坩埚准备	清洗	用盐酸(1+4)煮1～2h，标记
		灼烧	参照灰化操作
3	称量	样品加入量	样品加入总量应符合标准要求，平行样品加入量应相近
		称量	开关天平门操作正确，读数及记录正确
		称量次数	每份样品称量次数不超过3次
		称量习惯	检查、整理天平
4	炭化操作	炭化终点	终点判断正确
		安全性	操作动作合理，无安全隐患
5	灰化操作	高温炉操作	依照马弗炉操作规程进行开机、设置温度
		坩埚预热	坩埚放入高温炉前预热
		样品放置	样品在炉中的放置位置；坩埚盖一起放入
		样品取出	取出时应放在炉门口，降至200℃
		终点判断	灰化终点判断准确
6	恒重操作	干燥器操作	干燥器操作正确
		称量操作	恒重过程中称量操作正确
		恒重判断	达到恒重终点判断正确
7	结束工作	整理	清洗、整理实验用仪器和台面
		文明操作	无器皿破损、仪器损坏
		实验室安全	安全操作
		原始数据	原始数据记录准确、完整、美观
8	实验结果	计算	公式正确，计算过程正确
		有效数字	正确保留有效数字
		平行性	取两个平行测量值，相对极差≤5%

技能训练二　食用植物油中过氧化值测定

一、分析检测任务

产品检测方法标准	GB/T 5538—2005《动植物油脂　过氧化值测定》
产品验收标准	GB 2716—2005《食用植物油卫生标准》
关键技能点	1. 硫代硫酸钠标准溶液的配制与标定
	2. 碱式滴定管的使用
	3. 分析天平的使用
检测所需设备	分析天平(感量为 0.1mg),使用的所有器皿不得含有还原性或氧化性物质,磨砂玻璃表面不得涂油
检测所需试剂	碘化钾,冰醋酸,异辛烷,硫代硫酸钠,淀粉指示剂(10g/L)

二、任务实施

1. 安全提醒

冰醋酸和异辛烷蒸气对皮肤和组织有强烈刺激性，有中等毒性，所以配制混合溶液时应戴橡皮手套在通风橱内操作，避免皮肤接触。异辛烷是易燃物，在空气中爆炸极限为1.1%～6.0%（体积分数）。

2. 操作步骤

（1）试剂配制

① 饱和碘化钾溶液　称取 14g 碘化钾，加 10mL 水溶解，必要时微热使其溶解，冷却后贮于棕色瓶中。应确保溶液中有结晶存在，存放于避光处。若在 30mL 乙酸-异辛烷溶液中添加 0.5mL 碘化钾饱和溶液和 2 滴淀粉溶液出现蓝色，并需要硫代硫酸钠溶液 1 滴以上才能消除，则需重新配制此溶液。

② 异辛烷-冰醋酸混合液　量取 40mL 异辛烷，加 60mL 冰醋酸，混匀。

③ 硫代硫酸钠标准滴定溶液［$c(Na_2S_2O_3 \cdot 5H_2O)=0.100mol/L$］　将 26g 无水硫代硫酸钠溶解于蒸馏水中，稀释至 1L。临用前标定。

④ 硫代硫酸钠标准滴定溶液［$c(Na_2S_2O_3 \cdot 5H_2O)=0.01mol/L$］　由溶液③稀释而成，临用前标定。

⑤ 淀粉指示剂（5g/L）　称取可溶性淀粉 1g，加少许蒸馏水，调成糊状，在搅拌的情况下溶于 200mL 沸水中，煮沸 3min，冷却。临用时现配。

（2）称样　用纯净干燥的二氧化碳或氮气冲洗锥形瓶，根据估计的过氧化值，按表 1-5 所示称取混匀和过滤的油样，装入锥形瓶中。

（3）测定

① 将 50mL 冰醋酸-异辛烷（60＋40）混合液加入锥形瓶中，盖上塞子摇动至样品溶解。

② 加入 0.5mL 碘化钾饱和溶液，盖上塞子使其反应，时间为 1min±1s，在此期间摇动锥形瓶至少 3 次，然后立即加入 30mL 蒸馏水。

③ 用 0.01mol/L 硫代硫酸钠溶液滴定上述溶液。逐渐地、不间断地添加滴定液，同时

伴随有力的搅动，直到黄色几乎消失。

④ 添加约 0.5mL 淀粉溶液，继续滴定，临近终点时，不断摇动使所有的碘从溶剂层释放出来，逐滴添加滴定液，至蓝色消失，即为终点。

⑤ 空白试验 当空白试验消耗 0.01mol/L 硫代硫酸钠溶液超过 0.1mL，应更换试剂，重新对样品进行测定。

3. 原始数据记录与处理

原始数据记录

样品	m	V_1	V_2	c
1				
2				
3				

计算公式：

$$过氧化值(meq/kg)=\frac{(V_1-V_2)\times c}{m}\times 1000$$

式中 V_1——试样所消耗的硫代硫酸钠溶液的体积，mL；

V_2——空白试验所消耗的硫代硫酸钠溶液的体积，mL；

c——硫代硫酸钠溶液的浓度，mol/L；

m——试样质量，g。

检验结果：

测定结果精密度评定：

三、关键技能点操作指南

1. 硫代硫酸钠标准滴定溶液［c（$Na_2S_2O_3\cdot 5H_2O$）＝0.100mol/L］的配制与标定

（1）配制 称取 26g 硫代硫酸钠及 0.2g 碳酸钠，加入适量新煮沸冷却的蒸馏水使之溶解，并稀释至 1000mL，混匀，放置一个月后过滤备用。

（2）标定 准确称取约 0.15g 在 120℃干燥至恒重的基准重铬酸钾，置于 500mL 碘量瓶中，加入 50mL 水使之溶解。加入 2g 碘化钾，轻轻振摇使之溶解。再加入 20mL 硫酸(1+8)，密塞，摇匀，放置暗处 10min 后用 250mL 水稀释。用硫代硫酸钠标准滴定溶液滴至溶液呈浅黄绿色，再加入 3mL 淀粉指示液，继续滴定至蓝色消失而显亮绿色。反应液及稀释液用水的温度不高于 20℃。同时做试剂空白试验。

（3）计算 硫代硫酸钠标准滴定溶液的浓度按式(1-11) 计算。

$$c=\frac{m}{(V_1-V_2)\times 0.04903} \tag{1-11}$$

式中 c——硫代硫酸钠标准滴定溶液的实际浓度，mol/L；

m——基准重铬酸钾的质量，g；

V_1——硫代硫酸钠标准溶液消耗体积，mL；

V_2——试剂空白试验消耗硫代硫酸钠标准溶液体积，mL；

0.04903——与 1.0mL 硫代硫酸钠标准滴定溶液［c（$Na_2S_2O_3\cdot 5H_2O$）＝1.000mol/L］相当的重铬酸钾的质量，g/mmol。

(4) 注意事项

① 溶解硫代硫酸钠的水必须是新煮沸冷却的蒸馏水，否则水中微量的 Cu^{2+} 或 Fe^{3+} 等能促进硫代硫酸钠溶液分解。加入少量碳酸钠可使溶液呈弱碱性，以抑制细菌生长。

② 注意反应介质的条件：淀粉在弱酸性溶液中灵敏度很高，显蓝色；当 $pH<2$ 时，淀粉水解成糊精，与碘作用显红色；当 $pH>9$ 时，I_2 转化成 IO^-，与淀粉不显色。

③ 测定时加入过量的碘化钾，是为了防止 I_2 挥发被空气中的氧氧化，过量的碘化钾使 I_2 生成 I_3^-。滴定时不要剧烈摇动，以减少 I_2 的挥发。

④ 由于 I^- 易被空气氧化，且生物反应随光照及酸度增高而加快，因此反应时应将碘量瓶放置暗处。

2. 碱式滴定管的使用与维护

(1) 滴定管使用前的准备

① 试漏　碱式滴定管装满水于滴定管架上静置 1～2min。观察是否漏水，若漏水应更换胶皮管或者管内玻璃珠。

② 洗涤　滴定管的外侧可用洗洁精刷洗，管内无明显油污的滴定管可直接用自来水冲洗，或用洗涤剂泡洗，但不可刷洗，以免划伤内壁，影响体积的准确测量。若有油污不易洗净，可采用铬酸洗液洗涤。将碱式滴定管橡皮管取下，用小烧杯接在管下部，然后倒入铬酸洗液。铬酸洗液用后仍倒回原瓶内，可继续使用。用铬酸洗液洗过的滴定管先用自来水充分洗净后，再用适量蒸馏水荡洗 3 次，管内壁如不挂水珠，则可使用。

③润洗　为了避免装入后的标准溶液被稀释，应用该标准溶液荡洗滴定管 2～3 次（每次 5～10mL）。操作时两手平端滴定管，慢慢转动，使标准溶液流遍全管，然后使溶液从滴定管下端放出，以除去管内残留水分。

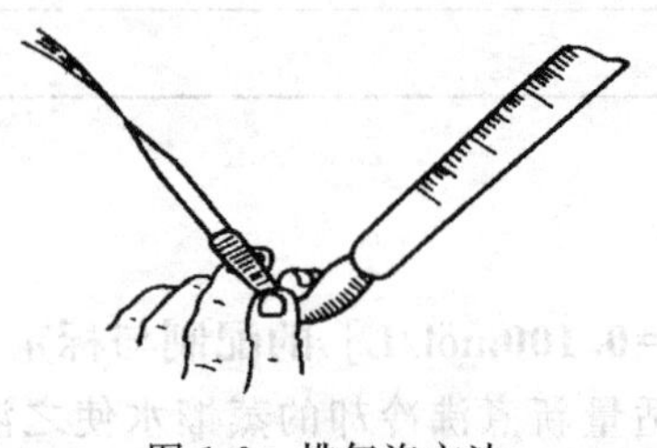

图 1-2　排气泡方法

④ 装液　在装入标准溶液时，应直接倒入，不得借助其他容器（如烧杯、漏斗等），以免标准溶液浓度改变或造成污染。

⑤ 排气泡　装好标准溶液后，应检查滴定管尖嘴内有无气泡，否则在滴定过程中，气泡逸出，影响溶液体积的准确测量。方法是将乳胶管向上弯曲（图 1-2）并在稍高于玻璃珠处用两手指挤压玻璃珠，使溶液从尖嘴处喷出，即可排除气泡。

⑥ 调零　排除气泡后，调节液面在“0.00”mL 刻度，或在“0.00”mL 刻度以下处，并记下初读数。

(2) 滴定操作

① 使用碱式滴定管时，左手拇指在前、食指在后，捏住乳胶管中的玻璃珠所在部位稍上处，向外侧捏挤乳胶管，使乳胶管和玻璃珠之间形成一条缝隙，溶液即可流出。但注意不能捏挤玻璃珠下方的乳胶管，否则空气进入形成气泡。

② 右手持锥形瓶，边滴边摇，使瓶内溶液混合均匀，反应进行完全。

③ 滴速控制：刚开始滴定时，滴定液滴出速度可稍快，但不能使滴出液呈线状。临近终点时，滴定速度应十分缓慢，应一滴或半滴地加入。滴一滴，摇几下，并用洗瓶吹入少量蒸馏水洗锥形瓶内壁，使溅起附着在锥形瓶内壁的溶液洗下，以使反应完全，然后再加半滴，直至终点为止。

半滴的滴法是将滴定管活塞稍稍转动，使半滴溶液悬于滴定管口，将锥形瓶内壁与管口接触，使溶液靠入锥形瓶中并用蒸馏水冲下。

(3) 滴定管的读数　滴定管读数不准确引起的误差常常是滴定分析误差的主要来源之

一，因此在滴定前要进行读数练习。

① 读数时应将滴定管从滴定管架上拿下来，用右手大拇指和食指捏住滴定管上部无刻度处，使滴定管垂直，然后再读数。

② 由于表面张力作用，滴定管内液面呈弯月形，无色溶液的弯月面比较清晰，读数时，眼睛视线与溶液弯月面下缘最低点应在同一水平面上，读出与弯月面相切的刻度，眼睛的位置不同会得出不同的读数（图 1-3）。对于有色溶液，如 $KMnO_4$溶液，弯月面不够清晰，可以观察液面的上缘，读出与之相切的刻度。使用“蓝线”滴定管时，溶液体积的读数与上述方法不同，在这种滴定管中，液面呈现三角交叉点，读取交叉点与刻度相切之处读数。为了使读数准确，应遵守以下原则：

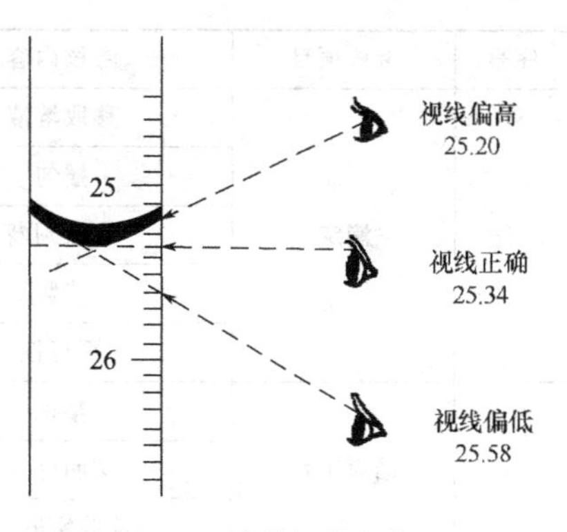

图 1-3　读数视线的位置

a. 在装满或放出溶液后，必须静置 1～2min，使附在内壁上的溶液流下来以后才能读数。如果放出液体较慢（如接近计量点时就是如此），也可以静置 0.5～1min 即读数。

b. 每次滴定前将液面调节在“0.00”mL 刻度或稍下的位置，由于滴定管的刻度不可能绝对均匀，所以在同一实验中，溶液的体积应控制在滴定管刻度的相同部位，这样由于刻度不准引起的误差可以抵消。

c. 读数时，必须读至小数点后第二位，即要求估计到 0.01mL。滴定管上相邻两个刻度之间为 0.1mL，当液面在相邻刻度之间即为 0.05mL；若液面在此刻度间的 1/3 或 2/3 处，即为 0.03mL 或 0.07mL；当液面在此刻度间的 1/5 时，即为 0.02mL。

d. 在使用非“蓝线”滴定管时，为了使读数清晰，可在滴定管后面衬一张“读数卡”（即一张半黑半白的小纸片）。读数时，将读数卡放在滴定管背面，使黑色部分在弯月面下约 0.1mL 处，此时即可看到弯月面的反射层全部成为黑色，读取此黑色弯月面下缘的最低点。对有色溶液须读其两侧最高点时，须用白色卡片作为背景。

(4) 滴定管使用后的维护与保养

① 碱式滴定管用完后，应及时将剩余溶液从滴定管中倒出，用水洗净，倒夹在滴定管夹上晾干。

② 乳胶管易老化，应定期更换，以免漏液。

四、技能操作考核点

序号	考核项目	考核内容	技能操作要点
1	准备	着装	着工作服，整洁
2	碱式滴定管的使用	滴定台搭建	滴定台搭建正确
		检漏	不漏水
		洗涤、润洗	蒸馏水冲洗，滴定溶液润洗，少量多次
		装液、排空气	方法正确
3	称量	称量	开关天平门操作正确，读数及记录正确
		称量次数	每份样品称量次数不超过 3 次
		称量习惯	检查、整理天平

续表

序号	考核项目	考核内容	技能操作要点
4	滴定	移取溶液	移液管操作规范
		摇匀	摇匀操作正确
		终点判断	蓝色消失
		读数	滴定管垂直,准确到0.01mL
		平行性	两次滴定之间,差异不超过0.1mL
5	结束工作	整理	废液处理,清洗、整理用具
		文明操作	无器皿破损、仪器损坏
		实验室安全	安全操作
6	实验结果	原始数据	原始数据记录准确、完整、美观
		计算	公式正确,计算过程正确
		有效数字	正确保留有效数字
		平行性	取两个平行测量值不超过0.1mL
		准确性	测定结果的准确度达到规定要求

单元复习与自测

一、选择题

1. 用马弗炉灰化样品时，下面操作不正确的是（　）。

A. 用坩埚盛装样品

B. 将坩埚与样品在电炉上小心炭化后放入

C. 将坩埚与坩埚盖同时放入灰化

D. 关闭电源后，开启炉门，降温至室温时取出

2. 酸价是指中和1g油脂中所含游离脂肪酸所需要KOH的（　）。

A. 物质的量（mol）　B. 质量　C. 体积　D. 摩尔浓度

3. 酸价的测定选用（　）作为标准溶液最好。

A. 氢氧化钠-水溶液　B. 氢氧化钠-乙醇溶液

C. 氢氧化钾-乙醇溶液　D. 氢氧化钾-水溶液

4. 酸价的测定是利用油脂中游离脂肪酸与氢氧化钾发生的（　）来进行的。

A. 氧化还原反应　B. 复分解反应　C. 歧化反应　D. 中和反应

5. 过氧化值的测定是选用（　）作为溶剂提取样品中的油脂的。

A. 乙醇　B. 三氯甲烷-冰醋酸

C. 乙醚-乙醇溶液　D. 乙醚

6. 通常把食品经高温灼烧后的残留物称为粗灰分，因为（　）。

A. 残留物的颗粒比较大

B. 灰分与食品中原来存在的无机成分在数量和组成上并不完全相同

C. 灰分可准确地表示食品中原有无机成分的总量

7. 灰分是标示（　）的一项指标。

A. 无机成分总量　B. 有机成分　C. 污染的泥沙和铁、铝等的氧化物的总量

8. 取样量的大小以灼烧后得到的灰分量为（　）来决定。

A. 10～100mg B. 0.01～0.1mg C. 1～10g

9. 样品灰化完全后，灰分应呈（ ）。

A. 灰色或白色 B. 白色带黑色炭粒 C. 黑色

10. 总灰分测定的一般步骤为（ ）。

A. 称坩埚重、加入样品后称重、灰化、冷却、称重

B. 称坩埚重、加入样品后称重、炭化、灰化、冷却、称重

C. 加入样品后称重、炭化、灰化、冷却、称重

11. 灰化完毕后（ ），用预热后的坩埚钳取出坩埚，放入干燥器中冷却。

A. 立即打开炉门 B. 立即打开炉门，待炉温降到200℃左右

C. 待炉温降到200℃左右，打开炉门

12. 炭化时，对含糖多的样品易于膨胀起泡，可加入几滴（ ）。

A. 植物油 B. 辛醇 C. 乙酸镁

13. 采用（ ）加速灰化的方法，必须做空白试验。

A. 滴加双氧水 B. 加入碳铵 C. 乙酸镁

14. 无灰滤纸是指（ ）。

A. 灰化后无灰分的定量滤纸 B. 灰化后其灰分小于0.1mg

C. 灰化后其灰分在1～3mg之间

15. 水分测定中干燥到恒重的标准是（ ）。

A. 1～3mg B. 1～3g C. 1～3μg

16. 采用二次干燥法测定食品中的水分样品是（ ）。

A. 含水量大于16%的样品 B. 含水量在14%～16%

C. 含水量小于14%的样品 D. 含水量小于2%的样品

17. 样品烘干后，正确的操作是（ ）。

A. 从烘箱内取出，放在室内冷却后称重

B. 从烘箱内取出，放在干燥器内冷却后称量

C. 在烘箱内自然冷却后称重

18. 对食品灰分叙述正确的是（ ）。

A. 灰分中无机物含量与原样品无机物含量相同

B. 灰分是指样品经高温灼烧后的残留物

C. 灰分是指食品中含有的无机成分

D. 灰分是指样品经高温灼烧完全后的残留物

19. 耐碱性好的灰化容器是（ ）。

A. 瓷坩埚 B. 蒸发皿 C. 石英坩埚 D. 铂坩埚

20. 正确判断灰化完全的方法是（ ）。

A. 一定要灰化至白色或浅灰色

B. 一定要高温炉温度达到500～600℃时计算时间5h

C. 应根据样品的组成、性状观察残灰的颜色

D. 加入助灰剂使其达到白灰色为止

21. 富含脂肪的食品在测定灰分前应先除去脂肪的目的是（ ）。

A. 防止炭化时发生燃烧 B. 防止炭化不完全

C. 防止脂肪包裹炭粒 D. 防止脂肪挥发

22. 固体食品应粉碎后再进行炭化的目的是（ ）。

A. 使炭化过程更易进行、更完全 B. 使炭化过程中易于搅拌

C. 使炭化时燃烧完全　　D. 使炭化时容易观察

23. 对水分含量较多的食品测定其灰分含量应进行的预处理是（　）。

A. 稀释　　B. 加助化剂　　C. 干燥　　D. 浓缩

24. 炭化高糖食品时，加入的消泡剂是（　　）。

A. 辛醇　　B. 双氧水　　C. 硝酸镁　　D. 硫酸

25. GB/T 5009.3 中常压干燥法使用的温度为（　　）。

A. 95～105℃　　B. 100～110℃　　C. 105℃±2℃　　D. 110℃±2℃

二、简答题

1. 什么是安全水分？固态样品所含水分在安全水分以上时，应采用哪种方法进行干燥？
2. 测定灰分时，炭化操作的目的是什么？操作时应该注意哪些问题？
3. 简述灰分测定时，通常采取哪些方法加速灰化？
4. 试述灰分测定应注意哪些问题？
5. 简述动植物油脂过氧化值测定的原理。
6. 简述溶剂对过氧化值测定准确度的影响。
7. 简述过氧化值测定时，样品前处理（提取油脂）方法对测定结果的影响。
8. 简述过氧化值测定时，溶液酸度对测定结果的影响。
9. 什么是油脂的碘价（碘值）？简述测定碘价的意义。
10. 什么是油脂的羰基价？简述测定羰基价的意义。
11. 简述小麦粉中过氧化苯甲酰测定的方法及原理。
12. 简述钼蓝比色法测定粮食中磷化物含量的方法原理。

三、计算题

1. 某检验员要测定玉米的水分含量，用干燥恒重为 22.3608g 的称量瓶称取样品 2.6720g，置于100℃的恒温箱中干燥 3h后，置于干燥器内冷却称重为 24.8053g。重新置于100℃的恒温箱中干燥 2h，完毕后取出置于干燥器冷却后称重为 24.7628g。再置于 100℃的恒温箱中干燥 2h，完毕后取出置于干燥器冷却后称重为 24.7635g。问被测定的样品水分含量为多少？

2. 现要测定面粉的灰分含量，称取样品 3.4280g，置于干燥恒重为 25.3585g 的瓷坩埚中，小心炭化完毕，再于 600℃的高温炉中灰化 5h后，置于干燥器内冷却称重为 25.3841g；重新置于 600℃高温炉中灰化 1h，完毕后取出置于干燥器冷却后称重为 25.3826g；再置于600℃高温炉中灰化 1h，完毕后取出置于干燥器冷却后称重为 25.3825g。问被测定的面粉灰分含量为多少？

第二章 糕点检验

糕点产品包括以粮、油、糖、蛋等为主要原料，添加适量辅料，并经调制、成型、熟制、包装等工序制成的食品。

糕点制品容易出现的质量安全问题主要表现在以下几个方面：

(1) 微生物指标超标。由于熟制时的温度及时间控制不当，或者设备定期清洗不彻底造成残留物质变质、霉变等；生产车间卫生条件不满足糕点生产要求、人员操作不卫生等原因皆可造成食品的污染。

(2) 油脂酸败（酸价和过氧化值超标）。将已酸败的油脂原料投入生产，生产过程中工艺控制不当及贮存条件不合理均可造成油脂酸败。

(3) 食品添加剂超量、超范围使用等。

第一节 糕点制品的质量指标及标签判定

一、糕点制品的质量指标

1. 原料要求

应符合相应的标准和有关规定。开封或散装的奶油、黄油、蛋白质等易腐原料应在低温条件下保存。

2. 感官要求

应具有糕点、面包各自的正常色泽、气味、滋味及组织状态，不得有酸败、发霉等异味，食品内外不得有霉变、生虫及其他外来污染物。

3. 理化指标

理化指标应符合表 2-1 的规定。

表 2-1 糕点、面包的理化指标

项目	指标
酸价(以脂肪计)(KOH)/(mg/g)	≤5
过氧化值(以脂肪计)/(g/100g)	≤0.25
总砷(以 As 计)/(mg/kg)	≤0.5
铅(Pb)/(mg/kg)	≤0.5
黄曲霉毒素 B_1/(μg/kg)	≤5

4. 微生物指标

微生物指标应符合表 2-2 的规定。

表 2-2 糕点、面包的微生物指标

项目	指标	
	热加工	冷加工
菌落总数/(CFU/g)	≤1500	≤10000
大肠菌群/(MPN/100g)	≤30	≤300
霉菌计数/(CFU/g)	≤100	≤150
致病菌(沙门菌、志贺菌、金黄色葡萄球菌)	不得检出	

5. 食品添加剂

食品添加剂质量应符合相应的标准和有关规定。

食品添加剂的品种和使用量应符合 GB 2760 的规定。

二、糕点标签判定

在 GB 7718—2011《食品安全国家标准 预包装食品标签通则》中明确指出食品标签包括食品包装上的文字、图形、符号及一切说明物。直接向消费者提供的预包装食品标签标示应包括食品名称、配料表、净含量和规格、生产者和（或）经销者的名称、地址和联系方式、生产日期和保质期、贮存条件、食品生产许可证编号、产品标准代号及其他需要标示的内容。

1. 糕点标签的一般要求

(1) 食品名称　应在食品标签的醒目位置，清晰地标示反映食品真实属性的专用名称。如：

品名：吉士酥

(2) 配料表　各种配料应按制造或加工食品时加入量的递减顺序一一排列；加入量不超过 2%的配料可以不按递减顺序排列。食品添加剂应当标示其在 GB 2760 中的食品添加剂通用名称。标示示例如：

配料：小麦粉，绿豆，白砂糖，水，植物油，食用盐，食品添加剂（山梨糖醇液，脱氢乙酸钠，山梨酸钾），食用香料

(3) 净含量和规格　净含量的标示应由净含量、数字和法定计量单位（克/g 或千克/kg）组成。净含量应与食品名称在包装物或容器的同一展示版面标示。标示示例如：

净含量/规格：450g

(4) 生产者、经销者的名称、地址和联系方式　应当标注生产者的名称、地址和联系方式。生产者名称和地址应当是依法登记注册、能够承担产品安全质量责任的生产者的名称、地址。标示示例如：

生产商：北京市××食品有限公司

地址：北京市大兴区申庄镇工业园×××号

产地：北京市大兴区

邮编：102000

售后服务热线：010-××××××××

网址：www.×××.com

(5) 日期标示　产品包装应清晰标示预包装食品的生产日期和保质期。如日期标示采用“见包装物某部位”的形式，应标示所在包装物的具体部位。日期标示不得另外加贴、补印或篡改。标示示例如：

保质期：12 个月

生产日期：见包装背面/正面（在相应的位置需有日期标示，如20141031）

(6) 贮存条件 预包装食品标签应标示贮存条件。标示示例如：

贮存方法：常温存放，避免存放在日晒、高温或潮湿的地方。

(7) 食品生产许可证编号 预包装食品标签应标示食品生产许可证编号，标示形式按照相关规定执行。标示示例如：

食品生产许可证编号：QS 1100 0801 0260

(8) 产品标准代号 在国内生产并在国内销售的预包装食品（不包括进口预包装食品）应标示产品所执行的标准代号和顺序号。糕点类产品所执行的国家标准为GB/T 20977，面包类产品所执行的国家标准为GB/T 20981，饼干类产品所执行的国家标准为GB/T 20980。标示示例如：

产品标准号：GB/T 20977

2. 糕点的营养标签

食品营养标签是向消费者提供食品营养信息和特性的说明，也是消费者直观了解食品营养组分、特征的有效方式。卫生部在参考国际食品法典委员会和国内外管理经验的基础上，组织制定了《预包装食品营养标签通则》（GB 28050—2011），于2013年1月1日起正式实施。

所谓食品营养标签，是预包装食品标签上向消费者提供食品营养信息和特性的说明，包括营养成分表、营养声称和营养成分功能声称。营养标签是预包装食品标签的一部分。糕点营养标签示例参见表2-3。

表2-3 糕点营养标签示例

营养成分表		
项目	每100g	营养素参考值(NRV)/%
能量	1330kJ	16
蛋白质	10.2g	17
脂肪	5.4g	9
反式脂肪	0g	
碳水化合物	56.3g	19
钠	276mg	14

(1) 营养标签的基本要求 糕点营养标签标示的任何营养信息，应真实、客观，不得标示虚假信息，不得夸大产品的营养作用或其他作用。营养标签应使用中文。如同时使用外文标示的，其内容应当与中文相对应，外文字号不得大于中文字号。营养成分表应以一个“方框表”的形式表示（特殊情况除外），方框可为任意尺寸，并与包装的基线垂直，标题为“营养成分表”。

食品营养成分含量应以具体数值标示，数值可通过原料计算或检测产品获得。营养标签的格式，食品企业可根据食品的营养特性、包装面积的大小和形状等因素选择使用国家标准中给出的其中一种格式。营养标签应标在向消费者提供的最小销售单元的包装上。

(2) 营养标签的强制标示内容 糕点的营养标签强制标示的内容包括能量、核心营养素的含量值及其占营养素参考值（NRV）的百分比。当标示其他成分时，应采取适当形式使能量和核心营养素的标示更加醒目。使用了营养强化剂的糕点，在营养成分表中还应标示强化后食品中该营养成分的含量值及其占营养素参考值的百分比。很多糕点类食品的配料含有或生产过程中使用了氢化或部分氢化油脂，如有这种情况，在其营养成分表中还应标示出反式脂肪（酸）的含量。对于未规定营养素参考值的营养成分仅需标示含量即可。

除上述强制标示内容外，营养成分表中还可选择标示其他成分。当某营养成分含量标示值符合含量要求和限制性条件时，可对该成分进行含量声称；当某营养成分含量满足要求和条件时，可对该成分进行比较声称。营养声称如：低脂肪××。营养成分功能声称如：每日膳食中脂肪提供的能量比例不宜超过总能量的30%。

(3) 营养成分的表达方式　预包装食品中能量和营养成分的含量应以每100克（g）和（或）每100毫升（mL）和（或）每份食品可食部中的具体数值来标示。当用份标示时，应标明每份食品的量。份的大小可根据食品的特点或推荐量规定。

现制现售的糕点，如蛋糕，可豁免强制标示营养标签。

3. 糕点标签的推荐标示内容

(1) 批号　根据产品需要，可以标示产品的批号。

(2) 食用方法　根据产品需要，可以标示容器的开启方法、食用方法、烹调方法、复水再制方法等对消费者有帮助的说明。标示示例如：

开封后请立即食用。

(3) 致敏物质　某些糕点在加工过程中带入可能导致过敏反应的食品或其制品，如含有麸质的谷物、蛋类、乳等，宜在配料表临近位置加以提示。标示示例如：

致敏物质：小麦粉。

第二节　糕点中水分的测定

水是糕点产品中的重要组成成分之一。不同的制作配方、制作过程和熟制过程使产品中含水量差异很大，例如新鲜面包的水分含量为34%～46%，若低于30%，其外形形态干瘪，失去光泽；饼干的含水量一般要小于6.5%，否则直接影响饼干酥、松、脆的口感品质；而裱花蛋糕要维持其柔润的口感和装饰定型的美观，含水量一般为40%左右。由此看来，水分的含量直接影响着糕点产品的口感、质感，另外，由于水是多种生化反应的介质，水分含量对产品的保质期有较大的影响。因此，水分含量是糕点产品的重要质量指标。

表2-4为面包质量检验中对水分含量的要求。

表2-4　面包的水分含量要求

软式面包	硬式面包	起酥面包	调理面包	其他面包
≤45%	≤45%	≤36%	≤45%	≤45%

表2-5为饼干质量检验中对水分含量的要求。

表2-5　部分饼干的水分含量要求

酥性饼干	韧性饼干	发酵饼干	曲奇饼干	夹心饼干
≤4.0%	≤4.0%	≤5.0%	≤4.0%	≤6.0%

检测依据：GB/T 5009.3—2010《食品安全国家标准 食品中水分的测定》

测定方法：直接干燥法（第一法）、减压干燥法（第二法）和卡尔·费休法（第四法）

一、直接干燥法

除少数含糖、含油较多的糕点产品外，该法适用于大多数糕点产品中水分含量的测定。

1. 方法原理

利用水分的物理性质，在101.3kPa、温度103℃±2℃下采用挥发方法测定样品中干燥减失的重量，包括吸湿水、部分结晶水和该条件下能挥发的物质，再通过干燥前后的称量数计算水分的含量。

2. 分析步骤

取洁净铝制或玻璃制的扁形称量瓶，置于103℃±2℃干燥箱中，瓶盖斜支于瓶边，加热1.0h，取出盖好，置干燥器内冷却0.5h，称量，并重复干燥至前后两次质量差不超过2mg，达到恒重要求。

将混合均匀的试样迅速磨细至颗粒小于2mm，不易研磨的样品应尽可能切碎，称取2～10g试样（精确至0.0001g），放入此称量瓶中，试样厚度不超过5mm（饼干等疏松试样，厚度不超过10mm），加盖，精密称量。

将盛有样品的称量盒，置于103℃±2℃干燥箱中，瓶盖斜支于瓶边，干燥2～4h后，盖好取出，放入干燥器内冷却0.5h后称量。然后再放入103℃±2℃干燥箱中干燥1h左右，取出，放入干燥器内冷却0.5h后再称量。并重复以上操作至前后两次质量差不超过2mg，达到恒重要求。

干燥前后的减失重量即为糕点样品的水分含量。

3. 分析结果表述

试样中的水分含量按式(2-1)进行计算：

$$X=\frac{m_1-m_2}{m_1-m_0}\times 100\% \qquad (2\text{-}1)$$

式中　X——试样中水分的含量，%；

m_1——称量瓶和试样的质量，g；

m_2——称量瓶和试样干燥至恒重后的质量，g；

m_0——称量瓶的质量，g。

水分含量≥1%时，计算结果保留三位有效数字；水分含量<1%时，结果保留两位有效数字。

4. 方法解读

(1) 直接干燥法适宜于在干燥温度下不易分解和被氧化的食品样品以及含挥发性物质较少的样品中水分的测定，其测定结果中还包括微量醇类、油脂、有机酸等挥发性物质。对于含有高脂肪、高糖、胶体或容易挥发的食品样品，会产生较大误差。

(2) 对于含水量较多的样品，应控制水分蒸发的速度，先低温烘烤除去大部分水分，然后在较高温度下烘烤，可避免溅出和爆裂，使样品损失。

(3) 用于测定水分的称量皿通常有玻璃称量皿和铝制称量皿两种。前者能耐酸碱、不受样品性质的限制，后者重量轻，导热性强，但对酸性食品不适宜。称量皿应选择扁形称量皿，样品铺平后其厚度不宜超过皿高的1/3。

(4) 恒重操作：烘干后将样品取出，加盖置于干燥器内冷却0.5h后称重。重复此操作，直至前后两次质量差不超过2mg（视实验方法规定而定）视为恒重。确定干燥时间的另一个方法是称重，然后恒重至两次连续称量值的误差在限制范围内，例如0.1～0.2mg/5g样品，称重的时间间隔为30min；使用这种方法必须注意样品的变化，例如褐变，说明水分损失产生误差。高糖碳水化合物样品不应在强制通风烘箱内干燥，而应在真空烘箱中不高于70℃下干燥，另外，脂类氧化也会使样品在高温强制通风烘箱内干燥时增加重量。

二、减压干燥法

该法适用于易分解的食品中水分的测定，部分糕点产品因产品中含有较多的糖或者脂肪，可根据实际条件选择此法。

1. 方法原理

利用食品中水分的物理性质，在达到40～53kPa压力后加热至60℃±5℃，采用减压烘干方法去除试样中的水分，再通过烘干前后的称量数计算出水分的含量。

2. 分析步骤

试样的制备同直接干燥法。

取已恒重的称量瓶，称取约2～10g（精确至0.0001g）试样，放入真空干燥箱内，将真空干燥箱连接真空泵，抽出真空干燥箱内空气（所需压力一般为40～53kPa），并同时加热至所需温度60℃±5℃。关闭真空泵上的活塞，停止抽气，使真空干燥箱内保持一定的温度和压力，经4h后，打开活塞，使空气经干燥装置缓缓通入至真空干燥箱内，待压力恢复正常后再打开。取出称量瓶，放入干燥器中0.5h后称量，并重复以上操作至前后两次质量差不超过2mg，达到恒重要求。

3. 分析结果表述

同直接干燥法。

4. 方法解读

(1) 减压干燥法是根据在低压条件下，水分的沸点会随之降低，将某些不宜于在高温下干燥的食品置于低压环境中，使食品中的水分在较低的温度下蒸发，根据样品干燥前后的质量差来计算水分含量。

(2) 该法适用范围：适用于在100℃以上加热容易变质及含有不易除去结合水的食品，如淀粉制品、豆制品、罐头食品、糖浆、蜂蜜、蔬菜、水果、味精、油脂等。可以防止含脂肪高的样品在高温下的脂肪氧化；防止含糖高的样品在高温下的脱水炭化；防止含高温易分解成分的样品在高温下分解等。

(3) 真空烘箱内各部位温度要均匀一致，若干燥时间短时，更应严格控制。实际应用时可根据样品性质及干燥箱耐压能力不同而调整压力和温度，自干燥箱内部压力降至规定真空度时开始计算干燥时间；恒重一般以减量不超过0.5mg时为标准，但对受热后易分解的样品则可以不超过1～3mg的减量值为恒重标准。

三、卡尔·费休法

卡尔·费休（Karl-Fischer）法简称费休法或K-F法，如果在加热和抽真空条件下进行食品水分含量的分析，得到结果不稳定时，特别适合于采用卡尔·费休滴定法来进行。该法适合于测定低水分含量的食品，如脱水水果和蔬菜、糖果和巧克力、咖啡和油脂以及任何高糖高蛋白低水分的样品。此方法快速准确且不需加热，是在1853年Bunsen发现的基本反应的基础上建立起来的，即有水存在时碘与二氧化硫会发生氧化还原反应，属于碘量法，被广泛应用于多种化工产品的水分测定中。在很多场合，该法也常被作为水分特别是微量水分的标准分析方法，用于校正其他分析方法。

1. 方法原理

利用碘单质的氧化性，碘、二氧化硫和水在有吡啶和甲醇共存时发生定量反应，反应方程式如下：

$$2H_2O + I_2 + SO_2 \longrightarrow 2HI + H_2SO_4$$

$$H_2O+SO_2+I_2+3C_5H_5N \longrightarrow 2C_5H_5N \cdot HI+C_5H_5N \cdot SO_3$$
$$C_5H_5N \cdot SO_3+CH_3OH \longrightarrow C_5H_5N \cdot HSO_4CH_3$$

卡尔·费休水分测定法又分为库仑法和容量法。库仑法测定的碘是通过化学反应产生的，只要电解液中存在水，所产生的碘就会和水以1∶1的关系按照化学反应式进行反应。当所有的水都参与了化学反应，过量的碘就会在电极的阳极区域形成，反应终止。容量法测定的碘是作为滴定剂加入的，滴定剂中碘的浓度是已知的，根据消耗滴定剂的体积，计算消耗碘的量，从而计量出被测物质水的含量。

2. 分析步骤

(1) 卡尔·费休试剂的配制和标定

① 卡尔·费休试剂的配制　称取85g碘于干燥的具塞的棕色玻璃试剂瓶中，加入670mL无水甲醇，盖上瓶塞，振摇至碘全部溶解后，加入270mL吡啶混匀，置于冰水浴中冷却。通入干燥的二氧化硫气体60～70g，通气完毕后塞上瓶塞，放置暗处至少24h后使用。在使用前用准确称量的纯水进行标定。

② 卡尔·费休试剂的标定　在反应瓶中加一定体积（浸没铂电极）的甲醇，在搅拌下用卡尔·费休试剂滴定至终点。加入10mg水（精确至0.0001g），滴定至终点并记录卡尔·费休试剂的用量（V）。

(2) 试样预处理　可粉碎的固体试样要尽量粉碎，使之均匀。不易粉碎的试样可切碎。准确称取0.3～0.5g。

(3) 试样中水分的测定　于反应瓶中加一定体积的甲醇或卡尔·费休测定仪中规定的溶剂浸没铂电极，在搅拌下用卡尔·费休试剂滴定至终点。迅速将易溶于上述溶剂的试样直接加入滴定杯中；对于不易溶解的试样，应采用对滴定杯进行加热或加入已测定水分的其他溶剂辅助溶解后用卡尔·费休试剂滴定至终点。对于某些需要较长时间滴定的试样，需要扣除其漂移量。

漂移量的测定方法：在滴定杯中加入与测定样品一致的溶剂，并滴定至终点，放置不少于10min后再滴定至终点，两次滴定之间的单位时间内的体积变化即为漂移量（D）。

3. 分析结果表述

卡尔·费休试剂的滴定度按式(2-2)计算。

$$T=\frac{M}{V} \tag{2-2}$$

式中　T——卡尔·费休试剂的滴定度，mg/mL；

M——水的质量，mg；

V——滴定水消耗的卡尔·费休试剂的用量，mL。

水分的含量按式(2-3)计算。

$$X=\frac{(V_1-D\times t)\times T}{M}\times 100 \tag{2-3}$$

式中　X——试样中水分的含量，g/100g；

V_1——滴定样品时卡尔·费休试剂体积，mL；

T——卡尔·费休试剂的滴定度，g/mL；

M——样品质量，g；

D——漂移量，mL/min；

t——滴定时所消耗的时间，min。

在重复性条件下获得的两次独立测定结果的绝对差值不得超过算术平均值的10%。

4. 方法解读

(1) 卡尔·费休法试剂：将碘、二氧化硫、吡啶按1∶3∶10的比例溶解在甲醇溶液中，该溶液被称为卡尔·费休法试剂。

(2) 卡尔·费休试剂的有效浓度取决于碘的浓度。新鲜配制的试剂，有效浓度会不断降低。新配制的卡尔·费休试剂，混合后需放置一定的时间后才能使用。每次使用前均应标定。

(3) 费休法广泛用于各种样品的水分含量测定，特别适用于痕量水分分析（如面粉、砂糖、人造奶油、可可粉、糖蜜、茶叶、乳粉、炼乳及香料等）；其测定准确性比直接干燥法要高；也是测定脂肪和油类物品中微量水分的理想方法。其滴定终点可用肉眼观察，颜色为红棕色。也可使用一些改良的仪器装置如电极电位计来测定终点以提高灵敏度。采用电导方法可用仪器自动完成卡尔·费休水分分析。

(4) 在卡尔·费休滴定法中主要的难点和误差来源有：

① 水分的萃取不完全　这一点对于谷物和某些食品的制备来说，研磨的好坏（即颗粒的大小）非常重要。

② 空气的湿度　外界的空气不允许进入反应室中。

③ 壁上吸附水分　所有玻璃器皿必须充分干燥。

④ 来自食品组分的干扰　抗坏血酸被氧化成脱氢抗坏血酸，使水分含量测定值偏高；而羰基化合物则与甲醇发生缩醛反应生成水，从而使水分含量测定值偏高（这个反应也会使终点消失）；不饱和脂肪酸和碘反应，也会使水分含量的测定值偏高。

(5) 样品的颗粒大小非常重要。通常样品细度约为40目，宜用破碎机处理，不用研磨机，以防水分损失。

(6) 如果食品中含有氧化剂、还原剂、碱性氧化物、氢氧化物、碳酸盐、硼酸等，都会与卡尔·费休试剂所含组分起反应，干扰测定。

该法不仅可以测得样品中的自由水，而且可以测出其结合水，所测得的结果更能反映出样品总水分含量。

第三节　糕点中总糖的测定

食品中的总糖是指具有还原性的糖（葡萄糖、果糖、乳糖、麦芽糖等）和在测定条件下能水解为还原性单糖的蔗糖的总量。这些糖主要有三个来源途径：一是来自原料；二是因工艺需要加入的；三是在生产过程中形成的。总糖是糕点（除面包）产品的重要质量检验项目之一，糖的甜度、吸湿性等物理性质以及褐变等化学性质对糕点产品的色、香、味、形、质有较显著的影响，另一方面，糖的含量也是糕点企业的成本控制节点之一，因此，总糖含量的测定具有重要的意义。

在GB/T 20977—2007《糕点通则》中要求糕点的总糖含量如表2-6所示。

表2-6　糕点总糖含量指标

烘烤糕点		油炸糕点		水蒸糕点		熟粉糕点	
蛋糕类	其他	萨其马类	其他	蛋糕类	其他	片糕类	其他
≤42.0%	≤40.0%	≤35.0%	≤42.0%	≤46.0%	≤42.0%	≤50.0%	≤45.0%

检测依据：GB/T 5009.8—2008《食品中蔗糖的测定》

测定方法：酸水解法（第二法）

1. 方法原理

样品经沉淀剂除去蛋白质后，其中的蔗糖经盐酸水解为还原性单糖。在加热条件下，以次甲基蓝为指示剂，滴定标定过的碱性酒石酸铜溶液（还原性的单糖与碱性的酒石酸铜溶液发生氧化还原反应，生成红色的氧化亚铜沉淀。达到终点时，稍微过量的还原性单糖将蓝色的次甲基蓝染色体还原为无色的隐色体而显出氧化亚铜的鲜红色），根据消耗试样转化液的体积计算总糖的含量。

2. 分析步骤

（1）试样处理　称取粉碎后的试样 1.5～2.5g，置于烧杯中，加 50mL 水浸泡捣碎，摇匀后，先加 5mL 乙酸锌溶液混匀，再加 5mL 亚铁氰化钾溶液，充分混匀后，上清液经滤纸滤入 250mL 容量瓶中。

在 250mL 容量瓶中加 10mL 盐酸（1+1），置于 68～70℃水浴中加热15min。取出迅速冷却后加甲基红指示剂 2 滴，用氢氧化钠溶液（200g/L）中和至中性（溶液呈微红色），加水至刻度，摇匀备用。

（2）标定碱性酒石酸铜溶液　准确吸取碱性酒石酸铜甲、乙液各 5.0mL，放入 150mL 锥形瓶中，加蒸馏水 10mL，置于电炉上加热至沸。从滴定管滴加约 9mL 葡萄糖溶液，控制在 2min 内加热至沸，趁热以每两秒一滴的速度继续滴加葡萄糖溶液，直至溶液蓝色刚好褪去为终点，记录消耗的葡萄糖溶液的总体积。平行操作三份，取其平均值，计算每 10mL 碱性酒石酸铜溶液相当于葡萄糖的质量。

（3）试样溶液的预测　准确吸取碱性酒石酸铜甲、乙液各 5.0mL，放入 150mL 锥形瓶中，加蒸馏水 10mL，置电炉上加热至沸。保持沸腾，以先快后慢的速度，从滴定管滴加试样，记录样液消耗体积，并保持溶液沸腾状态。待溶液颜色变浅时，以每两秒一滴的速度滴定，直至溶液蓝色刚好褪去为终点，记录样液消耗的体积。

注：若样液中还原糖浓度过高，应适当稀释后再进行正式滴定，使每次滴定消耗样液体积控制在与标定酒石酸铜溶液时所消耗的还原糖标准溶液的体积相近。

（4）试样溶液测定　准确吸取碱性酒石酸铜甲、乙液各 5.0mL，放入 150mL 锥形瓶中，加蒸馏水 10mL，从滴定管滴加比预测体积少 1mL 的试样溶液，置于电炉上加热至沸。保持沸腾状态，继续以每两秒一滴的速度滴定，直至溶液蓝色刚好褪去为终点，记录样液消耗的体积。同法平行操作三份。

3. 分析结果表述

10mL 碱性酒石酸铜溶液相当于葡萄糖的质量（g）按式(2-4) 计算。

$$A=\frac{mV}{250} \tag{2-4}$$

式中　A——10mL 碱性酒石酸铜溶液相当于葡萄糖的质量，g；

　　m——葡萄糖的质量，g；

　　V——滴定时消耗葡萄糖溶液的体积，mL。

总糖含量（以葡萄糖计，%）按式(2-5) 计算。

$$X=\frac{A}{m\times\frac{V}{250}}\times 100 \tag{2-5}$$

式中　A——10mL 碱性酒石酸铜溶液相当于葡萄糖的质量，g；

　　m——样品质量，g；

V——滴定时消耗样品转化液的体积，mL。

4. 方法解读

(1) 本法是根据经过标定的一定量的碱性酒石酸铜溶液（Cu^{2+} 量一定）消耗的样品溶液量来计算试样中的还原糖含量，反应体系中 Cu^{2+} 含量是定量基础，所以在样品处理时，不能使用铜盐作为澄清剂，以免样品溶液中引入，影响测定结果的准确性。

(2) 碱性酒石酸铜甲液和乙液应分别配制和储存，临用时混合。为消除氧化亚铜沉淀对滴定终点的观察干扰，在碱性酒石酸铜乙液中加入少量的亚铁氰化钾，与红色的氧化亚铜发生配合反应，形成可溶性无色配合物，使滴定终点判断更明显。其反应如下：

$$Cu_2O + K_4Fe(CN)_6 + H_2O \longrightarrow K_2Cu_2Fe(CN)_6 + 2KOH$$

(3) 样液处理：提取液中若含有蛋白质、可溶性果胶、可溶性淀粉、氨基酸等影响测定的杂质，在测定前应除去这些干扰物质。一般采用乙酸锌与亚铁氰化钾反应生成的亚铁氰酸锌沉淀吸附上述干扰物质。

(4) 滴定时要保持沸腾状态，使上升蒸汽阻止空气侵入滴定反应体系中。一方面，加热可以加快还原糖与 Cu^{2+} 的反应速度；另一方面，指示剂次甲基蓝是一种氧化剂，其氧化型为蓝色、还原型为无色。其变色反应是可逆的，还原型次甲基蓝遇到空气中的氧时又会被氧化为其氧化型，再变为蓝色。此外，氧化亚铜也极不稳定，容易与空气中的氧结合而被氧化，从而增加还原糖的消耗量。

(5) 样品溶液预测的目的：一是本法对样品溶液中还原糖浓度有一定要求（0.1%左右），测定时样品溶液的消耗体积应与标定葡萄糖标准溶液时消耗的体积相近，通过预测可了解样品溶液浓度是否合适，浓度过大或过小均应加以调整，使预测时消耗样品溶液量在10mL左右；二是通过预测可知样品溶液的大概消耗量，以便在正式测定时，预先加入比实际用量少1mL左右的样品溶液，只留下1mL左右样品溶液在继续滴定时滴入，以保证在短时间内完成后续滴定工作，提高测定的准确度。

(6) 此法中影响测定结果的主要操作因素是反应液碱度、热源强度、煮沸时间和滴定速度。

① 反应液的碱度直接影响 Cu^{2+} 与还原糖反应的速度、反应进行的程度及测定结果。在一定范围内，溶液碱度越高，Cu^{2+} 的还原越快。因此，必须严格控制反应液的体积，标定和测定时消耗的体积应接近，使反应体系碱度一致。

② 热源温度应控制在使反应液在2min内达到沸腾状态，且所有测定均应保持一致。否则加热至沸腾所需时间不同，引起蒸发量不同，使反应液碱度发生变化，从而引入误差。

③ 沸腾时间和滴定速度对结果影响也较大。一般沸腾时间短，消耗还原糖液多，反之，消耗还原糖液少；滴定速度过快，消耗还原糖量多，反之，消耗还原糖量少。

因此，测定时应严格控制上述滴定操作条件，力求一致，平行试验样品溶液的消耗量相差不应超过0.1mL。滴定时，先将所需体积的绝大部分加入到碱性酒石酸铜试剂中，使其充分反应，仅留1mL左右由滴定方式加入，其目的是使绝大多数样品溶液与碱性酒石酸铜在完全相同的条件下反应，减少因滴定操作带来的误差，提高测定精度。

第四节　糕点中脂肪及酸价的测定

在糕点加工过程中，脂肪对产品的营养价值、色泽、柔软度、起泡性等有重要的影响，而且油炸类糕点可通过脂肪的测定，判断出油炸工艺控制的有效性。脂肪的测定是质量管理中的一项重要指标，可以用来评价产品的品质，衡量产品的营养价值，实现生产过程的管控。通常的测定项目包括脂肪的含量、酸价和过氧化值。

在GB/T 20977—2007《糕点通则》中要求糕点的脂肪含量如表2-7所示。

表2-7　糕点脂肪含量指标

烘烤糕点			油炸糕点		水蒸糕点		熟粉糕点	
蛋糕类	月饼	其他	萨其马类	其他	蛋糕类	其他	片糕类	其他
—	≤25.0%	≤34.0%	≤42.0%		—	—	—	—

一、脂肪含量的测定

1. 索氏抽提法

测定依据：GB/T 5009.6—2003《食品中脂肪的测定》第一法

(1) 方法原理　将经前处理而分散且干燥的样品用无水乙醚或石油醚等溶剂回流抽提后，使样品中的脂肪进入溶剂中，蒸去溶剂所得的物质，称为粗脂肪。除游离脂肪外，残留物中还含有磷脂、色素、挥发油、蜡、树脂等物质。抽提法所测得的脂肪为粗脂肪。

(2) 分析步骤　将混合均匀的试样干燥后，粉碎，过40目筛，称取2.00～5.00g试样(可取测定水分后的试样)，用脱脂棉转移至滤纸筒内。

将滤纸筒放入回流发生器，连接已干燥至恒重的接收瓶，加入无水乙醚或石油醚至接收瓶容积的三分之二处，接通冷凝水后，水浴加热，使乙醚或石油醚不断回流提取（6～8次/h)，一般抽提6～12h。

取下接收瓶，回收乙醚或石油醚，待接收瓶内乙醚剩1～2mL时，在水浴上蒸干，再于100℃±5℃干燥2h，放入干燥器内冷却0.5h后称量，重复上述操作直至恒重。

(3) 分析结果表述　样品中脂肪含量按式(2-6) 计算：

$$X=\frac{m_1-m_0}{m}\times 100\% \tag{2-6}$$

式中　m_1——接收瓶和粗脂肪的质量，g；

m_0——接收瓶的质量，g；

m——干样品质量，g。

(4) 方法解读

① 脂类的提取是基于其以下性质：不溶于水，易溶于有机溶剂。多采用低沸点的有机溶剂萃取的方法。常用的溶剂有乙醚、石油醚、氯仿-甲醇混合溶剂等，戊烷和正己烷也是常用的溶剂。2～3种溶剂的组合使用也是溶剂萃取中常用的方法。这些溶剂必须经纯化，且不含过氧化物，并且必须采用适当的溶剂与溶质的比例以获得最佳萃取效果。

乙醚沸点为34.6℃，溶解脂肪的能力强，作为萃取溶剂比石油醚好，而且较其他溶剂便宜，但沸点低、易燃、易爆、易吸湿及形成过氧化物。含水乙醚会同时抽出糖分等非脂成分，所以使用时，必须采用无水乙醚作提取剂，且要求样品无水分。

② 索氏提取法中所用到的有机溶剂通常是无水乙醚或石油醚，乙醚要求无水、无醇、无过氧化物。因水分和醇类的存在会导致糖类和无机盐等物质的溶出而使测定值偏大；过氧化物会导致脂肪氧化，出现误差，在干燥时可能有爆炸危险。另外，待测样品也须预先烘干。

③ 样品的预处理：如果食品中含水，则不能采用乙醚进行有效的脂类萃取，因为溶剂不易穿透含水的食品组织；另外，乙醚是亲水性的，易被水饱和而不能有效地进行脂类萃取。预处理方法包括将样品粉碎、切碎、碾磨等；有时需将样品烘干；有的样品易结块，可加入4～6倍量的海砂；有的样品含水量较高，可加入适量无水硫酸钠，使样品成粒状。以上的处理都是为了增加样品的表面积，减少样品含水量，使有机溶剂能更有效地提取脂类。

若样品不能在高温下干燥，某些脂类可能会与蛋白质及碳水化合物结合而不易被有机溶剂萃取。采用低温真空干燥或冷冻干燥可增加样品的表面积，有益于更好地萃取脂类。预干燥可使样品较易粉碎而益于萃取，或可破坏其油-水乳化层，使得脂肪更容易溶解于有机溶剂，从而游离于食品组织外。

④ 装样品的滤纸筒一定要严密，否则在虹吸时，样品会随乙醚进入接收瓶，而导致误差。滤纸筒的高度要低于虹吸管，否则会影响虹吸现象，而导致误差。

⑤ 检查样品中脂肪是否提取完全的方法：观察提取筒中溶剂的颜色，一般测定脂肪的食品样品会含有少量色素，当提取溶剂无色时可认为脂肪已经提净；也可以用滴管吸取筒内乙醚液一滴，滴在薄纸片上，对光观察，若无油迹可认为提取完全。

⑥ 提取后烧瓶烘干称量过程中，反复加热会因脂类氧化而增量，故在恒重中若质量增加时，应以增重前的质量作为恒量。为避免脂肪氧化造成的误差，对富含脂肪的食品，应在真空干燥箱中干燥。

⑦ 在加热过程中避免用明火加热；烧瓶中如稍残留乙醚，放入烘箱中则会有发生爆炸的危险，故需在水浴上彻底挥发干净；另外，使用乙醚时应注意室内通风换气或使用通风橱；仪器周围不要有明火，以防空气中有机溶剂蒸气着火或爆炸。

2. 酸水解法

测定依据：GB/T 5009.6—2003《食品中脂肪的测定》第二法

(1) 方法原理　酸水解法又称为酸性乙醚提取法，将样品与盐酸溶液一同加热进行水解，使结合或包藏在组织里的脂肪游离出来，再用乙醚或石油醚提取脂肪，水浴回收溶剂，干燥后称量。提取物的质量即为脂肪含量。

(2) 分析步骤

① 样品处理　固体样品 2.00g，置于 50mL 大试管中，加 8mL 水，混匀后再加 10mL 盐酸。液体样品 10.00g，置于 50mL 大试管中，加 10mL 盐酸。

② 酸水解　将试管放入 70～80℃水浴中，每 5～10min 用玻璃棒搅拌一次，至样品脂肪游离消化完全为止（大概需 40～50min）。

③ 提取　水解后取出试管加入 10mL 乙醇，混匀冷却，将混合物移入 100mL 具塞量筒中。用 25mL 乙醚分次洗试管，一并倒入量筒中，然后加塞振摇 1min。小心开塞放出气体后再塞好，静置 15min。小心开塞后用石油醚-乙醚等量混合液冲洗塞及筒口附着的脂肪。静置 10～20min，待上部液体清晰，吸出上清液于已恒重的锥形瓶内。再加 5mL 乙醚于具塞量筒内振摇，静置后仍将上层乙醚吸出，放入原锥形瓶内。

④ 干燥、称重　将锥形瓶于水浴上蒸干溶剂后，置于 100～105℃烘箱中干燥 2h，取出放入干燥器内冷却 30min 后称量，并重复以上操作至恒重。

(3) 结果计算　同索氏抽提法。

(4) 方法解读

① 该方法适用于各类食品中脂类的测定，且对含水量高的食品，如半固体、黏稠状液体或液体食品不需要进行烘干处理。对于脂肪包含于食品组织内部的，如焙烤制品等，溶剂难以渗入颗粒组织内部；或含结合态脂肪较多的食品，如加工后的混合食品；容易吸湿、结块，不易烘干的食品，不宜采用索氏提取法时，使用本法效果较好。酸水解法测定的是食品中的总脂肪，包括游离态脂肪和结合态脂肪。该方法不适于测定含磷脂高的食品，如鱼、贝、蛋品等。因为在盐酸加热时，磷脂几乎完全分解为脂肪酸和碱，使测定值偏低。本法也不适于测定含糖高的食品，因糖类遇强酸易炭化而影响测定。

② 加入乙醇可促使蛋白质沉淀，降低表面张力，促进脂肪球聚合，同时可使糖、有机酸等留于溶液内。

③ 石油醚可降低乙醇在乙醚中的溶解度，并使乙醇溶解物残留在水层，并使分层清晰。

二、酸价的测定

脂肪在长期保藏过程中，由于微生物、酶和热等的作用发生缓慢水解，产生游离脂肪酸，通过酸价可以衡量脂肪的水解程度，酸价越小，说明产品的新鲜度越好。通过油炸熟制的糕点，也可通过酸价判断熟制用油的情况。

在 GB 7099—2003《糕点面包卫生标准》中要求糕点的酸价含量（以脂肪计）(KOH)≤5mg/g。

测定依据：GB/T 5009.37—2003《食用植物油卫生标准的分析方法》

1. 方法原理

脂肪中游离脂肪酸用氢氧化钾标准溶液滴定，每克脂肪所消耗氢氧化钾的质量（mg）即为酸价。

2. 分析步骤

(1) 样品预处理　可直接使用脂肪含量测定中所抽提的脂肪 3.00～5.00g 作为试样；或称取糕点产品 5～15g，用无水乙醚过滤抽提，回收乙醚后，称取 3.00～5.00g 作为试样。

(2) 试样溶解　将试样置于锥形瓶，加入 50mL 中性乙醚-乙醇混合液，振摇使其溶解，必要时可置于热水中以加快溶解，冷至室温。

(3) 滴定　加入酚酞指示剂 2～3 滴，以氢氧化钾标准溶液（0.100mol/L）滴定至终点，浅红色出现且 30s 不褪色。

3. 分析结果表述

脂肪酸价按式(2-7) 计算：

$$X=\frac{V\times c\times 56.11}{m} \tag{2-7}$$

式中　X——试样的酸价（以 KOH 计），mg/g；

V——试样消耗氢氧化钾标准溶液的体积，mL；

c——氢氧化钾标准溶液的浓度，mol/L；

56.11——表示与 1.0mL 氢氧化钾标准溶液（$c=1.000$mol/L）相当的氢氧化钾质量(mg)，mg/mmol；

m——试样质量，g。

第五节　面制食品中铝的测定

食品工业中铝主要用于食品容器和炊具、食品包装材料、食品添加剂等方面。大多数食品中铝的含量不高，但含铝食品添加剂的使用使得部分面制品中铝含量明显增高，特别是馒头、油条等面制食品中铝含量超标情况比较严重。究其主要原因是经营者为了使馒头、油条等面食疏松多孔而滥用膨松剂硫酸铝钾（俗称明矾）。

铝在毒理学上属于低毒元素，铝及其化合物很少被人体吸收。但进入细胞的铝可与多种蛋白质、酶、三磷酸苷等人体重要物质结合，干扰细胞和器官的正常代谢。

研究表明，神经系统是铝的主要靶器官之一，过量的铝可引起记忆减退，还可沉积在骨质中并置换出钙，导致骨生成抑制，发生骨软化症等。

国家食品卫生标准 GB 2762—2005《食品中污染物限量》规定了面制食品中铝的限量指标为 100mg/kg。

检测依据：GB/T 5009.182—2003《面制食品中铝的测定》

测定方法：分光光度法

1. 方法原理

试样经处理后，三价铝离子在乙酸-乙酸钠缓冲介质中，与铬天青S及溴化十六烷基三甲胺反应形成蓝色三元络合物，于640nm波长处测定吸光度并与标准比较定量。

2. 分析步骤

(1) 试样处理　将糕点试样（不包括夹心、夹馅部分）粉碎均匀，取约30g置于85℃烘箱中干燥4h，准确称取1.000～2.000g，置于100mL锥形瓶中。加数粒玻璃球，加10～15mL硝酸-高氯酸混合液（5+1），盖好盖玻片，放置过夜。置电热板上缓缓加热至消化液无色透明，并出现大量高氯酸烟雾。取下锥形瓶，加入0.5mL硫酸，不加盖玻片，再置电热板上适当升高温度加热除去高氯酸。加10～15mL水，加热至沸，取下放冷后用水定容至50mL。同时做两个试剂空白。

(2) 测定　吸取0.0mL、0.5mL、1.0mL、2.0mL、3.0mL、4.0mL、6.0mL铝标准使用液分别置于25mL比色管中，依次向各管中加入1mL 1%硫酸溶液。吸取1.0mL消化好的试样液，置于25mL比色管中。向标准管、试样管、试剂空白管中依次加入8.0mL乙酸-乙酸钠缓冲液、1.0mL 10g/L抗坏血酸溶液，混匀；加2.0mL 0.2g/L溴化十六烷基三甲胺溶液，混匀；再加2.0mL 0.5g/L铬天青S溶液，摇匀后，用水稀释至刻度。室温放置20min后，用1cm比色杯，于分光光度计上，以零管调零点，于640nm波长处测其吸光度，绘制标准曲线比较定量。

3. 分析结果表述

试样中铝含量按式(2-8)计算：

$$X=\frac{(A_1-A_0)\times 1000}{m\times \frac{V_2}{V_1}\times 1000} \tag{2-8}$$

式中　X——试样中铝含量，mg/kg；

A_1——测定样液中铝的质量，μg；

A_0——空白液中铝的质量，μg；

m——试样质量，g；

V_1——试样消化液定量总体积，mL；

V_2——测定用试样消化液体积，mL。

4. 方法解读

(1) 试样处理：样品前处理有干灰化法和湿消化法。铝属高温元素，可选用较高的灰化温度而不会蒸发损失。但瓷质坩埚中含有铝硅酸盐，灰化样品时可引起污染，所以不宜采用，可选用石英玻璃坩埚。本法采用湿消化处理样品，需消耗较多的硝酸，而硝酸中通常含铝，测定食品中低含量铝时，硝酸应采用亚沸腾蒸馏法提纯。

(2) 铝离子在乙酸-乙酸钠缓冲介质中与铬天青S及溴化十六烷基三甲胺反应形成蓝色三元络合物。硫酸、溴化十六烷基三甲胺和铬天青S溶液的用量不同，生成的三元络合物所呈颜色有差异。在选择好各种试剂用量后，标准系列和样品液加入量应控制一致。

(3) 由于油条中铝的含量较高，因此可以采取较小的取样量和较大的定容体积，应尽量降低待测溶液中的盐分以减小基体干扰。化学干扰一般来自于基体的酸度，过强的酸度会抑制响应的灵敏度。样品和标准溶液均用1%硝酸定容较好。

第六节　糕点中防腐剂的测定

在糕点产品中添加防腐剂是为了防止食品腐败变质、延长食品储存期。由于糕点产品的特殊性，能添加在糕点及其周边产品中的防腐剂有八种，具体见表2-8。

表2-8　允许在糕点及其周边产品中添加的防腐剂的最大使用量

防腐剂名称	食品名称	最大使用量/(g/kg)	备注
丙酸及其钠盐、钙盐	面包	2.5	以丙酸计
	糕点	2.5	
单辛酸甘油酯	糕点	1.0	
	焙烤食品馅料及表面用挂浆（仅限豆馅）	1.0	
对羟基苯甲酸酯类及其钠盐	焙烤食品馅料及表面用挂浆（仅限糕点馅）	0.5	以对羟基苯甲酸计
二氧化硫、焦亚硫酸钾、焦亚硫酸钠、亚硫酸、亚硫酸钠、低亚硫酸钠	饼干	0.1	最大使用量以SO_2残留量计
纳他霉素	糕点	0.3	表面使用、混悬液喷雾或浸泡，残留量小于10mg/kg
山梨酸及其钾盐	氢化植物油	1.0	以山梨酸计
	果酱	1.0	
	面包	1.0	
	糕点	1.0	
	焙烤食品馅料及表面用挂浆	1.0	
双乙酸钠	糕点	4.0	
脱氢乙酸及其钠盐	面包	0.5	以脱氢乙酸计
	糕点	0.5	
	焙烤食品馅料及表面用挂浆（仅限风味派馅料）	0.5	

一、脱氢乙酸及其钠盐的测定

脱氢乙酸及其钠盐是联合国粮农组织和世界卫生组织批准使用的一种安全食品防腐剂；在酸性、碱性条件下均有效，是一种广谱型防腐剂，特别是对霉菌和酵母菌的抑菌能力强，为苯酸钠的2～10倍；对光、热稳定，煮沸烧烤食品加入均不破坏其防腐功能；在新陈代谢过程中逐渐分解为乙酸，对人体无毒。脱氢乙酸能溶于多种油类，使用于脂肪含量高的食品中。

检测依据：GB/T 5009.121—2003《食品中脱氢乙酸的测定》

测定方法：气相色谱法

1. 方法原理

酸化处理后的试样，用乙醚提取脱氢乙酸，浓缩后用附氢火焰离子化检测器的气相色谱仪进行分离测定，与标准系列比较定量。

2. 分析步骤

（1）试样提取 称取5.0g混合均匀的试样，置于100mL具塞试管中，加10mL饱和氯化钠溶液，用10%硫酸酸化，用50mL、30mL、30mL乙醚提取三次，每次振摇1min，将上层乙醚提取液吸入250mL分液漏斗中，合并乙醚提取液。用10mL饱和氯化钠溶液洗涤一次，弃去水层，用50mL、50mL碳酸氢钠溶液提取两次，每次2min。水层转移至另一分液漏斗，用硫酸调节成酸性，加入氯化钠至饱和，用50mL、30mL、30mL乙醚提取三次，合并乙醚提取液于250mL分液漏斗中，用滤纸去除漏斗颈部水分，塞上脱脂棉。加10g无水硫酸钠，室温下放置30min，在50℃水浴K-D浓缩器上浓缩至近干，吹氮除去残留溶剂，用丙酮定容后供色谱测定。

（2）色谱参考条件

色谱柱：内径3mm、长2m的玻璃柱，内涂5% DEGS和1% 磷酸固定液的60～80目Chromosorb WAW DMCS。

气流条件：载气为氮气，40mL/min；氢气50mL/min；空气500mL/min。

温度：进样口220℃，检测器220℃，柱温165℃。

（3）测定 进样2μL标准系列中各浓度标准使用液于气相色谱仪中，可测得不同浓度脱氢乙酸的峰高，以浓度为横坐标、相应的峰高值为纵坐标，绘制标准曲线。同时进样2μL试样溶液，测得峰高与标准曲线比较定量。

3. 分析结果表述

试样中脱氢乙酸含量按式(2-9)计算：

$$X=\frac{A\times V}{m\times 1000} \tag{2-9}$$

式中 X——试样中脱氢乙酸的含量，g/kg；

A——待测样液中脱氢乙酸的含量，μg/mL；

V——待测试样定容后的体积，mL；

m——试样质量，g。

4. 方法解读

（1）气相色谱法检测脱氢乙酸，适用于果汁、酱菜、腐乳等样品。

（2）提取方法的选择：果汁成分简单，用乙醚直接提取，不产生干扰峰；腐乳等是蛋白质含量高的样品，经过发酵后的蛋白质用有机溶剂提取时极易乳化，可通过加大乙醚用量，使用具塞试管提取脱氢乙酸，用滴管从上层转移乙醚层，不仅可以避免乳化现象，而且不必过滤。

（3）色谱条件的选择：由于糕点中允许使用的添加剂较多，而山梨酸和苯甲酸常常与脱氢乙酸共存，因而所用色谱柱应能完全分离这三种物质。可选5% DEGS＋1% 磷酸＋5% Carbowax涂在60～80目的Chromosorb WAW DMCS作为分离柱。于165℃三种物质分离最好，160℃以下有拖尾现象，170℃以上色谱分离不完全。

二、丙酸钙的测定

丙酸钙是一种新型食品添加剂，在食品工业中主要用于面包、糕点等的防腐，可有效延长食品的保鲜期，抑制黄曲霉毒素等。丙酸钙易于与面粉混合均匀，在作为保鲜防腐剂的同时，又能提供人体必需的钙质，起到强化食品的作用。国家标准中规定了丙酸钙在面包、糕点中的最大使用量（见表2-8）。

检测依据：GB/T 5009.120—2003《食品中丙酸钠、丙酸钙的测定》

测定方法：气相色谱法

1. 方法原理

试样酸化后，丙酸钙转化为丙酸，经水蒸气蒸馏，收集后直接进附氢火焰离子化检测器的气相色谱仪进行测定，与标准系列比较定量。

2. 分析步骤

（1）试样提取　糕点样品在室温下风干、磨碎，准确称取30g，置于500mL蒸馏瓶中，加入100mL水，再用50mL水冲洗容器，转移到蒸馏瓶中。加10mL磷酸溶液、2～3滴硅油，进行水蒸气蒸馏，将250mL容量瓶置于冰浴中作为吸收装置，待蒸馏约250mL时取出，在室温下放置30min，加水至刻度。吸取10mL该溶液于试管中，加入0.5mL甲酸溶液，混匀，备用。

（2）色谱参考条件

色谱柱：内径3mm、长1m的玻璃柱，内装80～100目Porapak QS。

气流条件：氮气，气流速度为50mL/min。

温度：进样口、检测器温度220℃，柱温180℃。

氢气：50mL/min。

空气：500mL/min。

（3）测定　取各标准使用液10mL，加0.5mL甲酸溶液，混匀。取5μL上述溶液进气相色谱仪，可测得不同浓度丙酸的峰高。以浓度为横坐标、相应的峰高值为纵坐标，绘制标准曲线。同时进样5μL试样溶液，测得峰高与标准曲线比较定量。

3. 分析结果表述

（1）试样中丙酸含量按式(2-10）计算：

$$X=\frac{A}{m}\times\frac{250}{1000} \tag{2-10}$$

式中　X——试样中丙酸含量，g/kg；

A——样液中丙酸含量，μg/mL；

m——试样质量，g。

（2）试样中丙酸钙含量 = 丙酸含量 × 1.2569。

4. 方法解读

（1）前处理条件的选择　加入硅油的目的是起消泡作用，如不起泡可少加或不加，若蒸馏时气泡多则可多加几滴硅油；加入甲酸溶液是为了防止在分离柱中形成非挥发性盐类物质。

（2）仪器分析条件的选择　由于色谱系统对极性组分丙酸的吸附作用，当一更强的极性溶液进入色谱后便使丙酸解析，从而产生所谓的鬼峰，使丙酸呈非线性效应，致使不能准确定量。研究表明，极性溶剂水、甲酸、乙酸均可不同程度地消除鬼峰，且4mol/L的甲酸水溶液消除非玻璃色谱系统所产生的鬼峰效果最好，它不仅能迅速消除鬼峰，而且为食品中的丙酸盐有效地转化成游离丙酸提供了适宜的酸性环境。另外，由于溶剂甲酸在氢火焰离子化检测器上的响应值很小，所以溶剂峰不干扰丙酸的分离与测定。

第七节　糕点的微生物检验

在国家标准GB 7099《糕点、面包卫生标准》中规定了糕点、面包的微生物指标，见第一节表2-2。

一、菌落总数的测定

菌落总数是指食品样品经过处理，在一定条件下培养后，于 1mL（g）检验样品中所含菌落的总数。通过测定菌落总数，可以判定食品被细菌污染的程度、预测食品可存用的时间长短，以便对被检验样品进行卫生学评价时提供依据。

检测依据：GB/T 4789. 2—2010《食品卫生微生物学检验 菌落总数测定》

测定方法：标准平板培养计数法

1. 检验程序

菌落总数的检验程序见图 2-1。

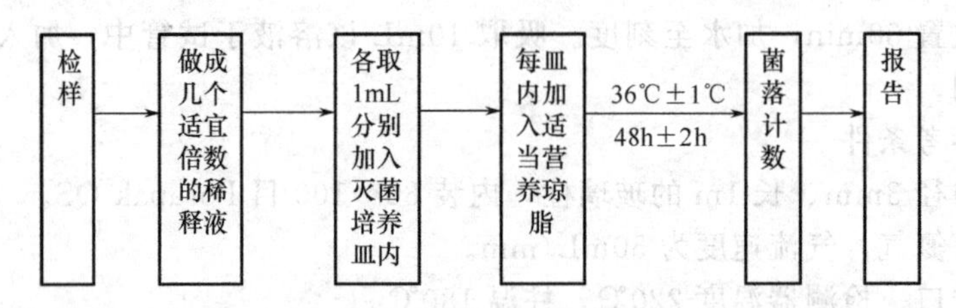

图 2-1 菌落总数的检验程序

2. 操作步骤

(1) 样品稀释 称取 25g 糕点样品置于盛有 225mL 磷酸盐缓冲液或生理盐水的无菌匀质杯内，于 8000～10000r/min 匀质 1～2min，制成 1∶10 的样品匀质液。

用 1mL 无菌吸管吸取上述样品匀质液 1mL，沿管壁缓慢注入盛有 9mL 稀释液的无菌试管中，制成 1∶100 的样品匀质液。依次操作，制备 10 倍系列稀释样品匀质液。见图 2-2。

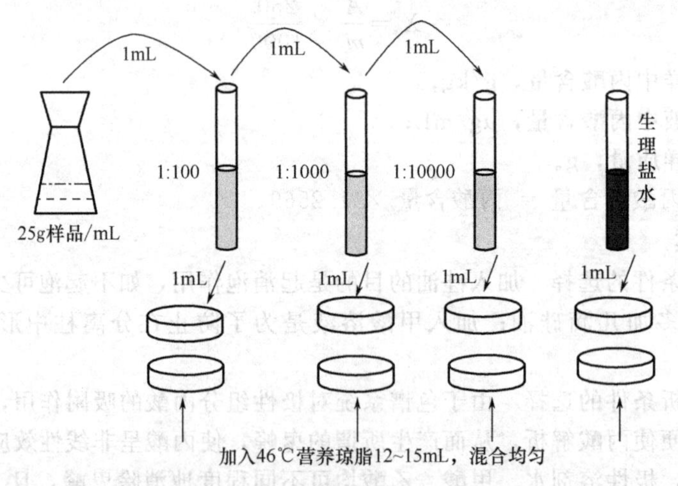

图 2-2 样液稀释及倾注过程示意

(2) 倾注平皿 选择 2～3 个适宜稀释度的样品匀质液，吸取 1mL 于无菌平皿中，及时将 12～15mL 冷却至 46℃的琼脂培养基倾注于平皿，并转动平皿使其混合均匀。

(3) 培养 待琼脂凝固后，将平板翻转，于 36℃±1℃培养 48h ±2h。

(4) 菌落计数

① 平板菌落的选择 选取菌落数在 30～300 之间的平板作为菌落总数测定平板。不宜采用较大片状菌落生长。一个稀释度使用两个平板，应取平均数。

② 菌落计数方法　可用肉眼观察，必要时使用放大镜或菌落计数器，记录稀释倍数和相应的菌落数量。菌落计数以菌落形成单位（CFU）表示。

③ 菌落总数的计算

a. 若只有一个稀释度平板上的菌落数在适宜计数范围内，计算两个平板菌落数的平均值，再将平均值乘以相应稀释倍数，作为每克（毫升）样品中菌落总数结果。

b. 若有两个连续稀释度的平板菌落数在适宜计数范围内时，按式(2-11) 计算：

$$N=\frac{\sum C}{(n_1+0.1n_2)\ d} \tag{2-11}$$

式中　N——样品中菌落数；

$\sum C$——平板（含适宜范围菌落的平板）菌落数之和；

n_1——第一稀释度（低稀释倍数）平板个数；

n_2——第二稀释度（高稀释倍数）平板个数；

d——稀释因子（第一稀释度）。

c. 若所有稀释度的平板上菌落数均大于 300CFU，则对稀释度最高的平板进行计数，其他平板可记录为“多不可计”，结果按平均菌落数乘以最高稀释倍数计算。

d. 若所有稀释度的平板菌落数均小于 30CFU，则应按稀释度最低的平均菌落数乘以稀释倍数计算。

e. 若所有稀释度（包括液体样品原液）平板均无菌落生长，则以小于 1 乘以最低稀释倍数计算。

f. 若所有稀释度的平板菌落数均不在 30～300CFU 之间，其中一部分小于 30CFU 或大于 300CFU 时，则以最接近 30CFU 或 300CFU 的平均菌落数乘以稀释倍数计算。

3. 分析结果表述——菌落总数的报告

(1) 菌落数小于 100CFU 时，按“四舍五入”原则修约，以整数报告。

(2) 菌落数大于或等于 100CFU 时，第三位数字采用“四舍五入”原则修约后，取前两位数字，后面用 0 代替位数；也可用 10 的指数形式来表示，按“四舍五入”原则修约后，采用两位有效数字。

(3) 若所有平板上为蔓延菌落而无法计数，则报告菌落蔓延。

(4) 若空白对照上有菌落生长，则此次检测结果无效。

4. 方法解读

(1) 在样品稀释过程中，每递增稀释一次，换用一次吸管。

(2) 称重取样以 CFU/g 为单位报告。

二、大肠菌群的测定

大肠菌群是指一群能发酵乳糖、产酸产气、需氧和兼性厌氧的革兰阴性无芽孢杆菌。

此类细菌主要来源于人畜粪便，在评价食品的卫生质量时，以大肠菌群作为粪便污染指标，推断食品中是否有污染肠道致病菌的可能及污染程度。

检测依据：GB 4789.3—2010《食品安全国家标准 食品微生物学检验 大肠菌群计数》

测定方法：大肠菌群 MPN 计数法

1. 检验程序

具体如图 2-3 所示。

2. 操作步骤

(1) 样品稀释　以无菌操作将 25g 糕点样品置于盛有 225mL 磷酸盐缓冲液或生理

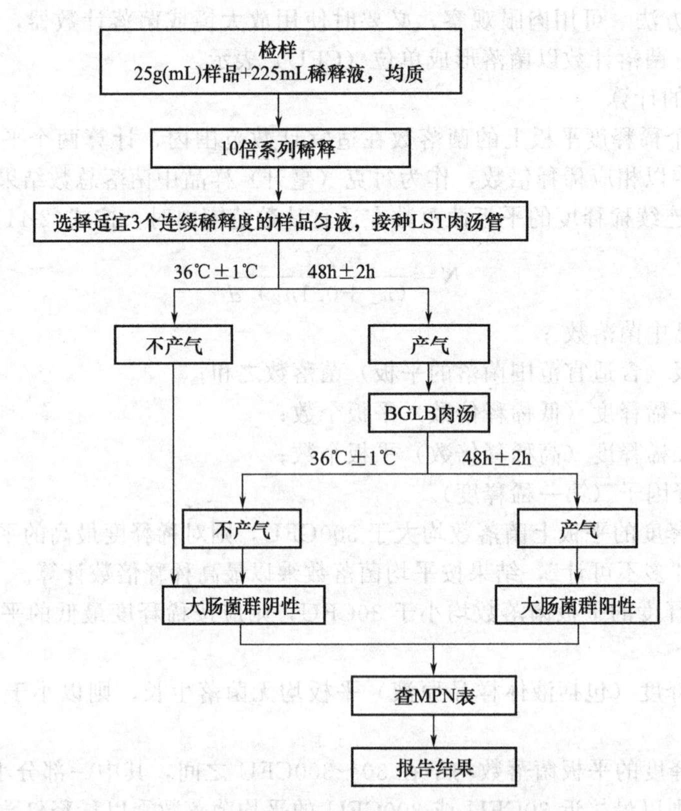

图 2-3 大肠菌群 MPN 计数法检验程序

盐水的无菌匀质杯内，于 8000～10000r/min 匀质 1～2min，制成 1∶10 的样品匀质液。样品匀质液的 pH 值应在 6.5～7.5 之间，必要时分别用 1mol/L NaOH 或 1mol/L HCl 调节。

用 1mL 无菌吸管吸取上述 1∶10 样品匀液 1mL，沿管壁缓慢注入盛有 9mL 磷酸盐缓冲液或生理盐水的无菌试管中，制成 1∶100 的样品匀质液。依次操作，制备 10 倍系列稀释样品匀质液。

根据对检样污染情况的估计，选择三个稀释度，每个稀释度接种三管。

(2) 初发酵试验　将待检样品接种于月桂基硫酸盐胰蛋白胨（LST）肉汤，根据对检样污染情况的估计，选择三个稀释度，每个稀释度接种三管。置于 36℃±1℃温箱内，培养 24h±2h，观察倒管内是否有气泡产生，24h±2h 产气者进行复发酵试验，如未产气则继续培养 48h±2h，产气者进行复发酵试验。未产气者为大肠菌群阴性。

(3) 复发酵试验　用接种环从产气的 LST 肉汤管中分别取培养物一环，移种于煌绿乳糖胆盐肉汤（BGLB）管中，于 36℃±1℃温箱内，培养 48h±2h，观察产气情况。产气者，记为大肠菌群阳性管。

3. 报告

根据证实为大肠菌群 LST 阳性的管数，查大肠菌群最可能数（MPN）检索表，报告每 100 克大肠菌群的 MPN 值。

4. 方法解读

(1) 在样品稀释过程中，每递增稀释一次，换用一次吸管。

(2) 糕点产品中大肠菌群数以 100g 检样内大肠菌群最可能数（MPN）表示。

技能训练三　面包中水分的测定

一、分析检测任务

产品检测方法标准	GB 5009.3—2010《食品安全国家标准 食品中水分的测定》
产品验收标准	GB/T 20981《面包》
关键技能点	分析天平的使用
	干燥器的使用
	电热鼓风干燥箱的使用
检测所需设备	电热鼓风干燥箱，分析天平（感量为 0.1mg），干燥器，玻璃扁形称量瓶

二、任务实施

1. 安全提醒

电热恒温干燥箱使用前应检查是否漏电，使用完毕应切断外来电源，不可用于烘干易燃、易爆、有挥发性、腐蚀性的物品；拿取物品应戴隔热手套，以免烫伤。

2. 设备调试

天平使用前，应检查天平是否水平，用细软毛刷轻扫天平称量盘、称量室。接通电源后需预热 0.5h 以上，才能进行正式称量。注意天平载重不得超过最大负荷。

3. 操作步骤

（1）样品预处理　面包是含水量大于 16% 的谷类食品，应采用两步干燥法进行干燥。先将面包切成薄片，称取 3～10g，使其在室内自然风干 15～20h。

（2）称量瓶干燥至恒重　取洁净的铝制或玻璃制的扁形称量瓶，置于 103℃±2℃ 干燥箱中，瓶盖斜支于瓶边，加热 0.5～1.0h，取出盖好，置干燥器内冷却 0.5h，称量，并重复干燥至前后两次质量差不超过 2mg，达到恒重要求。

（3）称样　将风干的样品磨碎过 20～40 目筛，混匀。称取 2～5g 试样（精确至 0.0001g），放入此称量瓶中，试样厚度不超过 5mm（饼干等疏松试样，厚度不超过 10mm），加盖，精密称量。

（4）烘干至恒重　将盛有样品的称量瓶置于 103℃±2℃ 干燥箱中，瓶盖斜支于瓶边，干燥 2～4h 后，盖好取出，放入干燥器内冷却 0.5h 后称量。然后再放入 103℃±2℃ 干燥箱中干燥 1h 左右，取出，放入干燥器内冷却 0.5h 后再称量。并重复以上操作至前后两次质量差不超过 2mg，达到恒重要求。

注意：实验过程中应使用同一台天平进行称量，以减少误差。

4. 原始数据记录与处理

原始数据记录				
样品序号	m_0	m_1	m_2	水分含量/%
1				
2				
3				

续表

计算公式：
$$X=\frac{m_1-m_2}{m_1-m_0}\times 100\%$$ 式中 X——试样中水分的含量，%； m_1——称量瓶和试样的质量，g； m_2——称量瓶和试样干燥至恒重后的质量，g； m_0——称量瓶的质量，g。 水分含量≥1%时，计算结果保留三位有效数字；水分含量＜1%时，结果保留两位有效数字。
检验结果：

三、关键技能点操作指南

1. 分析天平的使用与维护

(1) 分析天平的使用规则　天平室的温度应保持稳定，室温应在15～30℃之间，湿度保持在55%～75%之间。

① 天平接通电源后需要预热0.5h以上才能进行正式称量。

② 使用前检查天平是否水平。

③ 天平载重不得超过最大负荷。

④ 挥发性、腐蚀性、吸潮性的物品应放在加盖的容器中称量。

⑤ 不可将过热或过冷的物品放在天平上称量。

⑥ 天平室内应放硅胶干燥剂，并及时更换。

⑦ 称量时，在显示稳定零点后，将物品放到称量盘中间，关上防风门，数值显示稳定后读取称量值。

⑧ 取放物品必须轻缓，并注意保持天平清洁，使用前用天平刷清扫称量盘和称量室。

(2) 操作规程

① 检查天平是否水平：观察水平仪，若水泡偏移，通过调节水平调整脚，使水泡位于水平仪中心。用毛刷清扫天平室。

② 接通电源，预热30min后开启显示器。

③ 在显示稳定零点后，将称量容器置于称量盘上，天平显示容器的质量，按［去皮］键使显示为零，即已去除容器质量。

④ 将称量的物品置于容器中，待数字稳定后，显示器上的数字即为被称物的质量。

⑤ 称量完毕，取出称量容器，关好天平门，关闭显示器，盖上防尘罩。

(3) 称量方法

① 直接称量法　称量物品，如烧杯、表面皿、坩埚等，一般采用直接称量法。即将被称物置于天平托盘中心，直接读数即为被称物的质量。

② 增量法　此法一般用来称量规定重量的试样。方法如下：将盛物容器放于天平的称量盘，清零（即去掉容器重量）；用牛角勺取试样加于盛物容器中，直至天平读数达到规定重量。

③ 减量法　此法一般用来连续称取几个试样，其量允许在一定范围内波动，也用于称取易吸湿、易氧化或易与二氧化碳反应的试样。此法称取固体试样的方法为：

a. 将适量试样装入称量瓶中，用纸条缠住称量瓶放于天平托盘上，称得称量瓶及试样重量为m_1。

b. 用纸条缠住称量瓶，从天平盘上取出，举放于容器上方，瓶口向下稍倾，用纸捏住称量瓶盖，轻敲瓶口上部，使试样慢慢落入容器中。

c. 当倾出的试样已接近所需要的重量时，慢慢地将称量瓶竖起，再用称量瓶盖轻敲瓶口下部，使瓶口的试样集中到一起，盖好瓶盖，放回到天平盘上称量，得 m_2。

d. 两次称量之差就是试样的重量。如此继续进行，可称取多份试样。然后用如下公式计算：

第一份　试样重 $=m_1-m_2$

第二份　试样重 $=m_2-m_3$

2. 干燥器的使用和保养

(1) 干燥器的使用方法　在干燥器底座按需要放入不同干燥剂，然后放上瓷盘。在干燥器宽边处涂一层凡士林油脂，将盖子盖好沿水平方向摩擦几次使油脂均匀，即可使用。

(2) 使用时注意事项

① 打开干燥器时，不要把盖子往上提，而是用一只手从相对的水平方向小心移动盖子即可打开，并将盖子斜靠在干燥器旁，谨防滑动。取出物品后，按同样方法盖严，使盖子磨口边与干燥器吻合。

② 搬动干燥器时，要一只手按住盖子，以防盖子滑落而打碎。

③ 有较热物品放入干燥器后，空气受热膨胀会把盖子顶起，为了防止盖子打翻，应用手按住，不时把盖子稍微推开，以放出热空气。

(3) 干燥器的维护与保养

① 磨口上的凡士林因凝固难以打开时，可以用热毛巾热敷一下或者用电吹风吹干燥器边缘，使凡士林熔化后再打开盖。

② 干燥器内的干燥剂一般采用变色硅胶。其干燥时为蓝色，受潮后变粉红色，说明硅胶已充分吸水且失效，应及时更换。将失效硅胶平铺在瓷盘置于干燥箱内于120℃烘2～3h，至硅胶重新变蓝后可继续使用。

四、技能操作考核点

序号	考核项目	考核内容	技能操作要点
1	准备	着装	着工作服，整洁
2	称量瓶干燥	称量瓶放置	放于烘箱正确位置，称量瓶盖斜支于瓶边
		烘干温度与时间	正确的温度范围，不可过高
3	样品预处理	样品粉碎	符合粉碎标准
4	恒重操作	干燥器操作	干燥器操作正确
		称量	开关天平门操作正确，读数及记录正确
		称量习惯	检查水平、清洁状况，整理天平
		恒重判断	达到恒重终点判断正确
5	结束工作	整理	清洗、整理实验用仪器和台面
		文明操作	无器皿破损、仪器损坏
		实验室安全	安全操作
6	实验结果	原始数据	原始数据记录准确、完整、美观
		计算	公式正确，计算过程正确
		有效数字	正确保留有效数字
		平行性	取两个平行，相对极差≤5%

技能训练四　糕点中脂肪含量的测定

一、分析检测任务

产品检测方法标准	GB/T 5009.6—2003《食品中脂肪的测定》(第一法)
产品验收标准	GB 7099—2003《糕点、面包卫生标准》
关键技能点	分析天平的使用
	索氏抽提器的使用
	电热恒温水浴锅的使用
检测所需设备	电热恒温水浴锅,电热鼓风干燥箱,分析天平(感量为0.1mg),干燥器,索氏抽提器
检测所需试剂	无水乙醚(分析纯,不含过氧化物),石油醚(分析纯,30～60℃)
其他耗材	研钵,脱脂棉,脱脂滤纸,沸石等

二、任务实施

1. 安全提醒

乙醚具有麻醉性，实验过程中要注意室内通风，避免吸入。挥发乙醚时，切忌用直接明火加热，烘干前应驱除全部残余的乙醚。

2. 操作步骤

(1) 滤纸筒制备　将滤纸裁成8cm×15cm大小，以直径为2cm的大试管为模型，将滤纸紧靠试管壁卷成圆筒形，将滤纸筒的一端折入筒内，压紧成圆筒底，取少量脱脂棉放入筒底。

(2) 样品制备　精确称取于103℃±2℃干燥箱中烘干并研细的样品2～5g，装入滤纸筒内，试样上放一层脱脂棉，并将筒的顶端纸边折入筒内，使整个滤纸筒高约4cm。

(3) 脂肪接收瓶处理　洗净烘干至恒重。

(4) 安装索氏抽提装置　具体见本节关键技能点操作指南。

(5) 提取脂肪　将滤纸筒放入索氏抽提器的提取管内，连接内装少量沸石并已干燥至恒重的提取瓶，加入无水乙醚至瓶内容积的2/3处，于水浴上加热，使乙醚以每5～6min回流一次，提取6～8h。

(6) 回收溶剂　取出滤纸筒，用抽提器回收乙醚，当乙醚在提脂管内将被虹吸前立即取下提脂管，将其下口放到盛有乙醚的试剂瓶口内，使之倾斜，使液面超过虹吸管，乙醚即经过虹吸管流入瓶内。将乙醚完全蒸干后，取下含有脂肪的接收瓶，于水浴上蒸发残留乙醚，擦净烧瓶外部，于103℃±2℃干燥箱内干燥30min，移入干燥器内冷却，称重。重复干燥至相继两次称量差值不超过试样质量的0.1%。

注意：实验过程中应使用同一台天平进行称量，以减少误差。

3. 原始数据记录与处理

原始数据记录				
称量次数	m	m_0	m_1	脂肪含量/%
第一次称量				
第二次称量				
第三次称量				

续表

计算公式： $$X(\text{样品中脂肪含量})=\frac{m_1-m_0}{m}\times 100\%$$ 式中 m_1——接收瓶和粗脂肪的质量，g； m_0——接收瓶的质量，g； m——干样品质量，g。
检验结果：

三、关键技能点操作指南

以下介绍索氏提取器的使用与维护。

1. 仪器的结构

索氏提取器是分析食品中脂肪含量的玻璃回流装置，由提取瓶、提取管、冷凝器三部分组成，提取管两侧分别有虹吸管和连接管。如图 2-4 所示。

将样品置于沸腾的有机溶剂与冷凝管之间，冷凝下来的溶剂不断地将样品中的脂质溶出。提取时，将样品包在脱脂滤纸内，放入提取管内，提取瓶内加入提取剂，加热，提取剂气化由连接管上升进入冷凝器，凝成液体滴入提取管内，浸提样品中的脂类物质。待提取管内乙醚液面达到一定高度，溶有粗脂肪的有机溶剂经虹吸管流入提取瓶。流入提取瓶内的有机溶剂继续被加热气化、上升、冷凝，滴入提取管内，如此循环往复，直到抽提完全为止。

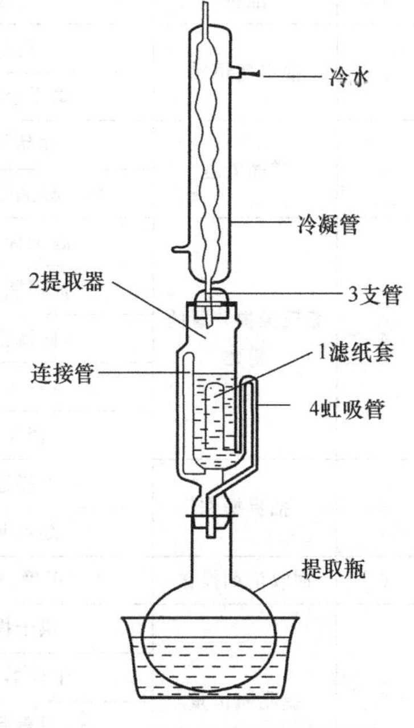

图 2-4 索氏脂肪提取器装置

2. 仪器的安装与使用

(1) 选择一稳固的铁架台和 2 个十字夹、2 只龙爪。

(2) 在冷凝管上连接好进水和出水的乳胶管。

(3) 将滤纸筒放入提取管，在提取瓶中加入提取剂。

(4) 在铁架台下部先安装一个十字夹，在十字夹上安装一个龙爪固定提取瓶颈。

(5) 将提取管连接在提取瓶上端，根据水浴锅高低和提取管长短在铁架台上部再安装一个十字夹，用龙爪固定提取管颈。将冷凝管连接到提取管上端，将进水口的乳胶管与水龙头相连，打开自来水。

(6) 按实验要求设定好水浴锅温度进行提取。提取期间，密切观察记录冷凝管口有机溶剂的回流滴速、每次虹吸所需的时间和虹吸次数。

3. 注意事项

(1) 注意搭建的顺序要由下至上。固定点分别是提取瓶的颈部和提取管的颈部，索氏提取器高度应以提取瓶的瓶颈略高于水浴锅的液面为宜。

(2) 提取剂回流速度最好控制在每分钟 70 滴左右，如果过快，可以降低水浴温度和减小冷凝水流速，如果过慢，可以增加水浴锅温度和增加冷凝水流速。

(3) 加入提取剂的方法：将提取剂从提取管的上口直接倒入提取管，使其达到虹吸管的高度而虹吸一次，再继续倒入提取剂，加入量为虹吸管总高度的2/3。

(4) 为了防止抽提过程中乙醚挥发至空气中，可在冷凝管上端连接一个氯化钙管，或塞一团干燥的脱脂棉。

(5) 判定脂肪提取是否完全的方法：拔出提取管，用一块滤纸蘸取提取管底部滴下的提取剂，滤纸上的提取剂在空气中挥发后，观察有无油迹残留，如果有继续抽提；如果没有，表明脂肪提取完全。

4. 维护与保养

(1) 在安装和拆卸仪器过程中，要始终牢记索氏提取器的三个部件是分离的，移动和调整过程中不要误以为是一体而使其中某个部件滑落而打碎。

(2) 提取完毕，提取瓶和提取管要用碱性洗涤液充分洗涤去除残留的脂肪，用自来水冲净后于烘箱中干燥。每套索氏提取器的三个部件应装在一个配套仪器盒中，以免互相混淆影响配套仪器的密闭性。

四、技能操作考核点

序号	考核项目	考核内容	技能操作要点
1	准备	着装	着工作服，整洁
2	抽提瓶恒重	清洗	清洗干净、无油污
		烘干至恒重	恒重操作正确，数据选择正确
3	样品处理	样品粉碎	符合粉碎标准
		样品烘干	温度、时间控制合理
4	索氏抽提装置的搭建	滤纸筒制备	规格符合要求，测定过程中不能漏底
		抽提瓶连接	规范操作
		回流搭建	合理、熟练
		冷凝水连接	连接正确(下进上出)
		密闭性	设备密闭性良好
5	抽提操作	抽提速度	速度控制符合要求
		终点判断	能正确判断抽提终点
6	回收溶剂操作	正确、安全	采用正确方法回收溶剂，注意安全性
7	提脂瓶恒重	烘干操作	温度、时间控制合理
		干燥器使用	正确使用
		恒重判断	恒重判断正确
		称量操作	称量操作熟练无误
8	结束工作	整理	处理废液、清洗整理实验仪器和台面
		文明操作	无器皿破损
9	实验结果	原始数据	原始数据记录准确、完整、美观
		计算	公式正确，计算过程正确
		有效数字	正确保留有效数字
		平行性	取两个平行，相对极差≤5%

单元复习与自测

一、选择题

1. 下面的（　　）项为食品标签通用标准推荐标注内容。

A. 产品标准号　　B. 批号　　C. 配料表　　D. 保质期或保存期

2. 用索氏抽提法抽提完脂肪且回收无水乙醚后，应（　　）放入干燥器内冷却 0.5h 后称重。

A. 将接收瓶在水浴上蒸干，再放入电热干燥箱内于 95～105℃干燥 2h

B. 为防止脂肪损失，立即放入电热干燥箱内于 95～105℃干燥 2h

3. 糕点中使用丙酸钙作防腐剂时，最大使用量是（　　）。

A. 0.5g/kg　　B. 1.0g/kg　　C. 1.5g/kg　　D. 2.5g/kg

4. 索氏抽提法测定带少量不易除去水分的样品时，通常选用（　　）作为抽提剂。

A. 无水乙醚　　B. 乙醚　　C. 石油醚　　D. 乙醇

5. 索氏抽提法抽提糕点中的脂肪时用乙醚作抽提剂不可能提取出（　　）。

A. 甘油三酸酯　　B. 脂蛋白　　C. 甾醇　　D. 脂肪酸

6. 用乙醚提取脂肪时，所用的加热方法是（　　）。

A. 电炉加热　　B. 水浴加热　　C. 油浴加热　　D. 电热套加热

7. 用乙醚作提取剂时，（　　）。

A. 允许样品含少量水　B. 应除去过氧化物

8. 测定脂肪时，抽提时间是（　　）。

A. 虹吸 20 次　　B. 虹吸产生后 2h

C. 抽提 6h　　D. 用滤纸检查抽提完全为止

9. 根据菌落总数的报告原则，某样品经菌落总数测定的数据为 3775 个/mL，应报告为（　）个/mL。

A. 3775　　B. 3800　　C. 37800　　D. 40000

10. 检测大肠菌群时，待检样品接种乳糖胆盐发酵管，经培养如不产气，则大肠菌群（　　）。

A. 阳性　　B. 阴性　　C. 需进一步试验　　D. 需接种伊红美蓝平板

11. 某食品作菌落总数测定时，若 10^{-1} 菌落多不可计，10^{-2} 平均菌落数为 164，10^{-3} 的平均菌落数为 20，则该样品应报告菌落总数是（　　）。

A. 16400　　B. 20000　　C. 18200　　D. 16000

12. 某食品作菌落计数时，若 10^{-1} 平均菌落数为 27，10^{-2} 平均菌落数为 11，10^{-3} 平均菌落数为 3，则该样品应报告菌落数是（　　）。

A. 270　　B. 1100　　C. 3000　　D. 1500

13. 测定菌落总数操作中，加入的营养琼脂的温度通常是在（　　）左右。

A. 46℃　　B. 55℃　　C. 60℃　　D. 90℃

14. 在菌落总数的检验中，检样从开始稀释到倾注最后一个平皿所用时间不宜超过多少分钟。（　　）

A. 15min　　B. 20min　　C. 25min　　D. 30min

15. 在净含量的标示中不包括以下哪个内容？（　　）

A. 净含量　　B. 法定计量单位

C. 数字　　D. 生产者的名称地址

16. 菌落计数时，菌落数在100CFU以内，按“四舍五入”原则修约，以整数报告，大于100CFU时，采用（ ）有效数字。

A. 1位 B. 2位 C. 3位 D. 4位

17. 作大肠菌群测定时，使用的是（ ）培养基。

A. 三糖铁琼脂 B. 伊红美蓝琼脂

C. 胰酪胨大豆肉汤 D. 血琼脂

18. 微生物的检验中，大肠菌群的测定单位用（ ）表示，菌落总数的测定单位用（ ）表示。

A. g/mL (g)，CFU/mL (g) B. MPN/100mL (g)，g/mL (g)

C. MPN/100mL (g)，CFU/mL (g) D. CFU/mL (g)，MPN/100mL (g)

19. 脱氢乙酸是联合国粮农组织和世界卫生组织批准使用的一种（ ）。

A. 护色剂 B. 防腐剂 C. 保鲜剂 D. 还原剂

20. 国家标准GB 7099—2003要求热加工的糕点产品出厂时霉菌数不得大于（ ）个/g。

A. 25 B. 50 C. 100 D. 不得检出

21. 国家标准中规定了丙酸钙在面包、糕点中的最大使用量为（ ）。

A. 1.0g/kg B. 0.1g/kg C. 2.5g/kg D. 4.0g/kg

二、简答题

1. 糕点食品标签中的各种配料应按照怎样的顺序排列？
2. 试分析糕点类产品容易出现的质量安全问题主要表现在哪些方面？
3. 什么是糕点的营养标签？
4. 营养标签强制标示的内容有哪些？
5. 请根据糕点食品标签的要求，试着模拟制作一种产品的标签。
6. 糕点中的水分含量对糕点的品质有什么影响？
7. 采用直接干燥法测定糕点中的水分，出现了以下问题，测定结果是偏高还是偏低？为什么？（1）样品粉碎不充分；（2）样品中含较多挥发性成分；（3）脂肪的氧化；（4）样品的吸湿性较强；（5）样品表面结了硬皮。
8. 为什么酸水解法更适合测定糕点类食品的脂肪？简述酸水解法测定脂肪的原理。
9. 糕点等面制品中的铝主要来源是什么？如何测定糕点中的铝含量？
10. 索氏抽提法测定脂肪含量时，测定过程中为什么需要对样品、抽提器、抽提用有机溶剂都要进行脱水处理？
11. 简述直接法测定总糖的原理。
12. 总糖测定时，样品处理中为什么不能使用铜盐作澄清剂？
13. 直接滴定法测定总糖时，滴定时为什么要保持沸腾状态？
14. 试分析直接滴定法测定还原糖时影响测定结果的因素有哪些？如何控制？
15. 用气相色谱法测定糕点中的丙酸钙，样品前处理中加入硅油和甲酸的目的分别是什么？

三、计算题

某检验员对花生仁样品中的粗脂肪含量进行检测，操作如下：

① 准确称取已干燥至恒重的接收瓶质量为45.3857g。

② 称取粉碎均匀的花生仁3.2656g，用滤纸严密包裹好后，放入抽提筒内。

③ 在已干燥恒重的接收瓶中注入三分之二的无水乙醚，并安装好装置，在45～50℃左右的水浴中抽提5h，检查证明抽提完全。

④ 冷却后，将接收瓶取下，并与蒸馏装置连接，水浴蒸馏回收至无乙醚滴出后，取下接收瓶充分挥干乙醚，置于105℃烘箱内干燥2h，取出冷却至室温称重为46.7588g，第二次同样干燥后称重为46.7020g，第三次同样干燥后称重为46.7010g，第四次同样干燥后称重为46.7018g。

请根据该检验员的数据计算被检花生仁的粗脂肪含量。

第三章　乳及乳制品的检验

第一节　乳及乳制品的感官、净含量、标签的判定

一、感官的判定

1. 感官检验的方法

取适量试样置于50mL烧杯中，在自然光下观察色泽和组织状态，闻其气味，用温开水漱口，品尝滋味。

2. 感官检验标准

乳及乳制品的感官检验标准见表3-1。

表3-1　乳及乳制品感官检验标准

项　目	色　泽	滋味、气味	组织状态
生乳	呈乳白色或微黄色	具有乳固有的香味，无异味	呈均匀一致液体，无凝块、无沉淀、无正常视力可见异物
巴氏杀菌乳			
灭菌乳			
调制乳	呈调制乳应有的色泽	具有调制乳应有的香味，无异味	呈均匀一致液体，无凝块、可有与配方相符的辅料的沉淀物、无正常视力可见异物
发酵乳	色泽均匀一致，呈乳白色或微黄色	具有发酵乳特有的滋味、气味	组织细腻、均匀，允许有少量乳清析出
风味发酵乳	具有与添加成分相符的色泽	具有与添加成分相符的滋味和气味	组织细腻、均匀，允许有少量乳清析出，具有添加成分特有的组织状态
淡炼乳	呈均匀一致的乳白色或乳黄色，有光泽	具有乳的滋味和气味	组织细腻、质地均匀、黏度适中
加糖炼乳		具有乳的香味，甜味纯正	
调制炼乳	具有辅料应有的色泽	具有乳和辅料应有的滋味和气味	
乳粉	呈均匀一致的乳黄色	具有纯正的乳香味	干燥均匀的粉末
调制乳粉	具有应有的色泽	具有应有的滋味、气味	
乳清粉和乳清蛋白粉	具有均匀一致的色泽	具有产品特有的滋味、气味，无异味	干燥均匀的粉末状产品、无结块、无正常视力可见杂质

续表

项　目	色　泽	滋味、气味	组织状态
稀奶油、奶油、无水奶油	呈均匀一致的乳白色、乳黄色或相应辅料应有的色泽	具有稀奶油、奶油、无水奶油或相应辅料应有的滋味和气味，无异味	均匀一致，允许有相应辅料的沉淀物，无正常视力可见异物
干酪	具有该类产品正常的色泽	具有该类产品特有的滋味和气味	组织细腻，质地均匀，具有该类产品应有的硬度
再制干酪	色泽均匀	易溶于口，有奶油润滑感，并有产品特有的滋味、气味	外表光滑；结构细腻、均匀、润滑，应有与产品口味相关原料的可见颗粒；无正常视力可见的外来杂质

二、净含量的判定

1. 净含量的误差标准

单件定量包装商品的实际含量应当准确反映其标注净含量，净含量误差标准见表 3-2《定量包装商品允许短缺量表》。

表 3-2　定量包装商品允许短缺量表

质量或体积定量包装商品的标注净含量 (Q_n)/(g 或 mL)	允许短缺量(T)①/(g 或 mL)	
	Q_n 的百分比	g 或 mL
0～50	9	—
50～100	—	4.5
100～200	4.5	—
200～300	—	9
300～500	3	—
500～1000	—	15
1000～10000	1.5	—
10000～15000	—	150
15000～50000	1	—
长度定量包装商品的标注净含量(Q_n)	允许短缺量(T)/m	
$Q_n \leqslant 5$m	不允许出现短缺量	
$Q_n > 5$m	$Q_n \times 2\%$	
面积定量包装商品的标注净含量(Q_n)	允许短缺量(T)	
全部 Q_n	$Q_n \times 3\%$	
计数定量包装商品的标注净含量(Q_n)	允许短缺量(T)	
$Q_n \leqslant 50$	不允许出现短缺量	
$Q_n > 50$	$Q_n \times 1\%$ ②	

① 对于允许短缺量 (T)，当 $Q_n \leqslant 1$kg (L) 时，T 值的 0.01g (mL) 位修约至 0.1g (mL)；当 $Q_n > 1$kg (L) 时，T 值的 0.1g (mL) 位修约至 g (mL)；

② 以标注净含量乘以 1%，如果出现小数，就把该数进位到下一个紧邻的整数。这个值可能大于 1%，但这是可以接受的，因为商品的个数为整数，不能带有小数。

2. 净含量的判定方法

如果标注的净含量以质量表示，一般采用称量法。在20℃±2℃的条件下，将样品放在天平上称其质量，再称量空包装的质量，两者之差即为产品净含量。

如果标注的净含量以体积表示，则需采用容量法。在20℃±2℃的条件下，将样品沿容器壁缓慢倒入干燥、洁净的量筒中，待乳液液面气泡消失时，眼睛平视读取凹液面刻度即为该乳制品的体积。计算其负偏差值，要求标注净含量与实际含量之差不得大于《定量包装商品允许短缺量表》规定的允许短缺量。

三、标签的判定

1. 标签标注

符合GB 7718和GB 28050的规定。

2. 标签应符合的基本要求

符合GB 7718和GB 28050的规定。

3. 净含量的标注

定量包装商品在其包装的显著位置必须正确、清晰地标注定量包装商品的净含量，净含量的标注由中文、数字和法定计量单位（或者用中文表示的计数单位）组成。

4. 乳制品标签特殊要求

(1) 巴氏杀菌乳应在产品包装主要展示面上紧邻产品名称的位置，使用不小于产品名称字号且字体高度不小于主要展示面高度五分之一的汉字标注“鲜牛（羊）奶”或“鲜牛（羊）乳”。

(2) 仅以生牛（羊）乳为原料的超高温灭菌乳应在产品包装主要展示面上紧邻产品名称的位置，使用不小于产品名称字号且字体高度不小于主要展示面高度五分之一的汉字标注“纯牛（羊）奶”或“纯牛（羊）乳”。

(3) 全部用乳粉生产的灭菌乳、调制乳、发酵乳应在产品名称紧邻部位标明“复原乳”或“复原奶”；在生牛（羊）乳中添加部分乳粉生产的灭菌乳、调制乳、发酵乳应在产品名称紧邻部位标明“含××%复原乳”或“含××%复原奶”。

(4)“复原乳”或“复原奶”与产品名称应标识在包装容器的同一主要展示版面；标识的“复原乳”或“复原奶”字样应醒目，其字号不小于产品名称的字号，字体高度不小于主要展示面高度五分之一。

(5) 发酵后经热处理的产品应标识“××热处理发酵乳”、“××热处理风味发酵乳”、“××热处理酸乳/奶”、“××热处理风味酸乳/奶”。

(6) 炼乳产品应标示“本产品不能作为婴幼儿的母乳代用品”或类似警示语。

(7) 婴幼儿、较大婴儿配方食品

① 产品标签应符合GB 28050的规定，营养素和可选择成分含量标识应增加“100千焦(100kJ)”含量的标示。

② 产品标签应注明产品的类别、食品属性（如乳基或豆基产品以及产品状态）和适用年龄。可供6月龄以上婴儿食用的配方食品，应标明“6月龄以上婴儿食用本产品时，应配合添加辅助食品”，较大婴儿配方食品应标明“须配合添加辅助食品”。

③ 婴儿配方食品应标明“对于0～6月的婴儿最理想的食品是母乳，在母乳不足或无母乳时可食用本产品”。

④ 婴儿配方食品产品标签上不能有婴儿和妇女形象，不能使用“人乳化”、“母乳化”或近似术语表述。

⑤ 有关产品的使用、配制指导说明及图解、贮存条件应在标签上明确说明。当包装最大表面积小于 $100cm^2$ 或产品质量小于 100g 时，可以不标示图解。

⑥ 指导说明应当对不当配制和使用不当可能引起的健康危害给予警示说明。

第二节　乳及乳制品酸度的测定

牛乳的总酸度包括固有酸度和发酵酸度。固有酸度是指刚从牛体内挤出的新鲜乳本身所具有的酸度，主要来自牛乳中的蛋白质、柠檬酸盐及磷酸盐等酸性成分；发酵酸度是指牛乳在放置过程中，由于乳酸菌的作用使乳糖发酵产生乳酸而升高的酸度。

牛乳的酸度有多种表示方法，乳品工业中俗称的酸度，是指以标准碱溶液用滴定法测定的“滴定酸度”。滴定酸度有多种测定方法和表示形式，我国的滴定酸度用吉尔涅尔度法表示，简称°T 或用乳酸质量分数来表示。

(1) 滴定酸度（°T）　是指中和 100mL 牛乳所需消耗 0.1mol/L 氢氧化钠标准溶液的体积。按国家相关标准规定，生乳、巴氏杀菌乳、灭菌乳的酸度均为 12～18°T，发酵乳的酸度为≥70°T。

(2) 乳酸度（%）　即乳酸的质量分数，其测定原理和方法同上。

两者的换算公式(3-1) 如下：

$$乳酸度（\%）=滴定酸度（°T）\times 0.0009 \qquad (3-1)$$

(3) pH　酸度还可以用氢离子浓度的负对数表示，正常新鲜牛乳的 pH 为 6.5～6.7，一般酸败乳或者初乳的 pH 在 6.4 以下，乳房炎乳或低酸度乳 pH 在 6.8 以上。

滴定酸度可以及时反映出乳酸产生的程度。如果牛乳存放时间过长，细菌繁殖可致使其酸度明显增高。如果乳牛健康状况不佳，患乳房炎，则可使乳的酸度降低。乳酸度越高，新鲜度越低，乳对热的稳定性就越差。因此酸度是反映牛乳质量的一项重要指标，生产上广泛地测定滴定酸度来间接掌握原料乳的新鲜度及监控发酵中乳酸的生成量，判定酸乳发酵剂活力等。

检测依据：GB 5413.34—2010《食品安全国家标准 乳和乳制品酸度的测定》

一、乳粉中酸度的测定

1. 基准法

(1) 方法原理　中和 100mL 干物质为 12%的复原乳至 pH 为 8.3 所消耗的 0.1mol/L 氢氧化钠标准溶液的体积，经计算确定其酸度。

(2) 分析步骤

① 试样的制备　将样品全部移入到约两倍于样品体积的洁净干燥容器中（带密封盖），立即盖紧容器，反复旋转振荡，使样品彻底混合。在此操作过程中，应尽量避免样品暴露在空气中。

② 称取 4g 样品（精确到 0.01g）于锥形瓶中，量取 96mL 约 20℃的水，使样品复原，搅拌，然后静置 20min。

③ 用滴定管向锥形瓶中滴加氢氧化钠溶液，直到 pH 达到 8.3。滴定过程中，始终用磁力搅拌器进行搅拌，同时向锥形瓶中吹氮气，以防止溶液吸收空气中的二氧化碳。整个滴定过程应在 1min 内完成。记录所用氢氧化钠溶液的体积（mL），精确至 0.05mL，代入公式(3-2) 计算。

2. 常规法

(1) 方法原理　以酚酞作指示剂，硫酸钴作参比颜色，用 0.1mol/L 氢氧化钠标准溶液滴定 100mL 干物质为 12%的复原乳至粉红色，用所消耗的体积经计算可确定其酸度。

（2）分析步骤

① 样品的制备同基准法中试样制备。

② 称取两份 4g 样品（精确到 0.01g）分别置于两个锥形瓶中，量取 96mL 约 20℃的水，使样品复原，搅拌，然后静置 20min。

③ 向其中的一只锥形瓶中加入 2.0mL 参比溶液，轻轻转动，使之混合，得到标准颜色。如果要测定多个相似的产品，则此标准溶液可用于整个测定过程，但时间不得超过 2h。向第二只锥形瓶中加入 2.0mL 酚酞指示液，轻轻转动，使之混合。用滴定管向第二只锥形瓶中滴加氢氧化钠溶液，边滴加，边转动烧瓶，直到颜色与标准溶液的颜色相似，且5s 内不消退，整个滴定过程应在 45s 内完成。记录所用氢氧化钠溶液的体积（mL），精确至 0.05mL，代入公式(3-2）计算。

（3）分析结果表述

① 试样中的酸度数值以（°T）表示，按式(3-2）计算：

$$X_1=\frac{c_1\times V_1\times 12}{m_1\times(1-w)\times 0.1} \tag{3-2}$$

式中　X_1——试样的酸度，°T；

c_1——氢氧化钠标准溶液的摩尔浓度，mol/L；

V_1——滴定时消耗氢氧化钠标准溶液的体积，mL；

m_1——称取样品的质量，g；

w——试样中水分的质量分数，%；

12——12g 乳粉相当 100mL 复原乳（脱脂乳粉应为 9，脱脂乳清粉应为 7）；

0.1——酸度理论定义氢氧化钠的摩尔浓度，mol/L。

结果以重复性条件下获得的两次独立测定结果的算术平均值表示，保留三位有效数字。在重复性条件下获得两次独立测定结果的绝对差值不得超过 1.0°T。

② 试样中的酸度以乳酸含量计，样品的乳酸含量（g/100g）＝滴定酸度（°T）× 0.009。式中，0.009 为乳酸的换算系数，即 1mL 0.1mol/L 的氢氧化钠标准溶液相当于 0.009g 乳酸。

二、乳及其他乳制品中酸度的测定

1. 巴氏杀菌乳、灭菌乳、生乳、发酵乳

称取 10g（精确到 0.001g）已混匀的试样，置于锥形瓶中，加 20mL 新煮沸冷却至室温的水，混匀，用氢氧化钠标准溶液电位滴定至 pH8.3 为终点；或于溶解混匀后的试样中加入 2.0mL 酚酞指示液，混匀后用氢氧化钠标准溶液滴定至微红色，并在 30s 内不褪色，记录消耗的氢氧化钠标准滴定溶液体积（mL），代入公式(3-3）中进行计算。

2. 奶油

称取 10g（精确到 0.001g）已混匀的试样，加 30mL 中性乙醇-乙醚混合液，混匀，以下按巴氏杀菌乳测定步骤中“用氢氧化钠标准溶液电位滴定至 pH 8.3 为终点……”操作。记录消耗的氢氧化钠标准滴定溶液体积（mL），代入公式(3-3）中进行计算。

3. 干酪素

称取 5g（精确到 0.001g）经研磨混匀的试样于三角瓶中，加入 50mL 水，于室温下（18～20℃）放置 4～5h，或在水浴锅中加热到 45℃并在此温度下保持 30min。再加 50mL 水，混匀后，通过干燥的滤纸过滤。吸取滤液 50mL 于三角瓶中，用氢氧化钠标准溶液电位

滴定至pH 8.3为终点；或于上述50mL滤液中加入2.0mL酚酞指示液，混匀后用氢氧化钠标准溶液滴定至微红色，并在30s内不褪色，记录消耗的氢氧化钠标准滴定溶液体积(mL)，代入公式(3-4)进行计算。

4. 炼乳

称取10g（精确到0.001g）已混匀的试样，置于250mL锥形瓶中，加60mL新煮沸冷却至室温的水溶解，混匀，以下按巴氏杀菌乳测定步骤中“用氢氧化钠标准溶液电位滴定至pH 8.3为终点……”操作。记录消耗的氢氧化钠标准滴定溶液体积（mL），代入公式(3-3)中进行计算。

5. 分析结果表述

试样中的酸度数值以（°T）表示，按下式计算：

$$X_2=\frac{c_2\times V_2\times 100}{m_2\times 0.1} \tag{3-3}$$

式中　X_2——试样的酸度，°T；

c_2——氢氧化钠标准溶液的摩尔浓度，mol/L；

V_2——滴定时消耗氢氧化钠标准溶液的体积，mL；

m_2——试样的质量，g；

0.1——酸度理论定义氢氧化钠的摩尔浓度，mol/L。

以重复性条件下获得的两次独立测定结果的算术平均值表示，结果保留三位有效数字。在重复性条件下获得两次独立测定结果的绝对差值不得超过1.0°T。

$$X_3=\frac{c_3\times V_3\times 100\times 2}{m_3\times 0.1} \tag{3-4}$$

式中　X_3——试样的酸度，°T；

c_3——氢氧化钠标准溶液的摩尔浓度，mol/L；

V_3——滴定时消耗氢氧化钠标准溶液的体积，mL；

m_3——试样的质量，g；

0.1——酸度理论定义氢氧化钠的摩尔浓度，mol/L；

2——试样的稀释倍数。

以重复性条件下获得的两次独立测定结果的算术平均值表示，结果保留三位有效数字。在重复性条件下获得两次独立测定结果的绝对差值不得超过1.0°T。

6. 方法解读

(1) 牛乳酸度是指外表酸度和真实酸度之和　外表酸度又称固有酸度，即新鲜牛乳本身所具有的酸度约为0.15%～0.18%（以乳酸计），它是由酪蛋白、白蛋白、柠檬酸盐、磷酸盐等酸性成分引起的。真实酸度又称发酵酸度，即在牛乳放置过程中，由于乳酸菌的作用使乳糖发酵产生的乳酸引起的。若牛乳酸度在0.18%～0.20%，说明牛奶受到了影响，若大于0.20%，则说明牛奶不新鲜了。

(2) 滴定法原理　用标准碱液滴定食品中的酸，中和生成盐，用酚酞作指示剂。当滴定到终点时，根据耗用的标准碱液的体积，计算出总酸的含量。

滴定反应：$RCOOH+NaOH \longrightarrow RCOONa+H_2O$

指示剂：酚酞

滴定终点：无色→粉红色（30s内不褪色）

(3) 酚酞指示剂其变色范围是pH8.0～9.6，通常在pH8.2时变色明显，这是酚酞指示的终点，稍微超过等电点pH7.0。

第三节 乳及乳制品蛋白质的测定

国家标准 GB 5009.5—2010《食品安全国家标准 食品中蛋白质的测定》推荐的方法一般是根据蛋白质理化特性来测定的。主要分为两类：一类是利用蛋白质的共性，即含氮量、肽键和折射率等测定蛋白质含量，例如凯氏定氮法、双缩脲法等；另一类是利用蛋白质中特定氨基酸残基、酸性或碱性基团以及芳香基团等测定蛋白质含量，例如酚试剂法、紫外光谱吸收法、色素结合法等。

凯氏定氮法通用性强，测定费用低，使用仪器简单，且比较准确，因此常用此法来测定食品中氮含量，再由氮含量计算出蛋白质含量。凯氏定氮法是基于样品中各种蛋白质的组成元素中氮的含量基本稳定，平均为16%，即一份氮元素相当于6.25份蛋白质，6.25为由氮换算为蛋白质的系数。通过测定试样中氮的含量，再乘以一个相对固定的系数而得到蛋白质的量，习惯上把这个相对固定的系数称为蛋白质系数。

检测依据：GB 5009.5—2010《食品安全国家标准 食品中蛋白质的测定》

测定方法：凯氏定氮法（第一法）

1. 方法原理

样品与浓硫酸和催化剂一同加热，使蛋白质分解，其中碳被氧化为二氧化碳逸出，而样品中的有机氮转化为氨与硫酸结合成硫酸铵。然后加碱使氨蒸出。用 H_3BO_3 吸收后再以标准 HCl 溶液滴定。根据标准酸消耗量乘以换算系数可以计算出蛋白质的含量。

2. 分析步骤

（1）消化　称取混合均匀的固体样品 0.2～2.0g（精确至 0.001g），移入干燥的 100mL、250mL 或 500mL 定氮瓶，加入 0.2g 硫酸铜、6g 硫酸钾、20mL 硫酸，轻摇后于瓶口放一小漏斗，将瓶以 45°角斜支于有小孔的石棉网上。小心加热，待内容物全部炭化、泡沫完全停止后，加强火力，并保持瓶内液体微沸，至液体呈蓝绿色并澄清透明后，再继续加热 0.5～1h。取下放冷，小心加入 20mL 水，移入 100mL 容量瓶中，并用少量水洗定氮瓶，洗液并入容量瓶中，再加水至刻度，混匀备用。同时做试剂空白试验。

（2）蒸馏与吸收　连接定氮装置，于水蒸气发生器内装水约 2/3，加甲基红乙醇溶液数滴及数毫升硫酸以保持水呈酸性，加入数粒玻璃珠以防暴沸，加热至沸腾，并保持沸腾。向接收瓶内加入 10.0mL 硼酸溶液及混合指示剂 1～2 滴，并使冷凝管的下端插入液面下。根据试样含氮量，准确吸取 2.0～10.0mL 样品消化液由小玻璃杯流入反应室，再以 10mL 水洗涤小玻璃杯使流入反应室内，塞紧小玻璃杯的棒状玻璃塞。将 10.0mL 氢氧化钠溶液倒入小玻璃杯，提起玻璃塞使其缓慢流入反应室，立即将玻璃盖塞紧，并加水于小玻璃杯以防漏气。夹紧螺旋夹，开始蒸馏。蒸馏 10min 后移动蒸馏液接收瓶，液面离开冷凝管下端，再蒸馏 1min。然后用少量水冲洗冷凝管下端外部，取下蒸馏液接收瓶。

（3）滴定　以硫酸或盐酸标准滴定溶液滴定至终点，其中甲基红-亚甲基蓝混合指示剂颜色由紫红色变成灰色；甲基红-溴甲酚绿混合指示剂颜色由酒红色变成绿色。同时作试剂空白。

3. 分析结果表述

试样中蛋白质含量按式(3-5)计算：

$$X=\frac{(V_1-V_2)\times c\times 0.0140}{m\times\frac{V_3}{100}}\times F\times 100 \qquad (3\text{-}5)$$

式中　X——试样中蛋白质的含量，g/100g；

V_1——试样消耗硫酸或盐酸标准溶液的体积，mL；

V_2——空白试验消耗硫酸或盐酸标准溶液的体积，mL；

c——硫酸或盐酸标准溶液的浓度，mol/L；

0.0140——与 1.00mL 硫酸或盐酸标准溶液（c＝1.000mol/L）相当的氮的质量，g；

V_3——准确吸取消化液的体积，mL；

m——试样质量，g；

F——蛋白质换算系数。

以重复性条件下获得的两次独立测定结果的算术平均值作为测定结果。

蛋白质含量≥1g/100g 时，结果保留三位有效数字；蛋白质含量＜1g/100g 时，结果保留两位有效数字。

4. 方法解读

（1）凯氏定氮法由 Kieldahl 于 1833 年首先提出，经长期改进，现有常量法、微量法、自动定氮仪法、半微量法等。凯氏定氮法所测得的含氮量为食品的总氮量，其中还包括少量的非蛋白氮，如尿素氮、游离氨氮、生物碱氮、无机盐氮等，由凯氏定氮法所测得的蛋白质称为粗蛋白。蛋白质与硫酸和催化剂加热消化，使蛋白质分解，产生的氨与硫酸生成硫酸铵；碱化蒸馏使氨游离，用硼酸吸收后以硫酸或者盐酸标准滴定溶液滴定，根据酸的消耗量，计算蛋白质含量。其反应方程式如下：

$$\text{蛋白质}+H_2SO_4 \longrightarrow (NH_4)_2SO_4$$

$$(NH_4)_2SO_4+2NaOH \longrightarrow 2NH_3+2H_2O+Na_2SO_4$$

$$2NH_3+4H_3BO_3 \longrightarrow (NH_4)_2B_4O_7+5H_2O$$

$$(NH_4)_2B_4O_7+2HCl+5H_2O \longrightarrow 2NH_4Cl+4H_3BO_3$$

（2）样品消化时，为了缩短消化时间，可加入硫酸铜做催化剂，并加入硫酸钾或硫酸钠提高消化液的沸点，加快有机物分解。对于难消化的样品，可加入少量过氧化氢，但不得使用高氯酸，以免生成氮氧化物。一般消化至透明后，继续消化 30min 即可。有机物如分解完全，消化液呈蓝色或浅绿色，但含铁量多时，呈较深绿色。

（3）加碱液时，量要充足，动作要快，冷凝器出口应浸于吸收液中，以防止氨挥发损失。

（4）蒸馏时注意事项　蒸馏结束时，先将冷凝管的管口离开吸收液以免发生倒吸。继续蒸馏 1min，然后用少量水冲洗冷凝管出口端外部，再取下接收瓶。在冲洗蒸馏装置时，切忌碱液污染冷凝器和吸收瓶。硼酸吸收液的温度不应超过 40℃，否则对氨的吸收作用减弱而造成损失，此时可置于冷水浴中进行吸收。

（5）滴定时采用的混合指示液　1 份甲基红乙醇溶液（1g/L）与 5 份溴甲酚绿乙醇溶液（1g/L）混合，其酸式为酒红色、碱式为蓝绿色，变色点呈灰色，pH 5.1。

第四节　乳及乳制品中脂肪的测定

乳品中的脂肪主要包括乳脂肪（甘油三酯占总脂类的 97%～99%）、磷脂（占总脂类的 0.1%）、少量脂肪酸和固醇。乳脂肪属游离脂肪，但因脂肪球被乳中酪蛋白钙盐包裹，并处于高度分散的胶体中，不能直接被有机溶剂萃取，需经碱水解处理后才能被萃取。天然结合态脂肪，以及在食品加工过程中由原料中的脂肪与非脂成分形成结合态脂，需要在一定条件下进行水解转变成游离脂肪后，才能被有机溶剂萃取。

与乳脂肪相比，其他动植物油脂中只有 5～7 种脂肪酸，而乳脂肪中含有的脂肪酸在 20 种以上，而且低碳链（14 以下）脂肪酸达 15%，不饱和脂肪酸达 44%，因此乳脂肪具有特殊的香味，易于消化吸收，在营养学上有特殊的作用。

乳制品中脂肪含量的高低是衡量其营养价值的指标之一。在乳制品加工生产过程中，所用原料乳、半成品、成品的脂类含量对乳制品的风味、组织结构、品质、外观、口感等都有重要影响。

检测依据：GB 5413.3—2010《婴幼儿食品和乳品中脂肪的测定》

测定方法：溶剂提取法（第一法）和盖勃乳脂计法（第二法）

一、溶剂提取法

溶剂提取法也称作罗兹-哥特里法。该法适用于巴氏杀菌乳、灭菌乳、生乳、发酵乳、调制乳、乳粉、炼乳、奶油、稀奶油、干酪和婴幼儿配方食品中脂肪的测定。

1. 方法原理

利用氨-乙醇溶液破坏乳的胶体性状及脂肪球膜，使非脂成分溶解于氨-乙醇溶液中，而脂肪游离出来，再用乙醚-石油醚提取出脂肪，蒸馏去除溶剂后，残留物即为乳脂肪。

2. 分析步骤

(1) 巴氏杀菌乳、灭菌乳、生乳、发酵乳、调制乳

① 称取充分混匀试样（巴氏杀菌乳、灭菌乳、生乳、发酵乳、调制乳）10g（精确至0.1mg）于抽脂瓶中。

② 加入2.0mL氨水，充分混合后立即将抽脂瓶放入65℃±5℃的水浴中，加热15～20min，不时取出振荡。冷却至室温，静置30s。加入10mL乙醇，缓和但彻底地进行混合，避免液体太接近瓶颈。

③ 加入25mL乙醚，塞上瓶塞，将抽脂瓶保持在水平位置，小球的延伸部分朝上，夹到摇混器上，按约100次/min振荡1min（也可采用手动振摇方式，但均应注意避免形成持久乳化液）。抽脂瓶冷却后小心地打开塞子，用少量的混合溶剂冲洗塞子和瓶颈，使冲洗液流入抽脂瓶。

④ 加入25mL石油醚，塞上重新润湿的塞子，按第③步所述轻轻振荡30s。将加塞的抽脂瓶放入离心机中，在500～600r/min下离心5min（或者将抽脂瓶静置至少30min，直到上层液澄清，并明显与水相分离）。

⑤ 小心地打开瓶塞，用少量的混合溶剂冲洗塞子和瓶颈内壁，使冲洗液流入抽脂瓶。如果两相界面低于小球与瓶身相接处，则沿瓶壁边缘慢慢地加入水，使液面高于小球和瓶身相接处（见图3-1），以便于倾倒。将上层液尽可能地倒入已准备好的加入沸石的脂肪收集瓶中，避免倒出水层（见图3-2）。

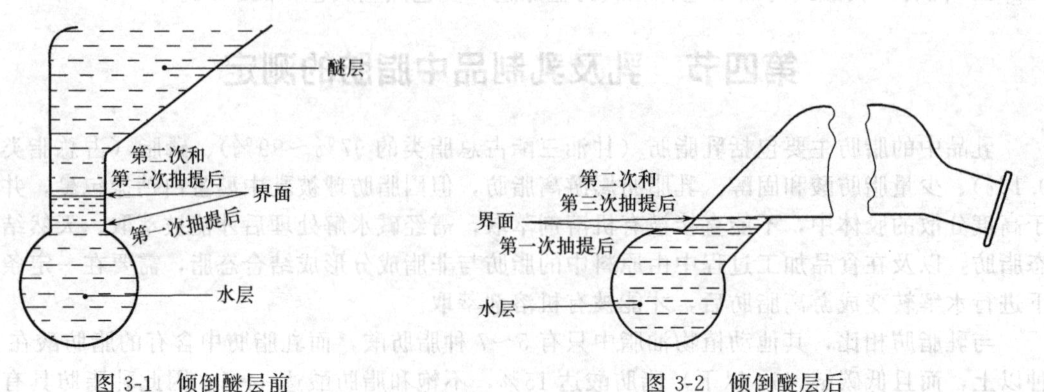

图3-1 倾倒醚层前　　图3-2 倾倒醚层后

⑥ 用少量混合溶剂冲洗瓶颈外部，冲洗液收集在脂肪收集瓶中。向抽脂瓶中加入 5mL 乙醇，用乙醇冲洗瓶颈内壁。重复③、④中抽提步骤 2～3 次，第 2、第 3 次抽提只用 15mL 乙醚和 15mL 石油醚。

⑦ 合并所有提取液，采用蒸馏的方法除去脂肪收集瓶中的溶剂（也可于沸水浴上蒸发至干来除掉溶剂）。

⑧ 将脂肪收集瓶放入 102℃±2℃的烘箱中加热 1h，取出冷却至室温，称量，精确至 0.1mg。重复至恒重（两次连续称量差值不超过 0.5mg），记录脂肪收集瓶和抽提物的最低重量。

（2）乳粉及乳基婴幼儿食品

① 乳粉和乳基婴幼儿食品取样 称取混匀后的试样，高脂乳粉、全脂乳粉、全脂加糖乳粉和乳基婴幼儿食品约 1g，脱脂乳粉、乳清粉、酪乳粉约 1.5g（精确至 0.1mg）。

② 含淀粉样品 需将淀粉进行水解。将试样放入抽脂瓶中，加入约 0.1g 的淀粉酶和一小磁性搅拌棒，混合均匀后，加入 8～10mL 45℃的蒸馏水，注意液面不要太高。于搅拌状态下盖上瓶塞，置于 65℃水浴 2h，每隔 10min 摇混一次。为检验淀粉是否水解完全可加入两滴约 0.1mol/L 的碘溶液，如无蓝色出现说明水解完全，否则将抽脂瓶重新置于水浴中，直至无蓝色产生，冷却抽脂瓶。

③ 炼乳 脱脂炼乳、全脂炼乳和部分脱脂炼乳称取约 3～5g，高脂炼乳称取约 1.5g，用 10mL 蒸馏水分次洗入抽脂瓶小球中，充分混合均匀（精确至 0.1mg）。

④ 奶油、稀奶油 先将奶油试样放入温水浴中溶解并混合均匀后，称取试样约 0.5g；稀奶油称取 1g 于抽脂瓶中，加入 8～10mL 45℃的蒸馏水（精确至 0.1mg）。

⑤ 干酪 称取约 2g 研碎的试样于抽脂瓶中，加 10mL 盐酸（6mol/L），混匀，加塞，于沸水中加热 20～30min（精确至 0.1mg）。

以下操作按 2.（1）②～⑧操作。

3. 分析结果表述

样品中脂肪含量按式(3-6) 计算：

$$X=\frac{(m_1-m_2)-(m_3-m_4)}{m}\times 100 \tag{3-6}$$

式中 X——样品中脂肪含量，g/100g；

m——样品的质量，g；

m_1——脂肪收集瓶和抽提物的质量，g；

m_2——脂肪收集瓶的质量，g；

m_3——空白试验中脂肪收集瓶和抽提物的质量，g；

m_4——空白试验中脂肪收集瓶的质量，g。

以重复性条件下获得的两次独立测定结果的算术平均值表示，结果保留三位有效数字。

在重复性条件下获得的两次独立测定结果之差应符合：若脂肪含量≥15％，≤0.3 g/100g；若脂肪含量为 5％～15％，≤0.2g/100g；若脂肪含量≤5％，≤0.1g/100g。

4. 方法解读

（1）乳类脂肪虽属游离脂肪，但因脂肪球被乳中酪蛋白钙盐包裹，又处于高度分散的胶体分散系，故不能直接被乙醚和石油醚提取，需预先用氨水处理，故此法也称为碱性乙醚提取法。加氨水后，要充分混匀，否则会影响下步醚对脂肪的提取。

（2）加入乙醇的作用是沉淀蛋白质以防止乳化，并溶解醇溶性物质，使其留在水中避免进入醚层，影响结果。

(3) 加入石油醚的作用是降低乙醚极性，使乙醚与水不混溶，只抽提出脂肪，并可使分层清晰。

二、盖勃乳脂计法

该法适用于巴氏杀菌乳、灭菌乳、生乳中脂肪的测定。

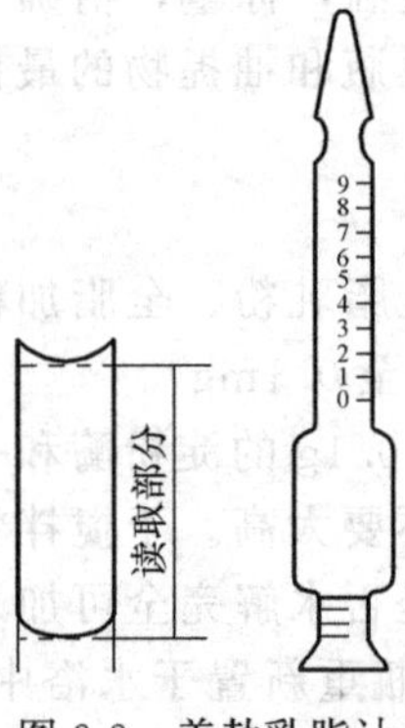

1. 方法原理

在乳中加入硫酸破坏乳胶质性和覆盖在脂肪球上的蛋白质外膜，离心分离脂肪后测量其体积，适用于液体乳制品的测定。

2. 仪器和设备

乳脂离心机；盖勃乳脂计：最小刻度值为 0.1%，10.75mL 单标乳吸管（见图 3-3）。

图 3-3 盖勃乳脂计

3. 分析步骤

于盖勃乳脂计中先加入 10mL 硫酸，再沿着管壁小心准确加入 10.75mL 样品，然后加 1mL 异戊醇，塞上橡皮塞，使瓶口向下，同时用布包裹以防冲出。用力振摇使呈均匀棕色液体，静置数分钟（瓶口向下），再置于 65～70℃ 水浴中 5min。取出后置于乳脂离心机中以 1100r/min 的转速离心 5min，再置于 65～70℃ 水浴中保温 5min（注意水浴水面应高于乳脂计脂肪层）。取出，立即读数，即为脂肪的百分数。

在重复性条件下获得的两次独立测定结果的绝对差值不得超过算术平均值的 5%。

4. 方法解读

(1) 硫酸的作用是破坏脂肪球膜，使脂肪游离出来，同时还可以增加液体相对密度，使脂肪容易浮出。

(2) 硫酸的浓度要严格遵守规定要求，如过浓会使乳炭化成黑色溶液而影响读数；过稀则不能使酪蛋白完全溶解，从而使测定结果偏低或使脂肪层浑浊。

(3) 异戊醇的作用是促使脂肪析出，并降低脂肪球表面张力，以利于形成连续的脂肪层。

(4) 加热（65～70℃水浴）和离心的目的是促使脂肪离析。

(5) 盖勃法所用移液管为 11mL，实际注入的样品为 10.9mL，质量为 11.25g。乳脂计刻度部分（0～8%）的容积为 1mL。当充满脂肪时，脂肪的质量为 0.9g。11.25g 样品中含有 0.9g 脂肪，故全部刻度表示脂肪的质量分数为 0.9/11.25×100%＝8%。所以刻度数即为脂肪的含量。

第五节 乳及乳制品中乳糖、蔗糖的测定

乳中所含的糖类以乳糖为主，另外还有少量的葡萄糖、半乳糖和低聚糖等，乳中 2%～8%的固体成分为乳糖。乳糖是一种双糖，由一分子 β-D-半乳糖和一分子 β-D-葡萄糖在 β-1,4 位形成糖苷键相连得到，具有还原性。

乳糖是乳基婴幼儿配方食品的重要营养指标之一，婴儿配方食品的国家标准中规定，乳糖占碳水化合物总量的百分数应大于等于 90%。对于其他乳制品，根据它们的营养功能不同、加工工艺特点的要求以及防止掺假问题等，对其中的乳糖、蔗糖含量也有相应的指标要求。所以乳及乳制品中乳糖、蔗糖的测定是乳品检验的重要项目之一。

检测依据：GB 5413.5—2010《食品安全国家标准 婴幼儿食品和乳品中乳糖、蔗糖的测定》
测定方法：高效液相色谱法（第一法）和莱因-埃农法（第二法）

一、高效液相色谱法

1. 方法原理

试样中的乳糖、蔗糖经提取后，利用高效液相色谱柱分离，用示差折光检测器或蒸发光散射检测器检测，外标法进行定量。

2. 分析步骤

(1) 试样处理　称取固态试样 1g 或液态试样 2.5g（精确到 0.1mg）于 50mL 容量瓶中，加 15mL 50～60℃的水溶解，于超声波振荡器中振荡 10min，用乙腈定容至刻度，静置数分钟，过滤。取 5.0mL 过滤液于 10mL 容量瓶中，用乙腈定容，通过 0.45μm 滤膜过滤，滤液供色谱分析。可根据具体试样进行稀释。

(2) 参考色谱条件

色谱柱：氨基柱 4.6mm×250mm，5μm，或具有同等性能的色谱柱；

流动相：乙腈＋水（70＋30）；

流速：1mL/min；

柱温：35℃；

进样量：10μL；

示差折光检测器条件：温度 33～37℃；

蒸发光散射检测器条件：飘移管温度，85～90℃；气流量，2.5L/min；撞击器，关。

(3) 标准曲线的制作　将标准系列工作液分别注入高效液相色谱仪中，测定相应的峰面积或峰高。以峰面积或峰高为纵坐标、以标准工作液的浓度为横坐标绘制标准曲线。

(4) 试样溶液的测定　将试样溶液注入高效液相色谱仪中，测定峰面积或峰高，从标准曲线中查得试样溶液中糖的浓度。

3. 分析结果表述

试样中糖的含量按式(3-7) 计算：

$$X=\frac{c\times V\times 100\times n}{m\times 1000} \tag{3-7}$$

式中　X——试样中糖的含量，g/100g；

c——样液中糖的浓度，mg/mL；

V——试样定容体积，mL；

n——样液稀释倍数；

m——试样的质量，g。

以重复性条件下获得的两次独立测定结果的算术平均值表示，结果保留三位有效数字。

在重复性条件下获得的两次独立测定结果的绝对差值不得超过算术平均值的 5%。

二、莱因-埃农法

1. 方法原理

(1) 乳糖　试样经除去蛋白质后，在加热条件下，以次甲基蓝为指示剂，直接滴定已标定过的费林液，根据样液消耗的体积，计算乳糖含量。

(2) 蔗糖　试样经除去蛋白质后，其中蔗糖经盐酸水解为还原糖，再按还原糖测定。水解前后的差值乘以相应的系数即为蔗糖含量。

2. 分析步骤

(1) 乳糖测定

① 费林液的标定（用乳糖标定）

a. 称取预先在94℃±2℃烘箱中干燥2h的乳糖标样约0.75g（精确到0.1mg），用水溶解并定容至250mL。将此乳糖溶液注入一个50mL滴定管中，待滴定。

b. 预滴定 准确吸取10mL费林液（甲、乙液各5mL）于250mL三角烧瓶中。加入20mL蒸馏水，放入几粒玻璃珠，从滴定管中放出15mL样液于三角瓶中，置于电炉上加热，使其在2min内沸腾，保持沸腾状态15s，加入3滴次甲基蓝溶液（10g/L），继续滴入至溶液蓝色完全褪尽为止，读取所用样液的体积。

c. 精确滴定 另准确量取10mL费林液（甲、乙液各5mL）于250mL三角烧瓶中，再加入20mL蒸馏水，放入几粒玻璃珠，加入比预滴定量少0.5～1.0mL的样液，置于电炉上，使其在2min内沸腾，维持沸腾状态2min，加入3滴次甲基蓝溶液（10g/L），再以每两秒一滴的速度继续徐徐滴入，到溶液蓝色完全褪尽即为终点，记录消耗的体积V_1。

② 试样处理 称取婴儿食品或脱脂粉2g（全脂加糖粉或全脂粉2.5g，乳清粉1g，精确到0.1mg），用100mL水分数次溶解并洗入250mL容量瓶中。徐徐加入4mL乙酸铅溶液、4mL草酸钾＋磷酸氢二钠溶液（3＋7），并振荡容量瓶，用水稀释至刻度。静置数分钟，用干燥滤纸过滤，弃去最初25mL滤液后，所得滤液作滴定用。

③ 样品的滴定

a. 预滴定：操作同①的b。

b. 精确滴定：操作同①的c。

(2) 蔗糖测定

① 费林液的标定（用蔗糖标定） 准确称取在105℃±2℃烘箱中干燥2h的蔗糖约0.2g（精确到0.1mg，记录为m_2），用50mL水溶解并洗入100mL容量瓶中，加水10mL，再加入10mL盐酸，置于75℃水浴锅中，不时摇动，使溶液温度保持在67.0～69.5℃，保温5min。冷却后，加2滴酚酞溶液，用氢氧化钠溶液调至微粉色，用水定容至刻度。

后续按乳糖测定①的b、c进行预滴定和准确滴定。

② 样品的转化与滴定 取50mL样液［乳糖测定步骤②中的滤液］于100mL容量瓶中，按上述蔗糖标准试样酸解方式酸解和滴定。

3. 分析结果表述

(1) 按式(3-8)、式(3-9)计算费林液的乳糖校正值f_1：

$$A_1=\frac{V_1\times m_1\times 1000}{250}=4\times V_1\times m_1 \tag{3-8}$$

$$f_1=\frac{4\times V_1\times m_1}{AL_1} \tag{3-9}$$

式中 A_1——实测乳糖数，mg；

V_1——滴定时消耗乳糖溶液的体积，mL；

m_1——称取乳糖的质量，g；

f_1——费林液的乳糖校正值；

AL_1——由乳糖液滴定体积（mL）查表3-3所得的乳糖数，mg。

(2) 按式(3-10)、式(3-11)计算费林液的蔗糖校正值f_2：

$$A_2=\frac{V_2\times m_2\times 1000}{100\times 0.95}=10.5263\times V_2\times m_2 \tag{3-10}$$

$$f_2=\frac{10.5263\times V_2\times m_2}{AL_2} \tag{3-11}$$

式中　A_2——实测转化糖数，mg；

V_2——滴定时消耗蔗糖溶液的体积，mL；

m_2——称取蔗糖的质量，g；

0.95——果糖分子质量和葡萄糖分子质量之和与蔗糖分子质量的比值；

f_2——费林液的蔗糖校正值；

AL_2——由蔗糖溶液滴定的体积（mL）查表3-3所得的转化糖数，mg。

（3）试样中乳糖的计算　试样中乳糖的含量按式(3-12)计算：

$$X=\frac{F_1\times f_1\times 0.25\times 100}{V_3\times m} \tag{3-12}$$

式中　X——试样中乳糖的质量分数，g/100g；

F_1——由消耗样液的体积（mL）查表3-3所得乳糖数，mg；

f_1——费林液乳糖校正值；

V_3——滴定消耗滤液量，mL；

m——试样的质量，g。

以重复性条件下获得的两次独立测定结果的算术平均值表示，结果保留三位有效数字。

（4）试样中蔗糖的计算

① 利用测定乳糖时的滴定量，按式(3-13)计算出相对应的转化前转化糖数。

$$X_1=\frac{F_2\times f_2\times 0.25\times 100}{V_4\times m} \tag{3-13}$$

式中　X_1——转化前转化糖的质量分数，g/100g；

F_2——由测定乳糖时消耗样液的体积（mL）查表3-3所得转化糖数，mg；

f_2——费林液蔗糖校正值；

V_4——滴定消耗滤液水解液量，mL；

m——样品的质量，g。

表3-3　乳糖及转化糖因数表（10mL费林液）

滴定量/mL	乳糖/mg	转化糖/mg	滴定量/mL	乳糖/mg	转化糖/mg
15	68.3	50.5	33	67.8	51.7
16	68.2	50.6	34	67.9	51.7
17	68.2	50.7	35	67.9	51.8
18	68.1	50.8	36	67.9	51.8
19	68.1	50.8	37	67.9	51.9
20	68.0	50.9	38	67.9	51.9
21	68.0	51.0	39	67.9	52.0
22	68.0	51.0	40	67.9	52.0
23	67.9	51.1	41	68.0	52.1
24	67.9	51.2	42	68.0	52.1
25	67.9	51.2	43	68.0	52.2
26	67.9	51.3	44	68.0	52.2
27	67.8	51.4	45	68.1	52.3
28	67.8	51.4	46	68.1	52.3

续表

滴定量/mL	乳糖/mg	转化糖/mg	滴定量/mL	乳糖/mg	转化糖/mg
29	67.8	51.5	47	68.2	52.4
30	67.8	51.5	48	68.2	52.4
31	67.8	51.6	49	68.2	52.5
32	67.8	51.6	50	68.3	52.5

注："因数"是指滴定量相对应的数目，由表3-3中查得，若蔗糖含量与乳糖含量比超过3∶1时，则在滴定量中加表3-4中的校正值后计算。

② 用测定蔗糖时的滴定量，按式(3-14) 计算出相对应的转化后转化糖数 X_2。

$$X_2=\frac{F_3\times f_2\times 0.50\times 100}{V_2\times m} \tag{3-14}$$

式中 X_2——转化后转化糖的质量分数，g/100g；

F_3——由 V_2查得转化糖数，mg；

f_2——费林液蔗糖校正值；

m——样品的质量，g；

V_2——滴定消耗的转化液量，mL。

③ 试样中蔗糖的含量按式(3-15) 计算：

$$X=(X_2-X_1)\times 0.95 \tag{3-15}$$

式中 X——试样中蔗糖的质量分数，g/100g；

X_1——转化前转化糖的质量分数，g/100g；

X_2——转化后转化糖的质量分数，g/100g。

以重复性条件下获得的两次独立测定结果的算术平均值表示，结果保留三位有效数字。

在重复性条件下获得的两次独立测定结果的绝对差值不得超过算术平均值的1.5%。

表3-4 乳糖滴定量校正值数

滴定终点时所用的糖液量/mL	用10mL费林液、蔗糖及乳糖量的比	
	3∶1	6∶1
15	0.15	0.30
20	0.25	0.50
25	0.30	0.60
30	0.35	0.70
35	0.40	0.80
40	0.45	0.90
45	0.50	0.95
50	0.55	1.05

4. 方法解读

(1) 蔗糖为双糖，没有还原性，不能用碱性酒石酸铜试剂直接滴定，但在一定条件下可水解为具有还原性的葡萄糖和果糖，因此可以用测定还原糖的方法测定蔗糖含量。

(2) 测定原理 样品经脱脂处理后，用水或乙醇提取，提取液经澄清处理除去蛋白质等杂质后，再用稀盐酸水解。按还原糖测定方法，分别测定水解前后样液中还原糖的量，两者的差值即为蔗糖水解产生的还原糖的量，再乘以换算系数0.95（1g转化糖相当于0.95g蔗糖量），即为蔗糖含量。

（3）用还原糖法测定蔗糖时，测得的还原糖以转化糖计，故用直接法。滴定时，碱性酒石酸铜溶液的标定需采用蔗糖标准溶液按测定条件水解后进行标定。

（4）分析结果的准确性及重现性取决于水解条件，要求样品在水解过程中只有蔗糖被水解而其他化合物不被水解。水解结束后应立即取出，迅速冷却中和以防止果糖和其他单糖类的损失。

（5）盐酸水解法测定蔗糖的水解条件控制　1个蔗糖分子酸解后会产生1个葡萄糖和1个果糖，为了防止果糖分解，用盐酸水解时必须严格控制条件，样品溶液的体积、酸的浓度和水解时间都不可随意变动。到达规定时间后，应迅速冷却。一般的做法是将样品水解液及容器在自来水流水下迅速冷却至室温为止。

第六节　乳及乳制品中非脂乳固体的测定

非脂乳固体，指牛奶中除了脂肪和水分之外的物质总称。非脂乳固体的主要组成为蛋白质类（2.7%～2.9%左右）、糖类、酸类、维生素类等。鲜奶的非脂乳固体一般为9%～12%左右。

乳及乳制品中非脂乳固体的测定，可以为乳品掺假的辨别和食品感官、营养品质控制提供依据。

检测依据：GB 5413.39—2010《食品安全国家标准 乳和乳制品中非脂乳固体的测定》

1. 方法原理

先分别测定出乳及乳制品中的总固体含量、脂肪含量（如添加了蔗糖等非乳成分含量，也应扣除），再用总固体减去脂肪和蔗糖等非乳成分含量，即为非脂乳固体含量。

2. 分析步骤

（1）总固体的测定　在平底皿盒中加入20g石英砂或海砂，在100℃±2℃的烘箱中干燥2h，于干燥器内冷却0.5h，称量，并反复干燥至恒重。称取5.0g试样于恒重的皿内，置水浴上蒸干，擦去皿外的水渍，于100℃±2℃烘箱中干燥3h，取出放入干燥器中冷却0.5h，称量，再于100℃±2℃烘箱中干燥1h，取出冷却后称量，直至前后两次质量相差不超过1.0mg，记录较小值。

（2）脂肪含量的测定（参见本章第四节）。

（3）蔗糖含量的测定（参见本章第五节）。

3. 分析结果表述

（1）试样中总固体的含量按式(3-16)计算：

$$X=\frac{m_1-m_2}{m}\times 100 \tag{3-16}$$

式中　X——试样中总固体的含量，g/100g；

m_1——皿盒、海砂加试样干燥后质量，g；

m_2——皿盒、海砂的质量，g；

m——试样的质量，g。

（2）非脂乳固体含量按式(3-17)计算：

$$X_{NFT}=X-X_1-X_2 \tag{3-17}$$

式中　X_{NFT}——试样中非脂乳固体的含量，g/100g；

X——试样中总固体的含量，g/100g；

X_1——试样中脂肪的含量，g/100g；

X_2——试样中蔗糖的含量，g/100g。

以重复性条件下获得的两次独立测定结果的算术平均值表示，结果保留三位有效数字。

第七节 乳及乳制品中矿物元素的测定

微量元素也叫痕量元素，属于七大营养素中矿物质的一类，包括铁、铜、锌、钴、锰、铬、硒、碘、镍、氟、钼、钒、锡、硅、锶、硼、铷、砷等十几种（常见的钙、磷、钠、钾、氯、镁、硫属于常量元素，占人体总重量的万分之一以上）。虽然微量元素在体内的含量微乎其微（只占人体总重量的万分之一以下），但对维持人体正常的新陈代谢活动具有十分重要的作用，是维持生命不可或缺的元素。

由于矿物元素对人体健康的重要意义，国家对婴儿配方奶粉中矿物元素的含量有具体的标准要求，即 GB 10765—2010《食品安全国家标准 婴儿配方食品》中对矿物质的含量进行了规定：婴儿配方奶粉在即食状态下每 100mL 所含的能量应在 60～70kcal（1cal=4.1840J）范围内，其中矿物质指标见表 3-5。

表 3-5 矿物质指标

营养素	指标		营养素	指标	
	最小值/100kcal	最大值/100kcal		最小值/100kcal	最大值/100kcal
钠/mg	21	59	磷/mg	25	100
钾/mg	59	180	铜/μg	35.6	121.3
镁/mg	5.0	15.1	锰/μg	5.0	100.4
铁/mg	0.42	1.51	碘/μg	10.5	58.6
锌/mg	0.50	1.51	硒/μg	2.01	7.95
钙/mg	50	146	氯/mg	50	159

一、钙、铁、锌、钠、钾、镁、铜、锰的测定

检测依据：GB 5413.21—2010《婴幼儿食品和乳品中钙、铁、锌、钠、钾、镁、铜、锰的测定》

测定方法：火焰原子吸收分光光度法

1. 方法原理

试样经干法灰化，分解有机质后，加酸使灰分中的无机离子全部溶解，直接吸入空气-乙炔火焰中原子化，并在光路中分别测定钙、铁、锌、钠、钾、镁、铜和锰原子对特定波长谱线的吸收。测定钙、镁时，需用镧作释放剂，以消除磷酸干扰。

2. 分析步骤

（1）试样的处理　称取混合均匀的固体试样约 5g 或液体试样约 15g（精确到 0.0001g）于坩埚中，在电炉上微火炭化至不再冒烟，再移入马弗炉中，于 490℃±5℃灰化约 5h。如果有黑色炭粒，冷却后滴加少许 50% 硝酸溶液湿润。在电炉上小火蒸干后，再移入 490℃高温炉中继续灰化成白色灰烬。

冷却至室温后取出，加入 5mL 20% 盐酸，在电炉上加热使灰烬充分溶解。冷却至室温后，移入 50mL 容量瓶中，用水定容，同时处理至少两个空白试样。

（2）试样待测液的制备

① 钙、镁待测液　从 50mL 的试液中准确吸取 1.0mL 到 100mL 容量瓶中，加 2.0mL

镧溶液（50g/L），用水定容。同样方法处理空白试液。

② 钠待测液 从50mL的试液中准确吸取1.0mL到100mL容量瓶中，用2%盐酸定容。同样方法处理空白试液。

③ 钾待测液 从50mL的试液中准确吸取0.5mL到100mL容量瓶中，用2%盐酸定容。同样方法处理空白试液。

④ 铁、锌、锰、铜待测液 用50mL的试液直接上机测定。同时测定空白试液。

注：为保证试样待测试液浓度在标准曲线线性范围内，可以适当调整试液定容体积和稀释倍数。

（3）测定

① 标准系列使用液的配制 按表3-6中给出的体积分别准确吸取各元素的标准储备液于100mL容量瓶中，配制铁、锌、钠、钾、锰、铜使用液，用2%盐酸定容。配制钙、镁使用液时，在准确吸取标准储备液的同时吸取2.0mL镧溶液于各容量瓶，用水定容。此为各元素不同浓度的标准使用液，其质量浓度见表3-7。

表3-6 配制标准系列使用液所吸取各元素标准储备液的体积 单位：mL

序号	K	Ca	Na	Mg	Zn	Fe	Cu	Mn
1	1.0	2.0	2.0	2.0	2.0	2.0	2.0	2.0
2	2.0	4.0	4.0	4.0	4.0	4.0	4.0	4.0
3	3.0	6.0	6.0	6.0	6.0	6.0	6.0	6.0
4	4.0	8.0	8.0	8.0	8.0	8.0	8.0	8.0
5	5.0	10.0	10.0	10.0	10.0	10.0	10.0	10.0

表3-7 各元素标准系列使用液浓度 单位：μg/mL

序号	K	Ca	Na	Mg	Zn	Fe	Cu	Mn
1	1.0	2.0	1.0	0.2	2.0	2.0	0.12	0.08
2	2.0	4.0	2.0	0.4	4.0	4.0	0.24	0.16
3	3.0	6.0	3.0	0.6	6.0	6.0	0.36	0.24
4	4.0	8.0	4.0	0.8	8.0	8.0	0.48	0.32
5	5.0	10.0	5.0	1.0	10.0	10.0	0.60	0.40

② 标准曲线的绘制 按照仪器说明书将仪器工作条件调整到测定各元素的最佳状态，选用灵敏吸收线K 766.5nm、Ca 422.7nm、Na 589.0nm、Mg 285.2nm、Fe 248.3nm、Cu 324.8nm、Mn 279.5nm、Zn 213.9nm，将仪器调整好预热后，测定铁、锌、钠、钾、铜、锰时用毛细管吸喷2%盐酸调零。测定钙、镁时先吸取镧溶液2.0mL，用水定容到100mL，并用毛细管吸喷该溶液调零。分别测定各元素标准工作液的吸光度。以标准系列使用液浓度为横坐标、对应的吸光度为纵坐标绘制标准曲线。

③ 试样待测液的测定 调整仪器呈最佳状态，测铁、锌、钠、钾、铜、锰用2%盐酸调零；测钙、镁时，先吸取镧溶液（50g/L）2.0mL，用水定容到100mL，并用该溶液调零。分别吸喷试样待测液的吸光度及空白试液的吸光度。查标准曲线得对应的质量浓度。

3. 分析结果表述

（1）试样中钙、镁、钠、钾、铁、锌的含量按式(3-18)计算：

$$X=\frac{(c_1-c_2)\times V\times f}{m\times 1000}\times 100 \tag{3-18}$$

式中 X——试样中各元素的含量，mg/100g；

c_1——测定液中元素的浓度，μg/mL；

c_2——测定空白液中元素的浓度，μg/mL；

V——样液体积，mL；

f——样液稀释倍数；

m——试样的质量，g。

（2）试样中锰、铜的含量按式(3-19) 计算：

$$X=\frac{(c_1-c_2)\times V\times f}{m}\times 100 \tag{3-19}$$

式中 X——试样中各元素的含量，μg/100g；

c_1——测定液中元素的浓度，μg/mL；

c_2——测定空白液中元素的浓度，μg/mL；

V——样液体积，mL；

f——样液稀释倍数；

m——试样的质量，g。

以重复性条件下获得的两次独立测定结果的算术平均值表示，钙、镁、钠、钾、锰、铜、铁、锌结果保留三位有效数字。

在重复性条件下获得的两次独立测定结果的绝对差值，钙、镁、钠、钾、铁、锌不得超过算术平均值的10%；铜和锰不得超过算术平均值的15%。

4. 方法解读

（1）各元素的原子吸收线分别为：钙 422.7nm、铁 248.3nm、钠 589.0nm、铜 324.8nm、钾 766.5nm、镁 285.2nm、锰 279.5nm。

（2）分析器皿的清洗　所有的分析器皿都应该泡酸过夜处理。通常玻璃瓶的铁、钾、钠、钙、镁空白比较高，塑料瓶的锰空白高。

（3）测定钙、镁时，需用镧作释放剂，以消除磷酸干扰。镧溶液浓度≥2%时，可有效消除磷的干扰。

（4）镧溶液的配制　称取 23.45g 氧化镧用 50mL 去离子水润湿后，缓慢加入 75mL 盐酸于 1000mL 容量瓶中，待氧化镧溶解后用去离子水稀释至刻度。

二、磷的测定

检测依据：GB 5413.22—2010《食品安全国家标准 婴幼儿食品和乳品中磷的测定》

测定方法：分光光度法

1. 方法原理

试样经酸氧化，使磷在硝酸溶液中与钒钼酸铵生成黄色络合物。用分光光度计在波长 440nm 处测定吸光度，其颜色的深浅与磷的含量成正比。

2. 分析步骤

（1）试样处理　固体试样称取 0.5g，液体试样称取 2.5g（精确至 0.1mg），于 125mL 三角瓶中，放入几粒玻璃珠，加 10mL 硝酸，然后放在电热板上加热。待剧烈反应结束后取下，稍冷却，再加入 10mL 高氯酸，重新放于电热板上加热。若消化液变黑，需取下再加入 5mL 硝酸继续消化，直到消化液变成无色或淡黄色，且冒出白烟。在消化液剩下 3～5mL 时取下，冷却，转入 50mL 容量瓶中，定容，完成试液制备。同时做空白试验。

（2）标准曲线的制作　分别吸取磷的标准储备液（50μg/mL）0mL、2.5mL、5mL、7.5mL、10mL、15mL 于 50mL 容量瓶中。加入 10.00mL 钒钼酸铵试剂，用水定容至刻度。该系列标准溶液中磷的浓度分别为 0μg/mL、2.5μg/mL、5μg/mL、7.5μg/mL、10μg/mL、15μg/mL。在 25～30℃下显色 15min。用 1cm 光径比色皿，于波长 440nm 处测

定吸光值。以吸光值为纵坐标，以磷的浓度为横坐标，绘制标准曲线。

(3) 试样测定　吸取试液 10mL 于 50mL 容量瓶中，加少量水后，再加 2 滴二硝基酚指示剂，先用氢氧化钠溶液（6mol/L）调至黄色，再用硝酸溶液（0.2mol/L）调至无色，最后用氢氧化钠溶液（0.1mol/L）调至微黄色。然后按照磷标准溶液显色和测定条件完成样品的显色和测定。以空白溶液调零。从标准曲线上查得试样溶液中磷的浓度。

3. 分析结果表述

试样中磷含量按式(3-20) 计算：

$$X=\frac{c\times V\times V_2}{m\times V_1\times 1000}\times 100 \tag{3-20}$$

式中　X——试样中磷的含量，mg/100g；

c——从标准曲线中查得试样溶液中磷的浓度，μg/mL；

V——试样消化后定容体积，mL；

V_1——吸取样液体积，mL；

V_2——比色液定容体积，mL；

m——样品的质量，g。

以重复性条件下获得的两次独立测定结果的算术平均值表示，结果保留三位有效数字。

在重复性条件下获得的两次独立测定结果的绝对差值不得超过算术平均值的 5%。

4. 方法解读

(1) 钒钼酸铵试剂组成

A 液：25g 钼酸铵［$(NH_4)_6Mo_7O_{24}\cdot 4H_2O$］，溶于 400mL 水中；

B 液：1.25g 偏钒酸铵（NH_4VO_3）溶于 300mL 沸水中，冷却后加 250mL 硝酸；

将 A 液缓缓倾入 B 液中，不断搅匀，并用水稀释至 1L，贮于棕色瓶中。

(2) 食品中的磷经强酸消解后生成磷酸盐，磷酸盐在酸性条件下与钼酸铵生成磷钼酸铵，此化合物被对苯二酚、亚硫酸钠还原成蓝色化合物——钼蓝，主要化学反应方程式为：

$$H_3PO_4+12(NH_4)_2MoO_4+21H^+\longrightarrow(NH_4)_3PO_4\cdot 12MoO_3+21NH_4^++12H_2O$$

第八节　乳及乳制品中三聚氰胺的测定

三聚氰胺是一种以尿素为原料生产的氮杂环有机化合物，作为化工原料可用于塑料、涂料、粘合剂、食品包装材料的生产，因此可能从环境、食品包装等途径进入到食品中。另外在评价动物饲料质量的指标中，最重要的一点是其蛋白质含量，由于人们经常以“氮含量来推测蛋白质含量”，所以在动物饲料中添加三聚氰胺可提高饲料的氮含量。因此三聚氰胺也可通过动物饲料进入原料乳中。

2008 年 7 月，国家标准规定了原料乳与乳制品中三聚氰胺的限量指标：婴幼儿配方乳粉中三聚氰胺的限量值为 1mg/kg；液态奶（包括原料乳）、奶粉、其他配方乳粉中三聚氰胺的限量值为 2.5mg/kg；含乳 15%以上的其他食品中三聚氰胺的限量值为 2.5mg/kg。

检测依据：GB/T 22388—2008《原料乳与乳制品中三聚氰胺检测方法》

检测方法：高效液相色谱法（第一法）、**液相色谱-质谱法**（第二法）、**气相色谱-质谱联用法**（第三法）

一、高效液相色谱法（HPLC）

1. 方法原理

试样用三氯乙酸溶液-乙腈提取，经阳离子交换固相萃取柱净化后，用高效液相色谱测定，外标法定量。

2. 分析步骤

（1）样品处理

① 提取

a. 液态奶、奶粉、酸奶、冰淇淋和奶糖等　称取 2g（精确至 0.01g）试样于 50mL 具塞塑料离心管中，加入 15mL 1% 三氯乙酸溶液和 5mL 乙腈，超声提取 10min，再振荡提取 10min 后，以不低于 4000r/min 离心 10min。上清液经 1%三氯乙酸溶液润湿的滤纸过滤后，用 1%三氯乙酸溶液定容至 25mL，移取 5mL 滤液，加入 5mL 水混匀后作待净化液。

b. 奶酪、奶油和巧克力等　称取 2g（精确至 0.01g）试样于研钵中，加入适量海砂（试样质量的 4～6 倍）研磨成干粉状，转移至 50mL 具塞塑料离心管中，用 15mL 1% 三氯乙酸溶液分数次清洗研钵，清洗液转入离心管中，再往离心管中加入 5mL 乙腈，余下操作同 a. 中“超声提取 10min，……加入 5mL 水混匀后作待净化液”。

注：若样品中脂肪含量较高，可以用三氯乙酸溶液饱和的正己烷液-液分配除脂后再用 SPE 柱净化。

② 净化　将①中的待净化液转移至固相萃取柱中。依次用 3mL 水和 3mL 甲醇洗涤，抽至近干后，用 6mL 氨化甲醇溶液洗脱。整个固相萃取过程流速不超过 1mL/min。将洗脱液于 50℃下用氮气吹干，残留物（相当于 0.4g 样品）用 1mL 流动相定容，涡旋混合 1min，过微孔滤膜后，供 HPLC 测定。

（2）高效液相色谱测定

① HPLC 参考条件

色谱柱：C_8 柱，250mm×4.6mm（i.d.），5μm，或相当者；C_{18} 柱，250mm×4.6mm（i.d.），5μm，或相当者。

流动相：C_8 柱，离子对试剂缓冲液＋乙腈（85＋15，体积比），混匀。C_{18} 柱，离子对试剂缓冲液＋乙腈（90＋10，体积比），混匀。

流速：1.0mL/min。

柱温：40℃。

波长：240nm。

进样量：20μL。

② 标准曲线的绘制　用流动相将三聚氰胺标准储备液逐级稀释得到浓度为 0.8μg/mL、2μg/mL、20μg/mL、40μg/mL、80μg/mL 的标准工作液，浓度由低到高进样检测，以峰面积-浓度作图，得到标准曲线回归方程。基质匹配加标三聚氰胺的样品 HPLC 色谱图参见图 3-4。

③ 定量测定　待测样液中三聚氰胺的响应值应在标准曲线线性范围内，若超过线性范围则应稀释后再进样分析。

3. 分析结果表述

试样中三聚氰胺的含量由色谱数据处理软件或按式(3-21) 计算获得：

$$X=\frac{A\times c\times V\times 1000}{A_s\times m\times 1000}\times f \tag{3-21}$$

式中　X——试样中三聚氰胺的含量，mg/kg；

A——样液中三聚氰胺的峰面积；

c——标准溶液中三聚氰胺的浓度，μg/mL；

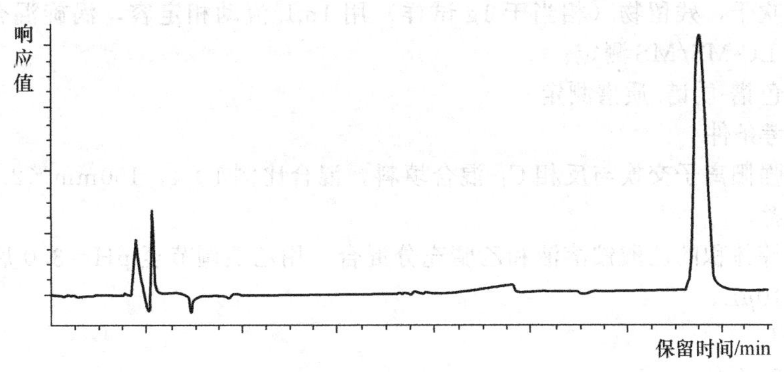

图 3-4　基质匹配加标三聚氰胺的样品 HPLC 色谱图

（检测波长 240nm，保留时间 13.6min，C_8 色谱柱）

V——样液最终定容体积，mL；

A_s——标准溶液中三聚氰胺的峰面积；

m——试样的质量，g；

f——稀释倍数。

在重复性条件下获得的两次独立测定结果的绝对差值不得超过算术平均值的 10%。

4. 方法解读

选择三氯乙酸+乙腈作为提取剂是基于三氯乙酸、乙腈和铅离子都是沉淀蛋白质的试剂，三氯乙酸能使蛋白质分子的肽链断裂，破坏蛋白质分子结构使其沉淀，但对于大分子的蛋白质，由于其结构复杂性与致密性大，三氯乙酸可能渗入分子内部而使之较难完全被除去，需使用乙腈这种有机溶剂抽提三氯乙酸从而更好地沉淀蛋白质；铅离子是重金属离子，可使蛋白质变性而成为固体沉淀下来，但效果不如三氯乙酸。

二、液相色谱-质谱/质谱法（LC-MS/MS）

1. 方法原理

试样用三氯乙酸溶液提取，经阳离子交换固相萃取柱净化后，用液相色谱-质谱/质谱法测定和确证，外标法定量。

2. 分析步骤

（1）样品处理

① 提取

a. 液态奶、奶粉、酸奶、冰淇淋和奶糖等　称取 1g（精确至 0.01g）试样于 50mL 具塞塑料离心管中，加入 8mL 1%三氯乙酸溶液和 2mL 乙腈，超声提取 10min，再振荡提取 10min 后，以不低于 4000r/min 离心 10min。上清液经质量分数为 1%三氯乙酸溶液润湿的滤纸过滤后，作待净化液。

b. 奶酪、奶油和巧克力等　称取 1g（精确至 0.01g）试样于研钵中，加入适量海砂（试样质量的 4～6 倍）研磨成干粉状，转移至 50mL 具塞塑料离心管中，加入 8mL 1%三氯乙酸溶液分数次清洗研钵，清洗液转入离心管中，再加入 2mL 乙腈，余下操作同 a. 中“超声提取 10min，……作待净化液”。

注：若样品中脂肪含量较高，可以用三氯乙酸溶液饱和的正己烷液-液分配除脂后再用 SPE 柱净化。

② 净化　将样品提取液转移至固相萃取柱中。依次用 3mL 水和 3mL 甲醇洗涤，抽至近干后，用 6mL 氨化甲醇溶液洗脱。整个固相萃取过程流速不超过 1mL/min。洗脱液于

50℃下用氮气吹干，残留物（相当于1g试样）用1mL流动相定容，涡旋混合1min，过微孔滤膜后，供LC-MS/MS测定。

（2）液相色谱-质谱/质谱测定

① LC参考条件

色谱柱：强阳离子交换与反相C_{18}混合填料，混合比例1∶4，150mm×2.0mm（i.d.），5μm，或相当者。

流动相：等体积的乙酸铵溶液和乙腈充分混合，用乙酸调节至pH=3.0后备用。

进样量：10μL。

柱温：40℃。

流速：0.2mL/min。

② MS/MS参考条件

电离方式：电喷雾电离，正离子。

离子喷雾电压：4kV。

雾化气：氮气，40psi。

干燥气：氮气，流速10L/min，温度350℃。

碰撞气：氮气。

分辨率：Q_1（单位），Q_3（单位）。

扫描模式：多反应监测（MRM），母离子m/z 127，定量子离子m/z 85，定性子离子m/z 68。

停留时间：0.3s。

裂解电压：100 V。

碰撞能量：m/z 127>85为20 V，m/z 127>68为35 V。

③ 标准曲线的绘制　取空白样品按照HPLC法2.（1）处理。用所得的样品溶液将三聚氰胺标准储备液逐级稀释得到浓度为0.01μg/mL、0.05μg/mL、0.1μg/mL、0.2μg/mL、0.5μg/mL的标准工作液，浓度由低到高进样检测，以定量子离子峰面积-浓度作图，得到标准曲线回归方程。基质匹配加标三聚氰胺的样品LC-MS/MS多反应监测质量色谱图参见图3-5。

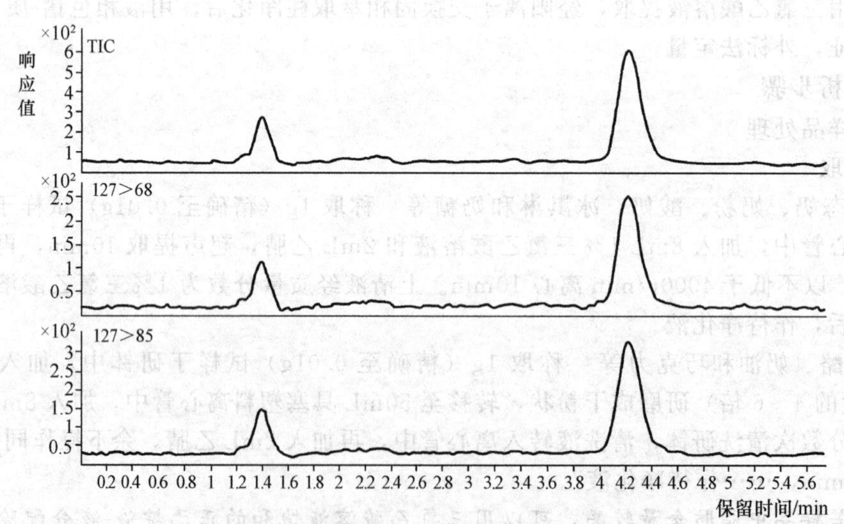

图3-5　基质匹配加标三聚氰胺的样品LC-MS/MS多反应监测质量色谱图

（保留时间4.2min，定性离子m/z 127>85和m/z 127>68）

④ 定量测定　待测样液中三聚氰胺的响应值应在标准曲线线性范围内，超过线性范围

则应稀释后再进样分析。

3. 分析结果表述

同 HPLC 法。

在重复性条件下获得的两次独立测定结果的绝对差值不得超过算术平均值的 15%。

4. 方法解读

(1) 固相萃取流速影响净化效果，一般控制在 1～2 滴/s 为宜。

(2) 三氯乙酸、甲醇有较强的毒性，须在通风橱内戴胶皮手套操作。

(3) C_{18} 和 C_8 为反相色谱柱，柱管内充满有机溶剂，检测样品前应用 10 倍柱体积的流动相冲洗色谱柱；检测完毕后，用乙腈＋水（20＋80）的流动相以 1mL/min 的流速冲洗色谱柱 20～30min，再用 10～20 倍柱体积的甲醇或乙腈将柱管内的流动相置换出来，使其保存在有机相中以保证其可靠的色谱性能。

第九节 乳及乳制品微生物检验

一、乳及乳制品的卫生指标

乳及其制品的卫生指标见表 3-8～表 3-11。

表 3-8 生乳的微生物限量

项 目		限量/[CFU/g(mL)]
菌落总数	≤	2×10^6

表 3-9 巴氏杀菌乳的微生物限量

项 目	采样方案①及限量(若非指定,均以 CFU/g 或 CFU/mL 表示)			
	n	*c*	*m*	*M*
菌落总数	5	2	50000	100000
大肠菌群	5	2	1	5
金黄色葡萄球菌	5	0	0 /25g(mL)	—
沙门菌	5	0	0 /25g(mL)	—

① 样品的分析及处理按 GB 4789.1 和 GB 4789.18 执行。

表 3-10 发酵乳的微生物限量

项 目	采样方案及限量(若非指定,均以 CFU/g 或 CFU/mL 表示)			
	n	*c*	*m*	*M*
大肠菌群	5	2	1	5
金黄色葡萄球菌	5	0	0 /25g(mL)	—
沙门菌	5	0	0 /25g(mL)	—
酵母 ≤	100			
霉菌 ≤	30			

表 3-11 乳粉的微生物限量

项目	采样方案及限量(若非指定,均以 CFU/g 或 CFU/mL 表示)			
	n	c	m	M
菌落总数①	5	2	50000	200000
大肠菌群	5	1	10	100
金黄色葡萄球菌	5	2	10	100
沙门菌	5	0	0 /25g(mL)	—

① 不适用于添加活性菌种（好氧和兼性厌氧益生菌）的产品。

其中乳与乳制品中细菌总数、大肠菌群、沙门菌、金黄色葡萄球菌的检验同第二章糕点的微生物检验。

二、乳及乳制品中乳酸菌检验

经乳酸菌的发酵作用制成的产品称为乳酸菌发酵食品。

乳酸菌主要的生理作用有：维持肠道菌群的微生态平衡；增强机体免疫功能；预防和抑制肿瘤发生；改善制品风味；提高营养利用率、促进营养吸收；控制内毒素、降低胆固醇；延缓机体衰老。

作为原料乳中的天然污染菌，乳酸菌及其发酵剂如今已成为乳制品发酵的核心，对于发酵乳制品的生产工艺、感官和营养指标有重要的影响，是发酵乳制品的重要检验项目之一。发酵乳的乳酸菌数规定为$\geqslant 1\times 10^{6}$CFU/g（mL）。

检测依据：GB 4789.35—2010《食品微生物学检验　乳酸菌检验》

测定方法：涂布平板计数法

1. 方法原理

乳酸菌是一群能分解葡萄糖或乳糖产生乳酸的无芽孢杆菌和球菌，需氧和兼性厌氧，多数无动力，过氧化氢酶阴性，革兰阳性。

利用选择性培养基，对适当稀释度的样品液进行涂布培养，形成肉眼可见的菌落，乘以相应的稀释倍数，得出相应的乳酸菌数。根据不同种类的乳酸菌所需营养和抑制因素的差别，用 MRS 培养基培养出的菌落数，计作乳酸菌总数；用莫匹罗星锂盐改良 MRS 培养基培养出的菌落数，计作双歧杆菌菌落数；用 MC 培养基培养出的菌落数，计作嗜热链球菌菌落数。乳杆菌数等于乳酸菌总数减去双歧杆菌与嗜热链球菌计数之和。

可对改良 MRS 培养基上的双歧杆菌和 MC 培养基上的嗜热链球菌进行纯培养，作出菌种鉴定。

2. 检验程序

乳酸菌检验程序如图 3-6 所示。

3. 检验步骤

(1) 样品的量取与匀质

① 样品的制备　样品的全部制备过程均应遵循无菌操作程序。

② 冷冻样品可先使其在 2～5℃条件下解冻，时间不超过 18h，也可在温度不超过 45℃的条件解冻，时间不超过 15min。

③ 固体、半固体的量取与匀质　以无菌操作称取 25g 样品置于盛有 225mL 生理盐水的无菌匀质杯内，于 8000～10000r/min 匀质 1～2min，制成 1∶10 的样品匀液。

④ 液体样品　应先将其充分摇匀后，以无菌吸管吸取样品 25mL 放入装有 225mL 生理

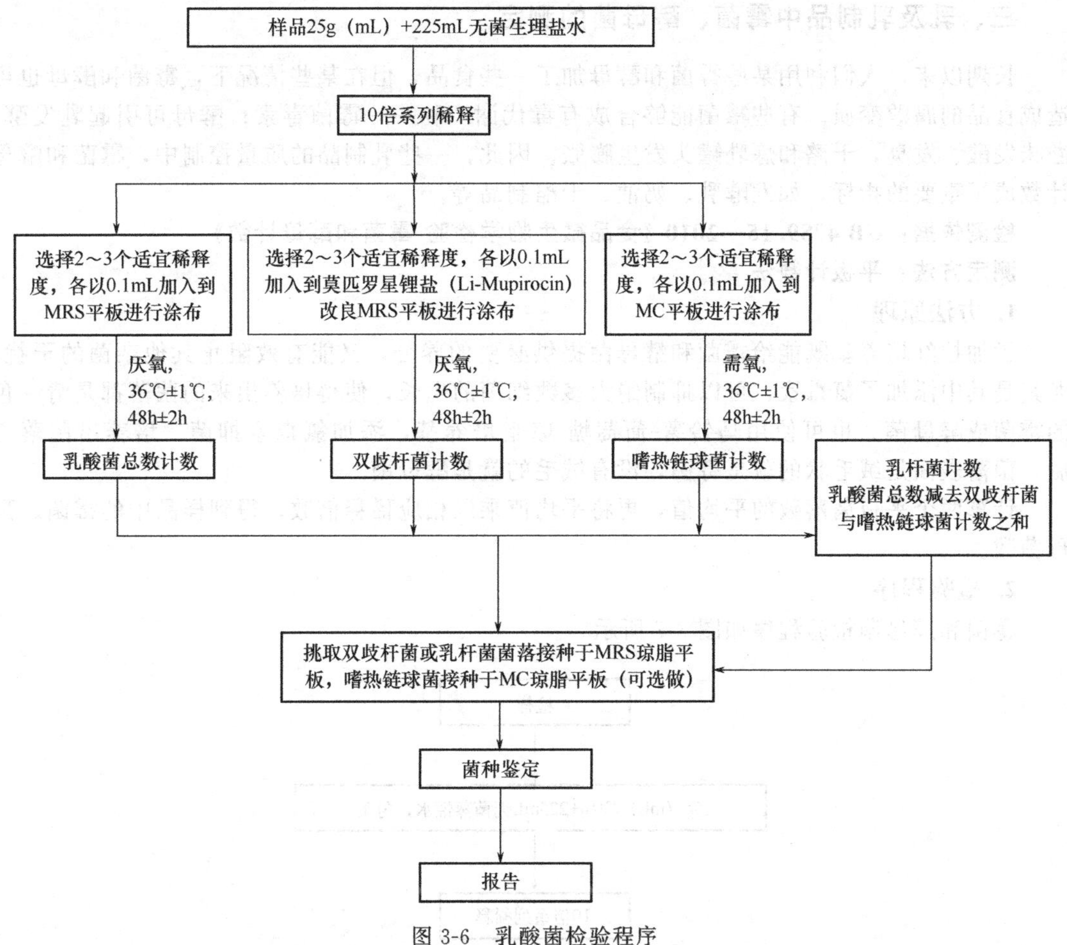

图 3-6 乳酸菌检验程序

盐水的无菌锥形瓶（瓶内装有适当数量的无菌玻璃珠），充分振摇，制成 1∶10 的样品匀液。

用1mL 无菌吸管吸取上述样品匀液 1mL，沿管壁缓慢注入盛有 9mL 稀释液的无菌试管中，制成 1∶100 的样品匀液。依次操作，制备 10 倍系列稀释样品匀液。

(2) 涂布平板与恒温培养

① 乳酸菌总数 根据待检样品活菌总数的估计，选择 2～3 个连续的适宜稀释度，每个稀释度吸取 0.1mL 样品匀液分别置于 2 个 MRS 琼脂平板，使用 L 形棒进行表面涂布。于 36℃±1℃厌氧培养 48h±2h 后计数平板上的所有菌落数。从样品稀释到平板涂布要求在 15min 内完成。

② 双歧杆菌数 同上，涂布于莫匹罗星锂盐（Li-Mupirocin）改良 MRS 琼脂平板上。

③ 嗜热链球菌数 同上，涂布于 MC 琼脂平板上。

4. 分析结果表述

(1) 观察方法和原则 活菌菌落计数法计算乳酸菌总数、双歧杆菌数、嗜热链球菌数的观察方法与原则遵照第二章糕点检验第七节菌落总数的测定（菌落计数）。

(2) 计算方法 同第二章糕点检验第七节菌落总数的测定。

乳杆菌计数：乳酸菌总数结果减去双歧杆菌与嗜热链球菌计数结果之和即得乳杆菌计数。

三、乳及乳制品中霉菌、酵母菌的测定

长期以来，人们利用某些霉菌和酵母加工一些食品，但在某些情况下，霉菌和酵母也可造成食品的腐败变质。有些霉菌能够合成有毒代谢产物——霉菌毒素；酵母可引起乳发酵，滋味发酸、发臭，干酪和炼乳罐头发生膨胀。因此，一些乳制品的质量控制中，霉菌和酵母计数成了重要的指标，如发酵乳、奶油、干酪制品等。

检测依据：GB 4789.15—2010《食品微生物学检验 霉菌和酵母计数》

测定方法：平板计数法

1. 方法原理

孟加拉红培养基既能给霉菌和酵母菌提供必要的养分，又能有效阻止其他杂菌的干扰。尤其是其中添加了氯霉素，可以抑制绝大多数细菌的生长，使得培养出来的菌落都是清一色的霉菌或酵母菌。也可使用马铃薯-葡萄糖-琼脂培养基，添加氯霉素抑菌。培养出菌落之后，菌落表面是绒毛状的就是霉菌，没有绒毛的就是酵母菌。

计算两个平板菌落数的平均值，再将平均值乘以相应稀释倍数，得到样品中的霉菌、酵母菌数。

2. 检验程序

霉菌和酵母菌检验程序如图 3-7 所示。

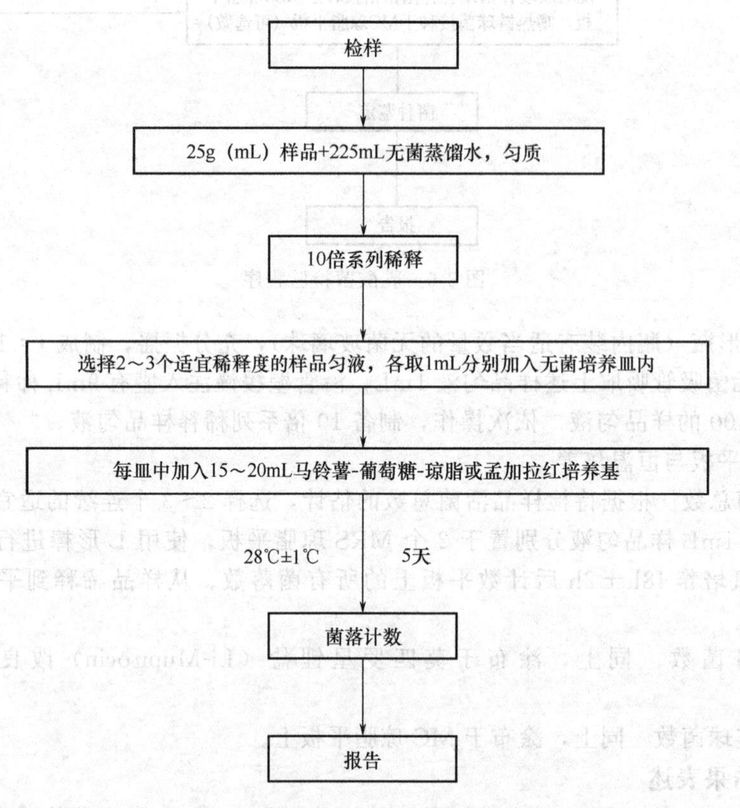

图 3-7 霉菌和酵母菌计数的检验程序

3. 分析步骤

(1) 样品的量取和匀质

固体和半固体样品：称取 25g 样品至盛有 225mL 灭菌蒸馏水的锥形瓶中，充分振摇，

即为1∶10稀释液。或放入盛有225mL无菌蒸馏水的匀质袋中，用拍击式匀质器拍打2min，制成1∶10的样品匀液。

液体样品：以无菌吸管吸取25mL样品至盛有225mL无菌蒸馏水的锥形瓶（可在瓶内预置适当数量的无菌玻璃珠）中，充分混匀，制成1∶10的样品匀液。

（2）10倍稀释系列　取1mL 1∶10稀释液注入含有9mL无菌水的试管中，另换一支1mL无菌吸管反复吹吸，此液为1∶100稀释液。制备10倍系列稀释样品匀液，每递增稀释一次，换用一次1mL无菌吸管。

（3）倾倒平板　根据对样品污染状况的估计，选择2～3个适宜稀释度的样品匀液（液体样品可包括原液），在进行10倍递增稀释的同时，每个稀释度分别吸取1mL样品匀液于2个无菌平皿内。同时分别取1mL样品稀释液加入2个无菌平皿作空白对照。

及时将15～20mL冷却至46℃的马铃薯-葡萄糖-琼脂或孟加拉红培养基（可放置于46℃±1℃恒温水浴箱中保温）倾注平皿，并转动平皿使其混合均匀。

（4）恒温培养　待琼脂凝固后，将平板倒置，于28℃±1℃培养5天，观察并记录。

（5）菌落计数　肉眼观察，必要时可用放大镜，记录各稀释倍数和相应的霉菌和酵母数。以菌落形成单位（CFU）表示。

选取菌落数在10～150CFU的平板，根据菌落形态分别计数霉菌和酵母数。霉菌蔓延生长覆盖整个平板的可记录为多不可计。菌落数应采用2个平板的平均数。

4. 分析结果表述

计算两个平板菌落数的平均值，再将平均值乘以相应稀释倍数计算。

若所有平板上菌落数均大于150CFU，则对稀释度最高的平板进行计数，其他平板可记录为多不可计，结果按平均菌落数乘以最高稀释倍数计算。

若所有平板上菌落数均小于10CFU，则应按稀释度最低的平均菌落数乘以稀释倍数计算。

若所有稀释度平板均无菌落生长，则以小于1乘以最低稀释倍数计算；如为原液，则以小于1计数。

5. 方法解读

（1）菌落数在100以内时，按“四舍五入”原则修约，采用两位有效数字报告。

（2）菌落数大于或等于100时，前三位数字采用“四舍五入”原则修约后，取前两位数字，后面用0代替位数来表示结果；也可用10的指数形式来表示，此时也按“四舍五入”原则修约，采用两位有效数字。

（3）称重取样以CFU/g为单位报告，体积取样以CFU/mL为单位报告，报告或分别报告霉菌和/或酵母数。

技能训练五　牛乳酸度的测定

一、分析检测任务

产品检测方法标准	GB 5413.34—2010《乳和乳制品酸度的测定》
产品验收标准	GB 19645—2010《食品安全国家标准　巴氏杀菌乳》
关键技能点	pH计使用
	NaOH标准溶液的配制与标定

续表

检测所需设备	分析天平(感量为0.1mg),滴定管,pH计,磁力搅拌器
检测所需试剂	氮气;氢氧化钠标准溶液(NaOH):0.1000mol/L(按GB/T 601—2002配制与标定);水的规格:三级水,三级水用于一般化学分析试验

二、任务实施

1. 安全提醒

氢氧化钠具腐蚀性，应避免与皮肤接触。

2. 设备调试

pH计使用前需校准，具体步骤详见关键技能点操作指南。

3. 操作步骤

(1) 基准法

① 将样品全部移入到约两倍于样品体积的洁净干燥容器中（带密封盖），立即盖紧容器，反复旋转振荡，使样品彻底混合。在此操作过程中，应尽量避免样品暴露在空气中。

② 称取4g样品（精确到0.01g)于锥形瓶中。

③ 用量筒量取96mL约20℃的水，使样品复原，搅拌，然后静置20min。

④ 用滴定管向锥形瓶中滴加氢氧化钠溶液，直到pH达到8.3。滴定过程中，始终用磁力搅拌器进行搅拌，同时向锥形瓶中吹氮气，以防止溶液吸收空气中的二氧化碳。整个滴定过程应在1min内完成。

(2) 滴定法　称取10g（精确到0.001g）已混匀的试样，置于150mL锥形瓶中，加入20mL新煮沸冷却至室温的水，混匀。加入2.0mL酚酞指示液，混匀后用氢氧化钠标准溶液滴定至微红色，并在30s内不褪色。

4. 原始数据记录与处理

原始数据记录

氢氧化钠溶液的标定

测定次数	邻苯二甲酸氢钾质量 m/g	滴定消耗NaOH溶液体积 V_1/mL	空白消耗NaOH溶液体积 V_0/mL
1			
2			
3			

样液测定

样品序号	试样质量 m/g	试样消耗NaOH溶液体积 V_1/mL	空白消耗NaOH溶液体积 V_0/mL
1			
2			
3			

续表

数据处理
计算公式： $$X=\frac{c\times(V_1-V_0)\times 100}{m}$$ 式中　X——试样的酸度，°T； c——氢氧化钠标准溶液的摩尔浓度，mol/L； V_1——滴定样液时消耗氢氧化钠标准溶液体积，mL； V_0——滴定空白时消耗氢氧化钠标准溶液体积，mL； m——试样的质量，g。 以重复性条件下获得的两次独立测定结果的算术平均值表示，结果保留三位有效数字。在重复性条件下获得两次独立测定结果的绝对差值不得超过 1.0°T。
测定结果

三、关键技能点操作指南

1. NaOH 标准溶液的配制与标定

（1）0.1mol/L NaOH 标准溶液的配制

① 用小烧杯在台秤上称取 120g 固体 NaOH。

② 加 100mL 水，振摇使之溶解成饱和溶液。

③ 冷却后注入聚乙烯塑料瓶中，密闭，放置数日，澄清后备用。

④ 准确吸取上述溶液的上层清液 5.6mL 用无 CO_2 蒸馏水稀释至 1000mL，摇匀，贴上标签。

（2）0.1mol/L NaOH 标准溶液的标定

① 将基准邻苯二甲酸氢钾加入干燥的称量瓶内，于 105～110℃烘至恒重。

② 用减量法准确称取三份邻苯二甲酸氢钾，每份约 0.6000g，置于 250mL 锥形瓶中。

③ 加 50mL 无 CO_2 蒸馏水，温热使之溶解，冷却。

④ 加酚酞指示剂 2～3 滴。

⑤ 用欲标定的 0.1mol/L NaOH 溶液滴定，直到溶液呈粉红色，半分钟不褪色。

⑥ 同时做空白试验。要求做三个平行样品。

（3）计算

$$c_{NaOH}=\frac{m}{(V_1-V_0)\times 0.2042}$$

式中　c_{NaOH}——NaOH 标准溶液的浓度，mol/L；

m——邻苯二甲酸氢钾的质量，g；

V_1——NaOH 标准滴定溶液用量，mL；

V_0——空白试验中 NaOH 标准滴定溶液用量，mL；

0.2042——与 1mmol NaOH 标准滴定溶液相当的基准邻苯二甲酸氢钾的质量，g/mmol。

2. pH 计的使用与维护

（1）pH 计的使用

① 校准

a. 用蒸馏水清洗电极。

b. 用洁净的滤纸吸去电极上面附着的水（注意不可擦拭）。

c. 使用时，将电极加液口上所套橡胶套和下端的橡胶套全取下，以保持电极内氯化钾溶液的液差。然后将电极放入 pH 6.86 的标准缓冲溶液中，将功能选择开关拨到“TEMP”位，旋转温度补偿器旋钮将温度调至与被测溶液温度相同。

d. 将功能选择开关拨到“pH”位，调节“定位”电位器，使显示值与 pH 6.86 的标准缓冲溶液当前温度下的标准值一致（pH 6.86）。

e. 取出电极，用蒸馏水清洗电极，并用洁净的滤纸吸去电极上的水，再放入 pH 4.03 或 pH 9.18 的标准缓冲溶液中，调节“斜率”电位器，使显示值与 pH 4.03 或 pH 9.18 的标准缓冲溶液当前温度下的标准值一致（pH 4.03 或 pH 9.18）。

② 未知溶液的测定

a. 将电极用蒸馏水清洗干净，再用滤纸吸去电极上的水。

b. 将电极放入待测液中，显示的值即为未知溶液的 pH 值。

c. 若测量时溶液的温度与校准温度不一致，则需重新进行温度补偿设置，使设置温度与测量时溶液温度相同，斜率和定位器按钮不必旋动。

d. 测量完毕用蒸馏水清洗电极，关闭电源，关上电极加液口上所套橡胶套，套上电极帽。

（2）维护与保养

① 复合电极不用时，可在 3mol/L 的氯化钾溶液中充分浸泡，切忌用洗涤液或其他吸水性试剂浸泡。

② 使用前应检查玻璃电极前端的球泡，球泡内应充满液体、无气泡。

③ 在校正和测定前后均应用蒸馏水将电极充分洗净，并用滤纸吸去电极水分。

④ 测定前校正仪器时，应选择与待测液 pH 值接近的标准 pH 缓冲液，pH 相差不应超过 3 个 pH 单位。

⑤ 电极不能用于强酸、强碱或其他腐蚀性溶液的测定，严禁在脱水性介质如无水乙醇、重铬酸钾中使用。

⑥ 电极球泡很薄，因此使用时注意勿将其与硬物相碰，防止球泡破碎。

⑦ 配制标准缓冲溶液时，应用新煮沸过的冷纯净水，pH 9 的标准缓冲溶液应保存在聚乙烯瓶中，一般可保存 2～3 个月，发现浑浊或沉淀不能继续使用。

⑧ 使用时，将电极加液口上所套的橡胶套和下端的橡胶套全取下，以保持电极内氯化钾溶液的液压差。

⑨ 采用两点校准法对酸度计进行校正，校准前应特别注意待测溶液的温度，以便正确选择标准缓冲液，并调节面板上的温度补偿旋钮，使其与待测溶液的温度一致。电极在空气中暴露超过半小时，要对酸度计进行重新校正。

⑩ 清洗电极后，不要用滤纸擦拭玻璃膜，而应用滤纸吸干，避免损坏玻璃薄膜、防止交叉污染，影响测量精度。

四、技能操作考核点

序号	考核项目	考核内容	技能操作要点
1	准备	着装	着工作服，整洁
		锥形瓶洗涤	正确清洗、编号

续表

序号	考核项目	考核内容	技能操作要点
2	分析天平使用	检查	检查天平水平、清洁状况
		称量瓶使用	称量瓶拿取、放置顺手，使用纸条，操作正确
		减量法操作	倾出试样操作正确
		称量	开关天平门操作正确，读数及记录正确
		称量次数	每份样品称量次数不超过3次
		称量习惯	检查、整理天平
		整体印象	操作熟练、正确
3	碱式滴定管的使用	滴定台搭建	滴定台搭建正确
		检漏	方法正确
		洗涤、润洗	蒸馏水冲洗，滴定溶液润洗，少量多次
		装液	方法正确
		排空气	方法正确
		调零	操作正确
		最后一滴	滴定管最后一滴处理方法正确
4	NaOH标定	邻苯二甲酸氢钾溶解	样品溶解完全，用水量正确
		指示剂	滴定前添加，添加量正确
		滴定操作	锥形瓶、滴定管操作正确、手法规范
		滴定速度	速度合理
		半滴操作	半滴操作正确
		终点判断	终点判断准确，保持30s不褪色
		读数方法	读数方法正确
		补足滴定液	及时补足滴定液，均从零刻度附近开始滴定
5	移液管量取牛乳样品	移液管洗涤、润洗	蒸馏水冲洗，样品润洗，少量多次
		移液管握法	移液管握法正确
		取样准确	取样准确，读数方法正确
		放液	移液管垂直，锥形瓶倾斜，移液完成后停靠处理，正确判断是否需要“吹”
		洗耳球使用	使用熟练
		整体印象	操作熟练、正确
6	牛乳酸度滴定	指示剂	滴定前添加，添加量正确
		滴定操作	锥形瓶、滴定管操作正确、手法规范
		滴定速度	速度合理
		半滴操作	半滴操作正确
		终点判断	终点判断准确，保持30s不褪色
		读数方法	读数方法正确
		补足滴定液	及时补足滴定液，均从零刻度附近开始滴定
		整体印象	操作熟练、正确

续表

序号	考核项目	考核内容	技能操作要点
7	结束工作	整理	废液处理，清洗、整理实验用仪器和台面
		文明操作	无器皿破损、仪器损坏
		实验室安全	安全操作
8	实验结果	原始数据	原始数据记录准确、完整、美观
		计算	公式正确，计算过程正确
		有效数字	正确保留有效数字
		平行性	取两个平行，相对极差≤5%
		准确性	测定结果的准确度达到规定要求，结果误差不超过10%

技能训练六　牛乳脂肪含量的测定

一、分析检测任务

产品检测方法标准	GB 5413.3—2010《食品安全国家标准　婴幼儿食品和乳品中脂肪的测定》
产品验收标准	GB 25190—2010《食品安全国家标准　灭菌乳》
关键技能点	移液管操作
	天平称量
检测所需设备	分析天平(感量为0.1mg)，离心机，电热恒温水浴锅，干燥箱，抽脂瓶
检测所需试剂	氨水(质量分数25%)，95%乙醇，无水乙醚，石油醚(沸程30～60℃)，0.1mol/L碘溶液，刚果红溶液(10g/L)，盐酸(6mol/L)

二、任务实施

1. 安全提醒

乙醚具有麻醉性，实验过程中要注意室内通风，避免吸入。

2. 设备调试

电热恒温水浴锅接通电源，打开电源开关，将温度设定到所需温度。

3. 操作步骤

(1) 试剂配制

① 碘溶液（I_2）　约0.1mol/L。称取13.5g碘，加入36g碘化钾和50mL水，溶解后加入3滴盐酸及适量水稀释至1000mL，用垂熔漏斗过滤，避光保存。

② 刚果红溶液（$C_{32}H_{22}N_6Na_2O_6S_2$）　将1g刚果红溶于水中，稀释至100mL。

③ 盐酸（6mol/L）　量取50mL盐酸（12mol/L）缓慢倒入40mL水中，定容至100mL，混匀。

(2) 用于脂肪收集的容器（脂肪收集瓶）的准备　于干燥的脂肪收集瓶中加入几粒沸石，放入烘箱中干燥1h。使脂肪收集瓶冷却至室温，称量，精确至0.1mg（注：脂肪收集瓶可根据实际需要自行选择）。

(3) 测定

① 称取充分混匀的试样10g（精确至0.0001g）于抽脂瓶中。

② 加入 2.0mL 氨水，充分混合后立即将抽脂瓶放入 65℃±5℃的水浴中，加热 15～20min，不时取出振荡。取出后，冷却至室温。静置 30s 后可进行下一步骤。

③ 加入 10mL 乙醇，缓和但彻底地进行混合，避免液体太接近瓶颈。如果需要，可加入两滴刚果红溶液。

④ 加入 25mL 乙醚，塞上瓶塞，将抽脂瓶保持在水平位置，小球的延伸部分朝上夹到摇混器上，按约 100 次/min 振荡 1min，也可采用手动振摇方式。但均应注意避免形成持久乳化液。抽脂瓶冷却后小心地打开塞子，用少量的混合溶剂冲洗塞子和瓶颈，使冲洗液流入抽脂瓶。

⑤ 加入 25mL 石油醚，塞上重新润湿的塞子，按步骤④所述，轻轻振荡 30s。

⑥ 将加塞的抽脂瓶放入离心机中，在 500～600r/min 下离心 5min。否则将抽脂瓶静置至少 30min，直到上层液澄清，并明显与水相分离。

⑦ 小心地打开瓶塞，用少量的混合溶剂冲洗塞子和瓶颈内壁，使冲洗液流入抽脂瓶。如果两相界面低于小球与瓶身相接处，则沿瓶壁边缘慢慢地加入水，使液面高于小球和瓶身相接处，以便于倾倒。

⑧ 将上层液尽可能地倒入已准备好的加入沸石的脂肪收集瓶中，避免倒出水层。

⑨ 用少量混合溶剂冲洗瓶颈外部，冲洗液收集在脂肪收集瓶中。要防止溶剂溅到抽脂瓶的外面。

⑩ 向抽脂瓶中加入 5mL 乙醇，用乙醇冲洗瓶颈内壁，按步骤③所述进行混合。重复步骤④～⑨，再进行第二次抽提，但只用 15mL 乙醚和 15mL 石油醚。

⑪ 重复步骤③～⑨，再进行第三次抽提，但只用 15mL 乙醚和 15mL 石油醚（注：如果产品中脂肪的质量分数低于 5%，可只进行两次抽提）。

⑫ 合并所有提取液，既可采用蒸馏的方法除去脂肪收集瓶中的溶剂，也可于沸水浴上蒸发至干来除掉溶剂。蒸馏前用少量混合溶剂冲洗瓶颈内部。

⑬ 将脂肪收集瓶放入 102℃±2℃的烘箱中加热 1h，取出脂肪收集瓶，冷却至室温，称量，精确至 0.1mg。

⑭ 重复步骤⑬的操作，直到脂肪收集瓶两次连续称量差值不超过 0.5mg，记录脂肪收集瓶和抽提物的最低重量。

⑮ 为验证抽提物是否全部溶解，向脂肪收集瓶中加入 25mL 石油醚，微热，振摇，直到脂肪全部溶解。如果抽提物全部溶于石油醚中，则含抽提物的脂肪收集瓶的最终重量和最初重量之差，即为脂肪含量。

⑯ 若抽提物未全部溶于石油醚中，或怀疑抽提物是否全部为脂肪，则用热的石油醚洗提。小心地倒出石油醚，不要倒出任何不溶物，重复此操作 3 次以上，再用石油醚冲洗脂肪收集瓶口的内部。

⑰ 最后，用混合溶剂冲洗脂肪收集瓶口的外部，避免溶液溅到瓶的外壁。将脂肪收集瓶放入 102℃±2℃的烘箱中，加热 1h，按步骤⑬和步骤⑭所述操作。取步骤⑭中测得的重量和步骤⑯测得的重量之差作为脂肪的重量。

4. 原始数据记录与处理

原始数据记录

样品	m_1(始)	m_1(终)	m_2(始)	m_2(终)	m_3(始)	m_3(终)	m_4(始)	m_4(终)
样 1								
样 2								
样 3								

续表

计算公式：

$$X=\frac{(m_1-m_2)-(m_3-m_4)}{m}\times 100$$

式中 X——样品中脂肪含量，g/100g；

m——样品的质量，g；

m_1——脂肪收集瓶和抽提物的质量，g；

m_2——脂肪收集瓶的质量，g；

m_3——空白试验中，脂肪收集瓶和抽提物的质量，g；

m_4——空白试验中脂肪收集瓶的质量，g。

数据处理

样品	m	m_1	m_2	m_3	m_4
样 1					
样 2					
样 3					

测定结果精密度评定：检测范围、结果精密度、检测限

以重复性条件下获得的两次独立测定结果的算术平均值表示，结果保留三位有效数字。

注：在重复性条件下获得的两次独立测定结果之差应符合：若脂肪含量≥15%，≤0.3g/100g；若脂肪含量 5%～15%，≤0.2g/100g；若脂肪含量≤5%，≤0.1g/100g。

实验结果：

三、关键技能点操作指南

移液管与吸量管的使用方法

1. 移液管和吸量管的洗涤

用洗耳球吸取少量铬酸洗液于移液管中，横放并转动（图 3-8），至管内壁均沾上洗涤液，直立，将洗涤液自管尖放回原瓶。用自来水充分洗净后，再用蒸馏水淋洗 3 次。

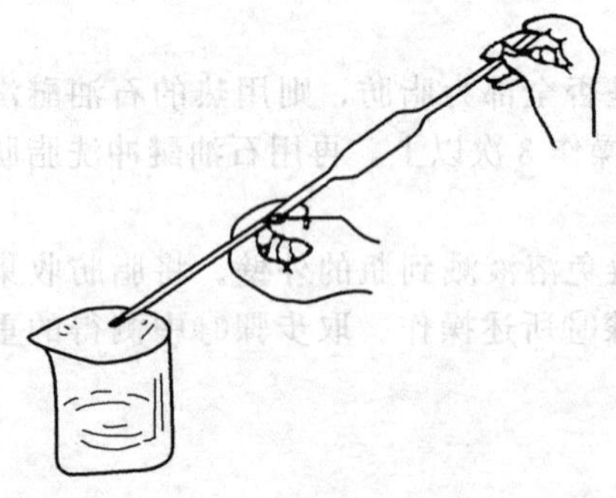

图 3-8 移液管洗涤操作

2. 移液管和吸量管的使用方法

（1）使用前准备 第一次用洗净的移液管吸取溶液时，应先用滤纸将尖端内外的水吸净，否则会因水滴引入改变溶液的浓度。然后，用少量所要移取的溶液，将移液管润洗 2～3 次，以保证移取的溶液浓度不变。

（2）移取溶液操作

① 用右手的大拇指和中指拿住颈标线上方的玻璃管，将下端插入溶液中 1～2cm。插入太深会使管外沾附溶液过多，影响量取的溶液体积的准确性；太浅往往会产生空吸。

② 左手拿洗耳球，先把球内空气压出，然后把洗耳球的尖端接在移液管顶口，慢慢松开洗耳球使溶液吸入管内（图 3-9）。

③ 当液面升高到刻度以上时移去洗耳球，立即用右手的食指按住管口，将移液管提离

液面，并将原插入溶液的部分沿待吸液容器内壁轻转两圈（或用滤纸擦干移液管下端）以除去管壁上沾附的溶液，然后稍松食指，使液面下降，直到溶液的弯月面与标线相切，立刻用食指压紧管口。

④ 取出移液管，把准备承接溶液的容器稍倾斜，将移液管移入容器中，使管垂直，管尖靠着容器内壁，松开食指，让管内溶液自然地沿器壁流下（图 3-10），流完后再等待 15s，取出移液管。

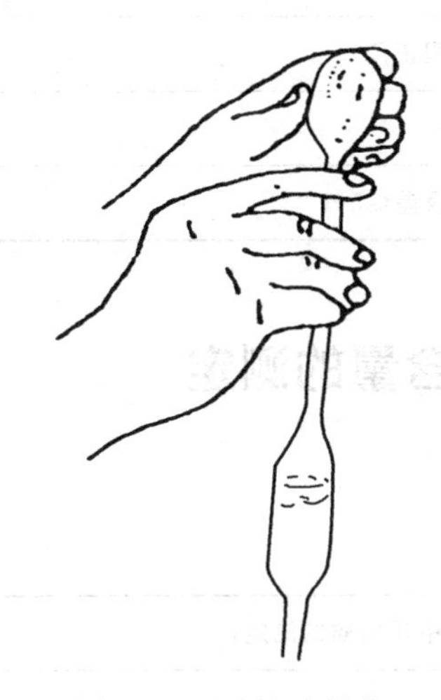

图 3-9 吸取溶液操作

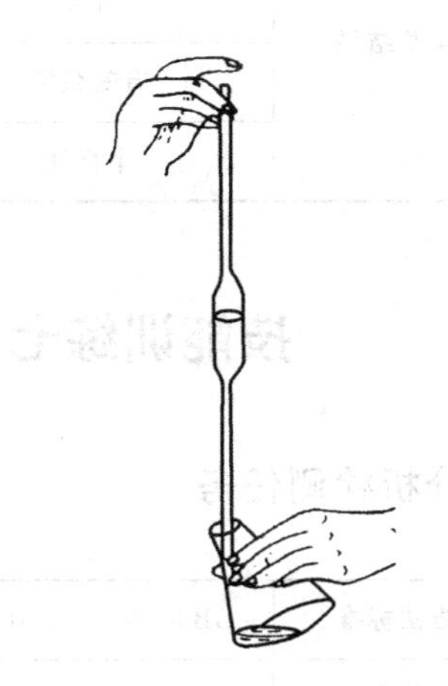

图 3-10 放出溶液操作

注意事项：切勿把残留在管尖内的溶液吹出，因为在校正移液管时，已考虑了所保留的溶液体积，并未将这部分液体体积计算在内。吸量管的操作方法与移液管相同，但应注意，凡吸量管上刻有“吹”字的，使用时必须将管尖内的溶液吹出，不允许保留。

3. 维护与保养

(1) 移液管使用后，应洗净放在移液管架上。

(2) 移液管和吸量管都不能放在烘箱中烘烤，以免引起容积变化而影响测量的准确度。

四、技能操作考核点

序号	考核项目	考核内容	技能操作要点
1	准备	着装	着工作服，整洁
2	脂肪瓶恒重	清洗	清洗干净、无油污
		烘干至恒重	恒重操作正确，数据选择正确
3	抽提操作	移液管移取溶液	洗涤、润洗、移液、转移操作规范
		混匀操作	试剂混合操作正确，做到充分混合
		振荡操作	振荡操作正确，做到充分振荡，避免振荡过程中有试剂漏出
		离心操作	样品放置方法正确（注意平衡），离心速度、时间控制准确
4	回收溶剂操作	正确、安全	采用正确方法回收溶剂（通风橱，水浴加热），注意安全性
5	脂肪瓶恒重	烘干操作	温度、时间控制合理
		干燥器使用	正确使用
		恒重判断	恒重判断正确
		称量操作	称量操作熟练无误

续表

序号	考核项目	考核内容	技能操作要点
6	结束工作	整理	废液处理,清洗、整理实验仪器和台面
		文明操作	无器皿破损
7	实验结果	原始数据	原始数据记录准确、完整、美观
		计算	公式正确,计算过程正确
		有效数字	正确保留有效数字
		平行性	取两个平行,相对极差≤5%

技能训练七 乳粉蛋白质含量的测定

一、分析检测任务

产品检测方法标准	GB 5009.5—2010《食品安全国家标准 食品中蛋白质的测定》
产品验收标准	GB 19644—2010《食品安全国家标准 乳粉》
关键技能点	控温消化装置的使用
	凯氏定氮仪的使用
	盐酸标准溶液的配制与标定
检测所需设备	分析天平(感量为0.1mg),控温消化装置,凯氏定氮蒸馏装置或凯氏定氮仪,滴定装置
检测所需试剂	硫酸铜($CuSO_4 \cdot 5H_2O$),硫酸钾(K_2SO_4),硫酸(H_2SO_4,密度为1.84g/L),硼酸(H_3BO_3),甲基红指示剂($C_{15}H_{15}N_3O_2$),溴甲酚绿指示剂($C_{21}H_{14}Br_4O_5S$)亚甲基蓝指示剂($C_{16}H_{18}C_lN_3S \cdot 3H_2O$),氢氧化钠(NaOH),95%乙醇($C_2H_5OH$)硼酸溶液(20g/L),氢氧化钠溶液(400g/L),硫酸标准滴定溶液(0.0500mol/L)或盐酸标准滴定溶液(0.0500mol/L),甲基红乙醇溶液(1g/L),亚甲基蓝乙醇溶液(1g/L),溴甲酚绿乙醇溶液(1g/L)

二、任务实施

1. 安全提醒

(1) 因消化过程产生大量蒸气，其中含有二氧化硫等有毒气体，所以消化应在通风橱内进行，并保持实验室通风良好，以免中毒。

(2) 消化结束后，不要把定氮瓶直接放在实验台上，否则会因定氮瓶突然遇冷而炸裂。应把其放在木质支架上，直至冷却至室温。

(3) 消化管加入硫酸时，应戴上橡胶手套，防止硫酸滴落手上。

2. 操作步骤

(1) 试剂配制

① 硼酸溶液(20g/L) 称取20g硼酸，加水溶解并稀释至1000mL。

② 氢氧化钠溶液(400g/L) 称取40g氢氧化钠，加水溶解后放冷，并稀释至100mL。

③ 甲基红乙醇溶液（1g/L） 称取 0.1g 甲基红，溶于 95%乙醇，用 95%乙醇稀释至 100mL。

④ 亚甲基蓝乙醇溶液（1g/L） 称取 0.1g 亚甲基蓝，溶于 95%乙醇，用 95%乙醇稀释至 100mL。

⑤ 溴甲酚绿乙醇溶液（1g/L） 称取 0.1g 溴甲酚绿，溶于 95%乙醇，用 95%乙醇稀释至 100mL。

⑥ 混合指示液 2 份甲基红乙醇溶液（1g/L）与 1 份亚甲基蓝乙醇溶液（1g/L）临用时混合。也可用 1 份甲基红乙醇溶液（1g/L）与 5 份溴甲酚绿乙醇溶液（1g/L）临用时混合。

（2）样品前处理（消化）

① 称取充分混匀的固体试样 0.2～2g、半固体试样 2～5g 或液体试样 10～25g（约相当于 30～40mg 氮），精确至 0.001g，移入干燥的 100mL 消化管中。

② 加入 0.2g 硫酸铜、6g 硫酸钾及 20mL 硫酸，轻摇后于管口放一小漏斗，将消化管置于消煮炉的管架上。

③ 小心加热，待内容物全部炭化，泡沫完全停止后，加强火力，并保持瓶内液体微沸，至液体呈蓝绿色并澄清透明后，再继续加热 0.5～1h。

④ 取下放冷，小心加入 20mL 水。移入 100mL 容量瓶中，并用少量水洗定氮瓶，洗液并入容量瓶中，再加水至刻度，混匀备用。

⑤ 同时做试剂空白试验。

（3）蒸馏

① 凯氏定氮蒸馏装置蒸馏操作步骤

a. 连接定氮蒸馏装置，向水蒸气发生器内装水至 2/3 处，加入数粒玻璃珠，加甲基红乙醇溶液数滴及数毫升硫酸，以保持水呈酸性，加热煮沸水蒸气发生器内的水并保持沸腾。

b. 向接收瓶内加入 10.0mL 硼酸溶液及 1～2 滴混合指示液，并使冷凝管的下端插入液面下，根据试样中氮含量，准确吸取 2.0～10.0mL 试样处理液由小玻杯注入反应室，以 10mL 水洗涤小玻杯并使之流入反应室内，随后塞紧棒状玻塞。

c. 将 10.0mL 氢氧化钠溶液倒入小玻杯，提起玻塞使其缓缓流入反应室，立即将玻塞盖紧，并加水于小玻杯以防漏气。夹紧螺旋夹，开始蒸馏。

d. 蒸馏 10min 后移动蒸馏液接收瓶，液面离开冷凝管下端，再蒸馏 1min。然后用少量水冲洗冷凝管下端外部，取下蒸馏液接收瓶。

② 凯氏定氮仪蒸馏操作

a. 准确吸取定容液 20mL 至消化管中。连接电源，打开自来水，在蒸馏装置的冷凝管末端放一 150mL 锥形瓶，内滴甲基红-溴甲酚绿混合指示剂 4 滴。

b. 仪器参数设定：按“复位”，设置硼酸的进样时间，一般为 5s；按“转换”，设置氢氧化钠进样时间，一般为 7s。

c. 在一空消化管中加蒸馏水，按“启动”，仪器开始蒸馏。完毕时仪器会提示，将消化管取下，将其中水倒掉，装上空白溶液，将锥形瓶中的水倒掉，洗净，滴 4 滴混合指示剂，按“启动”，进行蒸馏。完毕时，取下锥形瓶，马上进行滴定。

d. 样品操作同空白溶液。

（4）滴定 蒸馏结束后，立即用盐酸标准滴定溶液滴定至终点，其中 2 份甲基红乙醇溶液与 1 份亚甲基蓝乙醇溶液指示剂，颜色由紫红色变成灰色，pH 5.4；1 份甲基红乙醇溶液与 5 份溴甲酚绿乙醇溶液指示剂，颜色由酒红色变成绿色，pH 5.1。同时做试剂空白。

3. 原始数据记录与处理

原始数据记录

样品	V_1	V_2	V_3	m
样 1				
样 2				
样 3				

计算公式：

$$X=\frac{(V_1-V_2)\times c\times 0.0140}{m\times\frac{V_3}{100}}\times F\times 100$$

式中 X——试样中蛋白质的含量，g/100g；

V_1——试液消耗硫酸或盐酸标准滴定液的体积，mL；

V_2——试剂空白消耗硫酸或盐酸标准滴定液的体积，mL；

V_3——吸取消化液的体积，mL；

c——硫酸或盐酸标准滴定溶液浓度，mol/L；

0.0140——盐酸[c(HCl)＝1.000mol/L]标准滴定溶液相当的氮的质量，g；

m——试样的质量，g；

F——氮换算为蛋白质的系数。一般食物为 6.25；纯乳与纯乳制品为 6.38；面粉为 5.70；玉米、高粱为 6.24；花生为 5.46；大米为 5.95；大豆及其粗加工制品为 5.71；大豆蛋白制品为 6.25；肉与肉制品为 6.25；大麦、小米、燕麦、裸麦为 5.83；芝麻、向日葵为 5.30；复合配方食品为 6.25。

数据处理

测定次数	m	V_1	V_2	V_3	X
1					
2					
3					

测定结果精密度评定：检测范围、结果精密度、检测限。

注：在重复性条件下获得的两次独立测定结果的绝对差值不得超过算术平均值的 10%。

盐酸标准滴定溶液浓度：0.0500mol/L，乳制品中氮换算系数 F 为 6.38。

以重复性条件下获得的两次独立测定结果的算术平均值表示，当蛋白质含量≥1g/100g 时，结果保留三位有效数字；当蛋白质含量＜1g/100g 时，结果保留两位有效数字。

实验结果：

三、关键技能点操作指南

1. 控温消化炉操作指南

(1) 操作规程

① 把盛有样品的消化管放入消煮管架的空隙中。

② 打开电源，仪器自检结束后，进行温度与时间的设定。

③ 按温度控制器的“set”钮，温度控制器的 PV 处显示当前温度值、SV 处显示上次设定温度，可进行温度设定，按向上或向下箭头升高或降低温度。设定后再按一下“set”钮，温度控制器的 PV 处显示加热炉内实际温度、SV 处显示设定温度，仪器按设定温度开始加热。

④ 实验结束，关闭电源。

（2）注意事项

① 消化过程中，应从低温开始分阶段升温，待样品焦化泡沫消失，再加大火力（400℃），直至溶液澄清后，再继续加热消化 15～30min。

② 消化时，应尽量避免管内液体过度沸腾喷溅，使样品上冲粘到瓶颈处，这样会使部分样品消化不完全，引起误差。

2. 凯氏定氮仪操作指南

（1）仪器上操作键的功能

① 工作状态显示　当硼酸、加碱、蒸馏状态指示灯分别亮时，再按［启动］键后表示工作过程状态；再按［转换］键后表示工作过程时间设定状态。

② 工作状态时间显示　显示各种工作状态时间。

③ 时间单位显示　秒、分。

④［加热指示］键　蒸汽发生器加热指示。

⑤［启动］键　按一次后，仪器进入加硼酸、加碱、蒸馏各延时工作状态，完成一次定氮蒸馏过程。

⑥［复位］键　按一次后，仪器恢复到初始状态，原设定时间被清除。当仪器工作程序被干扰时，可按一次该键恢复。

⑦［蒸馏］键　按一次后，仪器进入蒸馏状态，再按则关闭。

⑧［加碱］键　按一次后，仪器进入加碱状态，再按则关闭。

⑨［硼酸］键　按一次后，仪器进入加硼酸状态，再按则关闭。

（2）仪器使用与操作

① 按消煮样品时加入硫酸量计算出需要加入氢氧化钠的量，计算设定加碱时间，根据锥形瓶内约加 30mL 硼酸吸收液，计算设定加硼酸时间。

② 开仪器电源开关，显示“P”。使加硼酸状态指示灯亮，按［＋］或［－］设定加硼酸时间。再按［选择］键，使加碱状态指示灯亮，按［＋］或［－］设定加碱时间。

③ 将滴有指示剂的仪器配套锥形瓶放在托盘上，此时托盘在高位；把有样品消煮管装在托盘上，要与上端的橡皮塞装紧。

④ 按启动键，仪器开始自动向锥形瓶中加硼酸，向消煮管中加碱，而后进入蒸馏状态，待锥形瓶中冷凝液达到预定体积量时，锥形瓶托盘落下，再蒸馏 12s 后，蒸馏工作停止，发出提示声。

（3）仪器维护与保养

① 仪器内部的加碱液桶、加硼酸桶应定期清理沉淀物并洗净。

② 仪器长期使用后，在加热器上会有水垢，影响加热效率，应定期清洗。清洗方法：在关机状态下，将蒸汽发生器顶端的一个旋塞拧下，管口处插有一个小漏斗，注入除垢剂或冰醋酸清洗水垢。清洗后，打开机箱内蒸汽发生器排水截门将水排净，并加入清水多次清洗。

四、技能操作考核点

序号	考核项目	考核内容	技能操作要点
1	准备	着装	着工作服，整洁
2	样品处理	称量、处理	样品前处理操作正确、熟练
3	试剂配制	配制准确	溶液配制方法正确、熟练
		配制安全	能够采取有效的安全措施

续表

序号	考核项目	考核内容	技能操作要点
4	消化设备使用	设备安装	使用正确、操作熟练
		安全问题	能及时处理有关安全问题
5	消化操作	条件控制	有效防止泡沫的生成
		终点控制	能够准确判断消化终点
6	定氮设备使用	设备安装	能够熟练安装蒸馏装置
		安全问题	能及时处理有关安全问题
7	蒸馏操作	条件控制	操作正确、熟练
		终点控制	能够准确判断蒸馏终点
8	滴定操作	指示剂	滴定前添加，添加量正确
		滴定操作	锥形瓶、滴定管操作正确、手法规范
		滴定速度	速度合理
		半滴操作	半滴操作正确
		终点判断	终点判断准确，保持30s不褪色
		读数方法	读数方法正确
		补足滴定液	及时补足滴定液，均从零刻度附近开始滴定
9	结束工作	整理	废液处理，清洗、整理实验用仪器和台面
		文明操作	无器皿破损、仪器损坏
		实验室安全	安全操作
10	实验结果	原始数据	原始数据记录准确、完整、美观
		计算	公式正确，计算过程正确
		有效数字	正确保留有效数字
		平行性	取两个平行，相对极差≤5%

单元复习与自测

一、选择题

1. 蛋白质的换算系数一般常用6.25，它是根据其平均含氮量为（　　）得来的。
A. 16%　　B. 16.7%　　C. 17.6%　　D. 15.8%

2. 蛋白质测定消化结束时，凯氏烧瓶内的液体应呈（　　）。
A. 透明蓝绿色　B. 黑色　　C. 褐色

3. 蛋白质测定所用的指示剂是（　　）。
A. 酚酞　　B. 孔雀石绿　　C. 甲基红-溴甲酚绿混合指示剂

4. 将甲基红-溴甲酚绿混合指示剂加入硼酸溶液中，溶液应显（　　）。
A. 暗红色　　B. 绿色　　C. 黄色

5. 蛋白质测定蒸馏过程中，接收瓶内的液体是（　　）。
A. 硼酸　　B. 硝酸　　C. 氢氧化钠

6. 欲测定乳及乳制品中脂肪的含量，国标中所采用的方法是（　　）。
A. 巴布科克法　B. 盖勃法　　C. 罗兹-哥特里法　　D. 索氏抽提法

7. 用罗兹-哥特里法测定牛乳中的脂肪含量时，加入石油醚的作用是（　）。
A. 易于分层　B. 分解蛋白质　C. 分解糖类　D. 增加脂肪极性
8. 用罗兹-哥特里法测定牛乳脂肪含量时，溶解乳蛋白所用的试剂是（　）。
A. 盐酸　B. 乙醇　C. 乙醚　D. 氨水
9. 盖勃法测定牛乳脂肪含量时，加异戊醇的作用是（　）。
A. 调节样品密度　B. 形成酪蛋白钙盐
C. 破坏有机物　D. 促进脂肪从水中分离出来
10. 测定霉菌和酵母菌一般采用（　）作培养基。
A. 牛肉膏蛋白胨培养基　B. 改良 MC 培养基
C. 改良 TJA 培养基　D. 高盐察氏培养基
11. 测定还原糖必须保持（　）状态。
A. 加热　B. 沸腾　C. 常温
12. 盖勃法测定牛乳脂肪含量水浴温度是（　）。
A. 约 65℃　B. 约 80℃　C. 约 50℃　D. 约 100℃
13. 还原糖是指具有还原性的糖类，其糖分子中含有游离的（　）和游离的酮基。
A. 醛基　B. 氨基　C. 羧基　D. 羰基
14. 还原糖的测定滴定过程中必须保持沸腾状态，其主要原因是（　）。
A. 防止隐色体被空气氧化　B. 加快氧化还原反应
C. 保持反应时加热条件一致　D. 使反应完全
15. 下列过程中，属于乳品正常发酵的是（　）。
A. 乳酸发酵　B. 酒精发酵　C. 丙酸发酵　D. 丁酸发酵
16. 测定牛乳中蔗糖含量时，转化温度为（　）。
A. 75℃　B. 35℃　C. 67℃　D. 100℃
17. 乳粉总糖含量若以蔗糖计算，则最后乘以系数（　）。
A. 1.05　B. 0.95　C. 1.10　D. 1.15
18. 确定牛乳蛋白质的稳定性，牛乳酸度越（　）越易发生蛋白质凝固。
A. 高　B. 低
19. 乳酸菌是一群能分解葡萄糖或乳糖产生乳酸、过氧化氢酶（　）的无芽孢杆菌或球菌。
A. 阴性　B. 阳性
20. 标注净含量为 $50g<Q_n\leqslant200g$ 的产品净含量标注字符高度不得低于（　）mm。
A. 2　B. 3　C. 4　D. 6
21. 标准净含量为 130g 的产品，按标准规定其允许短缺量为（　）g。
A. 5　B. 6　C. 5.8　D. 13
22. 下列试剂中常用来标定氢氧化钠标准溶液的是（　）。
A. 优级纯邻苯二甲酸氢钾　B. 基准试剂邻苯二甲酸氢钾
C. 盐酸标准溶液　D. 基准无水碳酸钠
23. 食品标签通用标准规定允许免除标注的内容有下面的（　）项。
A. 食品名称　B. 配料表　C. 净含量　D. 保质期 20 个月
24. 电位法测定溶液 pH 值时，“定位”操作的作用是（　）。
A. 消除温度的影响　B. 消除电极常数不一致造成的影响
C. 消除离子强度的影响　D. 消除参比电极的影响
25. 霉菌及酵母菌菌落计数，应选择每皿菌落数在（　）之间进行计数。

A. 30～300　B. 30～200　C. 30～100　D. 15～150

26. 霉菌检测所需培养温度为25～28℃，培养时间是（　）。

A. 7天　B. 6天　C. 5天　D. 3天

27. （　）测定是糖类定量的基础。

A. 还原糖　B. 非还原糖　C. 葡萄糖　D. 淀粉

28. 直接滴定法在测定还原糖含量时用（　）作指示剂。

A. 亚铁氰化钾　B. Cu^{2+}的颜色　C. 硼酸　D. 次甲基蓝

29. 为消除反应产生的红色氧化亚铜沉淀对滴定的干扰，可加入试剂（　）。

A. 铁氰化钾　B. 亚铁氰化钾　C. 乙酸铅　D. 氢氧化钠

30. K_2SO_4在凯氏定氮法中消化过程的作用是（　）。

A. 催化　B. 显色　C. 氧化　D. 提高温度

31. 酸度计用标准缓冲溶液校正后，电极插入样品液后（　）。

A. 调节定位旋钮，读表上pH值　B. 不可动定位旋钮，直接读表上pH值

C. 调节定位旋钮，选择pH范围，读表上pH值

32. 使用甘汞电极时，（　）。

A. 不能把小橡皮塞拔出，将其全部浸没在样液中

B. 要把小橡皮塞拔出，将其全部浸没在样液中

C. 把小橡皮塞拔出，使电极内氯化钾溶液高于被测样液的液面

33. 直接滴定法测还原糖用（　）作指示剂。

A. 亚铁氰化钾　B. 次甲基蓝　C. Cu^{2+}本身　D. 乙酸锌

34. 在标定费林试液和测定样品还原糖浓度时，都应进行预备滴定，其目的是（　）。

A. 为了提高正式滴定的准确度

B. 是正式滴定的平行实验，滴定的结果可用于平均值的计算

C. 为了方便终点的观察

35. 乳粉酸度测定方法中的基准法是指中和100mL干物质为（　）的复原乳至pH为8.3所消耗的0.1mol/L氢氧化钠体积。

A. 9%　B. 10%　C. 11%　D. 12%

36. 乳制品标签标注应符合国家标准（　）。

A. GB 7718　B. GB 2760　C. GB 2761　D. GB 14880

37. “复原乳”或“复原奶”与产品名称应标识在包装容器的同一主要展示版面；标识的“复原乳”或“复原奶”字样应醒目，其字号不小于产品名称的字号，字体高度不小于主要展示面高度的（　）。

A. 1/3　B. 1/4　C. 1/5　D. 1/6

38. 全部用乳粉生产的灭菌乳、调制乳、发酵乳应在产品名称紧邻部位标明（　）。

A. “纯牛乳”或“纯牛奶”　B. “还原乳”或“还原奶”

C. “消毒乳”或“消毒奶”　D. “复原乳”或“复原奶”

39. 正常乳的pH值在（　）。

A. 6.5～6.7　B. 4.6～5.0　C. 3.4～4.0　D. 5.5～6.0

40. 国标规定乳中脂肪含量为（　）。

A. ≥3.1%　B. ≥3.0%　C. ≥3.2%　D. ≥3.5%

41. 全脂加糖乳粉的蔗糖含量不应超过（　）。

A. 15%　B. 20%　C. 40%　D. 30%

42. 国标规定，脱脂乳粉的脂肪含量不高于（　）。

A. 4%　　B. 3%　　C. 2%　　D. 1%

43. 牛乳中数量最大的一类微生物是（　　）。

A. 乳酸菌　　B. 酵母菌　　C. 大肠杆菌　　D. 霉菌

44. 乳中的固有酸度主要来源于乳中的（　　）。

A. 乳糖　　B. 乳脂肪　　C. 磷酸盐和柠檬酸盐　　D. 乳蛋白

45. 国家标准规定发酵乳的乳酸菌数为（　　）。

A. $\geqslant 1\times 10^5$ CFU/g（mL）　　B. $\geqslant 1\times 10^6$ CFU/g（mL）

C. $\geqslant 1\times 10^4$ CFU/g（mL）　　D. $\geqslant 1\times 10^3$ CFU/g（mL）

46. 在我国 GB 6914 生鲜牛乳收购标准对理化指标的规定中，要求原料乳的脂肪含量大于等于（　　）%（以乳酸计）。

A. 1.64　　B. 2.36　　C. 3.10　　D. 4.20

47. 凯氏定氮法测定粗蛋白含量时，加碱使试样中的 N 变成 NH_3 被释放出来，是指操作中的哪一步？（　　）

A. 滴定　　B. 蒸馏　　C. 消化　　D. 计算

二、简答题

1. 婴幼儿配方奶粉标签有哪些特殊要求？

2. 什么是牛乳的固有酸度、发酵酸度？测定牛乳酸度的意义是什么？

3. 简述凯氏定氮法测定蛋白质含量的原理并写出其反应方程式。

4. 分别说明罗兹-哥特里法测定乳脂肪时加入氨水、乙醇和石油醚的作用。

5. 分别说明盖勃法测定乳脂肪时加入硫酸、异戊醇的作用。

6. 试分析盖勃法测定乳脂肪时，使用的乳脂计体积为什么是 11mL？

7. 蛋白质测定时，样品消化过程中有大量的泡沫冲到瓶颈，请分析一下原因，并说明该如何解决。

8. 高效液相色谱法测定乳品中三聚氰胺为什么选择三氯乙酸＋乙腈作为提取剂？

9. 简述乳酸菌检验程序。

10. 简述霉菌、酵母菌计数的检验程序。

第四章　白酒的检验

白酒又名烧酒，是以粮谷为原料，以曲类、酒母等为糖化发酵剂，经蒸煮、糖化、发酵、蒸馏、陈酿、勾兑而成的蒸馏酒。

白酒按产品的酒精度分为高度酒［酒精度41%～60%（体积分数）］和低度酒［酒精度18%～40%（体积分数）］；按产品的香型口味可分为清香型白酒、浓香型白酒、酱香型白酒、米香型白酒及特香型白酒。白酒的香型主要取决于生产工艺、发酵、设备等条件，不同的香型其主体呈香味物质不同。例如，酱香型白酒是采用超高温制曲、凉堂、堆积、清蒸、回沙等酿造工艺，石窖或泥窖发酵；浓香型白酒是采用混蒸续渣工艺，陈年老窖或人工老窖发酵；清香型白酒是采用清蒸清渣工艺和地缸发酵；米香型白酒是采用浓、酱两种香型酒的某些特殊工艺酿造而成；其他香型酒如董酒、景芝白干等其生产工艺也各有千秋。

白酒的理化指标见表4-1～表4-3。

表4-1　浓香型白酒理化指标

项目		优级	一级	二级
酒精度(体积分数)/%		41.0～59.0		
总酸(以乙酸计)/(g/L)		0.50～1.70	0.40～2.00	0.30～2.00
总酯(以乙酸乙酯计)/(g/L)	>	2.50	2.00	1.50
乙酸乙酯/(g/L)		1.50～2.50	1.00～2.50	0.60～2.00
固形物/(g/L)	<	0.40		

表4-2　清香型白酒理化指标

项目		优级	一级	二级
酒精度(体积分数)/%		41.0～59.0		
总酸(以乙酸计)/(g/L)		0.40～0.90	0.35～1.10	0.30～1.40
总酯(以乙酸乙酯计)/(g/L)		1.40～4.20	1.20～4.20	1.00～4.20
乙酸乙酯/(g/L)		0.80～2.60	0.65～2.60	0.50～2.60
固形物(g/L)	≤	0.40		

表4-3　米香型白酒理化指标

项目		优级	一级	二级
酒精度(体积分数)/%		41.0～57.0		
总酸(以乙酸计)/(g/L)	>	0.30	0.25	0.20
总酯(以乙酸乙酯计)/(g/L)	≥	1.00	0.80	0.40
固形物/(g/L)	≤	0.40		

白酒的卫生指标见表4-4。

表4-4　白酒的卫生指标

项目	指标
甲醇/(g/100mL) 以谷类为原料 以薯干及代用品为原料	 ≤0.04 ≤0.12
杂醇油(以异丁醇与异戊醇计)/(g/100mL)	≤0.20
氰化物(以 HCN 计)/(mg/L) 以木薯为原料 以代用品为原料	 ≤5 ≤2
铅(以 Pb 计)/(mg/L)	≤1
锰(以 Mn 计)/(mg/L)	≤2
食品添加剂	按 GB 2760 规定

注：以上系指60度蒸馏酒的标准，高于或低于60度者，按60度折算。

第一节　白酒酒精度的测定

酒是多种化学成分的混合物，酒精是其主要成分，除此之外，还有水和其他众多的化学物质。这些化学物质可分为酸、酯、醛、醇等类型，这些成分含量的配比非常重要。酒精度是白酒产品理化要求的首要检测指标。

酒精度通常是指在20℃时，100mL饮料酒中含有乙醇的体积（mL），或100g饮料酒中含有乙醇的质量（g）。考虑到目前国际通行情况，酒精度可以用体积分数表示，符号为：%vol。且GB 2757—2012《食品安全国家标准 蒸馏酒及其配制酒》和GB 2758—2012《食品安全国家标准 发酵酒及其配制酒》标准中也明确规定，酒应以“% vol”为单位标识酒精度。例如50% vol的白酒，表示在100mL的酒中，含有乙醇50mL（20℃）；7%（体积分数）葡萄酒，其意思是100单位体积的酒中含有7单位体积的乙醇。

测定依据：GB/T 10345—2007《白酒分析方法》

测定方法：密度瓶法和酒精计法两种

一、密度瓶法

详见第六章啤酒检验第四节。

二、酒精计法

1. 方法原理

以蒸馏法去除样品中的不挥发性物质，用精密酒精计读取酒精体积分数示值，进行温度校正后，求得在20℃时乙醇含量的体积分数，即为酒精度。

2. 分析步骤

(1) 试样的制备　用一干燥、洁净的500mL容量瓶，准确量取样品（液温20℃）500mL（具体取样量应按酒精计的要求增减）于1000mL蒸馏瓶中，用50mL水分三次冲洗容量瓶，洗液并入蒸馏瓶中，加玻璃珠数粒，装上蛇型冷凝管，用100mL容量瓶接收馏出液（外加冰浴），缓缓加热蒸馏（冷凝管出口水温不得超过 20℃），收集约 96mL 馏出液（蒸馏应在 30～60min 内完成），取下容量瓶，调节液温至 20℃，补加水定容，混匀，备用。

（2）测定　将试样液注入洁净、干燥的量筒中，静置数分钟，待其中气泡消失后，放入洁净、擦干的酒精计，再轻轻按一下，不应接触量筒壁，同时插入温度计，平衡约 5min，水平观测，读取与弯月面相切处的刻度示值，同时记录温度。根据测得的酒精计示值和温度，查 GB/T 10345—2007《白酒分析方法》附录 B《温度 20℃时酒精计浓度与酒精度对照表》，换算为 20℃时样品的酒精度。

所得结果应保留至一位小数，在重复性条件下获得的两次独立测定结果的绝对差值，不超过平均值的 1%。

3. 方法解读

（1）酒精计要注意保持清洁，因为油污将改变酒精计表面对酒精液浸润的特性，影响表面张力的方向，使读数产生误差。

（2）盛样品所用量筒要放在水平的桌面上，使量筒与桌面垂直。不要用手握住量筒，以免样品的局部温度升高。

（3）注入样品时要尽量避免搅动，以减少气泡混入。注入样品的量，以放入酒精计后，液面稍低于量筒口为宜。

（4）读数前，要仔细观察样品，待气泡消失后再读数。

（5）读数时，可先使眼睛稍低于液面，然后慢慢抬高头部，当看到的椭圆形液面变成一直线时，即可读取此直线与酒精计相交处的刻度。

第二节　白酒总酸的测定

总酸是指食品中所有与碱性物质发生中和反应的酸的总和，其大小可借滴定法来确定，故总酸度又称为“滴定酸度”，主要是一系列的有机酸，包括己酸、丁酸、乳酸、乙酸、酒石酸、苹果酸、柠檬酸等。白酒中酸的种类和含量对酒的口感和质量有重要的影响，有机酸在酒中既是香气，又是呈味物质。它与其他呈香呈味物质共同组成酒特有的风味成分和芳香。酒中的酸类若控制不当可使酒质变坏，白酒中如果酸度过低会使白酒浮香感明显、刺鼻，不易接受；酸度过高则压香、发闷。因此，对白酒中的总酸含量进行测定具有极其重要的意义。

测定依据：GB/T 10345—2007《白酒分析方法》

1. 方法原理

食品中的有机酸用标准碱溶液滴定时，被中和生成盐类，用酚酞作指示剂，滴定至溶液呈淡红色（pH8.2），且 30s 不褪色为终点。根据所消耗的标准碱液的浓度和体积可计算出样品中酸的含量。

2. 分析步骤

（1）试样的制备　吸取约 60mL 样品于 100mL 烧杯中，将烧杯置于 40℃±0.1℃振荡水浴中恒温 30min，取出，冷却至室温。

注：试样的制备只针对起泡葡萄酒和葡萄汽酒，目的是排除二氧化碳。

（2）测定

① 指示剂法　吸取样品 50.0mL 于 250mL 锥形瓶中，加入酚酞指示剂两滴，以氢氧化钠标准滴定溶液（0.1mol/L）滴定至微红色，且 30s 不褪色为终点，同时做空白试验。

② pH 计法　按仪器使用说明书校正仪器。

吸取样品 10.0mL 于 100mL 烧杯中，加 50mL 水，插入电极，放入一枚转子，置于磁力搅拌器上，开始搅拌，用氢氧化钠标准滴定溶液（0.1mol/L）滴定。开始时滴定速度可稍快，当样液 pH=8.0 后，放慢滴定速度，每次滴加半滴溶液直至 pH=8.2 为其终点，记录消耗氢氧化钠标准滴定溶液的体积。同时做空白试验。

吸取样品 50.0mL 于 250mL 锥形瓶中，加入酚酞指示剂两滴，以氢氧化钠标准滴定溶液滴定至微红色，且 30s 不褪色为终点，同时做空白试验。

3. 分析结果表述

白酒总酸以乙酸计，按式(4-1) 计算：

$$X=\frac{c\times(V-V_0)\times K}{V_{样}} \tag{4-1}$$

式中 X——总酸含量，g/L；

c——NaOH 标准溶液的浓度，mol/L；

V——滴定样品溶液消耗 NaOH 标准溶液的体积，mL；

V_0——滴定空白溶液消耗 NaOH 标准溶液的体积，mL；

K——酸的换算系数，即酸的摩尔质量的数值，单位为 g/mol，乙酸的换算系数是 60g/mol；

$V_{样}$——样品制备液取用量，mL。

结果保留至小数点后两位。同一样品的两次测定值之差，不得超过两次平均值的 2%。如两次测定结果差在允许范围内，则取两测定结果的算术平均值报告结果。

4. 方法解读

（1）指示剂法适用于颜色较浅的白酒、白葡萄酒等，对于颜色较深的果酒、葡萄酒、黄酒，因终点颜色变化不明显，需用酸度计来指示滴定终点。

（2）白酒中的酸为多种有机弱酸的混合物，用强碱滴定测其含量时，滴定突跃不明显，其滴定终点偏碱，一般在 pH8.2 左右，故可选用酚酞作终点指示剂。

（3）样品浸渍、稀释用的蒸馏水不能含有 CO_2，因为 CO_2 溶于水中成为酸性的 H_2CO_3 形式，影响滴定终点时酚酞颜色变化。驱除 CO_2 的方法：将蒸馏水在使用前煮沸 15min，并迅速冷却备用。

（4）为使误差不超过允许范围，一般要求滴定时消耗 0.1mol/L NaOH 溶液不得少于 5mL，最好在 10～15mL。

第三节 白酒中总酯的测定

总酯是白酒产品中所有酯类芳香物的总和，也是形成白酒香气特别重要的一种成分。不同香型的白酒中其各种酯类的量比关系各不相同。总酯含量的多少与酒的品质高低有关，若含量太低，则酒味寡淡。

测定依据：GB/T 10345—2007《白酒分析方法》

1. 方法原理

用碱中和白酒中的游离酸，再准确加入一定量（过量）的碱，加热回流使酯类皂化。过量的碱再用酸反滴定，通过消耗碱的量计算出总酯的含量。反应式如下：

$$RCOOR+NaOH\longrightarrow RCOONa+ROH$$

$$2NaOH+H_2SO_4 = Na_2SO_4+2H_2O$$

2. 分析步骤

（1）中和 准确吸取酒样 50.0mL 于 250mL 回流瓶中，加 2 滴酚酞指示剂，以氢氧化钠标准滴定溶液滴定至粉红色（切勿过量），记录消耗氢氧化钠标准滴定溶液的体积（mL）（也可作为总酸含量计算）。

（2）加热回流　准确加入 0.1mol/L 氢氧化钠标准滴定溶液 25.00mL（若样品总酯含量高时，可加入 50.00mL），摇匀，放入几颗沸石或玻璃珠，装上冷凝管（冷却水温度宜低于 15℃），于沸水浴上回流 30min 取下、冷却。

（3）滴定　用 0.1mol/L 硫酸标准滴定溶液进行滴定，使微红色刚好完全消失为其终点，记录消耗硫酸标准滴定溶液的体积。

（4）空白试验　同时吸取乙醇（无酯）溶液 50mL，按上述方法同样操作做空白试验，记录消耗硫酸标准滴定溶液的体积。

3. 分析结果表述

样品中总酯的含量按式(4-2) 计算：

$$X=\frac{c\times(V_0-V_1)\times 0.088}{50.0}\times 1000 \tag{4-2}$$

式中　X——试样中总酯的含量（以乙酸乙酯计），g/L；

c——硫酸标准滴定溶液的实际浓度，mol/L；

V_0——空白试验消耗硫酸标准滴定溶液的体积，mL；

V_1——样品消耗硫酸标准滴定溶液的体积，mL；

0.088——与 1.00mL 氢氧化钠标准溶液相当的以克表示的乙酸乙酯的质量。

4. 方法解读

（1）第一次加入氢氧化钠标准滴定溶液是中和样品中的游离酸：

$$RCOOH+NaOH \longrightarrow RCOONa+H_2O$$

第二次加入氢氧化钠标准滴定溶液是与样品中的酯起皂化反应：

$$RCOOR'+NaOH \longrightarrow RCOONa+R'OH$$

加入硫酸标准滴定溶液是中和皂化反应完全后剩余的碱：

$$H_2SO_4+2NaOH \longrightarrow Na_2SO_4+2H_2O$$

（2）国际分析化学家学会（AOAC）方法中采用 50% 的酒精做空白试验。由于我国白酒的酒精度跨度大（从 25%～60%），为了使分析方法的操作既具有科学性、先进性，又具有可行性，根据对 30%、40%、50% 浓度的酒精空白试验比对，最终将空白试验的酒精浓度定为 40%。

（3）第一次加入的氢氧化钠溶液，用于中和样品中固有的酸，对于总酯的计算并不需要读取加入的体积。但若加入量不足，样品中未中和的酸即会消耗第二次加入的氢氧化钠；若加入过量，则会使反滴定皂化后试液时酸的用量增加，使结果出现较大误差。所以必须小心滴定，切勿过量。

（4）第二次加入的氢氧化钠溶液的体积，不是一个固定数值，应当根据样品中酯的多少而增减。为了使皂化完全，碱的加入必须过量。经多次试验，以皂化后能消耗的硫酸标准溶液 [$c(H_2SO_4)=0.1mol/L$] 体积在 3mL 以上为宜。如果消耗的硫酸溶液的体积小于 3mL，则会使样品皂化不完全，从而使测定结果偏低。

第四节　白酒中甲醇的测定

甲醇为白酒中的有害成分，它在人体内可积累，引起慢性中毒，使视觉模糊，严重时失明。其毒性很大，4～10g/L 即可引起严重中毒，甚至导致死亡。薯干、谷糠、代用原辅料发酵的白酒，在高温蒸煮过程中，其中的甲氧基被分解，生成甲醇，蒸酒时被带入成品中。

GB 2757—2012《蒸馏酒及其配制酒》中规定甲醇≤0.6g/L。

测定依据：GB/T 5009.48—2003《蒸馏酒及配制酒卫生标准的分析方法》

一、亚硫酸品红比色法

1. 方法原理

甲醇在磷酸介质中被高锰酸钾氧化为甲醛，过量的高锰酸钾被草酸还原，所生成的甲醛与亚硫酸品红（又称席夫试剂，Schiff）反应，生成醌式结构的蓝紫色化合物，颜色的深浅与甲醛含量成正比，与标准系列比较定量。

2. 分析步骤

（1）试样处理　根据酒中酒精浓度适当取样（体积分数 30%取 1.0mL，40%取 0.8mL，50%取 0.6mL，60%取 0.5mL），置于 25mL 比色管中，加水稀释至 5mL。

（2）标准曲线绘制　吸取甲醇标准使用液 0.0mL、0.20mL、0.40mL、0.60mL、0.80mL、1.00mL 分别置于 10mL 带塞比色管中，各加 0.5mL 60%无甲醇酒精溶液，分别补水至 5mL。

于标准管中各加 2mL 高锰酸钾-磷酸溶液，混匀，放置 10min。各加 2mL 草酸-硫酸溶液，混匀，使之褪色。再各加 5mL 亚硫酸品红溶液，混匀，于室温（应在 20～40℃）静置反应 30min。用 1cm 或 2cm 比色皿，于波长 590nm 处测吸光度，绘制标准曲线（低浓度甲醇不成直线关系）。

（3）样品测定　于样品管中“各加 2mL 高锰酸钾-磷酸溶液……”（按上述标准曲线绘制操作进行），于波长 590nm 处测吸光度，由标准曲线查出试液中甲醇含量。

3. 分析结果表述

试样中甲醇含量按式(4-3) 计算：

$$X = m \times \frac{1}{V} \times \frac{1}{1000} \times 100 \tag{4-3}$$

式中　X——样品中甲醇含量，g/100mL；

m——从标准曲线查得测定用样液中甲醇的质量，mg；

V——吸取酒样的体积，mL。

计算结果保留到三位有效数字，在重复性条件下两次独立测定结果的绝对差值不得超过算术平均值的 10%。

4. 方法解读

（1）当样液中加入草酸-硫酸溶液，样液会褪色并放出热量，温度升高，此时需适当冷却，才能加入亚硫酸品红溶液。亚硫酸品红显色温度最好控制在 20℃以上，温度越低所需显色时间越长，温度越高所需显色时间越短，但显色稳定段也短。另外，标准管和试样管显色温度之差不可超过 1℃，因为温度对吸光度有影响。

（2）配制草酸-硫酸溶液时，草酸量一定要准确。若过量则溶液浓度过高，过剩的草酸将亚硫酸品红还原成红色；反之，则不能使溶液褪色。

（3）甲醇与乙醇的关系：甲醇显色灵敏度与乙醇浓度有密切关系，试样显色灵敏度随乙醇的浓度改变而改变。乙醇浓度越高，甲醇显色灵敏度越低。当乙醇浓度在 50%～60%，甲醇显色较灵敏。故操作中试样管与标准管显色时乙醇浓度应严格控制。

二、气相色谱法

1. 方法原理

采用单点校正法，即在相同的操作条件下，分别将等量的试样和含甲醇的标准样进行色谱分析，由保留时间可确定试样中是否含有甲醇，比较试样和标准样中甲醇峰的峰高，可确定试样中甲醇的含量。

2. 分析步骤

（1）标准溶液的配制　用体积分数为60%的乙醇水溶液为溶剂，分别配制浓度为0.1～0.6g/L的甲醇标准溶液。

（2）色谱参考条件

色谱柱：HP-5石英毛细管柱（30m×0.25mm×0.25m）。

载气（N_2）流速：40mL/min；氢气（H_2）流速：40mL/min；空气流速：450mL/min。

进样量：0.5L；柱温：100℃；检测器温度：150℃；气化室温度：150℃。

（3）上机操作　通载气，启动仪器，设定以上温度条件。待温度升至所需值时，打开氢气和空气，点燃火焰离子化检测器（FID）（点火时，H_2的流量可大些），缓缓调节N_2、H_2及空气的流量，至信号比较佳时为止。待基线平稳后即可进样分析。

在上述色谱条件下进0.5L标准溶液，得到色谱图，记录甲醇的保留时间。在相同条件下进白酒样品0.5L，得到色谱图，根据保留时间确定甲醇峰。

3. 分析结果表述

（1）确定样品中测定组分的色谱峰位置。

（2）按式(4-4)计算白酒样品中甲醇的含量。

$$w = w_s \times \frac{h}{h_s} \tag{4-4}$$

式中　w——白酒样品中甲醇的质量浓度，g/L；

w_s——标准溶液中甲醇的质量浓度，g/L；

h——白酒样品中甲醇的峰高；

h_s——标准溶液中甲醇的峰高。

4. 方法解读

（1）单点校正法：配制一个与测定组分浓度相近的标样，根据物质含量与峰面积成线性关系，当测定试样与标样体积相等时，有

$$m_i = m_s \times \frac{A_i}{A_s} \tag{4-5}$$

式中　m_i——试样中测定物的质量（或浓度）；

m_s——标样中测定物的质量（或浓度）；

A_i——试样中测定物峰面积（也可用峰高代替）；

A_s——标样中测定物峰面积（也可用峰高代替）。

（2）单点校正操作要求定量进样或已知进样体积。

（3）比较h和h_s的大小即可判断白酒中甲醇是否超标。

第五节　白酒中杂醇油的测定

杂醇油系指甲醇、酒精以外的高级醇类，主要是正丙醇、异丙醇、正丁醇、异丁醇、正戊醇、异戊醇、己醇、庚醇等。杂醇油生成的原因：由于原料中蛋白质水解为氨基酸，氨基酸在酵母或糖化菌分泌的脱羧酶和脱氨基酶的作用下生成与氨基酸相应的杂醇油。因杂醇油的沸点比酒精高，故在酒尾中含量较高。杂醇油对人体的麻醉作用比酒精强，且在人体中停留时间长，能引起头痛等症状。同时杂醇油与有机酸酯化生成酯类，又是酒中不可缺少的香味成分之一。

测定依据：GB/T 5009.48—2003《蒸馏酒及配制酒卫生标准的分析方法》

一、比色法

1. 方法原理

杂醇油成分复杂，其中有正乙醇，正、异戊醇，正、异丁醇，丙醇等。本法测定标准以异戊醇和异丁醇表示，异戊醇和异丁醇在硫酸作用下生成戊烯和丁烯，再与对二甲氨基苯甲醛作用显橙黄色，与标准系列比较定量。

2. 分析步骤

标准曲线的绘制：取 6 支 10mL 比色管，分别吸取 0.00mL、0.10mL、0.20mL、0.30mL、0.40mL、0.50mL 杂醇油标准使用液，分别补水至 1mL。放入冰浴中，沿管壁加入 2mL 5g/L 对二甲氨基苯甲醛硫酸溶液，摇匀，放入沸水浴中加热 15min 后取出，立即冷却，并各加 2mL 水，混匀，冷却。于波长 520nm 处用 1cm 比色皿测吸光度，绘制标准曲线。

吸取 1mL 酒样于 10mL 容量瓶中，加水稀释至刻度。混匀后吸取 0.3mL 置于 10mL 比色管中，同标准系列管一起操作测定吸光度。查标准曲线求得试样中杂醇油含量（mg）。

3. 分析结果表述

试样中杂醇油含量按式(4-6) 计算：

$$X = \frac{m}{V_2 \times V_1/10 \times 1000} \times 100 \qquad (4-6)$$

式中　X——样品中杂醇油含量，g/100mL；

m——从标准曲线查得测定用样液中杂醇油的质量，mg；

V_2——吸取酒样的体积，mL；

V_1——测定用试样稀释体积，mL。

在重复性条件下两次独立测定结果的绝对差值不得超过算术平均值的 10%。

4. 方法解读

(1) 杂醇油的测定基于在脱水剂浓硫酸存在下可生成烯类与芳香醛缩合成有色物质，以比色法测定。

(2) 显色剂采用对二甲氨基苯甲醛，它对不同醇类呈色程度不一样，其显色灵敏度为异丁醇＞异戊醇＞正戊醇，而正丙醇、正丁醇、异丙醇等显色灵敏度极弱。

(3) 作为卫生指标的杂醇油指异丁醇和异戊醇的含量，标准杂醇油采用异丁醇与异戊醇(1+4) 的混合液。

(4) 若酒中乙醛含量过高对显色有干扰，则应进行预处理：取 50mL 酒样，加 0.25g 盐酸间苯二胺，煮沸回流 1h，蒸馏，用 50mL 容量瓶接收馏出液。蒸馏至瓶中尚余 10mL 左右时加水 10mL，继续蒸馏至馏出液为 50mL 止。馏出液即为供试酒样。

(5) 酒中杂醇油成分极为复杂，故用某一醇类以固定比例作为标准计算杂醇油含量时误差较大，准确的测定方法应用气相色谱法定量。

二、气相色谱法

1. 方法原理

利用不同醇类在氢火焰中的化学电离进行检测，根据峰高（或峰面积）与标准比较定量。最低检出限：正丙醇、正丁醇 0.2ng；异戊醇、正戊醇 0.15ng；仲丁醇、异丁醇 0.22ng。

2. 分析步骤

(1) 色谱参考条件

① 毛细管柱

载气（高纯氮）：流速为 0.5～1.0mL/min，分流比：约 37∶1，尾吹约 20～30mL/min；

氢气：流速为 40mL/min；

空气：流速为 400mL/min；

检测器温度（T_D）：220℃；

注样器温度（T_J）：220℃；

柱温（T_C）：起始温度 60℃，恒温 3min，以 3.5℃/min 程序升温至 180℃，继续恒温 10min。

② 填充柱

载气（高纯氮）：流速为 150mL/min；

氢气：流速为 40mL/min；

空气：流速为 400mL/min；

检测器温度（T_D）：150℃；

注样器温度（T_J）：150℃；

柱温（T_C）：90℃，等温。

载气、氢气、空气的流速等色谱条件随仪器而异，应通过试验选择最佳操作条件，以内标峰与样品中其他组分峰获得完全分离为准。

进样量：0.5μL。

(2) 定性　以各组分保留时间定性。进标准使用液和样液各 0.5μL，分别测得保留时间，样品与标准出峰时间对照而定性。

(3) 定量　进 0.5μL 标准使用液，制得色谱图，分别量取各组分峰高。进 0.5μL 样品，制得色谱图，分别量取峰高，与标准峰高比较计算。

3. 分析结果表述

试样中杂醇油含量（杂醇油以异丁醇、异戊醇总量计算）按式(4-7) 计算。

$$X=\frac{h_1\times A\times V_4}{h_2\times V_5\times 1000}\times 100 \tag{4-7}$$

式中　X——样品中某组分的含量，g/100mL；

A——进样标准中某组分的含量，mg/mL；

h_1——样品中某组分的峰高，mm；

h_2——标准中某组分的峰高，mm；

V_4——样品液进样量，μL；

V_5——标准液进样量，μL。

4. 方法解读

(1) 柱温直接影响待测组分的分离度、保留时间及灵敏度。恒温分析条件下若柱温低，分析所需时间太长；柱温高则甲醇保留时间太短，与溶剂峰乙醇分离不完全。

(2) 填充柱柱效不及毛细管柱，主要出现甲醇和乙醇峰分离不完全。毛细管柱比填充柱有更高的分辨效率。

第六节　白酒中氰化物的测定

氰化物主要来自酿酒的原料，比如用木薯或木薯类粮食酿酒，由于原料中含有苦杏仁苷，苦杏仁苷经水解就产生氢氰酸。虽然大部分氢氰酸在原料蒸煮时可挥发，但仍有少部分残留在酒中。氰化物极其容易引起中毒。氰化物中毒时轻者流涎、呕吐、腹泻、气促；较重时呼吸困难、全身抽搐、昏迷，在数分钟至2h内死亡。

GB 2757—2012《食品安全国家标准 蒸馏酒及其配制酒》中明确规定蒸馏酒及其配制酒中氰化物（以HCN计）≤8mg/L。

检测依据GB/T 5009.48—2003《蒸馏酒与配制酒卫生标准的分析方法》

1. 方法原理

氰化物在酸性溶液中蒸出后被吸收于碱性溶液中，在pH7.0溶液中，用氯胺T将氰化物转变为氯化氰，再与异烟酸-吡唑酮作用，生成蓝色颜料，与标准系列比较定量。

2. 分析步骤

（1）吸取1.0mL试样于10mL具塞比色管中，加氢氧化钠溶液（2g/L）至5mL，放置10min。

（2）若酒样浑浊或有色，取25mL试样于250mL全玻璃蒸馏器中，加5mL氢氧化钠溶液（2g/L），碱解10min。加饱和酒石酸溶液使呈酸性，进行水蒸气蒸馏，以10mL氢氧化钠溶液（2g/L）吸收，收集至50mL。取2mL馏出液于10mL具塞比色管中，加氢氧化钠溶液（2g/L）至5mL。

（3）分别吸取0mL、0.5mL、1.0mL、1.5mL、2.0mL氰化物标准使用液（相当0μg、0.5μg、1.0μg、1.5μg、2.0μg氢氰酸）于10mL具塞比色管中，加氢氧化钠（2g/L）至5mL。

（4）于试样及标准管中分别加入2滴酚酞指示剂，加入乙酸（1＋6）调至红色褪去，然后用氢氧化钠溶液（2g/L）调至近红色，再加入2mL磷酸缓冲液（如果室温低于20℃可放入25～30℃水浴中10min），再加入0.2mL氯胺T溶液（10g/L），摇匀放置3min。加入2mL异烟酸-吡唑酮溶液，加水稀释至刻度，摇匀，在25～30℃放置30min，取出用1cm比色皿以零管调节零点，于波长638nm处测定吸光度，绘制标准曲线比较。

3. 分析结果表述

若按第（1）步操作，试样中氰化物的含量按式(4-8）计算：

$$X=\frac{m\times 1000}{V\times 1000} \tag{4-8}$$

式中 X——试样中氰化物的含量（按氢氰酸计），mg/L；

m——测定用试样中氢氰酸的含量，μg；

V——试样体积，mL。

若按第（2）步操作，试样中氰化物的含量按式(4-9）计算：

$$X=\frac{m\times 1000}{V\times \frac{2}{50}\times 1000} \tag{4-9}$$

式中 X——试样中氰化物的含量（按氢氰酸计），mg/L；

m——测定用试样馏出液中氢氰酸的含量，μg；

V——试样体积，mL。

所得结果应保留至两位小数，在重复性条件下两次独立测定结果的绝对差值不得超过算术平均值的10%。

4. 方法解读

(1) 检测过程应严格按照标准要求在20～25℃环境中进行，若温度低于20℃，样品反应不完全，导致测定结果偏低。

(2) 标准管配制过程中应注意水中的氰标准溶液应保存在0～5℃避光环境中，使用前于暗处平衡至室温。

(3) 样品前处理结束后，应在30min后立即测定其吸光度值。

(4) 氰化物标准使用液、氯胺T溶液（10g/L）、异烟酸-吡唑酮溶液必须现配现用。

技能训练八　白酒中甲醇的测定

一、分析检测任务

产品检测方法标准	GB/T 5009.48—2003《蒸馏酒与配制酒卫生标准的分析方法》
产品验收标准	GB 2757—2012《蒸馏酒及配制酒》
关键技能点	移液管操作
	标准系列溶液的配制
	用Excel绘制标准曲线
检测所需设备	分光光度计
检测所需试剂	高锰酸钾-磷酸溶液，草酸-硫酸溶液，亚硫酸品红溶液，甲醇标准溶液，甲醇标准使用液，无甲醇的乙醇溶液

二、任务实施

1. 安全提醒

甲醇具有高挥发性，为神经毒性物质，可经呼吸道、皮肤、消化道进入体内，对视神经及多个脏器有损伤。取用试剂时应戴手套，避免用手直接接触。实验过程中保持通风。

2. 操作步骤

(1) 试剂配制

① 高锰酸钾-磷酸溶液　称取3g高锰酸钾，加入15mL 85%磷酸与70mL水的混合液中。溶解后加水稀释至100mL，贮于棕色瓶中。

② 草酸-硫酸溶液　称取5g无水草酸或7g含2分子结晶水的草酸，溶于100mL（1+1）硫酸中，稀释至100mL。

③ 亚硫酸品红溶液　称取0.1g碱性品红，置入60mL 80℃的水中，使之溶解。冷却后加10mL 100g/L亚硫酸钠溶液（称取1g亚硫酸钠，溶于10mL水中）和1mL浓盐酸，再加水稀释至100mL，放置过夜。如溶液有颜色，可加少量活性炭搅拌后立即过滤，贮于棕色瓶中，置暗处保存。溶液呈红色时，应弃去重新配制。

④ 甲醇标准溶液　称取1.000g甲醇或吸取密度为0.7913g/mL的甲醇1.26mL于100mL容量瓶中，加水稀释至刻度。此甲醇溶液浓度为10mg/mL，置于低温下保存。

⑤ 甲醇标准使用液　吸取10mL甲醇标准液于100mL容量瓶中，用水稀释至刻度。此甲醇溶液浓度为1mg/mL。

⑥ 无甲醇酒精　取 300mL 95%的酒精，加入少许高锰酸钾，蒸馏，收集馏出液。在馏出液中加入硝酸银溶液（1g 硝酸银溶于少量水中）和氢氧化钠溶液（1.5g 氢氧化钠溶于少量水中），摇匀，取上层清液蒸馏。弃去最初 50mL，收集中间馏出液约 200mL，用酒精计测定其酒精体积分数后，加水配成体积分数为 60%的无甲醇酒精溶液。取 0.3mL 按试样操作方法检查，不应显色。

(2) 标准曲线绘制

① 吸取甲醇标准使用液 0.0mL、0.20mL、0.40mL、0.60mL、0.80mL、1.00mL 分别置于 10mL 带塞比色管中，各加 0.5mL 60%无甲醇酒精溶液，分别补水至 5mL。

② 于标准管中各加 2mL 高锰酸钾-磷酸溶液，混匀，放置 10min。

③ 各加 2mL 草酸-硫酸溶液，混匀，使之褪色。

④ 各加 5mL 亚硫酸品红溶液，混匀，于室温（应在 20～40℃）静置反应 30min。

⑤ 用 1cm 或 2cm 比色皿，于波长 590nm 处测吸光度，绘制标准曲线（低浓度甲醇不成直线关系）。

(3) 样品测定　根据样品中酒精浓度适当取样（体积分数为 30%取 1mL、40%取 0.8mL、50%取 0.6mL、60%取 0.5mL），置于 25mL 比色管中，加水稀释至 5mL。

以下操作按标准曲线绘制步骤②～⑤进行，于波长 590nm 处测吸光度，由标准曲线确定试液中甲醇含量。

3. 原始数据记录与处理

<table>
<tr><td colspan="2">样品名称</td><td colspan="3"></td><td>仪器型号</td><td colspan="2"></td></tr>
<tr><td colspan="2">检测波长/nm</td><td colspan="3"></td><td>液槽厚/cm</td><td colspan="2"></td></tr>
<tr><td colspan="2">重复次数</td><td colspan="3">1</td><td colspan="3">2</td></tr>
<tr><td colspan="2">称样质量 m/g(取样体积 V_0/mL)</td><td colspan="3"></td><td colspan="3"></td></tr>
<tr><td colspan="2">定容体积 V/mL</td><td colspan="3"></td><td colspan="3"></td></tr>
<tr><td colspan="2">稀释倍数 f_2</td><td colspan="3"></td><td colspan="3"></td></tr>
<tr><td colspan="2">被测液吸光度 A</td><td colspan="3"></td><td colspan="3"></td></tr>
<tr><td colspan="2">被测液浓度 c/(mg/L)</td><td colspan="3"></td><td colspan="3"></td></tr>
<tr><td colspan="2">样品测定值 ω/(mg/kg)[ρ/(mg/L)]</td><td colspan="6"></td></tr>
<tr><td colspan="2">方法允许误差</td><td colspan="2"></td><td colspan="2">相对相差</td><td colspan="2"></td></tr>
<tr><td rowspan="3">标准曲线</td><td>标液浓度/(mg/L)</td><td></td><td></td><td></td><td></td><td></td><td></td></tr>
<tr><td>吸光度 A</td><td></td><td></td><td></td><td></td><td></td><td></td></tr>
<tr><td>回归方程及 r 值</td><td colspan="6"></td></tr>
<tr><td colspan="2">计算公式</td><td colspan="6">$$X = m \times \frac{1}{V} \times \frac{1}{1000} \times 100$$
式中　X——样品中甲醇含量，g/100mL；
m——从标准曲线查得测定用样液中甲醇的质量，mg；
V——吸取酒样的体积，mL。
计算结果保留到三位有效数字，在重复性条件下两次独立测定结果的绝对差值不得超过算术平均值的 10%。</td></tr>
</table>

三、关键技能点操作指南

如何使用 Excel 绘制标准曲线

（1）将数据整理好输入 Excel，分别为经酶标仪读出标准品的 OD 值及其对应的浓度值。

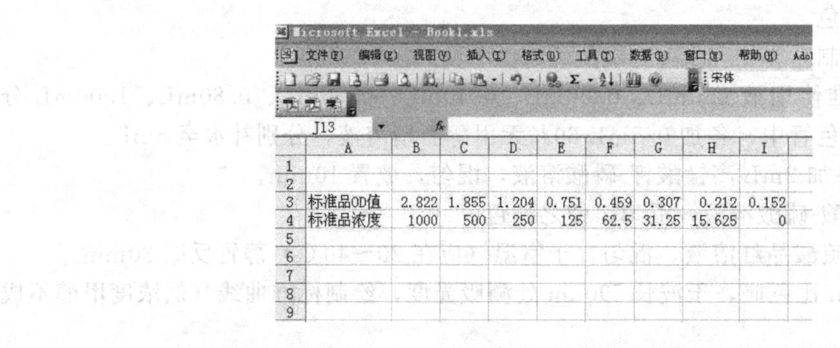

（2）鼠标选取完成的数据区，并点击图表向导，在图表类型中选“*XY* 散点图”，并选择子图表类型的“散点图”（第一个没有连线的）。如下图所示。

（3）点击“下一步”，出现如下图界面。如果输入的是如本例横向列表的就不用更改，如果是纵向列表就改选“列”。

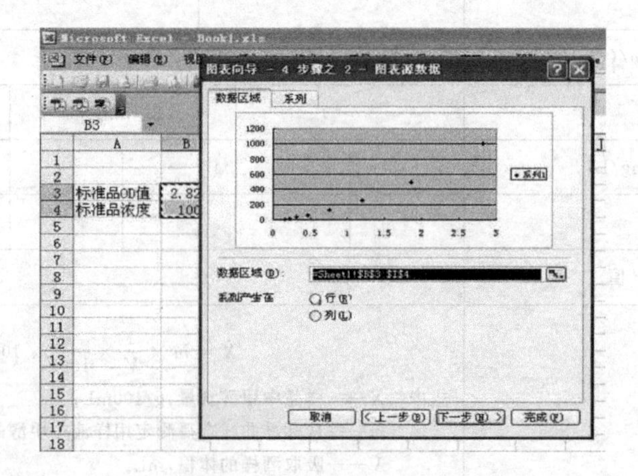

再做 ELISA 标准曲线，并通过此曲线求样本浓度时，因样本 OD 值是已知的，因此，我们需要将 OD 值设为 *X*。根据上图可以看到，横坐标 *X* 值为 OD 值，纵坐标 *Y* 为标准品

浓度。

(4) 如果手动选择 X 值，这时可以点击“系列”来更改，如下图。

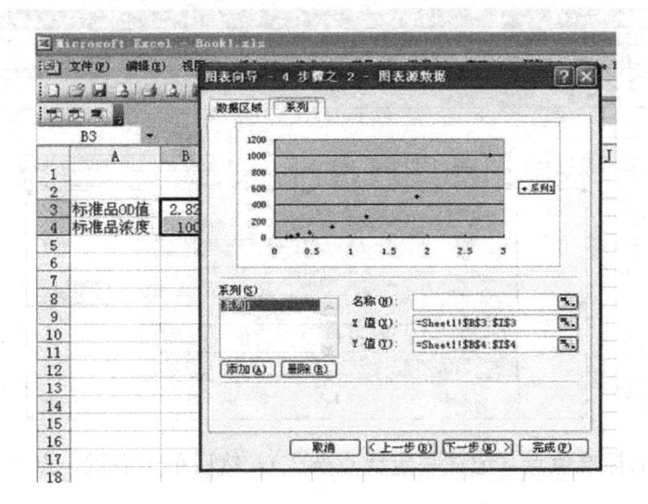

如果要对横坐标和纵坐标进行调换，点击 X 值和 Y 值文本框右边的小图标，结果如下图：

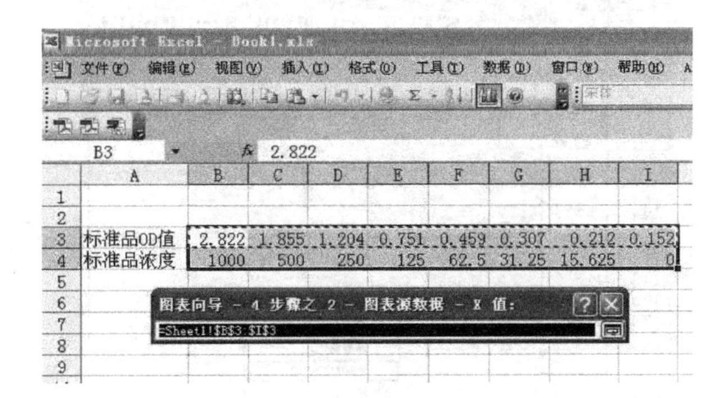

出现上图后，拖动鼠标选取正确的数据区域以调整 X 或 Y。

(5) 点击“下一步”出现图表选项界面，如下图。

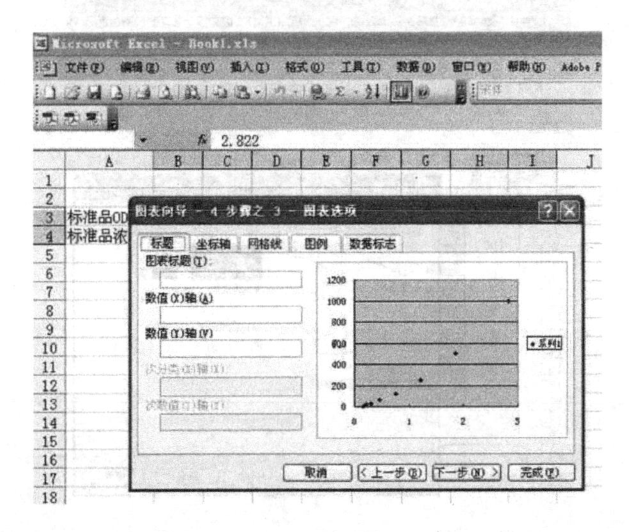

（6）点击“下一步”，在弹出的窗口再点击“完成”，现在一张带标准值的完整散点图就已经完成，如下图。

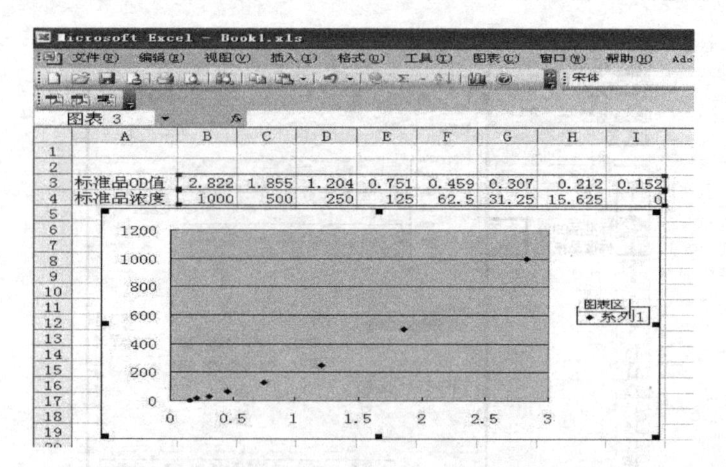

（7）点击图上的标准值点（记住一定要点选上），然后单击右键，点击“添加趋势线”，如下图。

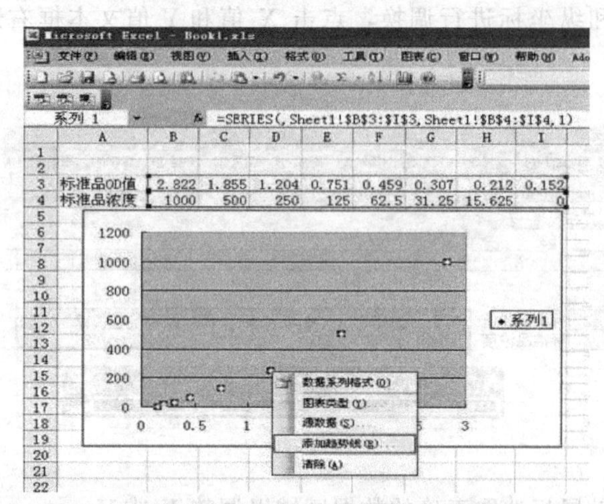

（8）弹出趋势线类型选择对话框，有线性、对数、多项式等选项，如下图。

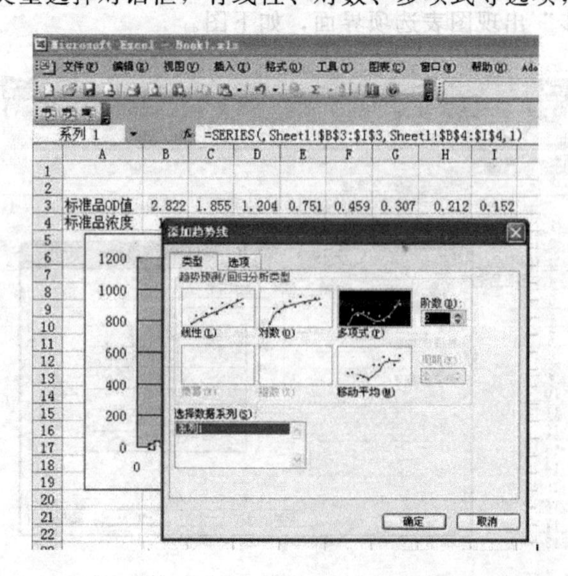

(9) 在选择之前，先对上图做一下肉眼观察，如果那些点能连成一条直线或接近直线，选择“线性”，相应地该直线的方程就是 $y=ax+b$ 的形式。不过，一般的 ELISA 都不会是所有的标准点呈完全的线性关系的，也就是说不是一条完全的直线，这时可以选择“多项式”，多项式后面还有“阶数”的选项，也就是说求出来的方程是几次方，一般选“2 阶”，即出来的方程为 $y=ax^2+bx+c$。选择完毕后，弹出以下窗口。

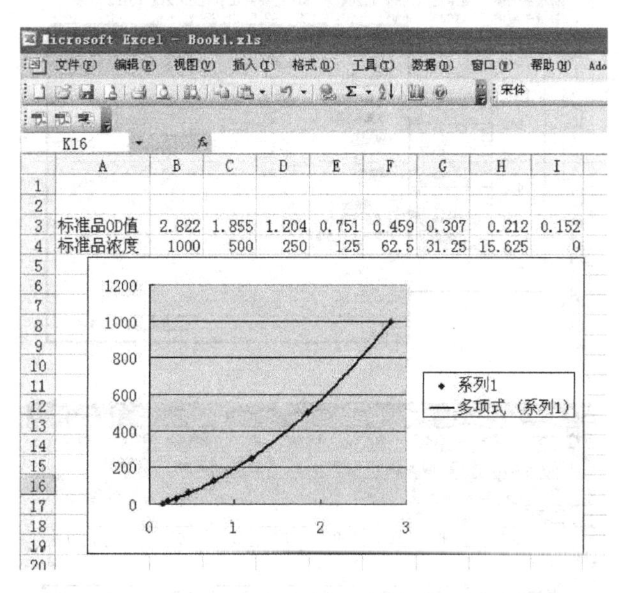

(10) 趋势线也就是标准曲线在此便显示出来了。接下来，需要将公式显示出来，以根据样本的 OD 值计算其浓度值。在鼠标点选该线（一定要选中，选中后出现下图的样子即线由很多点标识出来），单击鼠标右键，选择趋势线格式。

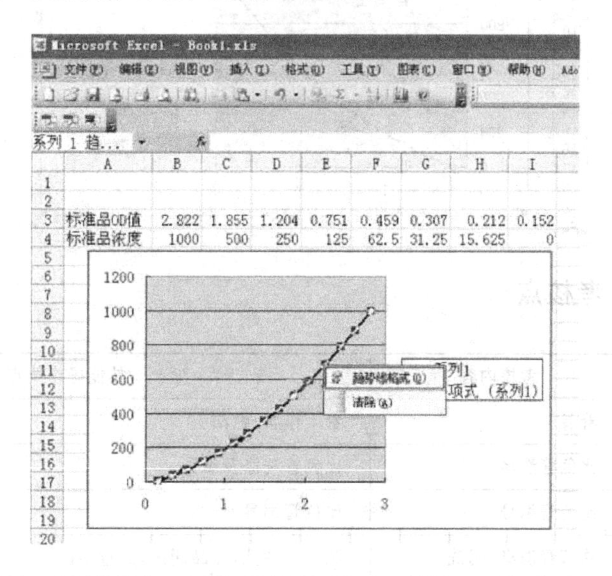

(11) 在弹出的窗口中选择“选项”，出现下图，选择显示公式、显示 R 平方值，即相关系数，这时公式与 R 平方值便都显示出来了。

将样本的 OD 值作为 X 代入上述方程，求出来的便为浓度值。

一般 ELISA 的标准曲线的相关系数要达到 0.99 以上，这样就保证了由该曲线及其方程求出的样本浓度具有很强的可信性。

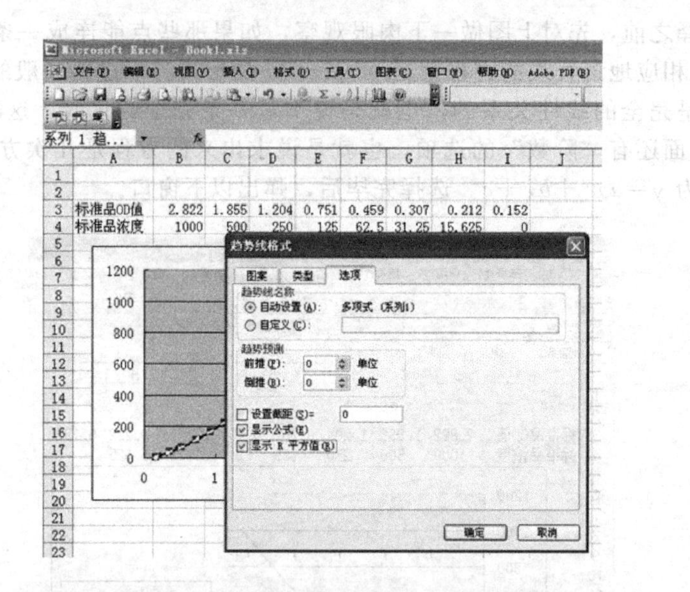

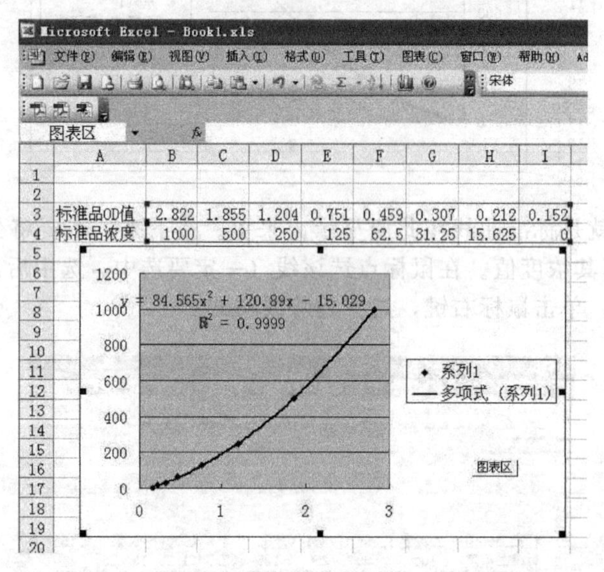

四、技能操作考核点

序号	考核项目	考核内容	技能操作要点
1	准备工作	着装	着工作服，整洁
		比色管洗涤	比色管洗涤及试漏
		比色管编号	比色管编号
2	标准使用液的配制	移液管洗涤、润洗	蒸馏水冲洗，样品润洗，少量多次
		移液管握法	移液管握法正确
		取样	每次移取时均移至顶端刻度
		放液	移液管垂直，锥形瓶倾斜，移液完成后停靠处理，正确判断是否需要“吹”

续表

序号	考核项目	考核内容	技能操作要点
2	标准使用液的配制	取样准确	取样准确，读数方法正确
		洗耳球使用	使用熟练
		容量瓶的洗涤及试漏	洗涤及试漏方法正确
		初步混匀	加水适量时，初步混匀
		定容	至接近标线时，用滴管滴加定容
		摇匀	摇匀，上下翻倒数次
3	标准系列溶液的配制及样品处理	移液管洗涤、润洗	正确洗涤和润洗
		移液管使用	移液管握法、取样方法、读数、放液正确
		标准系列溶液的配制	准确吸取规定体积标准使用液
		样品	准确吸取一定体积水样
		稀释	正确稀释标准系列溶液和水样，定容至50mL
		添加试剂	各管中准确加入1mL对氨基苯磺酸酰胺，摇匀后放置2～8min
		添加显色剂	各管中准确加入1mL显色剂，立即摇匀后放置10min
4	比色测定	分光光度计的使用	检查仪器，正确调节至测量波长
		比色皿	淋洗、润洗、拿取方法正确，装液量合适
		比色排序	溶液的比色排序合理
		调零	正确调零
		样品测定	平行测定至少两次
		文明使用仪器	测定操作正确，文明使用仪器
		整理	比色结束后整理分光光度计
5	结束工作	整理	废液处理，清洗、整理实验用仪器和台面
		文明操作	无器皿破损、仪器损坏
		实验室安全	安全操作
6	实验结果	标准曲线的绘制	熟悉应用Excel绘制标准曲线
			回归线的相关系数(R)≥0.99
		数据记录、结果计算和有效数字的保留	数据记录准确、完整、美观，能正确保留有效数字
			计算公式正确且结果正确
		结果的准确度	平行操作结果重复性好，相对极差≤5%
			测定结果的准确度达到规定要求，结果误差不超过10%

单元复习与自测

一、选择题

1. 甲醇是白酒中的有害成分，测定酒中甲醇含量时，要先用（ ）将它氧化为甲醛。

A. 硫酸　B. 重铬酸钾　C. 高锰酸钾

2. 比色法测定白酒中杂醇油含量使用的显色剂为（ ）。

A. 美蓝试剂　B. 邻菲罗啉

C. 对二甲氨基苯甲酸　D. 对二甲氨基苯甲醛

3. Schiff 试剂是指（ ）。

A. 美蓝试剂　B. 菲林试剂　C. 亚硫酸品红　D. 对二甲氨基苯甲醛

4. 蒸馏酒与配制酒中杂醇油的含量是以（ ）表示的。

A. 异戊醇　B. 异丁醇　C. 丙醇　D. 乙醇

E. 异戊醇与异丁醇

5. 酒精溶液的相对密度随溶液浓度的增加而（ ）。

A. 降低　B. 增加　C. 不变　D. 无规律

6. 测定白酒酸度的标准溶液是（ ）。

A. 盐酸　B. 氢氧化钠　C. 硫酸　D. 硝酸银

7. 白酒中固形物测定的主要设备是（ ）。

A. 酸度计　B. 马弗炉　C. 恒温烘箱　D. 电炉

8. 白酒的标签中可不包含以下哪项内容。（ ）

A. 酒精度　B. 生产厂家　C. 生产日期　D. 保质期

9. 有关蒸馏操作不正确的是（ ）。

A. 应用大火快速加热　B. 应在加热前向冷凝管内通入冷水

C. 加热前应加入数粒止爆剂　D. 蒸馏完毕后应先停止加热后再停止通水

10. 甲醇测定时，甲醇在磷酸介质中被高锰酸钾氧化为（ ），过量的高锰酸钾被草酸还原，所生成的甲醛与亚硫酸品红反应，生成醌式结构的蓝紫色化合物。

A. 乙醇　B. 甲醛　C. 甲酸　D. 甲酯

11. 杂醇油成分复杂，下列哪个成分不属于杂醇油？（ ）

A. 正乙醇　B. 异丁醇　C. 异戊醇　D. 乙醇

12. 杂醇油标准溶液是采用异丁醇与异戊醇按体积比（ ）比例配成的混合溶液。

A. 1＋4　B. 2＋3　C. 4＋6　D. 1＋1

二、简答题

1. 简述白酒中酒精度测定的方法及原理。
2. 简述白酒中总脂测定的方法原理。
3. 试分析亚硫酸品红比色法测定白酒中甲醇含量时，影响准确度的因素有哪些？
4. 气相色谱法测定甲醇含量采用单点校正法，什么是单点校正法？
5. 简述杂醇油测定原理。若酒中乙醛含量过高对显色有干扰，应采取什么方法进行处理？
6. 简述白酒中氰化物测定原理。

三、计算

对市售的散装米酒中的甲醇含量进行测定，吸取酒样 1.0mL 置于 25mL 比色管中，另吸取 0.00mL、0.10mL、0.20mL、0.30mL、0.40mL、0.60mL、0.80mL、1.00mL

0.50mg/mL 的甲醇标准溶液分别置于 25mL 比色管中，并在各管中加入 0.50mL 无甲醇的 60%乙醇溶液。于试样管及标准管中各加水至 5mL，再依次各加入 2mL 高锰酸钾-磷酸溶液，混匀，放置 10min。各加 2mL 草酸-硫酸溶液，混匀使之褪色，再各加 5mL 品红-亚硫酸溶液，混匀，于 20℃以上静置 0.5h。用 2cm 比色皿，以零管为参比，于波长 590nm 处测定吸光度。测得的标准管吸光度值分别为 0.039、0.076、0.140、0.181、0.225、0.351、0.472；试样管的为 0.088。请计算被测酒样的甲醇含量。

第五章 葡萄酒的检验

葡萄酒是以压榨或浸提得到的葡萄汁为原料，经全部或部分发酵酿制而成，酒精度等于或大于7%的发酵酒。葡萄酒的种类很多，按色泽可分为白葡萄酒、红葡萄酒、桃红葡萄酒；按含糖量可分为干葡萄酒（≤4.0g/L)、半干葡萄酒（≤12.0g/L)、半甜葡萄酒（≤45.0g/L）和甜葡萄酒（≥45.1g/L)；按二氧化碳含量可分为静止葡萄酒和气泡葡萄酒（香槟酒）等。

葡萄酒的理化指标见表5-1。

表5-1 葡萄酒的理化指标

项目			要求
酒精度①(20℃)(体积分数)/(%)			≥7.0
总糖④(以葡萄糖计)/(g/L)	平静葡萄酒	干葡萄酒②	≤4.0
		半干葡萄酒③	4.1～12.0
		半甜葡萄酒	12.1～45.0
		甜葡萄酒	≥45.1
	高泡葡萄酒	天然型高泡葡萄酒	≤12.0(允许差为3.0)
		绝干型高泡葡萄酒	12.1～17.0(允许差为3.0)
		干型高泡葡萄酒	17.1～32.0(允许差为3.0)
		半干型高泡葡萄酒	32.1～50.0
		甜型高泡葡萄酒	≥50.1
干浸出物/(g/L)	白葡萄酒		≥16.0
	桃红葡萄酒		≥17.0
	红葡萄酒		≥18.0
挥发酸(以乙酸计)/(g/L)			≤1.2
柠檬酸/(g/L)	干、半干、半甜葡萄酒		≤1.0
	甜葡萄酒		≤2.0
二氧化碳(20℃)/MPa	低泡葡萄酒	<250mL/瓶	0.05～0.29
		≥250mL/瓶	0.05～0.34
	高泡葡萄酒	<250mL/瓶	≥0.30
		≥250mL/瓶	≥0.35

续表

项　目		要　求
铁/(mg/L)		≤8.0
铜/(mg/L)		≤1.0
甲醇/(mg/L)	白、桃红葡萄酒	≤250
	红葡萄酒	≤400
苯甲酸或苯甲酸钠(以苯甲酸计)/(mg/L)		≤50
山梨酸或山梨酸钾(以山梨酸计)/(mg/L)		≤200

① 酒精度标签标示值与实测值不得超过±1.0%（体积分数）。

② 当总糖与总酸（以酒石酸计）的差值小于或等于 2.0g/L 时，含糖最高为 9.0g/L。

③ 当总糖与总酸（以酒石酸计）的差值小于或等于 2.0g/L 时，含糖最高为 18.0g/L。

④ 低泡葡萄酒总糖的要求同平静葡萄酒。

注：总酸不作要求，以实测值表示（以酒石酸计，g/L）。

第一节　葡萄酒中挥发酸的测定

葡萄酒中的挥发酸主要包括甲酸、乙酸、丁酸等，其中乙酸占挥发酸总量的 90%以上，是挥发酸的主体，来自于发酵。正常的葡萄酒其挥发酸含量一般不超过 0.6g/L（以乙酸计）。挥发酸含量的高低，取决于原料的新鲜度、发酵过程的温度控制、所用酵母种类、外界条件以及贮存环境等因素。利用挥发酸含量的高低，可以判断果酒的健康状况、酒质的变化、是否存在病害等。当挥发酸的量超过 0.7g/L 时，就开始对酒质产生不良影响，当达到 1.2g/L 时就会有明显的醋感，失去了葡萄酒的典型性。国家标准 GB 15037—2006《葡萄酒》中规定，葡萄酒的挥发酸应小于等于 1.2g/L。

挥发酸可用直接法或间接法测定。直接法是通过蒸馏或溶剂萃取把挥发酸分离出来，然后用标准碱滴定；间接法是将挥发酸蒸发除去后，滴定不挥发酸，最后从总酸度（滴定酸）中减去不挥发酸，即可得出挥发酸含量。这两种方法目前都有使用。

检测依据：GB/T 15038—2006《葡萄酒、果酒通用分析方法》

测定方法：直接法（蒸馏法）

1. 方法原理

以蒸馏的方式蒸出样品中的低沸点酸类即挥发酸，用碱标准溶液进行滴定，再测定游离二氧化硫和结合二氧化硫，通过计算与修正，得出样品中挥发酸的含量。

2. 分析步骤

(1) 实测挥发酸　安装好蒸馏装置。吸取 10mL 样品（V）（液温 20℃）在该装置上进行蒸馏，收集 100mL 馏出液。将馏出液加热至沸，加入 2 滴酚酞指示剂，用氢氧化钠标准溶液（0.05mol/L，按 GB/T 601 配制与标定）滴定至粉红色，30s 不褪色即为终点，记录消耗氢氧化钠标准溶液的体积（V_1）。

(2) 测定游离二氧化硫　在上述溶液中加入 1 滴盐酸溶液（1+4）酸化，加 2mL 淀粉指示剂，混匀后用碘标准溶液［$c(1/2I_2)=0.005$mol/L，按 GB/T 601 配制与标定］进行滴定，得出碘标准溶液的消耗量（V_2）。

(3) 测定结合二氧化硫　在上述溶液中加入硼酸钠饱和溶液，至溶液呈粉红色，继续用碘标准溶液进行滴定，至溶液呈蓝色，得出碘标准溶液的消耗量（V_3）。

3. 分析结果表述

样品中实测挥发酸的含量按式(5-1) 计算：

$$X_1=\frac{c_1\times V_1\times 60.0}{V} \tag{5-1}$$

式中 X_1——试样中实测挥发酸（以乙酸计）的含量，g/L；

c_1——NaOH 标准溶液的浓度，mol/L；

V_1——消耗氢氧化钠标准溶液的体积，mL；

60.0——乙酸的摩尔质量，g/mol；

V——吸取试样的体积，mL。

若挥发酸含量接近或超过理化指标时，则需进行修正。修正时，按式(5-2) 计算：

$$X=X_1-\frac{c_2\times V_2\times 32\times 1.875}{V}-\frac{c_2\times V_3\times 32\times 0.9375}{V} \tag{5-2}$$

式中 X——试样中真实挥发酸（以乙酸计）的含量，g/L；

X_1——试样中实测挥发酸（以乙酸计）的含量，g/L；

c_2——碘标准溶液的浓度，mol/L；

V——吸取试样的体积，mL；

V_2——测定游离二氧化硫消耗碘标准溶液的体积，mL；

V_3——测定结合二氧化硫消耗碘标准溶液的体积，mL；

32——二氧化硫的摩尔质量，g/mol；

1.875——1g 游离二氧化硫相当于乙酸的质量，g；

0.9375——1g 结合二氧化硫相当于乙酸的质量，g。

4. 方法解读

(1) 样品中挥发酸的蒸馏方式可采用直接蒸馏和水蒸气蒸馏，但直接蒸馏挥发酸是比较困难的，因为挥发酸与水构成有一定百分比的混溶体，并有固定的沸点。在一定的沸点下，蒸气中的酸与留在溶液中的酸之间有一平衡关系，在整个平衡时间内，这个平衡关系不变。但若用水蒸气蒸馏，则挥发酸与水蒸气是和水蒸气分压成比例地自溶液中一起蒸馏出来，因而可加速挥发酸的蒸馏过程。

(2) 蒸馏前应先将水蒸气发生瓶中的水煮沸 10min，或在其中加 2 滴酚酞指示剂并滴加 NaOH 使其呈浅红色，以排除其中的 CO_2。

(3) 在整个蒸馏时间内，应注意蒸馏瓶内液面保持恒定，否则会影响测定结果，另要注意蒸馏装置密封良好，以防挥发酸损失。

(4) 在馏出液中，除了含有挥发酸以外，还含有 SO_2 和少量 CO_2，这些物质也能与氢氧化钠发生反应，使挥发酸结果偏高，馏出液加热至沸的目的是为了去除 SO_2 和 CO_2，减少干扰。但要控制加热时间不能过长，否则会使挥发酸发生挥发损失，影响检测结果。

(5) 按正常工艺生产的果酒，挥发酸一般都在一定的范围内。挥发酸含量较高或超出标准时，一方面可能是果酒被杂菌污染；另一方面可能是 SO_2 的干扰。如果是 SO_2 的干扰，可通过修正得到真正的挥发酸含量。

第二节 葡萄酒中二氧化硫的测定

二氧化硫是有效的抗菌剂和抗氧化剂，具有脱色能力，可以防止酒氧化味的产生；葡萄酒中的游离二氧化硫有抗菌效果；二氧化硫会同乙醛反应产生非挥发性磺酸，给酒带来新鲜气味。

二氧化硫在人体内被代谢为硫酸盐，通过解毒过程排出到体外。二氧化硫易溶于水生成亚硫酸，一天摄入游离的亚硫酸4～6g会对肠胃有刺激作用，过量摄入可发生多发神经炎与骨髓萎缩等症状，并可引起生长障碍。亚硫酸在食品中存在时可破坏食品中的硫胺素（维生素B_1）。

葡萄酒中的二氧化硫含量一直属于葡萄酒检测中要严格监控的检测项目。我国GB 2760—2014《食品安全国家标准 食品添加剂使用标准》规定葡萄酒、果酒中二氧化硫的最大使用量为0.25g/L（甜型葡萄酒及果酒系列二氧化硫最大使用量为0.4g/L）。

测定依据：GB/T 5009.34—2003《食品中亚硫酸盐的测定》

一、盐酸副玫瑰苯胺法

1. 方法原理

亚硫酸盐与四氯汞钠反应生成稳定的络合物，再与甲醛及盐酸副玫瑰苯胺作用生成紫红色络合物，与标准系列比较定量。

2. 分析步骤

(1) 试样处理　准确称取5～10g样品，置于100mL容量瓶中，以少量水稀释，加20mL四氯汞钠吸收液，摇匀，最后加水至刻度，混匀，必要时过滤备用。

(2) 标准曲线绘制　吸取二氧化硫标准使用液0.0mL、0.20mL、0.40mL、0.60mL、0.80mL、1.00mL、1.50mL、2.00mL（相当于0.0μg、0.4μg、0.8μg、1.2μg、1.6μg、2.0μg、3.0μg、4.0μg二氧化硫）分别置于25mL带塞比色管中，各加入四氯汞钠吸收液至10mL。然后各加1mL氨基磺酸铵溶液（12g/L）、1mL甲醛溶液（2g/L）及1mL盐酸副玫瑰苯胺溶液，摇匀，放置20min。用1cm比色皿，以零管调零，于550nm处测吸光度，绘制标准曲线。

(3) 样品测定　吸取0.5～5.0mL样品处理液（视含量高低而定）于25mL带塞比色管中，按标准曲线绘制操作进行，于550nm处测定吸光度，由标准曲线查出试液中二氧化硫含量。

3. 分析结果表述

试样中二氧化硫含量按式(5-3)计算：

$$X=\frac{m_1\times 100}{m\times V\times 1000} \tag{5-3}$$

式中　X——样品中二氧化硫含量，g/kg；
m_1——测定用样液中二氧化硫的质量，μg；
m——试样的质量，g；
V——测定用样液的体积，mL；
100——样品液的总体积，mL。

计算结果保留到三位有效数字，在重复性条件下两次独立测定结果的绝对差值不得超过算术平均值的10%。

4. 方法解读

(1) 盐酸副玫瑰苯胺加盐酸后，应放置过夜，以空白管不显色为宜。盐酸用量对显色有影响，加入盐酸量多时色浅、量少时色深。

(2) 亚硫酸可与食品中的醛、酮和糖等结合，以结合型存在于食品中。加碱可使结合型亚硫酸释放出来，多余的碱用硫酸中和，以保证显色反应在微酸性条件下进行。

(3) 亚硝酸对反应有干扰，加入氨基磺酸铵使亚硝酸分解：

$$HNO_2 + NH_2SO_3NH_4 \longrightarrow NH_4HSO_4 + N_2\uparrow + H_2O$$

（4）直接比色法的显色时间和温度影响显色，所以显色时要严格控制显色时间和温度一致。显色时间控制在10～30min内测定值稳定，温度在10～25℃稳定，高于30℃则测定值偏低。

（5）二氧化硫标准溶液的浓度随放置时间的延长逐渐降低，因此临用前必须标定其浓度。

二、蒸馏法

1. 方法原理

在密闭容器中对试样进行酸化并加热蒸馏，以释放出其中的二氧化硫，释放物用乙酸铅溶液吸收。吸收后用浓酸酸化，再以碘标准溶液滴定，根据消耗的碘标准溶液用量计算出试样中的二氧化硫含量。

2. 分析步骤

（1）称样　准确称取5～10g样品，置于蒸馏烧瓶中。

（2）蒸馏　将称好的试样置于圆底蒸馏烧瓶中，加入250mL水，装上冷凝装置，冷凝管下端应插入碘量瓶中的25mL乙酸铅吸收液（20g/L）中，然后在蒸馏瓶中加入10mL盐酸（1+1），立即盖塞，加热蒸馏。当蒸馏液约为200mL时，将冷凝管下端离开液面，再蒸馏1min。用少量蒸馏水冲洗插入乙酸铅溶液的装置部分。同时做空白试验，得空白液。

（3）滴定　向取下的碘量瓶中依次加入10mL浓盐酸、1mL淀粉指示液（10g/L）。摇匀后用0.005mol/L碘标准溶液（按GB/T 601配制与标定）滴定至变蓝且30s内不褪色为止。记录消耗的碘标准溶液的体积。同时对空白液做同样操作，记录空白液消耗的碘标准溶液的体积。

3. 分析结果表述

试样中的二氧化硫含量按式(5-4)计算：

$$X = \frac{(V - V_0) \times c \times 0.032 \times 1000}{m} \tag{5-4}$$

式中　X——试样中二氧化硫总含量，g/kg；

c——碘标准溶液浓度，mol/L；

m——样品的质量，g；

V——试样测定时消耗碘标准溶液的体积，mL；

V_0——空白液消耗碘标准溶液的体积，mL；

0.032——二氧化硫毫摩尔质量，g/mmol。

计算结果保留三位有效数字，在重复性条件下两次独立测定结果的绝对差值不得超过算术平均值的10%。

4. 方法解读

（1）蒸馏结束加入浓盐酸后，要立即进行滴定。

（2）因为浓盐酸加入后二氧化硫释放速度很快，为避免检测结果偏低，应立即在加入浓盐酸淀粉指示剂后进行滴定。

（3）由于碘溶液见光易变化，所以滴定时应装在棕色酸式滴定管中。

（4）淀粉指示剂应现用现配，因为淀粉是微生物的良好营养物，放置较长时间的淀粉指示剂会被微生物利用而降解，降解后的淀粉与碘（I_2）的复合程度会下降，蓝色变浅、或变为紫色甚至无色。

第三节　葡萄酒中干浸出物的测定

干浸出物是葡萄酒中十分重要的技术指标，它是指在不破坏任何非挥发物质的条件下测得的葡萄酒中所有非挥发物质（糖除外）的总和，包括游离酸及盐类、单宁、色素、果胶、低糖、矿物质等。葡萄酒的成熟度越高，干浸出物含量越高，发酵澄清后通常留在酒内。影响葡萄酒浸出物的因素是多方面的，诸如葡萄栽培方法、生长气候、地理条件、加工工艺及贮藏年限等。

GB 15037—2006《葡萄酒》标准中规定，白葡萄酒中干浸出物≥16.0g/L、桃红葡萄酒干浸出物≥17.0g/L、红葡萄酒干浸出物≥18.0g/L。

测定依据：GB/T 15038—2006《葡萄酒、果酒通用分析方法》

1. 方法原理

用密度瓶法测定样品或蒸出酒精后的样品的密度，然后用其密度值查GB/T 15038—2006《葡萄酒、果酒通用分析方法》中附录C《密度-总浸出物含量对照表》，求得总浸出物的含量。再从中减去总糖的含量，即得干浸出物的含量。

2. 分析步骤

（1）试样制备　用100mL容量瓶量取100mL样品（液温20℃），倒入200mL瓷蒸发皿中，于水浴上蒸发至约为原体积的三分之一取下。冷却后，将残液小心地移入原容量瓶中，用水多次荡洗蒸发皿，洗液并入容量瓶中，于20℃定容至刻度。

也可使用密度瓶法测定酒精度时蒸出酒精后的残液，在20℃以水定容至100mL。

（2）测定

方法一：吸取试样，按密度瓶法测定酒精度同样操作，并按密度瓶法测定酒精度的公式计算出脱醇样品于20℃的密度ρ_1。以$\rho_1 \times 1.00180$的值，查GB/T 15038—2006《葡萄酒、果酒通用分析方法》中附录C《密度-总浸出物含量对照表》，得出总浸出物含量（g/L）。

方法二：直接吸取未经处理的样品，按密度瓶法测定酒精度同样操作，并按密度瓶法测定酒精度的公式计算出脱醇样品于20℃的密度ρ_B。按式(5-5)计算出脱醇样品于20℃的密度ρ_2。以ρ_B查GB/T 15038—2006《葡萄酒、果酒通用分析方法》中附录C《密度-总浸出物含量对照表》，得出总浸出物含量（g/L）。

$$\rho_2 = 1.00180 \times (\rho_B - \rho) + 1000 \quad (5\text{-}5)$$

式中　ρ_2——脱醇样品于20℃的密度，g/L；

ρ_B——含醇样品于20℃的密度，g/L；

ρ——与含醇样品含有同样酒精度的酒精水溶液在20℃时的密度［该值可用密度瓶法测定样品的酒精度时测出的酒精密度代入，也可由酒精计法测出的酒精含量反查GB/T 15038—2006《葡萄酒、果酒通用分析方法》中附录A《酒精水溶液密度与酒精度（乙醇含量）对照表（20℃）》得出的密度代入］，g/L；

1.00180——20℃时密度瓶体积的修正系数。

所得结果表示至小数点后一位，在重复性条件下获得的两次独立测定结果的绝对差值不超过平均值的2%。

3. 分析结果表述

$$干浸出物 = 总浸出物 - [(总糖 - 还原糖) \times 0.95 + 还原糖] \quad (5\text{-}6)$$

第四节　葡萄酒中铅含量的测定

葡萄酒中铅的来源主要是原料生产中含铅农药的使用，另外酒发酵过程中容器的污染等也会造成酒中含有一定量的铅。

铅的毒性很强，0.04g 即可使人急性中毒。铅有积蓄作用，长期摄入含铅食品，会引起慢性铅中毒，为了控制铅的摄入量，国家标准中规定葡萄酒≤0.2mg/kg。

测定依据：GB 5009.12—2010《食品安全国家标准 食品中铅的测定》

一、石墨炉原子吸收光谱法

1. 方法原理

试样经灰化或酸消解后，注入原子吸收分光光度计石墨炉中，电热原子化后吸收 283.3nm 共振线，在一定浓度范围，其吸收值与铅含量成正比，与标准系列比较定量。

2. 分析步骤

(1) 试样处理　称取 1～5g 试样（精确到 0.001g，根据铅含量而定）于瓷坩埚中，先小火在可调式电热板上炭化至无烟，移入马弗炉于 500℃±25℃灰化 6～8h，冷却。反复多次直到消化完全，放冷，用 0.5mol/L 硝酸溶液将灰分溶解，用滴管将试样消化液洗入或过滤入（视消化后试样的盐分而定）10～25mL 容量瓶中，用水少量多次洗涤瓷坩埚，洗液合并于容量瓶中并定容至刻度，混匀备用；同时做试剂空白。

(2) 设定仪器参数　根据各自仪器性能调至最佳状态。参考条件为波长 283.3nm，狭缝 0.2～1.0nm，灯电流 5～7mA，干燥温度 120℃，20s；灰化温度 450℃，持续 15～20s；原子化温度：1700～2300℃，持续 4～5s；背景校正为氘灯或塞曼效应。

(3) 标准曲线绘制　吸取 10.0ng/mL、20.0ng/mL、40.0ng/mL、60.0ng/mL、80.0ng/mL 的铅标准使用液各 10μL，注入石墨炉，测得其吸光值并求得吸光值与浓度关系的一元线性回归方程。

(4) 试样测定　分别吸取样液和试剂空白液各 10μL，注入石墨炉，测得其吸光值，代入标准系列的一元线性回归方程中求得样液中铅含量。

3. 分析结果表述

试样中铅含量按式(5-7)计算：

$$X=\frac{(C_1-C_0)\times V\times 1000}{m\times 1000\times 1000} \tag{5-7}$$

式中　X——试样中铅含量，mg/kg；

C_1——测定样液中铅含量，ng/mL；

C_0——空白液中铅含量，ng/mL；

V——试样消化液定量总体积，mL；

m——试样质量，g。

4. 方法解读

(1) 该法与其他分析方法相比干扰少、准确、操作简便、灵敏度高（火焰法可测 mg/kg 级，石墨炉可测 μg/kg 级），其测定含量范围广，适于微量分析等，故列为标准方法之一。但是所用设备昂贵，测一种元素需更换对应的空心阴极灯，分析复杂样品干扰较多，故使用上受一定限制。

(2) 原子吸收法不适合测定金属含量非常高的样品，因稀释倍数过大会增加误差。特别是石墨炉法，一旦炉体严重污染，记忆效应将影响以后样品的测定，必须空烧几次才能清除。

(3) 因为铅的检测是易污染、限量低的痕量分析，空白越低，准确度越高。所以要求整个实验空白要很低。整个实验要严格控制污染，玻璃仪器要用酸浸泡，水应使用蒸馏水再经离子交换树脂处理的水，必要时用全玻璃蒸馏器重新蒸馏。

(4) 玻璃仪器如急用，可用10%～20%硝酸煮沸1h，然后用自来水冲洗，再用去离子水冲洗。另外浸泡器材的硝酸溶液不能长期反复使用，否则因杂质增多反而引起污染。

(5) 石墨炉原子吸收仪器要调整至最佳状态才做实验。其中进样合适的深度和左右位置是关键，进样一定要准确、稳定，进样口应干净。升温程序和基改剂要实用和科学。

(6) 对有干扰的试样，可注入适量的基体改进剂磷酸二氢铵溶液（20g/L），一般为5μL或与试样同量消除干扰。绘制铅标准曲线时也要加入与试样测定时等量的基体改进剂。对于组成复杂、基体干扰严重的样品，应注意背景矫正器的校正能力，如不能消除背景吸收的干扰，则可考虑用萃取分离的方法测定。

(7) 铅标准储备液：准确称取1.000g金属铅（99.99%），分次加少量1∶1硝酸水溶液，加热溶解，总量不超过37mL，移入1000mL容量瓶，加水至刻度。混匀。此溶液每毫升含1.0mg铅。

(8) 铅标准使用液：每次吸取铅标准储备液1.0mL于100mL容量瓶中，加0.5mol/L硝酸溶液至刻度。如此经多次稀释成每毫升含10.0ng、20.0ng、40.0ng、60.0ng、80.0ng铅的标准使用液。

(9) 若个别试样灰化不彻底，可在试样中加1mL硝酸与高氯酸混合酸（4+1），然后继续小火加热。

二、氢化物原子荧光光谱法

1. 方法原理

试样经酸热消化后，在酸性介质中，试样中的铅与硼氢化钠（$NaBH_4$）或硼氢化钾（KBH_4）反应生成挥发性铅的氢化物（PbH_4）。以氩气为载气，将氢化物导入电热石英原子化器中原子化，在特制的铅空心阴极灯照射下，基态铅原子被激发至高能态；在去活化回到基态时，发射出特征波长的荧光，其荧光强度与铅含量成正比，根据标准系列进行定量。

2. 分析步骤

(1) 试样消化　称取固体试样0.2～2g或液体试样2.00～10.00g（或mL）（均精确到0.001g），置于50～100mL消化容器中（锥形瓶），然后加入硝酸-高氯酸混合酸（9+1）5～10mL摇匀浸泡，放置过夜。次日置于电热板上加热消解，至消化液呈淡黄色或无色（如消解过程色泽较深，稍冷补加少量硝酸，继续消解），稍冷加入20mL水再继续加热赶酸，至消解液剩0.5～1.0mL止。冷却后用少量水转入25mL容量瓶中，并加入盐酸（1+1）0.5mL、草酸溶液（10g/L）0.5mL，摇匀，再加入铁氰化钾溶液（100g/L）1.00mL，用水准确稀释定容至25mL，摇匀，放置30min后测定。同时做试剂空白。

(2) 标准系列制备　在25mL容量瓶中，依次准确加入铅标准使用液0.00mL、0.25mL、0.50mL、0.75mL、1.00mL、1.25mL（各相当于铅浓度0.0ng/mL、10.0ng/mL、20.0ng/mL、30.0ng/mL、40.0ng/mL、50.0ng/mL），用少量水稀释后，加入0.5mL盐酸（1+1）和0.5mL草酸溶液（10g/L）摇匀，再加入铁氰化钾溶液（100g/L）1.0mL，用水稀释至刻度，摇匀。放置30min后待测。

(3) 测定

① 仪器参考条件

负高压：323V；铅空心阴极灯电流：75mA；原子化器：炉温750～800℃，炉高8mm；

氩气流速：载气 800mL/min；屏蔽气：1000mL/min；加还原剂时间：7.0s；读数时间：15.0s；延迟时间：0.0s；测量方式：标准曲线法；读数方式：峰面积；进样体积：2.0mL。

② 测量方式　设定好仪器的最佳条件，逐步将炉温升至所需温度，稳定 10～20min 后开始测量：连续用标准系列的零管进样，待读数稳定之后，转入标准系列的测量，绘制标准曲线；转入试样测量，分别测定试样空白和试样消化液。

3. 分析结果表述

试样中铅含量按式(5-8) 进行计算：

$$X=\frac{(c_1-c_0)\times V\times 1000}{m\times 1000\times 1000} \tag{5-8}$$

式中　X——试样中铅含量，mg/kg 或 mg/L；

c_1——试样消化液测定浓度，ng/mL；

c_0——试剂空白液测定浓度，ng/mL；

V——试样消化液定量总体积，mL；

m——试样质量或体积，g 或 mL。

以重复性条件下获得的两次独立测定结果的算术平均值表示，结果保留两位有效数字。在重复性条件下获得的两次独立测定结果的绝对差值不得超过算术平均值的 10%。

4. 方法解读

(1) 还原剂硼氢化钠（或硼氢化钾）的浓度越大越容易引起液相干扰，因此尽可能采用较低的浓度。

(2) 样品消化处理时，酸度不宜过高，否则会出现沉淀，影响测定结果。因此消化过程中注意赶酸。

(3) 铅的氢化物发生条件对酸度要求苛刻，因此要严格按照建议的条件操作，如要改变条件，请保持反应后废液的 pH 为 8～9。

三、二硫腙比色法

1. 方法原理

试样经消化后，在 pH8.5～9.0 时，铅离子与二硫腙（H_2D_z）生成红色络合物，溶于三氯甲烷。加入柠檬酸铵、氰化钾和盐酸羟胺等，防止铁、铜、锌等离子干扰，与标准系列比较定量。

2. 分析步骤

(1) 试样消化　吸取 10.00mL 或 20.00mL 试样，置于 250～500mL 定氮瓶中。加数粒玻璃珠，先用小火加热除去乙醇，再加 5～10mL 硝酸，混匀后，放置片刻，小火缓缓加热，待作用缓和，放冷。沿瓶壁加入 5mL 或 10mL 硫酸，再加热，至瓶中液体开始变成棕色时，不断沿瓶壁滴加硝酸至有机质分解完全。加大火力，至产生白烟，待瓶口白烟冒净后，瓶内液体再产生白烟为消化完全，该溶液应澄清无色或微带黄色，放冷（在操作过程中应注意防止爆沸或爆炸）。加 20mL 水煮沸，除去残余的硝酸至产生白烟为止，如此处理两次，放冷。将冷后的溶液移入 50mL 或 100mL 容量瓶中，用水洗涤定氮瓶，洗液并入容量瓶中，放冷，加水至刻度，混匀。定容后的溶液每 10mL 相当于 2mL 试样，相当加入硫酸 1mL。取与消化试样相同量的硝酸和硫酸，按同一方法做试剂空白试验。

(2) 测定

① 吸取 10.0mL 消化后的定容溶液和同量的试剂空白液，分别置于 125mL 分液漏斗中，各加水至 20mL。

② 吸取 0.0mL、0.10mL、0.20mL、0.30mL、0.40mL、0.50mL 铅标准使用液（相当 0.0μg、1.0μg、2.0μg、3.0μg、4.0μg、5.0μg 铅），分别置于 125mL 分液漏斗中，各加硝酸（1+99）至 20mL。于试样消化液、试剂空白液和铅标准液中各加 2.0mL 柠檬酸铵溶液（200g/L）、1.0mL 盐酸羟胺溶液（200g/L）和 2 滴酚红指示液，用氨水（1+1）调至红色，再各加 2.0mL 氰化钾溶液（100g/L），混匀。各加 5.0mL 二硫腙使用液，剧烈振摇 1min，静置分层后，三氯甲烷层经脱脂棉滤入 1cm 比色杯中，以三氯甲烷调节零点，于波长 510nm 处测吸光度，各点减去零管吸收值后，绘制标准曲线或计算一元回归方程，试样与曲线比较。

3. 分析结果表述

试样中铅含量按式(5-9) 进行计算：

$$X=\frac{(m_1-m_0)\times 1000}{m_3\times V_2/V_1\times 1000} \tag{5-9}$$

式中　X——试样中铅的含量，mg/kg 或 mg/L；

m_1——测定用试样液中铅的质量，μg；

m_0——试剂空白液中铅的质量，μg；

m_3——试样质量或体积，g 或 mL；

V_1——试样处理液的总体积，mL；

V_2——测定用试样处理液的总体积，mL。

以重复性条件下获得的两次独立测定结果的算术平均值表示，结果保留两位有效数字。在重复性条件下获得的两次独立测定结果的绝对差值不得超过算术平均值的 10%。

4. 方法解读

（1）二硫腙可以与 21 种金属反应，为了提高专一性，测定铅时选用 pH8.5～9.0，萃取率可达 100%。

（2）铅与二硫腙形成络合物在不同溶剂中呈色强度不同，通常选用三氯甲烷。二硫腙-三氯甲烷溶液暴露在强光、高温下，二硫腙易被氧化，因此配好的二硫腙-三氯甲烷溶液应避光在低于 5℃冰箱中保存。

（3）二硫腙使用液的配制方法：吸取 1.0mL 二硫腙溶液，加三氯甲烷至 10mL，混匀。用 1cm 比色杯，以三氯甲烷调节零点，于波长 510nm 处测吸光度（A），用下式算出配制 100mL 二硫腙使用液（70%透光率）所需二硫腙溶液的体积（V，mL）。

$$V=\frac{10\times(2-\lg 70)}{A}=\frac{1.55}{A} \tag{5-10}$$

（4）测定时加柠檬酸铵的目的：样品溶液中钙、镁离子在碱性条件下生成氢氧化钙、氢氧化镁沉淀，这些沉淀能吸附铅离子或包藏铅离子，使测定结果偏低，加入柠檬酸铵可消除钙、镁离子影响。此外也可以用六偏磷酸钠、酒石酸钾钠代替柠檬酸铵。

（5）测定时加盐酸羟胺的目的：样品溶液中含有少量 Fe^{3+}、Mn^{2+} 时，当加入 KCN 后则生成亚锰酸锰（$MnMnO_2$）、铁氰化钾［$K_3Fe(CN)_6$］，两者均有较强的氧化能力，可氧化二硫腙，从而造成测定结果偏高。加入盐酸羟胺后，由于羟胺的结构比二硫腙的结构更容易被氧化，从而保护了二硫腙，测定结果不再偏高。

（6）用氨水调 pH8.5～9.0 目的：根据本法原理加入氨水降低 H^+ 浓度，可增加二硫腙铅络合物［$Pb(HD_z)_2$］生成。

（7）加氰化钾的目的：CN^- 是一个很强的配位体，而与二硫腙络合的金属都是较强的接受体。这些金属中除 Ti、Bi、Pb 以外，与二硫腙形成络合物的稳定常数均小于与 CN^- 形成络合物的稳定常数，所以测铅时加入氰化钾可掩蔽大量的金属离子。

技能训练九 葡萄酒中二氧化硫的测定

一、分析检测任务

产品检测方法标准	GB/T 5009.34—2003《食品中亚硫酸盐的测定》
产品验收标准	GB 2760—2014《食品安全国家标准 食品添加剂使用标准》 GB 2758—2012《发酵酒卫生标准》
关键技能点	移液管使用
	应用Excel绘制标准曲线
	紫外可见分光光度计的使用
检测所需设备	紫外可见分光光度计
检测所需试剂	四氯汞钠吸收液；氨基磺酸铵溶液（12g/L）；甲醛溶液（2g/L）；淀粉指示液；亚铁氰化钾溶液；乙酸锌溶液；盐酸副玫瑰苯胺溶液；碘溶液；硫代硫酸钠标准溶液；二氧化硫标准溶液；二氧化硫使用液；氢氧化钠溶液（20g/L）；硫酸（1+71）

二、任务实施

1. 操作步骤

(1) 试剂配制

① 四氯汞钠吸收液　称取13.6g氯化高汞及6.0g氯化钠，溶于水中并稀释至1000mL，放置过夜，过滤后备用。

② 氨基磺酸铵溶液（12g/L）　称取12g氨基磺酸铵，溶于水中并稀释至1000mL。

③ 甲醛溶液（2g/L）　吸取0.55mL无聚合沉淀的甲醛（36%），加水稀释至100mL，混匀。

④ 淀粉指示液　称取1g可溶性淀粉，用少许水调成糊状，缓缓倾入100mL沸水中，随加随搅拌，煮沸，放冷备用。此溶液临用时现配。

⑤ 亚铁氰化钾溶液　称取10.6g亚铁氰化钾 [$K_4Fe(CN)_6 \cdot 3H_2O$]，加水溶解并稀释至100mL。

⑥ 乙酸锌溶液　称取22g乙酸锌 [$Zn(CH_3COO)_2 \cdot 2H_2O$] 溶于少量水中，加入3mL冰醋酸，加水稀释至100mL。

⑦ 盐酸副玫瑰苯胺溶液　称取0.1g盐酸副玫瑰苯胺（$C_{19}H_{18}N_2Cl \cdot 4H_2O$）于研钵中，加少量水研磨使溶解并稀释至100mL。取出20mL，置于100mL容量瓶中，加盐酸（1+1），充分摇匀后使溶液由红变黄，如不变黄再滴加少量盐酸至出现黄色，再加水稀释至刻度，混匀备用（如无盐酸副玫瑰苯胺可用盐酸品红代替）。

盐酸副玫瑰苯胺的精制方法：称取20g盐酸副玫瑰苯胺于400mL水中，用50mL盐酸（1+5）酸化，徐徐搅拌，加4～5g活性炭，加热煮沸2min。将混合物倒入大漏斗中，过滤（用保温漏斗趁热过滤）。滤液放置过夜，出现结晶，然后再用布氏漏斗抽滤，将结晶再悬浮于1000mL乙醚-乙醇（10∶1）的混合液中，振摇3～5min，以布氏漏斗抽滤，再用乙醚反复洗涤至醚层不带色为止，于硫酸干燥器中干燥，研细后贮于棕色瓶中保存。

⑧ 碘溶液 [$c(1/2I_2)=0.100mol/L$]　称取13.5g碘，加36g碘化钾、50mL水，溶解

后注入 3 滴盐酸及适量水稀释至 1000mL。

⑨ 硫代硫酸钠标准溶液 [$c(Na_2S_2O_3 \cdot 5H_2O)=0.100mol/L$]。

⑩ 二氧化硫标准溶液　称取 0.5g 亚硫酸氢钠，溶于 200mL 四氯汞钠吸收液中，放置过夜，上清液用定量滤纸过滤备用。

⑪ 二氧化硫使用液　临用前将二氧化硫标准溶液以四氯汞钠吸收液稀释成每毫升相当于 2μg 二氧化硫。

⑫ 氢氧化钠溶液（20g/L）　称取 2g 氢氧化钠，溶于水中并稀释至 100mL。

⑬ 硫酸（1+71）。

(2) 样品前处理　吸取 50～100mL 试样，置于 100mL 容量瓶中，以少量水稀释，加 20mL 四氯汞钠吸收液，摇匀，最后加水至刻度，混匀，必要时过滤备用。

(3) 标准曲线绘制　吸取二氧化硫标准使用液 0.0mL、0.20mL、0.40mL、0.60mL、0.80mL、1.00mL、1.50mL、2.00mL（相当于 0.0μg、0.4μg、0.8μg、1.2μg、1.6μg、2.0μg、3.0μg、4.0μg 二氧化硫）分别置于 25mL 带塞比色管中，各加入四氯汞钠吸收液至 10mL。然后各加 1mL 氨基磺酸铵溶液（12g/L）、1mL 甲醛溶液（2g/L）及 1mL 盐酸副玫瑰苯胺溶液，摇匀，放置 20min。用 1cm 比色皿，以零管调零，于 550nm 处测吸光度，绘制标准曲线。

(4) 样品测定　吸取 0.5～5.0mL 样品处理液（视含量高低而定）于 25mL 带塞比色管中，按标准曲线绘制操作进行，于 550nm 处测定吸光度，由标准曲线查出试液中二氧化硫量。

2. 原始数据记录与处理

样品名称				仪器型号		
检测波长/nm				液槽厚/cm		
重复次数		1		2		
称样质量 m/g(或取样体积 V_0/mL)						
定容体积 V/mL						
稀释倍数 f_2						
被测液吸光度 A						
测定用样液中二氧化硫的质量/mg						
测定用样液中二氧化硫的质量平均值/mg						
方法允许差				相对相差		
标准曲线	标液浓度/(mg/L)					
	吸光度 A					
	回归方程及 r 值					
计算公式		$X=\frac{m_1\times 100}{m\times V\times 1000}$ 式中　X——样品中二氧化硫含量，g/kg； m_1——测定用样液中二氧化硫的质量，μg； m——试样的质量，g； V——测定用样液的体积，mL； 100——样品液的总体积，mL。 计算结果保留三位有效数字，在重复性条件下两次独立测定结果的绝对差值不得超过算术平均值的 10%。				

三、关键技能点操作指南

紫外可见分光光度计的使用与维护（以 752 型为例）

1. 仪器操作

（1）插上电源插头，把波长旋钮旋至所测样品要求的波长，打开电源开关，预热 30min。

（2）将选择开关设置为“T”挡，打开样品室盖，按 0%旋钮，使数值显示为“000.0”。

（3）将装有对照溶液和样品溶液的比色皿依次放入比色架，关上样品室盖，调节透光率旋钮，使数值显示为“100.0”。拉开比色杆，使样品溶液置于光路中，显示的数值即为样品的透光率。推入比色杆。

（4）将选择开关设置为“A”挡，调节吸光度旋钮，使数值显示为“000.0”。拉开比色杆，使样品溶液置于光路中，显示的数值即为样品溶液的吸光度。推入比色杆，依次测定其他样品吸光度。

（5）使用完毕，关闭电源开关，罩上防尘罩子。及时做好仪器使用记录。

2. 注意事项及维护保养

（1）为确保要求稳定工作，在电源波动较大的地方，应使用交流稳压电源。开关样品室应轻开轻关。不测量时，应使样品室盖处于开启状态，否则会使光电管疲劳，数字显示不稳定。

（2）仪器所配套的比色皿不能与其他仪器上的比色皿单个调换。取用比色皿时，注意不能接触其光学玻璃面。

（3）比色皿每次使用完毕后，应立即用纯化水洗净，并用软而易吸水的布或镜头纸揩干，存于比色皿的盒内。

（4）在停止工作的期间用防尘罩罩住仪器，同时在罩内放置数袋防潮剂，以免灯室受潮、反射镜镜面发霉或玷污，影响仪器的正常工作。

（5）仪器工作数月或搬动后，要检查波长准确度，确保仪器的使用和测定精度。

四、技能操作考核点

序号	考核项目	考核内容	技能操作要点
1	准备工作	着装	着工作服，整洁
		比色管洗涤	比色管洗涤及试漏方法正确
		比色管编号	比色管编号
2	标准使用液的配制	移液管洗涤、润洗	蒸馏水冲洗，样品润洗，少量多次
		移液管握法	移液管握法正确
		取样	每次移取时均移至顶端刻度
		放液	移液管垂直，锥形瓶倾斜，移液完成后停靠处理，正确判断是否需要“吹”
		取样准确	取样准确，读数方法正确
		洗耳球使用	使用熟练
		容量瓶的洗涤及试漏	洗涤及试漏方法正确
		初步混匀	加水适量时，初步混匀
		定容	至接近标线时，用滴管滴加定容
		摇匀	摇匀，上下翻倒数次

续表

序号	考核项目	考核内容	技能操作要点
3	标准系列溶液的配制及样品处理	移液管洗涤、润洗	正确洗涤和润洗
		移液管使用	移液管握法、取样方法、读数、放液正确
		标准系列溶液的配制	准确吸取规定体积标准使用液
		样品	准确吸取一定体积水样
		稀释	正确稀释标准系列溶液和水样，定容至 50mL
		添加试剂	各管中准确加入 1mL 对氨基苯磺酸酰胺，摇匀后放置2～8min
		添加显色剂	各管中准确加入 1mL 显色剂，立即摇匀后放置 10min
4	比色测定	分光光度计的使用	检查仪器，正确调节至测量波长
		比色皿	淋洗、润洗、拿取方法正确，装液量合适
		比色排序	溶液的比色排序合理
		调零	正确调零
		样品测定	平行测定至少两次
		文明使用仪器	测定操作正确，文明使用仪器
		整理	比色结束后整理分光光度计
5	结束工作	整理	废液处理，清洗，整理实验用仪器和台面
		文明操作	无器皿破损、仪器损坏
		实验室安全	安全操作
6	实验结果	标准曲线的绘制	熟悉应用 Excel 绘制标准曲线
			回归线的相关系数(R)≥0.99
		数据记录、结果计算和有效数字的保留	数据记录准确、完整、美观，能正确保留有效数字
			计算公式正确且结果正确
		结果的准确度	平行操作结果重复性好，相对极差≤5%
			测定结果的准确度达到规定要求，结果误差不超过 10%

单元复习与自测

一、选择题

1. 葡萄酒中挥发酸的测定采用（　　）法蒸馏挥发酸。

A. 常压蒸馏　　B. 减压蒸馏　　C. 水蒸气蒸馏

2. 葡萄酒中游离二氧化硫含量一般在（　　）。

A. 10～20g　　B. 15～18g　　C. 6～7g　　D. 10～30g

3. 比色法测定食品中 SO_2 残留量时，加入（　　）防止亚硝酸盐的干扰。

A. 四氯汞钠　　B. 亚铁氰化钾　　C. 甲醛　　D. 氨基磺酸铵

4. 蒸馏样品时加入适量的磷酸，其目的是（　　）。

A. 使溶液的酸性增强

B. 使磷酸根与挥发酸结合

C. 使结合态的挥发酸游离出来，便于蒸出

5. 蒸馏法测定葡萄酒中二氧化硫含量的指示剂是（　　）。

A. 淀粉　　B. 孔雀石绿　　C. 酚酞　　D. 次甲基蓝

6. 蒸馏法测定葡萄酒中二氧化硫含量的标准溶液是（　　）。

A. 高锰酸钾　　B. 碘标准溶液　　C. 碳酸钠　　D. 盐酸

7. 蒸馏法测定葡萄酒中二氧化硫含量的测定终点时，溶液应呈（　　）。

A. 蓝色　　B. 黄色　　C. 红紫色　　D. 蓝绿色

8. 蒸馏法测定果酒中二氧化硫含量冷凝过程的目的是（　）。

A. 将馏分稀释　　B. 溶解馏分

C. 使馏分更纯　　D. 使馏分由气态变为液态

9. 有关蒸馏操作不正确的是（　　）。

A. 应用大火快速加热

B. 应在加热前向冷凝管内通入冷水

C. 加热前应加入数粒止爆剂

D. 蒸馏完毕后应先停止加热后停止通水

10. 盐酸副玫瑰苯胺比色法测定葡萄酒中的二氧化硫含量，加氨基磺酸铵的作用是(　　)。

A. 消除干扰　　B. 氧化剂　　C. 提取剂　　D. 澄清剂

11. 盐酸副玫瑰苯胺比色法测定葡萄酒中的二氧化硫含量，显色反应的最适温度为(　　)。

A. 15～20℃　　B. 10～25℃　　C. 25～30℃　　D. 30～35℃

12. 盐酸副玫瑰苯胺比色法测定葡萄酒中的二氧化硫含量，下列叙述哪项是错误的。(　　)

A. 本法为国家标准分析方法中的第二法

B. 样品处理中加氢氧化钠是将食品中结合态的亚硫酸释放出来

C. 生成的紫红色络合物在550nm处有最大吸收峰

D. 二氧化硫浓度会随放置时间而降低，故应临用前配制或使用前重新标定

13. 干葡萄酒的含糖量应≤（　　）。

A. 2.0g/L　　B. 4.0g/L　　C. 8.0g/L　　D. 12.0g/L

14. 葡萄酒的干浸出物应≥（　　）。

A. 12g/L　　B. 16g/L　　C. 20g/L　　D. 40g/L

15. 葡萄酒中的挥发酸主要包括甲酸、乙酸、丁酸等，其中（　　）占挥发酸总量的90%以上。

A. 甲酸　　B. 乙酸　　C. 丁酸

16. GB 2760—2014《食品安全国家标准 食品添加剂使用标准》规定葡萄酒中二氧化硫的最大使用量为（　　）。

A. 0.1g/L　　B. 0.2g/L　　C. 0.4g/L　　D. 0.6g/L

17. 双硫腙比色法测定葡萄酒中铅的pH条件是（　　）。

A. 酸性溶液　　B. 碱性溶液　　C. 中性溶液　　D. 任意溶液

18. 铅与二硫腙反应生成的配合物的颜色是（　　）。

A. 紫色　　B. 蓝色　　C. 红色　　D. 无色

19. 干法灰化法前处理测定葡萄酒中铅含量，一般灰化温度为（　　）。

A. 550℃　　B. 200℃　　C. 400℃　　D. 500℃

20. 双硫腙比色法测定葡萄酒中铅时，加（　　）可屏蔽 Fe^{3+}、Mn^{2+} 的干扰。

A. KCN　　B. 盐酸羟胺　　C. 双硫腙　　D. 柠檬酸铵

21. 蒸馏法测定葡萄酒中的二氧化硫过程中释放出的二氧化硫用（　　）吸收。

A. 盐酸　　B. 硼酸　　C. 乙酸铅　　D. 碘标准溶液

二、简答题

1. 简述葡萄酒中挥发酸含量高低对葡萄酒质量的影响。

2. 简述直接法测定葡萄酒中挥发酸的原理。

3. 葡萄酒中加入二氧化硫的作用是什么？GB 2760—2014《食品安全国家标准 食品添加剂使用标准》中规定葡萄酒中二氧化硫最大使用量为多少？

4. 简述盐酸副玫瑰苯胺法测定葡萄酒中二氧化硫的原理。

5. 简述葡萄酒中干浸出物的测定方法及原理。

6. 分别说明二硫腙比色法测铅，加入柠檬酸铵、盐酸羟胺及氰化钾的作用是什么？

第六章 啤酒检验

啤酒是以大麦为主要原料，大米或谷物、酒花为辅料，经制麦、糖化、发酵酿制而成，含有二氧化碳、起泡、低酒精度且含多种营养成分的发酵酒。通常按色泽分类可分为浅色啤酒（色度 5.0～14.0EBC）、浓色啤酒（色度 15.0～40.0EBC）、黑色啤酒（色度大于 40.0EBC）；按原麦汁浓度又可分为 18°P 啤酒、16°P 啤酒、14°P 啤酒、12°P 啤酒、11°P 啤酒、10°P 啤酒、8°P 啤酒等；根据灭菌方式分为熟啤酒、生啤酒和鲜啤酒等。

成品啤酒的理化指标见表 6-1。

表 6-1 成品啤酒理化指标

项目		优级	一级	二级
酒精度①/%(体积分数)[或%(质量分数)] ≥	≥14.1°P	5.5[4.3]	5.2[4.1]	
	12.1～14.0°P	4.7[3.7]	4.5[3.5]	
	11.1～12.0°P	4.3[3.4]	4.1[3.2]	
	10.1～11.0°P	4.0[3.1]	3.7[2.9]	
	8.1～10.0°P	3.6[2.8]	3.3[2.6]	
	≤8.0°P	3.1[2.4]	2.8[2.2]	
原麦汁浓度②/°P ≥	≥10.1°P	$X-0.3$		
	≤10.0°P	$X-0.2$		
总酸/(mL/100mL) ≤	≥14.1°P	3.5		
	10.1～14.0°P	2.6		
	≤10.0°P	2.2		
二氧化碳③/%(质量分数)		0.4～0.65		0.35～0.65
双乙酰/(mg/L)		0.10	0.15	0.20
蔗糖转化酶活性④		呈阳性		

① 不包括低醇啤酒。

② “X”为标签上标注的原麦汁浓度，“−0.3”或“−0.2”为允许的负偏差。

③ 桶装（鲜、生、熟）啤酒二氧化碳不得小于 0.25%（质量分数）。

④ 仅对“生啤酒”和“鲜啤酒”有要求。

第一节 啤酒总酸的测定

在啤酒生产过程中总酸的检测和控制是十分重要的。啤酒中含有各种酸类 200 种以上，这些酸及其盐类控制着啤酒的 pH 值和总酸的含量。原料、糖化方法、发酵条件、酵母菌种均会影响啤酒中的酸含量。适宜的 pH 和总酸，能赋予啤酒柔和、清爽的口感。同时，这些酸类物质是酒中重要的缓冲物质，对保证啤酒口味具有重要意义。

测定依据：GB/T 4928—2008《啤酒分析方法》

测定方法：电位滴定法

1. 方法原理

依据酸碱中和的原理，用氢氧化钠标准溶液直接滴定啤酒中的总酸，以 pH 8.2 为电位滴定终点，根据消耗氢氧化钠标准溶液的体积计算出啤酒中总酸的含量。

2. 分析步骤

(1) 试样的准备　将恒温至 15～20℃的酒样约 300mL 注入 750mL 或 1L 的锥形瓶中，盖塞（橡皮塞），在恒温室内轻轻摇动，开塞放气（开始有“砰砰”声），盖塞，反复操作，直至无气体逸出为止，用单层中速干滤纸（漏斗上面盖表面玻璃）过滤，取滤液约 60mL 于 100mL 烧杯中置于 40℃±0.5℃振荡水浴中恒温 30min，取出，冷却至室温。

(2) 测定

① 按仪器使用说明书安装和调试仪器。

② 用标准缓冲溶液校正电位滴定仪。采用两点校准的方法，用 pH6.86、pH9.18 两种缓冲溶液校正。校正结束后，用蒸馏水冲洗电极，并用滤纸吸干附着在电极上的液滴。

③ 吸取准备好的试样 50.0mL 于烧杯中，插入电极，开启电磁搅拌器，用 0.1mol/L 氢氧化钠标准溶液滴定至 pH 8.2 为其终点。记录消耗氢氧化钠标准溶液的体积。

3. 分析结果表述

试样的总酸含量按式(6-1) 计算：

$$X = 2 \times c \times V \tag{6-1}$$

式中　X——试样的总酸含量，mL/100mL；

c——氢氧化钠标准溶液的浓度，mol/L；

V——消耗氢氧化钠标准溶液的体积，mL；

2——换算成 100mL 试样的系数。

结果允许误差：同一试样两次测定值之差不得超过算术平均值的 4%。

4. 方法解读

啤酒取样方法如下所述。

(1) 瓶（听）装啤酒的取样　凡同原料、同配方、同工艺所生产的啤酒，经混合均匀过滤，同一清酒罐、同一包装线当天包装出厂的、具有同样质量检验报告单的为一批。按批抽样检验，瓶（听）装啤酒抽样时应对不同的基数抽取数量不同的分析样品，如表 6-2 所示。

表 6-2　不同批量范围（基数）的啤酒产品的抽样量

批量范围(基数)/箱	抽取样品数/箱	抽取单位样品数/[瓶(听)/箱]
50 以下	4	1
50～1458	8	1
1458 以上	13	1

(2) 啤酒桶（罐）取样　用啤酒桶（罐）灌装的散装啤酒，取样时按表6-2的要求，从同一批产品中随机取样，2桶（罐），从每桶（罐）中分装1瓶。分装的方法是将桶（罐）口打开，用洁净的胶管插入桶（罐）中，用虹吸法使酒液流出，弃去少量酒液，然后注入干燥的啤酒瓶中，作为酒液的分析样品。

第二节　啤酒浊度的测定

啤酒浊度是以EBC为单位表示啤酒透明度的外观指标。啤酒浊度直接影响到啤酒的外观质量和非生物稳定性，是影响啤酒保质期、评价啤酒质量的重要指标之一。

国家标准GB 4927—2008《啤酒》中规定淡色啤酒浊度应≤1.2EBC。

测定依据：GB/T 4928—2008《啤酒分析方法》

1. 方法原理

利用富尔马肼（Formazin）标准浊度溶液校正浊度计，直接测定啤酒样品的浊度，以EBC浊度单位表示。

2. 分析步骤

(1) 按照仪器使用说明书安装与调试，用标准浊度使用液校正浊度计。

(2) 取除气后但未经过滤，温度在20℃±0.1℃的试样倒入浊度计的标准杯中，将其放入浊度计中测定，直接读数（该法为第一法，应在试样脱气后5min内测定完毕）。或者将整瓶酒放入仪器中，旋转一周，取平均值（该法为第二法，预先在瓶盖上画一个十字，手工旋转四个90°读数，取四个读数的平均值报告其结果）。

3. 分析结果表述

所得结果精确至两位小数。

结果允许误差：同一试样两次测定值之差，不得超过算术平均值的10%。

4. 方法解读

(1) 富尔马肼溶液的配制：用移液管移取20mL六次甲基四胺溶液（10%）于一干燥洁净的具塞三角瓶中，洗净移液管，再吸取25mL硫酸肼溶液（1%），缓慢加入到六次甲基四胺溶液中，边加边摇动，然后瓶加塞，在室温下放置24h备用。此溶液浊度1000EBC，两个月内有效。

(2) 富尔马肼溶液具有沉淀性，在进行稀释和校准仪器的过程中应仔细摇匀，用于校准的低浓度溶液（如1EBC），注意在摇匀的过程中不应使瓶中产生气泡，如有气泡需等气泡消失后放入仪器中使用。

(3) 浊度计不能分辨浑浊物和气泡，气泡会使浊度值增高，故在浊度测量时应保证试样中无气泡逸出。

(4) 浊度计应定期用富尔马肼溶液检验和校准。

第三节　啤酒色度的测定

啤酒色度的深浅主要取决于三方面：麦芽、酒花中多酚物质及其衍生物的溶出量；麦汁制备过程中类黑素生成的数量；其他各种有机物的氧化，包括非酶氧化及酶促氧化。色度是啤酒分类的依据之一：色度2～14EBC为淡色啤酒；色度15～40EBC为浓色啤酒；色度≥41EBC为黑色啤酒。

检测依据：GB/T 4928—2008《啤酒分析方法》

一、EBC比色法

1. 方法原理

将除气后的试样注入EBC比色计的比色皿中，与标准EBC色盘比较，目视读取或自动数字显示出试样的色度，以色度单位EBC表示。

2. 分析步骤

（1）试样制备　在保证样品有代表性，不损失或少损失酒精的前提下，用振摇、超声波或搅拌等方式除去酒样中的二氧化碳气体。

第一法：将恒温至15～20℃的酒样约300mL倒入1L的锥形瓶中，盖塞（橡皮塞），在恒温室内，轻轻摇动，开塞放气（开始有“砰砰”声），盖塞，反复操作，直至无气体逸出为止，用单层中速干滤纸（漏斗上面盖表面玻璃）过滤。

第二法：采用超声波或磁力搅拌法除气。将恒温至15～20℃的酒样约300mL移入带排气塞的瓶中，置于超声波水槽中（或搅拌器上），超声（或搅拌）一定时间后，用单层中速干滤纸（漏斗上面盖表面玻璃）过滤。

将除气后的酒样收集于具塞锥形瓶中，温度保持在20℃±0.1℃，密封保存，限制在2h内使用。

（2）仪器的校正　将哈同（Hartong）基准溶液注入40mm比色皿中，用比色计测定。其标准色度应为15EBC单位；若使用25mm比色皿，其标准色度为9.4EBC。仪器校正应每月一次。

（3）将除气后试样注入25mm比色皿中，然后放到比色盒中，与标准色盘进行比较，当两者色调一致时直接读数。或使用自动数字显示色度计，自动显示、打印其结果。

3. 分析结果表述

如使用其他规格的比色皿，则需要按式(6-2)换算成25mm比色皿的数据，报告其结果。

$$X=\frac{S}{H}\times 25 \tag{6-2}$$

式中 X——试样的色度，EBC；

S——实测色度，EBC；

H——使用比色皿厚度，mm；

25——换算成标准比色皿的厚度，mm。

结果允许误差：同一试样两次测定值之差，色度为2～10EBC时，不得大于0.5EBC单位；色度大于10EBC时，稀释样平行测定值之差不得大于1EBC单位。

4. 方法解读

（1）哈同（Hartong）基准溶液　称取重铬酸钾（$K_2Cr_2O_7$）0.1g（精确至0.001g）和亚硝酰铁氰化钠｛$Na_2[Fe(CN)_5NO]\cdot 2H_2O$｝3.5g（精确至0.001g），用水溶解并定容至1000mL，贮于棕色瓶中，于暗处放置24h后使用。

（2）若测定浓色和黑色啤酒时，需要将酒样稀释至合适的倍数，然后将测定结果乘以稀释倍数。

$$X=\frac{S}{H}\times 25\times\frac{V_2}{V_1} \tag{6-3}$$

式中 V_1——样品稀释前的体积，mL；

V_2——样品稀释后的体积，mL。

二、分光光度计法

1. 方法原理

啤酒的色泽越深，在一定波长下的吸光度值越大，因此可直接测定吸光度，然后转换成EBC单位表示色度。

2. 分析步骤

将除气后试样注入10mm比色皿中，以水为空白调零，分别在波长430nm和700nm处测定试样的吸光度。

3. 分析结果表述

试样的色度按式(6-4) 计算。

$$S = A_{430} \times 25 \times n \tag{6-4}$$

式中 S——试样的色度，EBC；

A_{430}——试样在波长430nm处、用10mm比色皿测得的吸光度；

25——换算成标准比色皿的厚度，mm；

n——稀释倍数。

所得结果精确至一位小数。

在重复性条件下获得的两次独立测定值之差，不得大于0.5EBC。

4. 方法解读

若 $A_{430} \times 0.039 > A_{700}$，表示试样是透明的，按式(6-4) 计算。

若 $A_{430} \times 0.039 < A_{700}$，表示试样是浑浊的，需要离心或过滤后，重新测定。

当 A_{430} 的吸光度值在0.8以上时，需用水稀释后再测定。

第四节 啤酒酒精度的测定

酒精是啤酒酵母在发酵中的主要代谢产物之一，它赋予啤酒不同于其他酒类和饮料的特有品质。消费者对于啤酒的酒精度含量有不同的喜好，为了适应广大消费者的需求，啤酒生产厂家推出不同酒精度含量的产品。啤酒的酒精度含量是一项重要的品质指标。

GB 4927—2008 规定了啤酒的酒精度指标（见表6-3)。

表6-3 啤酒酒精度指标

项目		淡色啤酒		浓色啤酒	
		优级	一级	优级	一级
酒精度/%(体积分数)[或%(质量分数)]	≥14.1°P	5.2			
	12.1～14.0°P	4.5			
	11.1～12.0°P	4.1			
	10.1～11.0°P	3.7			
	8.1～10.0°P	3.3			
	≤8.0°P	2.5			

检测依据：GB/T 4928—2008《啤酒分析方法》

1. 方法原理

利用在20℃时酒精水溶液与同体积纯水质量之比，求得相对密度（以d_{20}^{20}表示）。然后，查表得出试样中酒精含量的百分比，即酒精度，以%（体积分数）或%（质量分数）表示。

2. 分析步骤

（1）试样制备 按第三节啤酒色度测定制备样品。

（2）测定

① 容量法（第一法）

a. 蒸馏 用100mL容量瓶准确量取制备好的试样100mL，置于蒸馏瓶中，用50mL水分三次冲洗容量瓶，洗液并入蒸馏瓶中，加玻璃珠数粒，装上蛇型冷凝管，用原100mL容量瓶接收馏出液（外加冰浴），缓缓加热蒸馏（冷凝管出口水温不得超过20℃），收集约96mL馏出液（蒸馏应在30～60min内完成）。取下容量瓶，调节液温至20℃，补加水定容，混匀，备用。

b. 测定

测量A：将密度瓶洗净、干燥、称量，反复操作，直至恒重。将煮沸冷却至15℃的水注满恒重的密度瓶中，插上附温度计的瓶塞（瓶中应无气泡），立即浸于20℃±0.1℃的水浴中，待内容物温度达到20℃，并保持5min不变后取出。用滤纸吸去溢出支管的水，立即盖好小帽，擦干后，称量。

测量B：将水倒去，用试样馏出液反复冲洗密度瓶三次，然后装满，按测量A同样操作。

c. 试样馏出液（20℃）的相对密度按式(6-5)计算：

$$d_{20}^{20}=\frac{m_2-m}{m_1-m} \tag{6-5}$$

式中 d_{20}^{20}——试样馏出液（20℃）的相对密度；

m——密度瓶的质量，g；

m_1——密度瓶和水的质量，g；

m_2——密度瓶和试样馏出液的质量，g。

根据相对密度查GB/T 4928《啤酒分析方法》附录A［酒精水溶液的相对密度与酒精度（乙醇含量）对照表（20℃）］，得到试样馏出液的酒精度，即为试样的酒精度。

所得结果精确至两位小数。

② 重量法（第二法）

a. 蒸馏 称取处理后试样100.0g（精确至0.1g），全部移入500mL已知质量的蒸馏瓶中，加水50mL和数粒玻璃珠，装上蛇型冷凝器（或冷却部分的长度不短于400mm的直型冷凝器），开启冷却水，用已知质量的100mL容量瓶接收馏出液（外加冰浴），缓缓加热蒸馏（冷凝管出口水温不得超过20℃），收集约96mL馏出液（蒸馏应在30～60min内完成）。取下容量瓶，调节液温至20℃，然后补加水，使馏出液质量为100.0g（此时总质量为100.0g+容量瓶质量），混匀（注意保存蒸馏后的残液，可供测真正浓度使用）。

b. 测量A和测量B A、B的测量与容量法相同。

c. 试样馏出液（20℃）相对密度的计算 与容量法相同。

根据相对密度查GB/T 4928—2008《啤酒分析方法》附录A［酒精水溶液的相对密度与

酒精度（乙醇含量）对照表（20℃）]，得到试样馏出液的酒精度［%（质量分数）］，即为试样的酒精度。

所得结果精确至两位小数。

结果允许误差：同一试样的两次测定值之差，不得超过平均值的1%。

3. 方法解读

（1）密度瓶称量前应调整至室温，是为防止当室温高于瓶温时，水汽在瓶外壁冷凝，引起测量误差。

（2）称量瓶不能在烘箱中烘干。

第五节　啤酒原麦汁浓度的测定

原麦汁浓度是指麦汁中麦芽浸出物的浓度，是啤酒分类的依据。啤酒原麦汁浓度是啤酒的一项重要理化指标，它是控制啤酒生产过程和决定工艺条件的重要因素，同时也直接影响到节能降耗等一些经济指标的控制。为保证啤酒酿造各阶段特别是成品酒的质量，原麦汁浓度合格特别重要。

检测依据：GB/T 4928—2008《啤酒分析方法》

一、密度瓶法

1. 方法原理

以密度瓶法测出啤酒试样中的真正浓度和酒精度，按经验公式计算出啤酒试样的原麦汁浓度。

2. 测定

（1）真正浓度的测定　将在测定酒精度时蒸馏除去酒精后的残液（在已知重量的蒸馏烧瓶中）冷却至20℃，准确补加水使残液至100.0g，混匀。或用已知重量的蒸发皿称取处理后试样100.0g（精确至0.1g），于沸水浴上蒸发直至原体积的1/3，取下冷却至20℃，加水恢复至原重量，混匀。

用密度瓶或密度计测定出残液的相对密度。查GB/T 4928《啤酒分析方法》附录B.1（相对密度和浸出物对照表），求得100g试样中浸出物的质量（g/100g）。即为试样的真正浓度，以柏拉图度°P或%（质量分数）表示。

（2）酒精度的测定　同密度瓶法。

3. 分析结果表述

根据测得的酒精度和真正浓度，按式(6-6)计算试样的原麦汁浓度：

$$X_1 = \frac{(A \times 2.0665 + E) \times 100}{100 + A \times 1.0665} \tag{6-6}$$

式中　X_1——试样的原麦汁浓度，°P或%；

A——试样的酒精度（质量分数），%；

E——试样的真正浓度（质量分数），%。

或者查GB/T 4928—2008《啤酒分析方法》附录B.2（计算原麦汁浓度经验公式校正表），按式(6-7)计算试样的原麦汁浓度：

$$X = 2A + E - b \tag{6-7}$$

式中　X——试样的原麦汁浓度，°P或%；

A——试样的酒精度（质量分数），%；

E——试样的真正浓度（质量分数），%；

b——校正系数。

所得结果精确至一位小数。

在重复性条件下获得的两次独立测定结果的绝对差值不得超过算术平均值的1%。

二、仪器法

1. 方法原理

用啤酒自动分析仪直接测定，计算并打印出试样真正浓度及原麦汁浓度。

2. 仪器

啤酒自动分析仪：真正浓度分析精度0.01%。

3. 分析步骤

（1）按啤酒自动分析仪使用说明书安装与调试仪器。

（2）按仪器使用手册的说明进行操作，自动进样、测定、计算、打印出试样的真正浓度和原麦汁浓度，以柏拉图度或质量分数（°P或%）表示。

所得结果精确至一位小数。

在重复性条件下获得的两次独立测定结果的绝对差值不得超过算术平均值的1%。

第六节　啤酒双乙酰的测定

在啤酒生产酒精发酵过程中产生的丙酮酸会转化为α-乙酰乳酸，进而合成缬氨酸，作为酵母繁殖所需，而α-乙酰乳酸在温度较高且接触空气下极易氧化为双乙酰。

啤酒中联二酮（双乙酰、2,3-戊二酮）是啤酒发酵过程的重要副产物。其中双乙酰是衡量啤酒成熟的决定性指标。GB 4927—2008规定优级淡色啤酒双乙酰含量0.10mg/L。如果在成品酒中双乙酰的浓度超过2.32×10^{-6}mol/L，就可出现明显的馊饭味。因此，成熟啤酒要求双乙酰有一个阈值范围。双乙酰的控制对于保证啤酒产量和质量具有重要意义。

检测依据：GB/T 4928—2008《啤酒分析方法》

一、气相色谱法

1. 方法原理

试样进入气相色谱仪中的色谱柱时，由于在气液两相中分配系数不同，而使双乙酰、2,3-戊二酮、2,3-已二酮及其他组分得以完全分离。利用电子捕获检测器捕获低能量电子，而使基流下降产生信号，与标样对照，根据保留时间定性，利用内标法或外标法定量。进入色谱柱前不经过加热处理，测得的是游离联二酮，于60℃加热90min后，测得的是包括前驱体转化在内的总联二酮。

2. 分析步骤

（1）色谱柱和色谱条件

① 色谱柱

填充柱：不锈钢（或玻璃）柱2m。固定相：在Chromosorb WAW-DMS上，涂以10%聚乙二醇-20M（PEG-20M）；或在Carbopak C上涂以20%聚乙二醇-1500（PEG-1500）。

毛细管色谱柱：固定相为Carbowax 20M。

② 参考色谱条件

柱温：55℃；气化室温度：150℃；检测器温度：200℃；载气（高纯氮）流量：25mL/min。

（2）测定

① 标准溶液的制备　在顶空取样瓶中装入水10mL和氯化钠4g，加入2,3-戊二酮、2,3-己二酮和双乙酰三种标准使用溶液各10μL，用衬有密封垫的铝压盖卷边密封。用手摇匀50s。该溶液所含三种标准物质的浓度各为0.05mg/L。

若预计扩大线性响应范围联二酮（VDKs）含量0.05mg/L时，应适当调整标准溶液的浓度，使响应值成线性。

② 试样制备

a. 啤酒样品的游离联二酮（VDKs）　取室温下啤酒样品，缓慢倒入刻度试管中，用吸管吸去泡沫及多余的酒液至10mL；于20mL顶空取样瓶中装入啤酒样品10mL和氯化钠4g，加入内标（2,3-己二酮）使用溶液10μL，用铝压盖卷边密封。用手摇匀50s。

b. 啤酒样品的总联二酮（VDKs+前驱体）　在400mL烧杯中，取室温下啤酒样品，轻轻摇动脱气，然后通过两个杯子缓慢注流倒杯5次，使其很好曝气。缓慢倒入刻度试管中，用吸管吸去泡沫及多余的酒液至10mL，将其移入装有4g氯化钠的20mL顶空取样瓶中，加入内标（2,3-己二酮）使用溶液10μL，用铝压盖卷边密封。于60℃水浴中保温90min。冷却至室温后，轻轻拍打瓶盖使盖上残留的液滴落下。用手摇匀50s。

③ 测定

a. 标准溶液的测定　将标准溶液放入30℃水浴中保温30min，使气相达到平衡状态。置于自动进样器上进样1.0mL，记录2,3-戊二酮、2,3-己二酮和双乙酰峰的保留时间和峰高（或峰面积）。根据峰的保留时间定性。根据峰高（或峰面积），求得校正因子进行定量。作校正因子时，应反复进样分析三次，取平均值计算。

b. 试样的测定　将制备好的试样放入30℃水浴中保温30min，使气相达到平衡状态。置于顶空自动进样器上进样1.0mL，在选择好的色谱条件下进行分析。

3. 分析结果表述

（1）双乙酰（或2,3-戊二酮）的校正系数按式(6-8)计算：

$$f=\frac{A_1}{A_2}\times\frac{d_2}{d_1} \tag{6-8}$$

式中　f——双乙酰（或2,3-戊二酮）的校正因子；

A_1——内标的峰面积；

A_2——双乙酰（或2,3-戊二酮）的峰面积；

d_1——内标的密度；

d_2——双乙酰（或2,3-戊二酮）的密度。

（2）试样中的双乙酰（或2,3-戊二酮）按式(6-9)计算：

$$X=f\times\frac{A_3}{A_4}\times c \tag{6-9}$$

式中　X——试样中双乙酰（或2,3-戊二酮）的含量，mg/L；

f——双乙酰（或2,3-戊二酮）的校正因子；

A_3——试样中双乙酰（或2,3-戊二酮）的峰面积；

A_4——添加于试样中内标的峰面积；

c——添加于试样中内标的浓度，mg/L。

所得结果保留至两位小数。

重复性条件下获得的两次独立测定结果的绝对差值不得超过算术平均值的10%。

二、紫外可见分光光度法

1. 方法原理

用蒸汽将双乙酰蒸馏出来，与邻苯二胺反应，生成2,3-二甲基喹喔啉，在波长335nm下测其吸光度。由于其他联二酮类都具有相同的反应特性，另外蒸馏过程中部分前驱体要转化成联二酮，因此上述测定结果为总联二酮含量（以双乙酰表示）。

2. 分析步骤

（1）蒸馏　将双乙酰蒸馏器安装好，加热蒸汽发生瓶至沸腾。通蒸汽预热后，置25mL容量瓶于冷凝器出口接收馏出液（外加冰浴），加1～2滴消泡剂于100mL量筒中。再注入未经除气预先冷至约5℃的酒样100mL，迅速转移至蒸馏器内，并用少量水冲洗带塞漏斗、塞盖。然后用水密封，进行蒸馏，直至馏出液接近25mL（蒸馏需在3min内完成）时取下容量瓶，达到室温后用重蒸水定容，摇匀。

（2）显色与测量　分别吸取馏出液10.0mL于两支干燥的比色管中，并于第一支管中加入10g/L邻苯二胺溶液0.50mL，第二支管中不加（做空白），充分摇匀后，同时置于暗处放置20～30min。然后分别于第一、第二支管中加4mol/L盐酸溶液2mL、2.5mL，混匀后，用20mm玻璃比色皿（或10mm石英比色皿）于波长335nm下，以空白作参比，测定其吸光度（比色测定操作须在20min内完成）。

3. 分析结果表述

试样的双乙酰含量按式(6-10)计算：

$$X = A_{335} \times 1.2 \tag{6-10}$$

式中　X——试样的双乙酰含量，mg/L；

A_{335}——试样在335nm波长下，用20mm比色皿测得的吸光度；

1.2——吸光度与双乙酰含量的换算系数。

注：如用10mm石英比色皿测吸光度，则换算系数应为2.4。

所得结果精确至两位小数。

结果允许误差：同一试样的两次测定值之差，不得超过平均值的10%。

4. 方法解读

啤酒的蒸馏操作应在3～5min内完成。双乙酰的前驱物质α-乙酰乳酸经非酶氧化生成双乙酰的过程受蒸馏过程中温度与时间的影响，温度越高，蒸馏时间越长，α-乙酰乳酸转化为双乙酰也就越彻底。在实际操作过程中，若蒸汽量不能得到很好控制，将影响蒸馏时间，产生一定的误差。所以应严格控制蒸馏操作时所用的蒸汽量，从而减少啤酒中双乙酰的测定误差。

第七节　啤酒中铁含量测定

啤酒中的铁离子主要来源于原辅料、设备管件及酿造用水等。铁离子在酿造过程中易发生氧化还原、催化、络合反应，对麦汁糖化、发酵及成品啤酒质量产生影响。铁离子作为酵母生长发育所必需的金属离子，与钙、锌、镁等其他金属离子一样，在啤酒发酵中起着重要的作用。同时，若糖化过程中铁离子含量较高，会抑制糖化的进行，加深麦汁色度；发酵阶段铁离子含量过高影响酵母的生长和发酵；清酒灌装以后如果铁离子含量过高，会加速氧化作用，使啤酒产生铁腥味、加速啤酒的氧化浑浊。

优质成品啤酒中铁离子含量应小于0.10mg/L，当铁离子含量>0.30mg/L时，会对成品啤酒产生不同程度的负面影响。

检测依据：GB/T 4928—2008《啤酒分析方法》

一、邻菲罗啉比色法

1. 方法原理

在 pH 3～9 条件下，低价铁离子与邻菲罗啉生成稳定的橘红色的络合物，其色度与 Fe^{2+} 的含量成正比，在 505nm 波长下有最大吸收。

2. 分析步骤

（1）绘制标准工作曲线　分别吸取铁标准使用液 0.0mL、2.0mL、5.0mL、10.0mL、20.0mL、30.0mL 于 6 个 100mL 容量瓶中，加水定容，即得到分别为 0.00mg/L、0.20mg/L、0.50mg/L、1.00mg/L、2.00mg/L、3.00mg/L 的铁标准溶液。分别吸取所配成的铁标准溶液各 25.00mL 于 6 支 50mL 具塞比色管中，各加抗坏血酸 25mg 和显色剂（邻菲罗啉）2mL，混合均匀，置于 60℃±0.5℃水浴中恒温 15min。然后取出，迅速冷却至室温。在波长 505nm 下，以水作参比液，测定其吸光度。用吸光度与对应的铁含量绘制标准曲线或建立回归方程。

（2）测定　吸取两份试样（除气但未过滤的 20℃啤酒）25.00mL，分别置于两支 50mL 具塞比色管 A、B 中。于比色管 A 中，加抗坏血酸 25mg 和显色剂（邻菲罗啉）2mL，混合均匀；于比色管 B 中，加抗坏血酸 25mg 和水 2mL，混合均匀，同时将比色管 A、B 置于60℃±0.5℃水浴中恒温 15min。然后取出，迅速冷却至室温。在波长 505nm 下，以 B 管作参比，测定比色管 A 中溶液的吸光度，从标准曲线上查得其铁含量（或用回归方程计算）。

结果允许误差：试样中铁含量为 0.20mg/L 时，重现性误差的变异系数为 10%，再现性误差的变异系数为 40%。

二、原子吸收分光光度法

1. 方法原理

啤酒试样中的铁直接导入原子吸收分光光度计中，在火焰中被原子化，基态原子铁吸收特征波长（248.3nm）的光，其吸收量的大小与铁含量成正比，测其吸光度，求得铁含量。

该法局限于直接吸收灵敏度为 0.05mg/L 水平的仪器，而且必须采用标准加入法（增量法）测定。

2. 分析步骤

（1）试样标准溶液的配制　吸取铁标准储备液（1000mg/L）100mL，用水稀释至 1000mL，该铁标准溶液浓度为 100mg/L。吸取 100mg/L 铁标准溶液 0.00mL、0.10mL、0.20mL、0.40mL、0.60mL 分别注入 5 个 100mL 容量瓶中，用试样（除气但未过滤的 20℃啤酒。如需过滤时，应用无铁滤纸）稀释至刻度。

（2）测定　选择适宜的操作条件，先用空白溶液在波长 248.3nm 处调节仪器零点。再分别导入啤酒标准溶液，测定其吸光度。以标准溶液浓度为横坐标，以相对应的吸光度为纵坐标，绘制标准工作曲线。

3. 分析结果表述

用外插法，将标准曲线反向延长与横轴相交，交点（X）即为待测啤酒试样的铁含量（或建立回归方程计算）。所得结果表示至两位小数。

用最小二乘法计算回归直线方程式：

$$x = by + a \tag{6-11}$$

$$b = \frac{n\sum xy - \sum x\sum y}{n\sum y^2 - (\sum y)^2} \qquad a = \frac{\sum y^2\sum x - \sum y\sum xy}{n\sum y^2 - (\sum y)^2}$$

式中　b——直线斜率；

a——x 轴上的截距，为一常数；

n——不同浓度的个数；

x——被测物质的浓度；

y——吸光度（多次测定结果的平均值）。

结果允许误差：试样中铁含量为 0.30mg/L 时，重现性误差的变异系数为 8%，再现性误差的变异系数为 17%。

4. 方法解读

（1）因玻璃器皿的铁空白高，所用玻璃仪器均需用硫酸-重铬酸钾洗液浸泡数小时，再用洗衣粉充分洗刷，再用水反复冲洗，最后再用去离子水冲洗，晒干或烘干方可使用。

（2）本法最低检出限：铁为 0.2μg/mL。

第八节　啤酒中苦味质的测定

苦味是啤酒区别于其他酒类的重要特征之一，优质的啤酒应有爽口的苦味。啤酒的苦味主要来源于啤酒花中的苦味物质，是在酿造过程中添加的啤酒花所赋予的清爽香气和苦味。酒花中的苦味物质来自于酒花中的 α-酸、β-酸及其氧化降解、重排产物。在麦汁煮沸过程中最大的变化是 α-酸受热发生异构化生成异 α-酸，异 α-酸更易溶于水；而 β-酸极不稳定，在煮沸的过程中迅速降解，因此异 α-酸是麦汁和啤酒苦味的主要来源。啤酒苦味质检测主要是测啤酒中的异 α-酸的含量。

准确测定啤酒中的苦味质，可以准确计算酒花的添加量，保证啤酒苦味的均一性和爽口性。

检测依据：GB/T 4928—2008《啤酒分析方法》

一、比色法

1. 方法原理

啤酒中苦味物质的主要成分是异 α-酸，酸化的啤酒可用异辛烷萃取其苦味物质，以紫外分光光度计在 275nm 波长下测其吸光度，以确定其相对含量。

2. 分析步骤

（1）用尖端带有一滴辛醇的移液管吸取 20℃未除气啤酒 10.00mL 于 150mL 的碘量瓶中，加 6mol/L 盐酸溶液 0.50mL、异辛烷 20.0mL，放入 2～3 个小玻璃球，加塞，用回转振荡器振摇，直至异辛烷提取液呈乳状。

（2）把异辛烷提取液移入离心管中，以 3000r/min 转速离心 10min。

（3）取离心后的上层清液于 10mm 石英比色皿中，在 275nm 波长下，以异辛烷作空白，测定其吸光度。

3. 分析结果表述

试样中的苦味质含量按式(6-12）计算：

$$X = A_{275} \times 50 \tag{6-12}$$

式中　X——试样的苦味质含量，BU；

A_{275}——在波长 275nm 下，测得试样的吸光度；

50——换算系数。

所得结果保留一位小数。

4. 方法解读

影响啤酒苦味质检测结果的因素有：

（1）检测的样品须清亮无浑浊，才能保证检测结果的准确性。因此检测前须对样品进行处理，一般采用离心处理后取上清液检测。

（2）啤酒须经酸化后，异辛烷才能彻底地萃取啤酒中的苦味物质。

（3）酸化的啤酒加异辛烷后要振荡乳化彻底，异辛烷才能完全把啤酒中的苦味物质萃取出来，才能保证检测结果的准确性。

（4）加辛醇的目的是为了抑制产生泡沫。因为泡沫中存在有苦味物质，如果泡沫残留在瓶壁上，就会造成检测结果偏低。

二、高效液相色谱法

1. 方法原理

除气啤酒通过柱色谱，会将其中的异 α-酸分离为异副葎草酮、异葎草酮、异合葎草酮，并吸附到固定相上，然后有选择地洗脱下来用高效液相色谱仪测定。

2. 分析步骤

（1）试样处理　取除气后的试样 100mL，加磷酸 200μL，调节 pH 至 2.5 左右。

（2）吸附与解吸　装好 C_8 SPE 柱后，依次用下列溶液走柱：2mL 甲醇，弃去流出液；2mL 水，弃去流出液；20mL 试样，弃去流出液；6mL 洗脱液 A［水＋磷酸（100＋2）］，弃去流出液；2mL 洗脱液 B［水＋甲醇＋磷酸（50＋50＋2）］，弃去流出液；最后用连续三份 0.6mL 洗脱液 C［甲醇＋磷酸（100＋0.1）］洗脱，收集流出液于 2.0mL 容量瓶中，用洗脱液 C 定容并充分混匀，作为待测试样。

（3）校准　称取异 α-酸标样 20mg，用甲醇溶液定容至 100mL。在测定试样前，注射标样 20μL 两次；在测完试样后，注射标样 20μL 两次，取四次校正因子的平均值。

（4）待测试样测定

① 色谱参考条件

流速：1.0mL/min；柱温：30℃；检测器波长：280nm；进样量：20μL。

② 将流动相（甲醇＋重蒸水＋磷酸＋四乙基氢氧化铵）以流速 1.0mL/min 冲洗色谱柱过夜，待仪器稳定后即可进样分析，以外标法计算含量。

3. 分析结果表述

（1）校正因子按式(6-13) 计算：

$$\mathrm{RF}=\frac{T_{A标}}{c_{标}\times A} \tag{6-13}$$

式中　RF——校正因子（四次注射标样的平均值）；

$T_{A标}$——标样中异 α-酸峰的总面积；

$c_{标}$——校准中所用标样的浓度，mg/L；

A——校准中所用标样的百分纯度，%。

（2）试样中异 α-酸含量按式(6-14) 计算：

$$X=\frac{T_{A样}}{\mathrm{RF}} \tag{6-14}$$

式中　X——试样中异 α-酸含量，mg/L；

RF——校正因子；

$T_{A样}$——试样中异 α-酸峰的总面积。

所得结果保留一位小数。

试样中异 α-酸含量在 10～30mg/L 时，重复性误差的变异系数为 4%，再现性误差的变异系数为 13%。

技能训练十　啤酒酒精度和原麦汁浓度测定

一、分析检测任务

产品检测方法标准	GB/T 4928—2008《啤酒分析方法》
产品验收标准	GB 4927—2008《啤酒》
关键技能点	啤酒除气、过滤
	全玻璃蒸馏装置的安装与使用
	密度瓶洗涤、干燥、称量
	酒精度测定
	原麦汁浓度测定
检测所需设备	超声波除气装置，全玻璃蒸馏器(500mL)，容量瓶(100mL)，密度瓶，电热恒温水浴，天平(感量 1mg)

二、任务实施

1. 设备调试

(1) 全玻璃蒸馏器　检查各部件是否洁净和干燥无水，是否配套，乳胶管是否老化。检查全玻璃蒸馏器中蒸馏瓶和冷凝管连接是否完好，冷却水管连接冷凝管是否完好，检查设备气密性是否良好、不漏气。

(2) 密度瓶使用前应恒重，应检查瓶盖与瓶是否配套；密度瓶装满液体时不能留有气泡。

2. 操作步骤

(1) 试样制备

① 将恒温至 15～20℃的酒样约 300mL 移入带排气塞的瓶中，置于超声波水槽中（或搅拌器上）超声（或搅拌）。

② 一定时间后，用单层中速干滤纸过滤（漏斗上面盖表面玻璃）。

③ 将除气后的酒样收集于具塞锥形瓶中，温度保持在 (20±0.1)℃，密封保存。限制在 2h 内使用。

(2) 蒸馏

① 用 100mL 容量瓶准确量取制备好的试样 100mL，置于蒸馏瓶中。

② 用 50mL 水分三次冲洗容量瓶，洗液并入蒸馏瓶中。

③ 加玻璃珠数粒，装上蛇型冷凝管，用 100mL 容量瓶接收馏出液（外加冰浴）。

④ 缓缓加热蒸馏（冷凝管出口水温不得超过 20℃），收集约 96mL 馏出液（蒸馏应在

30～60min 内完成)。

⑤ 取下容量瓶，调节液温至 20℃，补加水定容，混匀，备用。

(3) 样品酒精度测定

测量 A：将密度瓶洗净、干燥、称量，反复操作，直至恒重 (m)。将煮沸冷却至 15℃的水注满恒重的密度瓶中，插上附温度计的瓶塞（瓶中应无气泡），立即浸于 20℃±0.1℃的水浴中，待内容物温度达到 20℃，并保持 5min 不变后取出。用滤纸吸去溢出支管的水，立即盖好小帽，擦干后，称量 (m_1)。

测量 B：将水倒去，用试样馏出液反复冲洗密度瓶三次，然后装满，按测量 A 同样操作 (m_2)。

(4) 真正浓度测定

① 将在测定酒精度时蒸馏除去酒精后的残液（在已知重量的蒸馏烧瓶中）冷却至 20℃，准确补加水使残液至 100.0g，混匀。或用已知重量的蒸发皿称取处理后试样 100.0g，精确至 0.1g，于沸水浴上蒸发直至原体积的 1/3，取下冷却至 20℃，加水恢复至原重量，混匀。

② 用密度瓶或密度计测定出残液的相对密度。

③ 查 GB/T 4928—2008《啤酒分析方法》附录 B.1（相对密度和浸出物对照表），求得 100g 试样中浸出物的质量 (g/100g)，即为试样的真正浓度，以柏拉图度°P 或%（质量分数）表示。

3. 原始数据记录与处理

原始数据记录

1. 样品处理

项目	质量/g	项目	质量/g
蒸馏瓶		容量瓶	
啤酒＋蒸馏瓶		蒸馏液＋容量瓶	

2. 啤酒酒精度测定

项目	质量/g	项目	质量/g
密度瓶		蒸馏液＋密度瓶	
密度瓶＋蒸馏水		测定温度	20℃/20℃
蒸馏液相对密度		啤酒酒精度	

3. 啤酒原麦汁浓度测定

蒸去酒精后的残液质量		蒸馏残液＋密度瓶质量	
密度瓶＋蒸馏水质量		啤酒真正浓度	
蒸馏残液相对密度		啤酒原麦汁浓度	

数据处理

1. 酒精度测定

试样馏出液(20℃)的相对密度按下式计算：

$$d_{20}^{20}=\frac{m_2-m}{m_1-m}$$

式中 d_{20}^{20}——试样馏出液(20℃)的相对密度；

m——密度瓶的质量，g；

m_1——密度瓶和水的质量，g；

m_2——密度瓶和试样馏出液的质量，g。

续表

根据相对密度查 GB/T 4928《啤酒分析方法》附录 A[酒精水溶液的相对密度与酒精度(乙醇含量)对照表(20℃)],得到试样馏出液的酒精度,即为试样的酒精度。所得结果表示至两位小数。

2. 真正浓度

用密度瓶或密度计测定出残液的相对密度。查 GB/T 4928《啤酒分析方法》附录 B.1(相对密度和浸出物对照表),求得100g 试样中浸出物的质量(g/100g),即为试样的真正浓度,以柏拉图度°P 或%(质量分数)表示。

3. 原麦汁浓度

根据测得的酒精度和真正浓度,按下式计算试样的原麦汁浓度:

$$X_1 = \frac{(A \times 2.0665 + E) \times 100}{100 + A \times 1.0665}$$

式中 X_1——试样的原麦汁浓度,°P 或%;

A——试样的酒精度(质量分数),%;

E——试样的真正浓度(质量分数),%。

或者查 GB/T 4928《啤酒分析方法》附录 B.2(计算原麦汁浓度经验公式校正表),按下式计算试样的原麦汁浓度:

$$X = 2A + E - b$$

式中 X——试样的原麦汁浓度,°P 或%;

A——试样的酒精度(质量分数),%;

E——试样的真正浓度(质量分数),%;

b——校正系数。

所得结果精确至一位小数。

在重复性条件下获得的两次独立测定结果的绝对差值不得超过算术平均值的 1%。

三、关键技能点操作指南

1. 密度瓶的使用与维护

密度瓶容量有 5mL、10mL、25mL,一般为球形,比较标准的是附有特制温度计、带磨口帽的小支管的密度瓶,如图 6-1 所示。

(1) 使用方法

① 密度瓶使用时,必须洗净并干燥 先用自来水洗净,再用蒸馏水冲洗 2~3 遍,然后用无水乙醇漂洗,吹干并冷却至室温。

② 密度瓶称重 装上温度计和侧孔罩,使用分析天平,对干燥的密度瓶进行称重,记录此时的密度瓶质量为 m_0。

③ 测密度瓶和蒸馏水的质量 用新煮沸并冷却低于 20℃的蒸馏水注满密度瓶,插上温度计,注意除去瓶中特别是侧管处的气泡,用滤纸吸去多余水分,浸入 20℃±0.5℃的恒温水浴中,恒温至密度瓶温度计指示 20℃。待温度稳定后,立即盖上所附小罩,用试管夹取出,用滤纸擦干,称量得附温密度瓶和蒸馏水的质量 m_1。

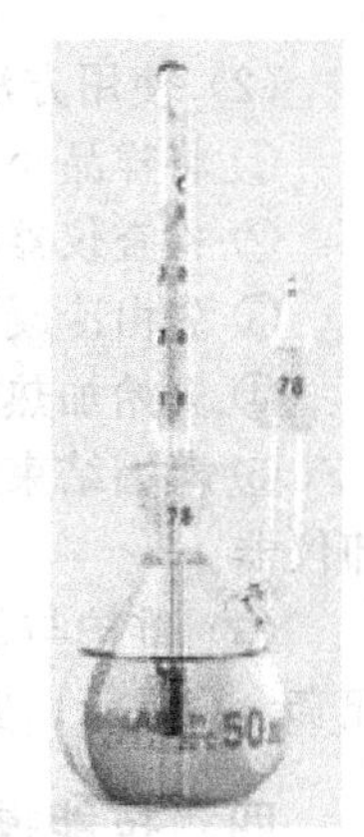

图 6-1 密度瓶

④ 测密度瓶和样品质量 倒出附温密度瓶内的水,用待测样品将密度瓶润洗 3 次,将低于 20℃的样品注满密度瓶,插上温度计,先将密度瓶外部残留的样品用湿棉布擦净,再用滤纸擦干。其余按照③的操作,称得密度瓶和样品的总重量,记为 m_2。

(2) 注意事项

① 密度瓶、温度计、侧孔罩必须配套使用。

② 密度瓶必须洁净、干燥,操作时不能用手直接接触密度瓶。

③ 液体装入密度瓶时应缓慢沿壁倒入,防止因溶液黏稠度大产生的气泡难以逸出而影响测定结果。

④ 必须使瓶中充满液体，不要有气泡留在瓶内。

⑤ 称量时需迅速，特别是室温过高时，否则液体会从毛细管中溢出，而且会有水汽在瓶壁凝结，导致称量不准确。

⑥ 密度瓶、温度计、侧孔罩易碎，应轻拿轻放。

(3) 维护保养　密度瓶使用完毕后，应将所有部件依次用自来水、蒸馏水冲洗干净，并用干净的蒸馏水注满密度瓶保存；对于连续一周不用的密度瓶，应清洗干净、烘干水分后于干燥处保存。

2. 全玻璃蒸馏器的安装与使用

(1) 安装　仪器安装应遵循一定的顺序：从热源开始，从下而上，从左到右，先主后次，先局部后整体。

具体安装方法：将蒸馏瓶用铁夹固定（松紧适度，以稍微用力能转动蒸馏瓶但不脱落为宜），调节冷凝管的位置与角度安装冷凝管，并使冷凝管与蒸馏头紧密连接，然后连接好馏液收集容量瓶，接上冷却水。仪器安装好后，仪器的轴线应在一条直线上。如图 6-2 所示。

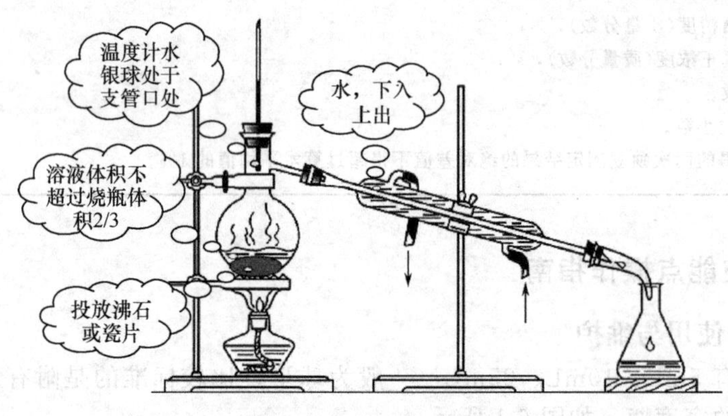

图 6-2　蒸馏装置图

(2) 使用方法

① 将样品小心倒入蒸馏瓶中，液体体积不可超过蒸馏烧瓶体积的 2/3，加入沸石。

② 检查仪器的各部分是否紧密。

③ 先由冷凝管下口缓慢通入冷水，自上口流出引至水池中

④ 开始加热蒸馏，收集馏出液，当接近刻度时，取下容量瓶，盖塞，停止蒸馏。

⑤ 蒸馏结束后，先移去热源，后关闭冷却水。待仪器冷却后，按与安装相反的顺序拆卸仪器。

(3) 维护与保养　蒸馏完毕，应将剩余的溶液从蒸馏器中倒出，用水洗净，晾干后放入配套盒内保管。安装冷凝管和蒸馏瓶时应轻拿轻放，小心打碎。

四、技能操作考核点

序号	考核项目	考核内容	技能操作要点
1	准备工作	着装	着工作服，整洁
2	样品准备	超声发生仪的使用	能正确开关、设置功率、控制温度
		排气	能判断排气是否完全
		过滤	滤纸选择与折叠、过滤操作正确

续表

序号	考核项目	考核内容	技能操作要点
3	蒸馏	蒸馏装置	正确连接,检查气密性
		恒重	恒重终点判断正确
		天平检查	检查天平水平、清洁状况
		蒸馏瓶、容量瓶称重	开关天平门操作正确,读数及记录正确
		称量习惯	检查、整理天平
		馏出液速度控制	1～2滴/s
4	酒精度测定	密度瓶洗涤	洗涤干净
		密度瓶恒重	恒重终点判断正确
		密度瓶操作	装样前润洗、装满、擦干、盖帽、取出、称重
5	原麦汁浓度测定	残液蒸发	蒸发量适当
		密度瓶恒重	恒重终点判断正确
		密度瓶操作	装样前润洗、装满、擦干、盖帽、取出、称重
6	结束工作	整理	废液处理,清洗、整理实验用仪器和台面
		文明操作	无器皿破损、仪器损坏
7	实验结果	原始数据	原始数据记录准确、完整、美观
		计算	公式正确,计算过程正确
		有效数字	正确保留有效数字
		平行性	符合标准相关规定

技能训练十一　啤酒中双乙酰含量测定

一、分析检测任务

产品检测方法标准	GB/T 4928—2008《啤酒分析方法》
产品验收标准	GB/T 4927—2008《啤酒》
关键技能点	双乙酰蒸馏装置安装与使用
	紫外可见分光光度计的使用
检测所需设备	分析天平(感量为0.1mg),带有加热套管的双乙酰蒸馏器,蒸汽发生瓶,可调电炉(或电热板)
检测所需试剂	4mol/L盐酸,10g/L邻苯二胺,有机硅消泡剂

二、任务实施

1. 设备调试

(1) 带有加热套管的双乙酰蒸馏器的安装（具体见关键技能点操作指南）。

（2）紫外可见分光光度计：提前打开电源预热。

2. 操作步骤

（1）试剂配制

① 4mol/L 盐酸　量取 33.5mL 浓盐酸，用水稀释定容至 100mL。

② 10g/L 邻苯二胺溶液　称取邻苯二胺 0.100g，溶于 4mol/L 盐酸中，定容至 10mL，摇匀，放于暗处。此溶液需当天配制与使用；若配制的溶液呈红色，应重新更换试剂。

（2）样品预处理　未经除气、预先冷至 5℃左右的酒样 100mL。

（3）样品测定

① 蒸馏

a. 将双乙酰蒸馏器安装好，加热蒸汽发生瓶至沸腾。

b. 通蒸汽预热后，置 25mL 容量瓶于冷凝器出口接收馏出液（外加冰浴）。

c. 加 1～2 滴消泡剂于 100mL 量筒中，再注入未经除气的预先冷至约 5℃的酒样 100mL，迅速转移至蒸馏器内，并用少量水冲洗带塞漏斗、塞盖。

d. 用水密封，进行蒸馏，直至馏出液接近 25mL（蒸馏需在 3min 内完成）时取下容量瓶，达到室温后用重蒸水定容，摇匀。

② 显色与测量

a. 分别吸取馏出液 10.0mL 于两支干燥的比色管中。

b. 于第一支管中加入 10g/L 邻苯二胺溶液 0.50mL，第二支管中不加（做空白），充分摇匀后，同时置于暗处放置 20～30min。

c. 于第一支管中加 4mol/L 盐酸溶液 2mL，于第二支管中加入 4mol/L 盐酸溶液 2.5mL，混匀。

d. 用 20mm 玻璃比色皿（或 10mm 石英比色皿），于波长 335nm 下，以空白作参比，测定其吸光度（比色测定操作须在 20min 内完成）。

3. 原始数据记录与处理

原始数据记录

测定次数	吸光度 A_{335}	双乙酰含量 X/(mg/L)
1		
2		
3		

数据处理

试样的双乙酰含量按下式计算：

$$X = A_{335} \times 1.2$$

式中　X——试样的双乙酰含量，mg/L；

A_{335}——试样在 335nm 波长下，用 20mm 比色皿测得的吸光度；

1.2——吸光度与双乙酰含量的换算系数。

注：如用 10mm 石英比色皿测吸光度，则换算系数应为 2.4。

所得结果精确至两位小数。

结果允许误差：同一试样的两次测定值之差，不得超过平均值的 10%。

三、关键技能点操作指南

双乙酰蒸馏装置的安装与使用

1. 安装

按图 6-3 所示进行安装。

(1) 首先安装双乙酰蒸馏器的反应管，取一铁架台，用铁夹将反应管固定到铁架台上。

(2) 另取一个铁架台，将冷凝管中部用铁夹固定到铁架台上，其倾斜程度与反应管的导气端弯头平行，小心移动至弯头下端，使冷凝管与反应管密封连接好，调整铁架台至合适位置夹紧铁夹。

(3) 另取一铁架台，用铁夹将蒸汽发生瓶颈部夹紧，导气管与反应管的进气管连接好。

(4) 取下样品加入口的磨口塞，将样品加入，并加入 50mL 蒸馏水，再插回塞好。然后连接好馏液收集容量瓶，并给冷凝管接通冷却水。

(5) 向蒸汽发生瓶加入蒸馏水至其体积的 2/3 处，加入沸石，然后置于电炉上加热使水沸腾。

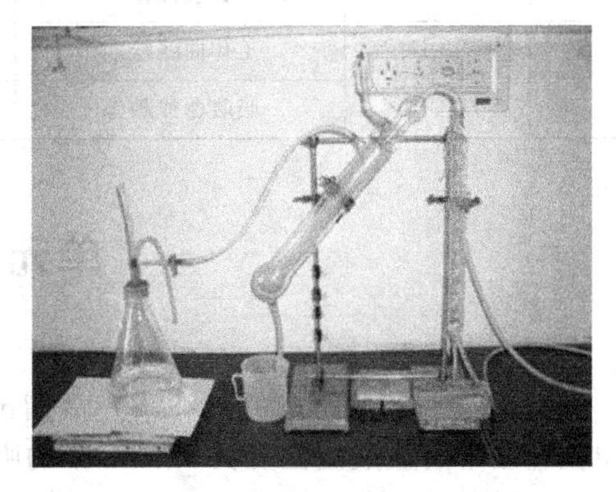

图 6-3　带加热套管的双乙酰蒸馏装置

(6) 产生蒸汽后，夹紧铁夹，让蒸汽经导气管进入反应管外套，待废液排放口排出蒸汽后，夹上铁夹，使蒸汽进入反应管，蒸馏洗涤 10min。打开夹子，待反应管内的水全部排出到外套后，排出废水。马上从进样口加入蒸馏水约 20mL，立即夹紧夹子，待水排出，反复操作 3 次，洗涤完毕。

(7) 打开全部夹子，停止加热，待冷却后按与安装相反的顺序拆除装置并洗涤干净。

2. 使用时注意事项

(1) 蒸汽发生瓶与电炉之间应垫有石棉网，以防蒸汽发生瓶因受热不均匀而炸裂。

(2) 蒸汽发生瓶内的水不可超过 2/3。

(3) 蒸馏时注意水封是否完好，否则会引起实验误差。

四、技能操作考核点

序号	考核项目	考核内容	技能操作要点
1	准备工作	着装	着工作服，整洁
2	样品准备	冰浴	冰浴操作正确，温度控制合理
		量取样品	量取样品体积准确
3	蒸馏	蒸馏装置	正确连接，检查气密性
		馏出液速度控制	1～2 滴/s
		容量瓶定容	定容、摇匀操作规范
4	仪器准备工作	开机预热	预热 20min
		打开样品盖	是否开盖
		调节透过率“0”和“100”	是否熟练调节
5	测量操作	比色皿	淋洗、润洗，拿取方法正确，装液量合适
		比色排序	排序合理，是否由稀到浓
		调零	正确调零
		非测量状态样品盖	非测量状态是否开启样品盖

续表

序号	考核项目	考核内容	技能操作要点
6	记录与报告	原始记录填写	规范、及时、不涂改
		结论报告	规范、完整、正确保留有效数字
7	结束工作	整理	废液处理，清洗、整理实验用仪器和台面，关闭仪器，切断电源
		文明操作	无器皿破损、仪器损坏
8	数据处理	工作曲线绘制	正确绘制
		吸收曲线趋势	$R^2>0.999$ 好，不能 $R^2<0.990$

单元复习与自测

一、选择题

1. 用蒸汽将啤酒中的（　　）蒸馏出来，与邻苯二胺形成2,3-二甲基喹喔啉，2,3-二甲基喹喔啉的盐酸盐在波长335nm下的吸光度，可作定量测定。

A. 酒精　　B. 二氧化碳　　C. 原麦汁　　D. 双乙酰

2. 样品的酒精度为2.9%，样品真正浓度为3.447%，样品的发酵度为60%，则样品的原麦汁浓度为（　　）。

A. 2.6%　　B. 9.2%　　C. 2.5%　　D. 9.7%

3. 测定啤酒中酒精含量时蒸馏酒精所用的蒸馏装置为（　　）。

A. 常压蒸馏装置　　B. 水蒸气蒸馏装置　　C. 减压蒸馏装置

4. 色度是衡量啤酒色泽的指标，用（　　）表示。

A. FAO　　B. ECB　　C. EBC　　D. CEB

5. 优质啤酒的泡持性应达到（　　）以上。

A. 100s　　B. 200s　　C. 300s　　D. 400s

6. 可见光分光光度法测定啤酒色度时，测定的波长为（　　）。

A. 460nm　　B. 520nm　　C. 430nm　　D. 680nm

7. 可见光分光光度法测定啤酒中双乙酰含量时，测定的波长为（　　）。

A. 460nm　　B. 335nm　　C. 430nm　　D. 680nm

8. （　　）是赋予啤酒重要风味的物质。

A. 双乙酰　　B. α-氨基氮　　C. 酒精　　D. 高级醇

9. 啤酒总酸的测定可采用电位滴定法，其滴定终点pH为（　　）。

A. 6.00　　B. 7.00　　C. 8.00　　D. 8.20

10. 关于EBC的表述，以下说法错误的是（　　）。

A. 啤酒色度单位　　B. 欧洲啤酒协会的缩写　　C. 国际标准化组织

11. 国家标准中规定啤酒中铁的含量不得超过（　　）mg/L。

A. 0.01　　B. 0.1　　C. 1　　D. 10

12. 黑啤酒色度在（　　）。

A. ≥40EBC　　B. ≥35EBC　　C. ≥30EBC　　D. ≥25EBC

13. 按照最新国家标准，优级淡色啤酒中双乙酰含量≤（　　）。

A. 1.0mg/L　　B. 10.0mg/L　　C. 0.01mg/L　　D. 0.1mg/L

14. 国家标准中规定啤酒总酸含量≤（　　）mL/100mL。

A. 4.0　　B. 0.4　　C. 1.0　　D. 0.1

15. 用邻菲罗啉比色法测定啤酒中的铁含量，加入盐酸羟胺的目的是（　　）。

A. 消除干扰　　B. 还原剂　　C. 提取剂　　D. 澄清剂

16. 原子空心阴极灯的主要操作参数是（　　）。

A. 灯电流　　B. 灯电压　　C. 阴极温度　　D. 内充气体压力

17. 原子吸收方法测定中，通过改变狭缝宽度，可消除下列哪种干扰。（　　）

A. 分子吸收　　B. 背景吸收　　C. 光谱干扰　　D. 基体干扰

18. 原子吸收分光光度法中，对于组分复杂、干扰较多而又不清楚组成的样品，可采用以下哪种定量方法。（　　）

A. 标准加入法　　B. 工作曲线法　　C. 直接比较法　　D. 标准曲线法

19. 石墨炉的升温程序如下：（　　）

A. 灰化、干燥、原子化和净化　　B. 干燥、灰化、净化和原子化

C. 干燥、灰化、原子化和净化　　D. 净化、干燥、灰化和原子化

20. 在液相色谱法中，提高柱效最有效的途径是（　　）。

A. 提高柱温　　B. 降低板高　　C. 降低流动相流速　　D. 减小填料粒度

21. 用密度瓶法测量啤酒酒精度，将样品进行蒸馏、测量（　　）馏出液的相对密度，查相对密度与酒精度对照表，得出样品的酒精度。

A. 15℃　　B. 20℃　　C. 25℃　　D. 28℃

22. 我国啤酒标准GB 4927—2008按啤酒的（　　）进行分类，较为简单、确切地概括了我国啤酒的种类。

A. 色度、酒精度　　B. 酒精度、原麦汁浓度

C. 色度、原麦汁浓度　　D. 酒精度、浊度

23. 从清酒罐的取样口取样时，应先放出少量清酒弃之，然后用一清洁干燥的1000mL锥形瓶接取约（　　）的清酒液样品。

A. 100mL　　B. 200mL　　C. 500mL　　D. 1000mL

24. 用密度瓶法测定样品中的（　　）和酒精度，按经验公式计算出样品原麦汁的浓度。

A. 外观浓度　　B. 真正浓度　　C. 发酵度　　D. 实际发酵

二、简答题

1. 啤酒分析时为什么要除气？简述除气的方法。

2. 计算原麦汁浓度需要哪些参数？如何计算原麦汁浓度？

3. 用密度瓶测定啤酒原麦汁浓度，测得样品酒精度为3.6%，样品的真正浓度为5.1%，试计算该啤酒的原麦汁浓度。

4. 简述啤酒理化指标中双乙酰含量对啤酒质量的影响。

5. 简述紫外可见分光光度法测定双乙酰含量的原理。

6. 简述啤酒中铁离子的来源及对啤酒发酵及成品质量的影响。

7. 简述邻菲罗啉比色法测定铁的原理。

8. 简述啤酒中苦味质的来源及测定原理，试分析啤酒苦味质检测结果的影响因素有哪些以及测定时加辛醇的作用是什么？

第七章　饮料检验

第一节　饮料用水的检验

水是生产各种饮料最重要的原料，一般含量为 80%～90%，水质的好坏直接关系到饮料成品质量的优劣。在选择水源时，先要以水的物理性质、化学成分为依据，加以分析判断和选用。一个地方的水质不是一成不变的，它会季节性地发生各种各样的变化，若要掌握所使用的水是否符合产品质量要求，就要随时进行水质的检测。

软饮料用水除符合国家标准 GB 5749—2006《生活饮用水卫生标准》外，一般另有如表 7-1 所示的各项指标。

表 7-1　一般饮料用水标准

项　目	指　标	项　目	指　标
浊度/(°)	<2	高锰酸钾消耗量/(mg/L)	<10
色度/(°)	<5	总碱度(以 $CaCO_3$ 计)/(mg/L)	<50
味及臭	无味无臭	游离氯含量/(mg/L)	<0.1
总固形物含量/(mg/L)	<500	细菌总数/(个/mL)	<100
总硬度(以 $CaCO_3$ 计)/(mg/L)	<100	大肠菌群/(个/L)	<3
铁含量(以 Fe 计)/(mg/L)	<0.1	霉菌/(个/mL)	<1
锰含量(以 Mn 计)/(mg/L)	<0.1	致病菌	不得检出

注：在微生物指标中，从质量角度考虑，有将酵母指标列入者，数值为 1mL 不表现，或≤5 个/100mL。

一、色度

纯洁的水是无色透明的，但一般的天然水中存在有各种溶解物质或不溶于水的黏土类细小悬浮物，使水呈现各种颜色。如含腐殖质或高价铁较多的水，常呈黄色；含低价铁化合物较多的水呈淡绿蓝色；硫化氢被氧化所析出的硫，能使水呈浅蓝色。水的颜色深浅反映了水质的好坏。有色的水，往往是受污染的水。测定结果是以色度来表示的，色度是指被测水样与特别制备的一组有色标准溶液的颜色比较值。洁净的天然水的色度一般在 15°～25°，自来水的色度多在 5°～10°。水的色度有“真色”与“表色”之分。“真色”是指用澄清或离心等法除去悬浮物后的色度；“表色”是指溶于水样中物质的颜色和悬浮物颜色的总称。在分析报告中必须注明测定的是水样的真色还是表色。

检测依据：GB/T 5750.4—2006《生活饮用水标准检验方法》

测定方法：铂-钴标准比色法

该标准方法用于测定生活饮用水及其水源水的色度。水样不经稀释，最低检测色度为 5°，测定范围为 5°～50°，测定前应除去水样中的悬浮物。

1. 方法原理

用氯铂酸钾和氯化钴配制成与天然水黄色色调相同的标准色列，用于水样目视比色测定。规定1mg/L Pt［以$(PtCl_6)^{2-}$形式存在］所具有的颜色作为1个色度单位，称为1度(°)。即便轻微的浑浊度也干扰测定，故浑浊水样测定时需先离心使之清澈。

2. 分析步骤

(1) 吸取50mL透明的水样于比色管中。如水样色度过高，可少取水样，加纯水稀释后比色，再将结果乘以稀释倍数。

(2) 铂-钴标准溶液的配制：称取1.246g氯铂酸钾（K_2PtCl_6）和1.000g干燥的氯化钴（$CoCl_2 \cdot 6H_2O$），溶于100mL纯水中，加入100mL盐酸（$\rho_{20}=1.19g/mL$），用纯水定容至1000mL。此标准溶液的色度为500度。

(3) 另取比色管11支，分别加入铂-钴标准溶液0.00mL、0.50mL、1.00mL、1.50mL、2.00mL、2.50mL、3.00mL、3.50mL、4.00mL、4.50mL和5.00mL，加纯水至刻度，摇匀，即配制成色度为0度、5度、10度、15度、20度、25度、30度、35度、40度、45度和50度的标准系列。

(4) 将水样与铂-钴标准色列比较，如水样与标准系列的色调不一致，即为异色，可用文字描述。

3. 分析结果表述

色度以度表示，按式(7-1) 计算：

$$色度=\frac{V_1 \times 500}{V} \tag{7-1}$$

式中 V_1——相当于铂-钴标准溶液的用量，mL；

V——水样体积，mL。

二、pH的测定

pH值测定是水化学中最重要、最经常用的化验项目之一，是评价水质的重要参数。饮料厂选择水源和用水的每一个阶段，如水的软化、沉淀、酸碱中和等都与水的pH有关。水受到污染时可能会引起pH值发生较大变化。

1. 方法原理

利用pH计测定溶液的pH值，是将玻璃电极和甘汞电极插在被测样品中，组成一个电化学原电池，其电动势的大小与溶液的pH值的关系为：

$$E=E^{\ominus}-0.059pH(25℃) \tag{7-2}$$

即在25℃时，每相差一个pH值单位，就产生59.1mV电极电位，从而可通过对原电池电动势的测量，在pH计上直接读出被测液的pH值。

2. 分析步骤

(1) 仪器校正　开启酸度计电源，预热30min，连接复合电极。选择适当pH的缓冲溶液，测量缓冲溶液的温度，调节温度补偿旋钮至实际温度。将电极浸入缓冲溶液中，调节定位旋钮，使酸度计显示的pH值与缓冲溶液的pH值相符。校正完后定位调节旋钮不可再旋动，否则必须重新校正。

(2) 样品测定　酸度计校正后，将电极用纯水淋洗数次，再用水样淋洗6～8次，然后测定水样。水样的pH值可自仪器刻度表上直接读得。

测量完毕后，将电极和烧杯洗干净，妥善保存。

三、溶解性总固体

水样经过滤后，在一定温度下烘干，所得的固体残渣称为溶解性总固体，包括不易挥发的可溶性盐类、有机物及能通过滤器的不溶性微粒等。总量越高，水中溶解性固体物含量越多，这种水的水质越差。

1. 方法原理

水样经 0.45μm 滤膜过滤除去悬浮物，取一定体积的滤液蒸干，在 105℃ 干燥至恒重，可测得蒸发残渣含量，将溶解性固体含量加上碳酸氢盐含量的一半（碳酸氢盐在干燥时分解失去二氧化碳而转化为碳酸盐）即为溶解性总固体含量。

2. 分析步骤

(1) 将洗净的蒸发皿放入烘箱内于 105℃ 干燥 1h，然后取出放入干燥器内冷却至室温，称重。重复干燥、冷却、称重，直至恒重（连续两次的称量差值小于 0.0005g）。

(2) 吸取适量（使测得可溶性固体为 2.5～200mg）清澈水样（含有悬浮物的水样应经 0.45μm 滤膜过滤）于已恒重的蒸发皿中，在水浴上蒸干。

(3) 将蒸发皿放入烘箱内，于 105℃ 干燥 1h，然后取出放入干燥器内冷却至室温，称量。重复干燥、冷却、称量，直至恒重。

3. 分析结果表述

水样中溶解性总固体的质量浓度按式(7-3) 计算：

$$\rho=\frac{(m_2-m_1)\times 1000}{V}+\frac{1}{2}\rho(HCO_3^-) \tag{7-3}$$

式中　ρ——水样中溶解性总固体的质量浓度，mg/L；

m_1——蒸发皿质量，mg；

m_2——蒸发皿和溶解性固体质量，mg；

V——水样体积，mL；

$\rho(HCO_3^-)$——碳酸氢盐的质量浓度，mg/L。

四、总硬度

1. 方法原理

当水样中有铬黑T指示剂存在时，与钙、镁等离子形成紫红色螯合物，这些螯合物的不稳定常数大于乙二胺四乙酸钙和镁螯合物的不稳定常数。当 pH=10 时，乙二胺四乙酸二钠先与钙离子、再与镁离子形成螯合物，滴定终点时，溶液呈现出铬黑 T 指示剂的天蓝色。

2. 分析步骤

(1) 吸取 50.0mL 水样（若硬度过大，可少取水样，用纯水稀释至 50mL；若硬度过低，改用 100mL），置于 150mL 三角瓶中。

(2) 加入 1～2mL 缓冲溶液、5 滴铬黑 T 指示剂，立即用 EDTA-Na_2 标准溶液滴定至溶液从紫红色成为不变的天蓝色为止，同时做空白试验，记下用量。

(3) 若水样中含有金属干扰离子，使滴定终点延迟或颜色发暗，可另取水样，加入 0.5mL 盐酸羟胺及 1mL 硫化钠溶液或 0.5mL 氰化钾溶液再行滴定。

(4) 水样中钙、镁含量较大时，要预先酸化水样，并加热除去二氧化碳，以防碱化后生成碳酸盐沉淀，滴定时不易转化。

3. 分析结果表述

水样总硬度按式(7-4)计算：

$$\rho(CaCO_3)=\frac{(V_1-V_0)\times c(EDTA\text{-}Na_2)\times 100.09}{V}\times 1000 \tag{7-4}$$

式中 $\rho(CaCO_3)$——总硬度（以 $CaCO_3$ 计），mg/L；

V_1——滴定中消耗 EDTA-Na_2 标准溶液体积，mL；

V_0——空白消耗 EDTA-Na_2 标准溶液体积，mL；

$c(EDTA\text{-}Na_2)$——EDTA-Na_2 标准溶液的浓度，mol/L；

100.09——与 1.00mL EDTA-Na_2 标准溶液 $c(EDTA\text{-}Na_2)=1.0000$mol/L 相当的以克表示的碳酸钙的质量；

V——水样体积，mL。

精密度与准确度：同一实验室对总硬度为 108.5mg/L（以 $CaCO_3$ 计）的水样（其中包含 33.5mg/L 钙、6.04mg/L 镁、0.69mg/L 钾、9.12mg/L 钠以及溶解性总固体 151mg/L），经 7 次测定，其相对误差为 1.0%，相对标准偏差为 1.2%。

4. 方法解读

（1）由于钙离子与铬黑 T 指示剂在滴定到达化学计量点时的反应不能呈现出明显的颜色转变，所以当水样中镁含量很小时，需要加入已知量的镁盐，以使化学计量点颜色转变清晰。在计算结果时，再减去加入的镁盐量。或者在缓冲溶液中加入少量络合性乙二胺四乙酸镁盐，以保证明显的终点。

（2）为消除铁、锰、铅、铜、镍、钴等金属离子的干扰，加入硫化钠、氰化钾和盐酸羟胺作掩蔽剂。

五、碱度的测定

1. 方法原理

碱度是水介质与氢离子反应的定量能力，通过用强酸标准溶液将一定体积的样液滴定至某一 pH 值而定量确定。测定结果用相当于碳酸钙的质量浓度 mg/L 为单位表示，其数值大小与所选滴定终点的 pH 值有关。本法采用甲基橙作指示剂，终点 pH 值为 4.0，所测得的碱度称总碱度。

2. 分析步骤

吸取 50.00mL 样液于 250mL 锥形瓶中，加 4 滴甲基橙指示剂，用盐酸标准溶液滴定至试液由黄色突变为橙色。

3. 分析结果表述

水的总碱度按式(7-5)计算：

$$\rho(CaCO_3)=\frac{c(HCl)\times 50.04\times V_1}{V}\times 1000 \tag{7-5}$$

式中 $\rho(CaCO_3)$——水的总碱度，mg/L；

$c(HCl)$——盐酸标准溶液的浓度，mol/L；

V_1——滴定水样消耗标准盐酸溶液的体积，mL；

V——所取水样的体积，mL；

50.04——与 1.00mL 标准溶液［$c(HCl)=1.000$mol/L］相当的以克表示的总碱度（$CaCO_3$）的质量。

精密度和准确度：同一实验室对碱度为 497mg/L（以 $CaCO_3$ 计）的人工合成水样，经

10 次测定，其相对标准偏差为 1.4%，相对误差为 2.2%。

六、氯化物的测定

1. 方法原理

硝酸银与样品氯化物作用生成氯化银沉淀，当溶液中的 Cl^- 完全作用后，稍过量的硝酸银与指示剂铬酸钾反应，生成红色铬酸银沉淀，指示反应达到终点。

由于 Ag_2CrO_4 易溶于酸，$AgNO_3$ 在强碱性溶液中可能产生 Ag_2O 棕褐色沉淀，因此，此滴定反应必须在中性或弱碱性条件下进行。若水样 pH 小于 5.3 或大于 10，应预先用酸或碱调节至中性或弱碱性。

2. 分析步骤

(1) 水样的预处理

① 如水样带有颜色，则取 150mL 置于 250mL 三角瓶中，加入 2mL 氢氧化铝悬浮液，振荡均匀过滤，弃去最初滤下的 20mL。

② 如水样含有亚硫酸盐和硫化物，则加氢氧化钠溶液将水样调节至中性或弱碱性，加入 1mL 30%过氧化氢搅拌均匀。

③ 如水样的耗氧量超过 15mg/L，可加入少许高锰酸钾晶体，煮沸。加入数滴乙醇以除去多余的高锰酸钾，然后过滤。

(2) 测定　取 50mL 原水样或经过预处理水样（若氯化物含量高可取适量水样，用纯水稀释至 50mL)，置于瓷蒸发皿内，另取一瓷蒸发皿，加入 50mL 纯水。

若水样 pH 值低于 5.3 或大于 10 时，应预先用酸或碱调节至中性或弱碱性。为此分别加入 2 滴酚酞指示剂，用 0.025mol/L 硫酸溶液或 0.05mol/L 氢氧化钠溶液调节使溶液由红色变至无色。再各加 1mL 50g/L 铬酸钾溶液，用硝酸银标准溶液进行滴定，同时用玻璃棒不停搅拌，直至产生橘黄色为止。

3. 分析结果表述

水样中氯化物含量按式(7-6) 计算：

$$\rho(Cl^-) = \frac{(V_2 - V_1) \times 0.500 \times 1000}{V} \tag{7-6}$$

式中　$\rho(Cl^-)$——水样中氯化物含量，mg/L；

V_1——纯水空白消耗硝酸银标准溶液体积，mL；

V_2——水样消耗硝酸银标准溶液体积，mL；

V——水样体积，mL。

第二节　饮料中可溶性固形物的测定

可溶性固形物主要是指可溶性糖类，包括单糖、双糖、多糖（除淀粉，纤维素、几丁质、半纤维素不溶于水)，是反映果蔬、乳饮料等产品主要营养物质多少的一项指标。

检测依据：GB/T 12143—2008《饮料通用分析方法》

测定方法：折光计法

本方法适用于透明液体、半黏稠、含悬浮物的饮料制品。

1. 方法原理

在 20℃用折光计测量待测样液的折射率，并用折射率与可溶性固形物含量的换算表查得或在折光计上直接读出可溶性固形物含量。

2. 分析步骤

(1) 试液的制备

① 透明液体制品 将试样充分混匀，直接测定。

② 半黏稠制品（果浆、菜浆类） 将试样充分混匀，用四层纱布挤出滤液，弃去最初几滴，收集滤液供测试用。

③ 含悬浮物制品（颗粒果汁类饮料） 将待测样品置于组织捣碎机中捣碎，用四层纱布挤出滤液，弃去最初几滴，收集滤液供测试用。

(2) 样品测定

① 测定前按说明书校正折光计，此处以阿贝折光计为例，其他折光计按说明书操作。

② 分开折光计两面棱镜，用脱脂棉蘸乙醚或乙醇擦净。

③ 用末端熔圆之玻璃棒蘸取试液 2～3 滴，滴于折光计棱镜面中央（注意勿使玻璃棒触及镜面）。

④ 迅速闭合棱镜，静置 1min，使试液均匀无气泡，并充满视野。

⑤ 对准光源，通过目镜观察接物镜。调节指示规，使视野分成明暗两部分，再旋转微调螺旋，使明暗界限清晰，并使其分界线恰在接物镜的十字交叉点上。读取目镜视野中百分数或折射率，并记录棱镜温度。

⑥ 如目镜读数标尺刻度为百分数，即为可溶性固形物含量（%）；如目镜读数标尺为折射率，可查《饮料通用分析方法》(GB/T 12143—2008) 附录 A（20℃时折射率与可溶性固形物含量对照表）换算为可溶性固形物含量（%）。

⑦ 将上述百分含量按《饮料通用分析方法》(GB/T 12143—2008) 附录 B（20℃时可溶性固形物含量与温度的校正表）换算为 20℃时可溶性固形物含量（%）。

允许误差：同一样品两次测定值之差，不应大于 0.5%。取两次测定的算术平均值作为结果，精确到小数点后一位。

第三节 果蔬汁饮料中 L-抗坏血酸的测定

抗坏血酸又称维生素 C 或 L-抗坏血酸，属于水溶性维生素。它具有促进牙齿和骨骼的生长，改善铁、钙和叶酸的利用，增强机体对外界环境的抗应激能力和免疫力等功效。其毒性很小，常在果蔬汁饮料加工中作为营养强化剂使用，依据 GB 2760—2011《食品添加剂使用标准》规定，浓缩果蔬汁（浆）最大使用量为按生产需要适量使用。

测定依据：GB/T 12143—2008《饮料通用分析方法》

测定方法：乙醚萃取法

1. 方法原理

乙醚萃取法根据氧化-还原反应原理，2,6-二氯靛酚能被 L-抗坏血酸还原为无色体，微过量的 2,6-二氯靛酚用乙醚提取，然后由醚层中的玫瑰红色来确定滴定终点。

2. 分析步骤

(1) 试液的制备

① 浓缩汁 在浓缩汁中加入与在浓缩过程中失去的天然水分等量的水，使成为原汁。然后同原汁一样取一定量样品，稀释、混匀供测试。

② 原汁 称取含抗坏血酸 4～10mg 有代表性的样品（精确到 0.001g），用 2%草酸溶液稀释到 200mL，混匀供测试。

③ 果蔬汁饮料 抗坏血酸含量在 0.05mg/mL 以下的样品，混匀后直接取样测定；抗

坏血酸含量在 0.05mg/mL 以上的样品，称取含抗坏血酸 4～10mg 有代表性的样品（精确到 0.001g），用 2%草酸溶液稀释到 200mL，混匀供测试。

④ 果蔬汁碳酸饮料　先将样品旋摇到基本无气泡后，按果汁饮料制备。

⑤ 固体饮料　称取含抗坏血酸 4～10mg 有代表性的样品（精确到 0.001g），用 2%草酸溶液溶解并稀释至 200mL，混匀供测试。

(2) 乙醚抽提处理　对于高度乳化或样液色泽较深且易被乙醚抽提的样品，取样后置分液漏斗中，加 30mL 乙醚，充分振摇但勿使之乳化。待分层后将下层样液放入 200mL 容量瓶中，分液漏斗中加入 20mL 2%草酸溶液。适当振摇，待分层后，将下层水溶液放入上述的 200mL 容量瓶中。如此反复操作四次，将每次的下层水溶液均放入 200mL 容量瓶内，然后用 2%草酸溶液稀释至刻度。

(3) 空白试液的制备　按试液制备中所确定的取样量称取同一样品（精确到 0.001g），置于 250mL 锥形瓶中，加 20mL 10%硫酸铜溶液，加水使总体积约为 100mL，置于垫有石棉网的电炉上，小心加热至沸并保持微沸 15min，然后用流动水冷却到室温。将此溶液转移到 200mL 容量瓶中，用水稀释至刻度，摇匀，供空白测定。

(4) 分析测定

① 试液的测定　取 10～15 支 50mL 比色管，在每支比色管中加入 10.00mL 制备好的试液，各加 2.5mL 丙酮。放置 3min 后，在第一支比色管中加入 1mL 2,6-二氯靛酚，充分混匀，精确控制 40s 后，加入 2mL 乙醚，充分振摇，放置几分钟，待乙醚与水溶液分层后，观察醚层有无出现玫瑰红色。当出现淡玫瑰红色时，则表明已达到测定的暂定终点。如果 2,6-二氯靛酚全部被抗坏血酸还原，乙醚层保持无色，则在第二支比色管中加入 1.5mL 2,6-二氯靛酚。如还不显红色，再逐一按 2.0mL、2.5mL、3.0mL、3.5mL、4.0mL、4.5mL、5.0mL 的量加入 2,6-二氯靛酚溶液，直到乙醚层出现玫瑰红色达到暂定终点为止。这时所加的 2,6-二氯靛酚的量常常是过量的，所以需进一步试验，确定精确的终点。

如果加到 3.0mL 2,6-二氯靛酚溶液时出现玫瑰红色，则从第六支加有试液的比色管中开始分别加入 2.6mL、2.7mL、2.8mL、2.9mL 2,6-二氯靛酚溶液，直至呈现淡玫瑰红色为止。如在 2.9mL 刚呈红色，则 2.9mL 为精确终点。如加到 2.9mL 2,6-二氯靛酚溶液仍不显玫瑰红色，则上面的 3.0mL 就是精确终点。所用 2,6-二氯靛酚溶液为 V_a。

对于抗坏血酸含量低于 2mg/100g 的样品，用 100mL 比色管直接加倍取样测定。丙酮与乙醚的加量也相应加倍，操作同上。

对于同一个被测样液需平行测定三次。

② 空白试液的测定　吸取空白试液 10.00mL 于比色管中，同上加丙酮并逐一按 0.05mL、0.10mL、0.15mL、0.20mL 的量加入 2,6-二氯靛酚溶液，测得在乙醚层中刚呈现玫瑰红色所需的 2,6-二氯靛酚溶液的量为 V_b。

3. 分析结果表述

试样中 L-抗坏血酸含量按式(7-7) 计算：

$$X=\frac{(V_a-V_b)}{m}\times F\times 100 \tag{7-7}$$

式中　X——100g（或 100mL）样品所含 L-抗坏血酸的质量，mg/100g 或 mg/100mL；

V_a——测定试液时所需 2,6-二氯靛酚溶液的体积，mL；

V_b——测定空白试液时所需 2,6-二氯靛酚溶液的体积，mL；

F——2,6-二氯靛酚溶液的滴定度（mg/mL），即每毫升此溶液相当于 L-抗坏血酸的质量（mg）；

m——10mL 试液中所含样品的量，g 或 mL。

4. 方法解读

(1) 样品处理，常采用草酸溶液，以防止维生素C的氧化损失。

(2) 乙醚萃取法适用于果汁和蔬菜汁类饮料，尤其适用于深色饮料中L-抗坏血酸的测定，但不适用于脱氢抗坏血酸的测定。

(3) 允许误差：以误差在允许范围内的三次测定结果的算术平均值报告结果，精确到小数点后第一位。

(4) 同一样品三次测定结果的相对偏差为：其抗坏血酸含量大于或等于10mg/100g的样品应小于2%，含量小于10mg/100g的样品应小于5%。

第四节 饮料中咖啡因含量的测定

咖啡因是从茶叶、咖啡果中提炼出来的一种生物碱，适度使用有助于祛除疲劳、兴奋神经，但是大剂量或长期使用会对人体造成损害，特别是它有成瘾性，一旦停用会出现精神委顿、浑身困乏疲软等各种戒断症状。在可乐型碳酸饮料中，我国规定咖啡因的最大使用量应≤0.15g/kg。

测定依据：GB/T 5009.139—2014《食品安全国家标准 饮料中咖啡因的测定》

测定方法：高效液相色谱法（HPLC）。

1. 方法原理

样品经脱气、去除蛋白质后，用水提取、氯化镁净化，然后经C_{18}色谱柱分离，用紫外检测器检测，以外标法定量。

2. 分析步骤

(1) 试样制备

① 可乐型饮料 试样先用超声清洗器在40℃下超声5min脱气。取脱气试样5g（精确至0.001g），加水定容至5mL，加入0.5g氧化镁，振摇，静置，取上清液经微孔滤膜过滤，备用。

② 不含乳的咖啡、茶叶液体制品 称取5g（精确至0.001g），加水定容至5mL，摇匀，加入0.5g氧化镁，振摇，静置，取上清液经微孔滤膜过滤，备用。

③ 含乳的咖啡及茶叶液体制品 称取1g（精确至0.001g）样品，加入三氯乙酸定容至10mL，摇匀，静置，沉淀蛋白质，取上清液经微孔滤膜过滤，备用。

④ 咖啡、茶叶及其固体制品 称取1g（精确至0.001g）经粉碎低于30目的均匀样品于250mL锥形瓶中，加入约200mL水，沸水浴30min，振摇，取出流水冷却1min，加入5g氧化镁，振摇，再放入沸水浴20min，取出锥形瓶，冷却至室温，转移至250mL容量瓶中，加水定容至刻度，摇匀，静置，取上清液经微孔滤膜过滤备用。

(2) 色谱参考条件

色谱柱：C_{18}柱或同等性能的色谱柱。

流动相：甲醇＋水＝24＋76。

流动相的流速：1.0mL/min。

检测波长：272nm。

柱温：25℃。

进样量：10μL。

(3) 标准曲线的绘制 用甲醇配制成咖啡因浓度分别为0.0μg/mL、20.0μg/mL、40.0μg/mL、100μg/mL、200μg/mL的标准系列，然后分别进样10μL，测定相应的峰面积，以标准工作液的浓度为横坐标，以峰面积为纵坐标，绘制标准曲线。

（4）测定　将试样溶液注入液相色谱仪中，以保留时间定性，同时记录峰面积，根据标准曲线得到待测溶液中的咖啡因浓度。

3. 分析结果表述

$$\text{可乐型饮料中咖啡因含量（mg/L）} = c \tag{7-8}$$

$$\text{咖啡、茶叶及其制成品中咖啡因含量（mg/100g）} = c \times V \times 100/(m \times 1000) \tag{7-9}$$

式中　c——由标准曲线求得试样稀释液中咖啡因的含量，μg/mL；

V——试样定容体积，mL；

m——试样质量，g。

可乐型饮料：在重复性条件下获得的两次独立测定结果的绝对差值不得超过算术平均值的 5%；

咖啡、茶叶及其制品：在重复性条件下获得的两次独立测定结果的绝对差值不得超过算术平均值的 10%。

4. 方法解读

HPLC 法检出限：可乐型饮料为 0.72mg/L；茶叶、咖啡及其制品为 1.8mg/100g。

第五节　茶饮料中茶多酚含量的测定

茶多酚又名茶单宁、茶鞣质，是茶叶中 30 多种酚类物质的总称，是茶饮料的特征指标。茶多酚具有对人体有抗衰老、抗氧化、降胆固醇等作用。GB/T 21733—2008《茶饮料》中规定了各类茶饮料中茶多酚的指标分别为：红茶、花茶≥300mg/kg；绿茶≥500mg/kg；乌龙茶≥400mg/kg；奶茶、果味茶饮料≥200mg/kg。

检测依据：GB/T 21733—2008《茶饮料》

测定方法：分光光度法

1. 方法原理

茶叶中的多酚类物质能与亚铁离子形成紫蓝色络合物，用分光光度计测定其含量。

2. 分析步骤

（1）试液制备

① 较透明的样液（如果味茶饮料）　将样液充分摇匀后，备用。

② 较浑浊的样液（如果汁茶饮料、奶茶饮料等）　称取充分混匀的样液 25.00mL 于 50mL 容量瓶中，加入 95%乙醇 15mL，充分摇匀，放置 15min 后，用水定容至刻度，用慢速定量滤纸过滤，滤液备用。

③ 含碳酸气的样液　量取充分混匀的样液 100.00g 于 250mL 烧杯中，称取其总重量，然后置于电炉上加热至沸，在微沸状态下加热 10min，将二氧化碳气排除。冷却后，用水补足其原来的重量。摇匀后，备用。

（2）测定　精确称取上述制备的试液 1～5g 于 25mL 容量瓶中，加水 4mL、酒石酸亚铁溶液 5mL，充分摇匀，用 pH 7.5 的磷酸缓冲溶液定容至刻度。用 10mm 比色皿，在波长 540nm 处，以试剂空白作参比，测定其吸光度（A_1）。同时称取等量的试液于 25mL 容量瓶中，加水 4mL，用 pH 7.5 的磷酸缓冲溶液定容至刻度测定其吸光度（A_2）。

3. 分析结果表述

样品中茶多酚含量按式(7-10) 计算：

$$X = \frac{(A_1 - A_2) \times 1.957 \times 2 \times K}{m} \times 1000 \tag{7-10}$$

式中 X——样品中茶多酚含量，mg/kg；

A_1——试液显色后的吸光度；

A_2——试液底色的吸光度；

1.957——用10mm比色皿，当吸光度等于0.50时，1mL茶汤中茶多酚的含量相当于1.957mg；

K——稀释倍数；

m——测定时称取试液的质量，g。

同一样品的两次平行测定结果之差不得超过平均值的5%。

技能训练十二 杏仁露中可溶性固形物的测定

一、分析检测任务

产品检测方法标准	GB/T 12143—2008《饮料通用分析方法》
产品验收标准	QB/T 2438—2006《植物蛋白饮料 杏仁露》
关键技能点	阿贝折光计使用
检测所需设备	阿贝折光计，食品组织捣碎机
检测所需试剂	95%乙醇

二、任务实施

1. 设备调试

阿贝折光计校正：用已知折射率的标准液体（一般用纯水），测定其折射率，读取数值，若与该条件下纯水的标准折射率不符，调整刻度盘上的数值，直至相符为止。

2. 操作步骤

(1) 试液的制备

① 透明液体制品 将试样充分混匀，直接测定。

② 半黏稠制品（果浆、菜浆类） 将试样充分混匀，用四层纱布挤出滤液，弃去最初几滴，收集滤液供测试用。

③ 含悬浮物制品（颗粒果汁类饮料） 将待测样品置于组织捣碎机中捣碎，用四层纱布挤出滤液，弃去最初几滴，收集滤液供测试用。

(2) 样品测定

① 测定前按说明书校正折光计，以阿贝折光计为例，其他折光计按说明书操作。

② 分开折光计两面棱镜，用脱脂棉蘸乙醚或乙醇擦净。

③ 用末端熔圆之玻璃棒蘸取试液2～3滴，滴于折光计棱镜面中央（注意勿使玻璃棒触及镜面）。

④ 迅速闭合棱镜，静置1min，使试液均匀无气泡，并充满视野。

⑤ 对准光源，通过目镜观察接物镜。调节指示规，使视野分成明暗两部分，再旋转微调螺旋，使明暗界限清晰，并使其分界线恰在接物镜的十字交叉点上。读取目镜视野中百分数或折射率，并记录棱镜温度。

⑥ 如目镜读数标尺刻度为百分数，即为可溶性固形物含量（%）；如目镜读数标尺为折

射率，可查《饮料通用分析方法》(GB/T 12143—2008) 附录 A（20℃时折射率与可溶性固形物含量对照表）换算为可溶性固形物含量（%）。

⑦ 将上述百分含量按《饮料通用分析方法》(GB/T 12143—2008) 附录 B（20℃时可溶性固形物含量与温度的校正表）换算为 20℃时可溶性固形物含量（%）。

三、关键技能点操作指南

阿贝折光仪的校正、使用与维护

1. 折光仪的校正

通常用测定蒸馏水折射率的方法进行校正，即在标准温度 20℃下折光仪应表示出折射率为 1.33299 或可溶性固形物为 0。若校正时温度不是 20℃，应查“蒸馏水的折射率表”，以该温度下蒸馏水的折射率进行核准。

对于高刻度值部分，用具有一定折射率的标准玻璃块（仪器附件）来校正。方法是打开进光棱镜，在标准玻璃块的抛光面上滴上一滴溴化萘，将其粘在折射棱镜表面上，使标准玻璃块抛光的一端向下以接受光线，读出的折射率应与标准玻璃块的折射率一致。校正时若读数有偏差，可先使读数指示于蒸馏水或标准玻璃块的折射率值，再调节分界线调节旋钮，直至明暗分界线恰好通过十字交叉点。在以后的测定过程中，不能再动分界线调节旋钮。

2. 折光仪使用方法

(1) 用脱脂棉蘸取乙醇擦净两棱镜表面，挥干乙醇。滴 1～2 滴样液于下面棱镜的中央，迅速旋转棱镜锁紧扳手，调节小反光镜和反光镜至光线射入棱镜，使两镜筒内视野明亮。

(2) 由目镜观察，转动棱镜旋钮，使视野呈现明暗两部分。

(3) 旋转色散补偿器旋钮，使视野中只有黑白两色。

(4) 旋转棱镜旋钮，使明暗分界线在十字线交叉点。

(5) 在读数镜筒读出折射率或质量百分浓度。

(6) 同时记录测定时的温度。

(7) 对颜色较深的样液进行测定时，应采用反光法测定，以减少误差。即取下保护罩作为进光面，使光线间接射入而观察之，其余操作相同。

(8) 打开棱镜，若所测定的是水溶性样液，棱镜用脱脂棉吸水擦拭干净；若是油类样液，则用乙醇或乙醚、二甲苯等擦拭。折光仪上的刻度是在标准温度 20℃下刻制的，折射率测定最好在 20℃下进行。若测定温度不是 20℃，应查表对测定结果进行温度校正。因为温度升高溶液的折射率减小、温度降低折射率增大，因此，当测定温度高于 20℃时，应加上校正数；低于 20℃时则减去校正数。例如在 25℃下测得果汁的可溶性固形物含量为 15%，查“糖液折光温度改正表”得校正值 0.37，则该果汁可溶性固形物的准确含量为 15%+0.37%=15.37%。

3. 折光仪的维护

(1) 仪器应放在干燥、空气流通的室内，防止受潮后光学零件发霉。

(2) 仪器使用完毕须进行清洁并挥干后放入贮有干燥剂的箱内，防止湿气和灰尘侵入。

(3) 严禁以油手或汗手触及光学零件，如光学零件不清洁，先用汽油后用二甲苯擦干净。切勿用硬质物料触及棱镜，以防损伤。

(4) 仪器应避免强烈振动或撞击，以免光学零件损伤而影响精度。

四、技能操作考核点

序号	考核项目	考核内容	技能操作要点
1	准备工作	着装	着工作服，整洁
2	样品准备	组织捣碎机使用	能正确捣碎、移取试样
		过滤	四层纱布过滤、过滤操作正确
3	折光仪使用	仪器校正	校正方法准确
		清洁棱镜	清洁方法与步骤正确
		样液滴加	1～2滴、均匀、滴管不碰触棱镜面
		测定过程符合要求	操作步骤的顺序与方法正确
		读数	能读取折射率或质量分数
		再次清洁棱镜	更换试样时棱镜清洁
4	结束工作	整理	废液处理，清洗、整理实验用仪器和台面
		文明操作	无器皿破损、仪器损坏
5	实验结果	原始数据	原始数据记录准确、完整、美观
		计算	公式正确，计算过程正确
		有效数字	正确保留有效数字
		平行性	符合标准相关规定
		回收率	在合理的范围内

技能训练十三　碳酸饮料中蔗糖含量的测定

一、分析检测任务

产品检测方法标准	GB/T 5009.8—2008《食品中蔗糖的测定》
产品验收标准	—
关键技能点	酸式滴定管的使用
	碱性酒石酸铜溶液的配制与标定
检测所需设备	电热恒温水浴锅装置
检测所需试剂	氢氧化钠溶液(20g/L)，硫酸铜，酒石酸钾钠，甲基红指示剂(1g/L)，亚甲基蓝，盐酸(1+1)，冰醋酸，葡萄糖标准溶液(1.0mg/mL)，蔗糖

二、任务实施

1. 设备调试

(1) 接通电热恒温水浴电源，设置实验所需温度68～70℃。

(2) 酸式滴定管准备：洗涤—试漏—润洗—装液—调零，具体操作见关键技能点操作指南。

2. 操作步骤

（1）配制试剂

① 亚甲蓝（次甲基蓝）指示剂（10g/L） 称取1g亚甲蓝加水溶解后，定容至100mL。

② 盐酸溶液（1+1） 量取50mL盐酸，缓慢加入50mL水中，冷却后混匀。

③ 200g/L氢氧化钠溶液 称取20g氢氧化钠加水溶解后，放冷，并定容至100mL。

④ 甲基红指示剂（1g/L） 称取甲基红0.1g用少量乙醇溶解后定容至100mL。

⑤ 葡萄糖标准溶液（1mg/mL） 称取1g（精确至0.0001g）经过98～100℃干燥2h的葡萄糖，加水溶解后加入5mL盐酸并以水定容至1L。

（2）试液的制备 称取约100g混匀后的样品（精确至0.01g）置于蒸发皿中，在水浴上微热搅拌除去二氧化碳后，移入250mL容量瓶中，并用水洗涤蒸发皿，洗液并入容量瓶中，再加水至刻度，混匀后备用。按此法准备两份样品，一份用于测定原有还原糖含量，另一份用于测定水解后还原糖含量。

（3）还原糖含量测定

① 用葡萄糖标准溶液标定碱性酒石酸铜溶液 具体步骤见关键技能点操作指南。

② 试样溶液预测 准确吸取碱性酒石酸铜甲、乙液各5.0mL，放入150mL锥形瓶中，加蒸馏水10mL，加入玻璃珠两粒，置电炉上加热至沸，保持沸腾，以先快后慢的速度，从滴定管滴加试样，并保持溶液微沸状态，待溶液颜色变浅时，以每两秒一滴的速度滴定，直至溶液蓝色刚好褪去为终点，记录样液消耗体积V_0。

注：若样液中还原糖浓度过高，应适当稀释后再进行正式滴定，使每次滴定消耗样液体积控制在与标定酒石酸铜溶液时所消耗的还原糖标准溶液的体积相近，约10mL。

③ 试样溶液测定 准确吸取碱性酒石酸铜甲、乙液各5.0mL，放入150mL锥形瓶中，加蒸馏水10mL，从滴定管滴加比预测体积V_0少1mL的试样溶液，置电炉上加热至沸，保持沸腾状态继续以每两秒一滴的速度滴定，直至溶液蓝色刚好褪去为终点，记录样液消耗的体积V_1。同法平行操作三份。以V_1计算样品中原有还原糖含量R_1。

（4）酸水解 吸取2份50mL试样处理液，分别置于100mL容量瓶中，其中一份加5mL盐酸（1+1），置68～70℃水浴中加热15min。取出迅速冷却后加甲基红指示剂2滴，用氢氧化钠溶液（200g/L）中和至中性（溶液呈微红色），加水至刻度，摇匀备用。另一份直接加水稀释至100mL。

（5）水解后转化液中还原糖测定

① 水解液预测 准确吸取碱性酒石酸铜甲、乙液各5.0mL，放入150mL锥形瓶中，加蒸馏水10mL，加入玻璃珠两粒，置电炉上加热至沸，保持沸腾，以先快后慢的速度，从滴定管滴加试样，并保持溶液微沸状态，待溶液颜色变浅时，以每两秒一滴的速度滴定，直至溶液蓝色刚好褪去为终点，记录样液消耗体积V'_0。

② 测定 准确吸取碱性酒石酸铜甲、乙液各5.0mL，放入150mL锥形瓶中，加蒸馏水10mL，从滴定管滴加比预测体积V'_0少1mL的试样溶液，置电炉上加热至沸，保持沸腾状态继续以每两秒一滴的速度滴定，直至溶液蓝色刚好褪去为终点，记录样液消耗的体积V_2。同法平行操作三份。以V_2计算水解液中还原糖含量R_2。

3. 原始数据记录与处理

原始数据记录				
1. 碱性酒石酸铜溶液的标定				
滴定消耗葡萄糖标准溶液体积/mL	V_1	V_2	V_3	$\overline{V}_0$

续表

2. 样品中原有还原糖测定				
预测时消耗试样溶液体积/mL				
正式滴定时消耗试样溶液体积/mL	V_1	V_2	V_3	$\overline{V}_1$
3. 样品水解后还原糖的测定				
预测时消耗试样溶液体积/mL				
正式滴定时消耗试样溶液体积/mL	V_1	V_2	V_3	$\overline{V}_2$

计算公式：

(1)碱性酒石酸铜溶液的标定

$$F=Vc$$

式中　c——葡萄糖标准溶液的浓度，mg/mL；

V——标定时平均消耗葡萄糖标准溶液的总体积，mL；

F——10mL 费林试剂相当于葡萄糖的质量，mg。

(2)试样中还原糖的含量(以葡萄糖计)

$$X=\frac{F}{m\times\frac{V}{250}\times1000}\times100$$

式中　X——试样中还原糖的含量(以葡萄糖计)，g/100g；

F——10mL 费林试剂相当于葡萄糖的质量，mg；

m——试样的质量，g；

V——测定时平均消耗葡萄糖标准溶液的体积，mL。

(3)以葡萄糖为标准滴定液，试样中蔗糖含量

$$X=(R_2-R_1)\times0.95$$

式中　X——试样中蔗糖的含量，g/100g；

R_2——水解处理后还原糖含量，g/100g；

R_1——不经水解处理的还原糖含量，g/100g；

0.95——还原糖(以葡萄糖计)换算为蔗糖的系数。

检验结果：

测定结果精密度评定：

三、关键技能点操作指南

1. 碱性酒石酸铜溶液的配制与标定

(1) 配制

① 碱性酒石酸铜甲液（费林试剂 A）　称取 15g 硫酸铜（$CuSO_4 \cdot 5H_2O$）及 0.05g 次甲基蓝，溶于水中并稀释至 1000mL。

② 碱性酒石酸铜乙液（费林试剂 B）　称取 50g 酒石酸钾钠及 75g 氢氧化钠，溶于水中，再加入 4g 亚铁氰化钾，完全溶解后，用水稀释至 1000mL，贮存于带橡胶塞玻璃瓶内。

(2) 标定

① 准确吸取碱性酒石酸铜甲、乙液各 5.0mL，放入 150mL 锥形瓶中。

② 加蒸馏水 10mL，置电炉上加热至沸。

③ 从滴定管滴加约 9mL 葡萄糖溶液，控制在 2min 内加热至沸。

④ 趁热以每两秒一滴的速度继续滴加葡萄糖溶液，直至溶液蓝色刚好褪去为终点，记

录消耗的葡萄糖溶液的总体积。

平行操作三份，取其平均值，计算每10mL碱性酒石酸铜溶液相当于葡萄糖的质量。

（3）按下式计算

$$F=Vc$$

式中 c——葡萄糖标准溶液的浓度，mg/mL；

V——标定时消耗葡萄糖标准溶液的总体积，mL；

F——10mL费林试剂相当于葡萄糖的质量，mg。

2. 酸式滴定管的使用与维护

（1）滴定管的洗涤方法 滴定管的外侧可用洗洁精刷洗，管内无明显油污的滴定管可直接用自来水冲洗，或用洗涤剂泡洗，但不可刷洗，以免划伤内壁，影响体积的准确测量。若有油污不易洗净，可采用铬酸洗液洗涤。酸式滴定管可倒入铬酸洗液10mL左右，把管子横过来，两手平端滴定管转动，直至洗涤液沾满管壁，直立，将铬酸洗液从管尖放出。铬酸洗液用后仍倒回原瓶内，可继续使用。用铬酸洗液洗过的滴定管先用自来水充分洗净后，再用适量蒸馏水荡洗3次，管内壁如不挂水珠，则可使用。

（2）滴定管使用前的准备

① 酸式滴定管使用前应检查活塞转动是否灵活。

② 试漏 试漏的方法是先将活塞关闭，在滴定管内装满水，放置2min，观察管口及活塞两端是否有水渗出；然后将活塞转动180°，再放置2min，看是否有水渗出，若无渗水现象，活塞转动也灵活，即可使用；否则应重新涂油。

③ 涂油 将活塞取出，用滤纸擦干活塞及活塞套，在活塞粗端和活塞套细端分别涂一薄层凡士林，亦可在玻璃活塞孔的两端涂上一薄层凡士林，小心不要涂在孔边以防堵塞孔眼。然后将活塞放入活塞套内，沿一个方向旋转，直至透明为止，最后应在活塞末端套一橡皮圈以防使用时将活塞顶出。

若活塞孔或玻璃尖嘴被凡士林堵塞时，可将滴定管充满水后，将活塞打开，用洗耳球在滴定管上部挤压、鼓气，一般可将凡士林排出。若还不能把凡士林排除，可将滴定管尖端插入热水中温热片刻，然后打开旋塞，使管内的水突然流下，将软化的凡士林冲出，并重新涂油、试漏。

酸式滴定管用于盛放酸性和氧化性溶液，但不能盛放碱性溶液，因其磨口玻璃塞会被碱性溶液腐蚀，放置久了，活塞将打不开。

（3）标准溶液的装入

① 润洗 为了避免装入后的标准溶液被稀释，应用该标准溶液荡洗滴定管2～3次（每次5～10mL）。操作时两手平端滴定管，慢慢转动，使标准溶液流遍全管，然后使溶液从滴定管下端放出，以除去管内残留水分。

② 装液 在装入标准溶液时，应直接倒入，不得借助其他容器（如烧杯、漏斗等），以免标准溶液浓度改变或造成污染。

③ 排气 装好标准溶液后，应检查滴定管尖嘴内确保无气泡。否则在滴定过程中气泡逸出影响溶液体积的准确测量。若有气泡，对于酸式滴定管可迅速转动活塞，使溶液很快冲出，将气泡带走。

④ 调零 调节液面在“0.00”mL刻度，或在“0.00”mL刻度以下处，并记下初读数。

（4）滴定操作 使用酸式滴定管滴定时，左手控制活塞，大拇指在前，食指和中指在后，手指略微弯曲，轻轻向内扣住活塞（图7-1），注意手心不要顶住活塞，以免将活塞顶出，造成漏液。右手持锥形瓶，边滴边摇（图7-2），使瓶内溶液混合均匀，反应进行完全。刚开始滴定时，滴定液滴出速度可稍快，但不能使滴出液呈线状。临近终点时，滴定速度应十分缓慢，应一滴或半滴地加入。滴一滴，摇几下，并用洗瓶吹入少量蒸馏水洗锥形瓶内壁，使溅起附着在锥形瓶内壁的溶液洗下，以使反应完全，然后再加半滴，直至终点为止。

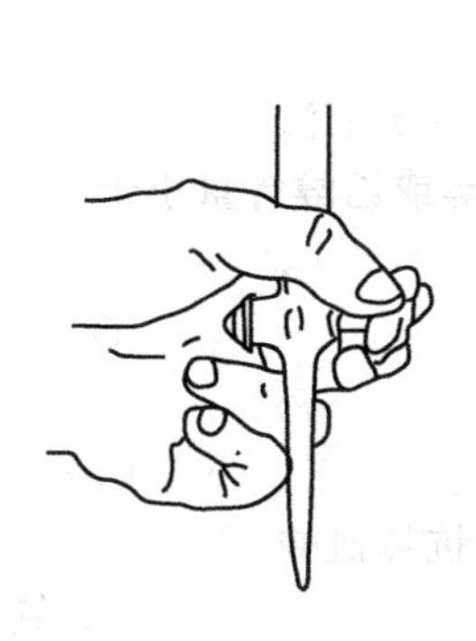

图 7-1 酸式滴定管的操作

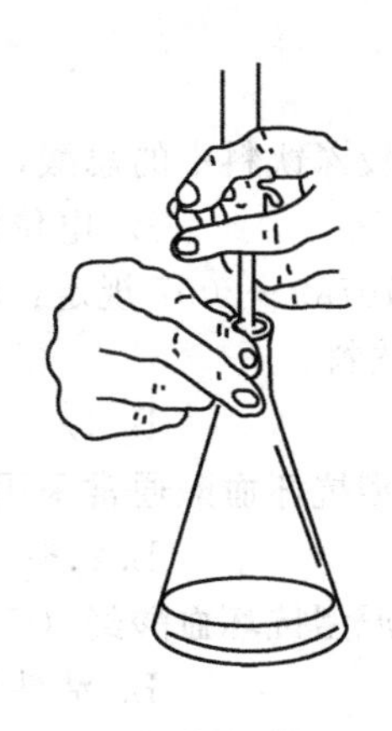

图 7-2 滴定操作

四、技能操作考核点

序号	考核项目	考核内容	技能操作要点
1	准备	着装	着工作服，整洁
2	酸式滴定管的使用	滴定台搭建	滴定台搭建正确
		检漏	不漏水
		洗涤、润洗	蒸馏水冲洗，滴定溶液润洗，少量多次
		装液、排空气	方法正确
3	转化糖与样品制备	二氧化碳排除	方法正确
		蔗糖水解	温度与时间控制准确
		水解液滴定	滴定至中性
4	滴定	加热时间预测	取共 29mL 试剂、水及葡萄糖液，2min 内沸腾
		滴定速度	2s/滴，1min 内滴完
		终点判断	溶液蓝色消失
		读数	滴定管垂直，准确到 0.01mL
		平行性	两次滴定之间差异不超过 0.1mL
		试样用量	10mL 左右
		滴定过程	保持沸腾
5	结束工作	整理	废液处理，清洗、整理用具
		文明操作	无器皿破损、仪器损坏
		实验室安全	安全操作
6	实验结果	原始数据	原始数据记录准确、完整、美观
		计算	公式正确，计算过程正确
		有效数字	正确保留有效数字
		平行性	取两个平行不超过 0.1mL
		准确性	测定结果的准确度达到规定要求

单元复习与自测

一、选择题

1. 欲测颜色较深饮料中的总酸，要用（　　）。

A. 酸碱滴定法　　B. 电位法　　C. 水蒸气蒸馏法

2. 我国 GB 10789—2007 规定：软饮料是指不含乙醇或乙醇含量小于（　　）的饮料制品，又称非酒精饮料。

A. 5%　　B. 2%　　C. 1%　　D. 0.5%

3. 测定还原型抗坏血酸通常采用（　　）。

A. 荧光法　　B. 2,6-二氯酚靛酚滴定法　　C. 2,4-二硝基苯肼法

4. 样品中还原型抗坏血酸经（　　）氧化成脱氢型抗坏血酸。

A. 亚硫酸　　B. 活性炭　　C. 乙醛　　D. 氢氧化钠

5. 茶叶中的多酚类物质能与（　　）形成蓝紫色络合物，用分光光度法测定其含量。

A. Fe^{2+}　　B. Fe^{3+}

6. 饮料用水色度的测定是用（　　）配制成与天然水黄色色调相同的标准色列与水样进行目视比色来测定。

A. 氯化钾和氯化钠　　B. 氯酸钾和氯酸钠

C. 氯铂酸钾和氯化钴　　D. 次氯酸钾和次氯酸钠

7. 浊度是反映天然水及饮用水的（　　）的一项指标。

A. 物理性状　　B. 化学性状　　C. 感官性状　　D. 卫生性状

8. 饮料厂选择水源和用水的每一个阶段，如水的软化、沉淀、酸碱中和等都与水的（　　）有关。

A. OH^-　　B. Cl^-　　C. pH　　D. Ca^{2+}

9. 用配位滴定法测水中硬度时，当（　　）时，乙二胺四乙酸二钠先与钙离子、再与镁离子形成螯合物，滴定终点时，溶液呈现出铬黑 T 指示剂的天蓝色。

A. pH=8　　B. pH=10　　C. pH=12　　D. pH=14

10. 银盐法测定氯化物含量的滴定终点是（　　）沉淀。

A. 白色　　B. 黄色　　C. 红色　　D. 蓝色

11. 饮料标签上标示内容应符合 GB 7718、GB 13432 的规定，还规定添加食糖的果汁，应在（　　）的邻近部位清晰地标明“加糖”字样。

A. 产品名称　　B. 标签顶端　　C. 标签左边　　D. 标签右边

12. 在（　　）用折光计测量待测样液的折射率，并用折射率与可溶性固形物含量的换算表查得可溶性固形物含量。

A. 4℃　　B. 10℃　　C. 20℃　　D. 15℃

13. 蒸馏滴定法测定饮料中二氧化碳时，试样要经（　　）处理后才加热蒸馏。

A. 强碱　　B. 强酸　　C. 弱碱、弱酸　　D. 强碱、强酸

14. 乙醚萃取法测定果蔬汁饮料中 L-抗坏血酸时是要依据醚层中的（　　）色来确定滴定终点。

A. 橙红　　B. 亮红　　C. 浅红　　D. 玫瑰红

15. 测定果蔬汁饮料中 L-抗坏血酸，样品处理时常采用（　　）溶液，以防止维生素 C 的氧化损失。

A. 盐酸　　B. 草酸　　C. 乙酸　　D. 乳酸

16. 茶叶中的多酚类物质能与亚铁离子形成（　　）络合物，可用分光光度法测定其含量。

A. 紫蓝色　　B. 橙红色　　C. 黄绿色　　D. 红紫色

二、简答题

1. 软饮料用水理化指标有哪些？

2. 简述饮料用水色度的测定方法及原理。

3. 简述饮料用水硬度的测定方法及原理。

4. 饮料中的可溶性固形物是指哪些成分？简述测定可溶性固形物的方法及主要步骤。

5. 简述果蔬汁饮料中L-抗坏血酸测定的方法及原理。样品处理时加入草酸的目的是什么？

6. 根据饮料中咖啡因含量测定的方法及原理，由于茶叶中含有单宁、树脂、胶质、蛋白质等杂质，使用三氯甲烷萃取前应进行怎样的处理？

第八章　罐头食品检验

第一节　罐头食品中组胺的测定

组胺作为一种生物胺，是由微生物作用于其前体氨基酸——组氨酸而产生的，广泛存在于各种食品及生物体内，尤其是发酵食品（如葡萄酒、奶酪、酱油、水产品及肉类产品等）中。当人体摄入过量组胺时，会引起头痛、恶心、心悸、血压变化、呼吸紊乱等过敏反应，甚至危及生命。组胺不仅是判定鱼类鲜度的一项重要指标，其也是食物中毒的原因物质，其来源于鱼类存在的游离组氨酸，在具有组氨酸脱羧酶的细菌作用下，发生脱羧反应而形成的腐败性胺类物质。

GB 14939—2005《鱼类罐头卫生标准》中规定组胺限量为不超过 100mg/100g。

检测依据：GB/T 5009.45—2003《水产品卫生标准的分析方法》

测定方法：比色法

1. 方法原理

食品中组胺用正戊醇提取，与重氮盐在弱碱性溶液中进行偶氮反应，产生有色化合物，与标准系列比较定量。

2. 分析步骤

（1）试样处理　称取 5.00～10.00g 绞碎并混合均匀的试样，置于具塞锥形瓶中，加入 15～20mL 100g/L 三氯乙酸溶液，浸泡 2～3h，过滤。吸取 2.0mL 滤液，置于分液漏斗中，加 250g/L 氢氧化钠溶液使呈碱性，每次加入 3mL 正戊醇，振摇 5min，提取三次，合并正戊醇并稀释至 10.0mL。吸取 2.0mL 正戊醇提取液于分液漏斗中，每次加 3mL 盐酸（1＋11）振摇提取三次，合并盐酸提取液并稀释至 10.0mL，备用。

（2）测定　吸取 2.0mL 盐酸提取液于 10mL 比色管中，另吸取 0.00mL、0.20mL、0.40mL、0.60mL、0.80mL、1.00mL 组胺标准使用液（相当于 0.0μg、4.0μg、8.0μg、12μg、16μg、20μg 组胺），分别置于 10mL 比色管中，加水至 1mL，再各加 1mL 盐酸（1＋11）。试样与标准管各加 3mL 碳酸钠溶液（50g/L）、3mL 偶氮试剂，加水至刻度，混匀，放置 10min 后用 1cm 比色杯以零管调节零点，于 480nm 波长处测吸光度，绘制标准曲线比较，或与标准系列目测比较。

3. 分析结果表述

试样中组胺的含量按式(8-1) 计算：

$$X=\frac{m_1}{m\times\frac{2}{V}\times\frac{2}{10}\times\frac{2}{10}\times 1000}\times 100 \qquad (8\text{-}1)$$

式中　X——试样中组胺的含量，mg/100g；

V——加入三氯乙酸溶液（100g/L）的体积，mL；

m_1——测定时试样中组胺的质量，μg；

m——试样质量，g。

计算结果精确到小数点后一位。

在重复性条件下获得的两次独立测定结果的绝对差值不得超过算术平均值的10%。

4. 方法解读

（1）样品处理时，用正戊醇提取三氯乙酸溶液中的组胺，必须用氢氧化钠溶液调pH值至碱性，以便于游离组胺的提取。

（2）在用盐酸（1+11）提取时，需用pH试纸测一下，必须呈酸性，组胺才能成为盐酸盐而转至盐酸提取液中，以备测定用。

（3）测定中，各组胺标准比色管按标准分别加入1mL盐酸（1+11），但样品盐酸提取液比色管则不必再加上述盐酸，否则过量的盐酸会使测定结果偏低。

（4）提取时需避光进行，提取液也应避光保存。

第二节 罐头食品亚硝酸盐含量测定

亚硝酸盐是肉制品中常用的护色剂，用于腌制香肠、肴肉、腊肉、火腿时，可使肉色鲜红。它们不仅具有护色作用，同时对肉毒杆菌具有特殊的抑制作用，对提高肉制品的风味也有一定的功效。但是亚硝酸盐对人体有一定的毒性，摄入量过多，可使血液中正常的血红蛋白（二价铁）变成正铁血红蛋白（三价铁）而失去携氧功能，导致组织缺氧。亚硝酸盐也被认为是一种致癌因素。

国家标准GB 2760—2014《食品添加剂使用标准》中规定硝酸钠和亚硝酸钠只能用于肉类罐头和肉类制品；最大使用量分别为0.5g/kg及0.15g/kg；残留量以亚硝酸钠计，肉类罐头不得超过0.05g/kg，肉制品不得超过0.03g/kg。

检测依据：GB 5009.33—2010《食品中亚硝酸盐与硝酸盐的测定》

测定方法：离子色谱法（第一法）和分光光度法（第二法）

一、离子色谱法

1. 方法原理

试样经沉淀蛋白质、除去脂肪后，采用相应的方法提取和净化，以氢氧化钾溶液为淋洗液、阴离子交换柱分离、电导检测器检测。以保留时间定性，外标法定量。

2. 分析步骤

（1）样品预处理　用四分法取适量或全部，用食物粉碎机制成匀浆备用。

（2）提取　称取试样匀浆5g（精确至0.01g），以80mL水洗入100mL容量瓶中，超声提取30min，每隔5min振摇一次，保持固相完全分散。于75℃水浴中放置5min，取出放置至室温，加水稀释至刻度。溶液经滤纸过滤，取部分滤液于1000r/min离心15min，取上清液备用。

（3）试样处理　取上述备用的上清液约15mL，通过0.22μm水性滤膜针头滤器、C_{18}柱，弃去前面3mL（如果氯离子大于100mg/L，则需要依次通过针头滤器、C_{18}柱、Ag柱和Na柱，弃去前面7mL），收集后面洗脱液待测。

（4）固定相处理　固相萃取柱使用前需进行活化，如使用OnGuard Ⅱ RP柱（1.0mL）、OnGuard Ⅱ Ag柱（1.0mL）和OnGuard Ⅱ Na柱（1.0mL），其活化过程为：OnGuard Ⅱ

RP 柱（1.0mL）使用前依次用 10mL 甲醇、15mL 水通过，静置活化 30min。OnGuard Ⅱ Ag 柱（1.0mL）和 OnGuard Ⅱ Na 柱（1.0mL）用 10mL 水通过，静置活化 30min。

（5）参考色谱条件

色谱柱：氢氧化物选择性，可兼容梯度洗脱的高容量阴离子交换柱，如 dionex IonPac AS11-HC 4mm×250mm（带 IonPac AG11-HC 型保护柱 4mm×50mm），或性能相当的离子色谱柱。

淋洗液：氢氧化钾溶液，浓度为 6～70mmol/L；洗脱梯度为 6mmol/L 30min、70mmol/L 5min、6mmol/L 5min；流速 1.0mL/min。

抑制器：连续自动再生膜阴离子抑制器或等效抑制装置。

检测器：电导检测器，检测池温度为 35℃。

进样体积：50μL（可根据试样中被测离子含量进行调整）。

（6）标准曲线制作　移取亚硝酸盐和硝酸盐混合标准使用液，加水稀释，制成系列标准溶液，含亚硝酸根离子浓度为 0.00mg/L、0.02mg/L、0.04mg/L、0.06mg/L、0.08mg/L、0.10mg/L、0.15mg/L、0.20mg/L；硝酸根离子浓度为 0.0mg/L、0.2mg/L、0.4mg/L、0.6mg/L、0.8mg/L、1.0mg/L、1.5mg/L、2.0mg/L 的混合标准溶液，从低浓度到高浓度依次进样。以亚硝酸根离子或硝酸根离子的浓度（mg/L）为横坐标，以峰高（μS）或峰面积为纵坐标，绘制标准曲线或计算线性回归方程。

（7）样品测定　分别吸取空白和试样溶液 50μL，在相同工作条件下，依次注入离子色谱仪中，记录色谱图。根据保留时间定性，分别测量空白和样品的峰高（μS）或峰面积。

3. 分析结果表述

试样中亚硝酸盐（以 NO_2^- 计）或硝酸盐（以 NO_3^- 计）含量按式(8-2) 计算：

$$X=\frac{(c-c_0)\times V\times f\times 1000}{m\times 1000} \tag{8-2}$$

式中　X——试样中亚硝酸根离子或硝酸根离子的含量，mg/kg；

c——测定用试样溶液中的亚硝酸根离子或硝酸根离子浓度，mg/L；

c_0——试剂空白液中亚硝酸根离子或硝酸根离子的浓度，mg/L；

V——试样溶液体积，mL；

f——试样溶液稀释倍数；

m——试样取样量，g。

试样中测得的亚硝酸根离子含量乘以换算系数 1.5，即得亚硝酸盐（按亚硝酸钠计）含量；试样中测得的硝酸根离子含量乘以换算系数 1.37，即得硝酸盐（按硝酸钠计）含量。

以重复性条件下获得的两次独立测定结果的算术平均值表示，结果保留两位有效数字。

二、分光光度法

1. 方法原理

亚硝酸盐采用盐酸萘乙二胺法测定，硝酸盐采用镉柱还原法测定。

试样经沉淀蛋白质、除去脂肪后，在弱酸条件下亚硝酸盐与对氨基苯磺酸重氮化后，再与盐酸萘乙二胺偶合形成紫红色染料，外标法测得亚硝酸盐含量。采用镉柱将硝酸盐还原为亚硝酸盐，测得亚硝酸盐总量，由此总量减去亚硝酸盐含量即得试样中硝酸盐的含量。

2. 分析步骤

（1）试样预处理　用四分法取适量或全部，用食物粉碎机制成匀浆备用。

（2）提取　称取 5g（精确至 0.01g）制成匀浆的试样，置于 50mL 烧杯中，加 12.5mL

饱和硼砂溶液，搅拌均匀，以70℃左右的水约300mL将试样洗入500mL容量瓶中，于沸水浴中加热15min，取出置冷水浴中冷却，并放置至室温。

(3) 提取液净化　在振荡上述提取液时加入5mL亚铁氰化钾溶液（106g/L），摇匀，再加入5mL乙酸锌溶液（220g/L），以沉淀蛋白质，加水至刻度，摇匀，放置30min，除去上层脂肪，上清液用滤纸过滤，弃去初滤液30mL，滤液备用。

(4) 亚硝酸盐测定　吸取40.0mL上述滤液于50mL具塞比色管中，另吸取0.00mL、0.20mL、0.40mL、0.60mL、0.80mL、1.00mL、1.50mL、2.00mL和2.50mL亚硝酸钠标准使用溶液（相当于0.0μg、1.0μg、2.0μg、3.0μg、4.0μg、5.0μg、7.5μg、10.0μg、12.5μg亚硝酸钠），分别置于50mL具塞比色管中，于标准管和试样管中分别加入2mL对氨基苯磺酸钠溶液（4g/L），混匀，静置3～5min后各加入1mL盐酸萘乙二胺溶液（2g/L），加水至刻度，混匀，静置15min，用2cm比色杯，以零管调节零点，于波长538nm处测吸光度，绘制标准曲线比较，同时做试剂空白。

(5) 硝酸盐的测定

① 镉柱还原　先以25mL稀氨缓冲液（将氨缓冲溶液稀释10倍）冲洗镉柱，流速控制在3mL/min；吸取20mL滤液于50mL小烧杯中，加入5mL氨缓冲溶液，摇匀，倒入镉柱的贮液漏斗中，使流经镉柱还原，以原烧杯收集流出液，当贮液漏斗中样液流尽后，再加5mL水置换柱内留存的样液；将全部收集液如前再经镉柱还原一次，第二次流出液收集于100mL容量瓶中，继续以水流经镉柱洗涤三次，每次20mL，洗液一并收集于同一容量瓶中，加水至刻度，混匀。

② 亚硝酸盐总量测定　称取10～20mL还原后的样液于50mL比色管中，以下按(4)亚硝酸盐测定中自“吸取0.00mL……”起依法操作。

3. 分析结果表述

(1) 亚硝酸盐含量　试样中亚硝酸盐（以亚硝酸钠计）含量按式(8-3)计算：

$$X_1=\frac{A_1\times 1000}{m\times\dfrac{V_1}{V_0}\times 1000}\tag{8-3}$$

式中　X_1——试样中亚硝酸钠含量，mg/kg；

A_1——测定用样液中亚硝酸钠的质量，μg；

m——样品的质量，g；

V_1——测定用样液的体积，mL；

V_0——试样处理液的总体积，mL。

(2) 硝酸盐含量　试样中硝酸盐（以硝酸钠计）含量按式(8-4)计算：

$$X=\left(\frac{A_2\times 1000}{m\times\dfrac{V_2}{V_0}\times\dfrac{V_4}{V_3}\times 1000}-X_1\right)\times 1.232\tag{8-4}$$

式中　X——试样中硝酸钠含量，mg/kg；

A_2——经镉柱还原后测得总亚硝酸钠的质量，μg；

m——样品的质量，g；

V_2——总亚硝酸钠测定用样液的体积，mL；

V_0——试样处理液的总体积，mL；

V_3——经镉柱还原后样液的总体积，mL；

V_4——经镉柱还原后样液的测定用体积，mL；

1.232——亚硝酸钠换算成硝酸钠的系数；

X_1——由式(8-3) 计算出的试样中亚硝酸钠含量，mg/kg。

以重复性条件下获得的两次独立测定结果的算术平均值表示，结果保留两位有效数字。

4. 方法解读

(1) 样品处理中饱和硼砂液、亚铁氰化钾溶液、乙酸锌溶液为蛋白质沉淀剂。

(2) 镉柱每次使用完毕后，应先以25mL 0.1mol/L 盐酸液洗涤，再以重蒸水洗涤2次，每次25mL。最后要有水覆盖镉柱。为了保证硝酸盐的测定结果准确，镉柱的还原效能应当经常检查。镉柱若维持得当，经使用一年，效能尚无显著变化。

(3) 氨缓冲液除控制溶液的pH条件外，又可缓解镉对亚硝酸根的还原，还可作为络合剂，以防止反应生成的Cd^{2+}与OH^-形成沉淀。

第三节 罐头食品中金属元素的测定

罐头食品是食品保藏方法之一，通过杀菌后使罐头食品不受外界微生物污染从而达到较长时间保存食品的目的。但是，包装和机械加工等过程会引入污染，罐头生产大多采用锡焊工艺，而锡焊中的重金属极易渗透入罐头食品中，造成罐头食品中铅、锡、砷、汞等重金属元素含量增高。重金属在体内蓄积，不能全部排泄，从而引起慢性中毒。因此我国对各类罐头食品中的重金属元素限量做了严格规定。

国家标准GB 11671—2003《果蔬罐头卫生标准》、GB 13100—2005《肉类罐头卫生标准》及GB 14939—2005《鱼类罐头卫生标准》中规定的重金属含量指标如表8-1所示。

表 8-1 罐头食品重金属含量指标

名称	铅/(mg/kg)	总汞(以 Hg 计)/(mg/kg)	总砷、无机砷①(以 As 计)/(mg/kg)	镉/(mg/kg)	锡/(mg/kg)
果蔬罐头	≤1.0		≤0.5		≤250
肉类罐头	≤0.5	≤0.5	≤0.05	≤0.1	≤250
鱼类罐头	≤1.0		≤0.1	≤0.1	≤250

① 果蔬罐头以总砷计，肉类及鱼类罐头以无机砷计。

一、锡的测定

测定依据：GB 5009.16—2014《食品安全国家标准 食品中锡的测定》

测定方法：氢化物原子荧光光谱法（第一法）、苯芴酮比色法（第二法）

(一) 氢化物原子荧光光谱法

1. 方法原理

试样经酸加热消化，锡被氧化成四价锡，在硼氢化钠作用下生成锡的氢化物，并由载气带入原子化器中进行原子化，在锡空心阴极灯的照射下，基态锡原子被激发至高能态，在去活化回到基态时，发射出特征波长的荧光，其荧光强度与锡含量成正比，与标准系列比较定量。

2. 分析步骤

(1) 试样处理

① 湿法消化 取一定量的罐头样品于洁净的食品搅拌机中匀浆，称取混合均匀的试样1.0～5.0g于锥形瓶内，加1mL浓硫酸、20.0mL硝酸＋高氯酸混合酸（4＋1），放置过夜。次日置电热板上加热消化，至冒白烟，待液体体积近1mL时取下冷却。用水将消化试样转入50mL容量瓶中，加水定容至刻度，摇匀备用。同时做空白试验。

② 微波消解 取一定量的罐头样品于洁净的食品搅拌机中匀浆，称取混合均匀的试样0.5000g于消解罐内，加硝酸6mL浸泡15min，加过氧化氢1mL，塞好内塞，旋紧外盖，将消解罐均匀放入转盘内，按设定程序升温进行消解。消解完成后，将消解罐转入专用电加热板内，于160℃赶酸至消解液为黄豆粒大小，冷却后用10mL纯水少量多次洗涤消解罐。洗液合并于25mL比色管中，加入100μL百里溴酚蓝指示剂，用氢氧化钠溶液（0.5mol/L）调节消解液由黄色变成蓝色后，定容至刻度，混匀备用。同时做空白试验。

(2) 显色 取定容后的试样10mL于25mL比色管中，加入3.0mL硫酸溶液（1+9），再加入2mL硫脲（150g/L）+抗坏血酸（150g/L）混合溶液，再用水定容至25mL，摇匀。

(3) 标准系列的配制 分别吸取锡标准溶液（1μg/L）0.00mL、0.50mL、2.00mL、3.00mL、4.00mL、5.00mL于25mL比色管中，分别加入硫酸溶液（1+9）5.00mL、4.50mL、3.00mL、2.00mL、1.00mL、0.00mL，再加入2mL硫脲（150g/L）+抗坏血酸（150g/L）混合溶液，再用水定容至25mL，摇匀。

(4) 测定

① 仪器参考条件

负高压：380V；灯电流：70mA；原子化温度：850℃；炉高：10mm；屏蔽气流量：1200mL/min；载气流量：500mL/min；测量方式：标准曲线法；读数方式：峰面积；延迟时间：1s；读数时间：15s；加液时间：8s；进样体积：2.0mL。

② 根据试验情况任选以下一种方法

方法一：仪器自动计算结果方式测量

设定好仪器最佳条件，在试样参数界面输入以下参数：试样质量或体积（g或mL）、稀释体积（mL），并选择结果的浓度单位，逐步将炉温升至所需温度，稳定后测量。连续用标准系列零管进样，等读数稳定后，转入标准系列测量，绘制标准曲线。在转入试样测定之前，再进入空白值测量状态，用试样空白消化液进样，让仪器取其平均值作为扣除的空白值。随后即可依次测定试样。测定完毕，选择“打印报告”即可将测定结果自动打印。

方法二：浓度测定方式测量

设定好仪器最佳条件，逐步将炉温升至所需温度，稳定后测量。连续用标准系列零管进样，等读数稳定后，转入标准系列测量，绘制标准曲线。转入试样测定，分别测定试样空白和试样消化液，每测不同试样前都应清洗进样器。

3. 分析结果表述

试样中锡含量按式(8-5)计算：

$$X=\frac{(c_1-c_2)\times V_1\times V_3}{m\times V_2\times 1000} \tag{8-5}$$

式中 X——试样中锡的含量，mg/kg；

c_1——试样消化液测定浓度，ng/mL；

c_2——试样空白消化液测定浓度，ng/mL；

V_1——试样消化液定容体积，mL；

V_3——测定用溶液定容体积，mL；

V_2——测定用所取试样消化液的体积，mL；

m——试样质量，g；

1000——换算系数。

计算结果保留两位有效数字。

4. 方法解读

(1) 配制硼氢化钠溶液应注意顺序：氢氧化钠可以防止硼氢化钠分解，所以配制时，应先将氢氧化钠溶于水中，完全溶解后摇匀，再将硼氢化钠溶于氢氧化钠溶液中，配制顺序不可颠倒，现用现配。

（2）因锡形成氢化物的酸度范围很窄，实验中应严格控制酸度，最适宜的酸度介质为2%硫酸。

（二）苯芴酮比色法

1. 方法原理

样品经消化后，在弱酸性介质中，Sn^{4+}与苯芴酮生成微溶性的橙红色配合物，在保护性动物胶的存在下，此红色配合物不致聚集，可用于比色测定。

2. 分析步骤

（1）样品处理　同第一法。

（2）标准曲线的绘制　吸取锡标准工作液 0.00mL、0.20mL、0.40mL、0.60mL、0.80mL、1.00mL（相当于 0.00μg、2.00μg、4.00μg、6.00μg、8.00μg、10.00μg 锡），分别置于 25mL 比色管中，各加入 0.5mL 酒石酸溶液（100g/L）及 1 滴酚酞指示剂，混匀，用氨水（1＋1）中和至淡红色，再分别加入 3mL 硫酸（1＋9）、1mL 动物胶（5g/L）及 2.5mL 抗坏血酸（10g/L），混匀后准确加入 2mL 苯芴酮溶液（0.1g/L），加水至 25mL，混匀。1h 后，用分光光度计于 490nm 波长下，用 2cm 比色皿测定吸光度。以试剂空白调零，绘制标准曲线。

（3）样品测定　准确吸取试样消化液 1.00～5.00mL（视含锡量而定）于 25mL 比色管中，按标准曲线的绘制同样操作，测定样品的吸光度。根据标准曲线或计算直线回归方程，试样吸光度值与曲线比较或代入方程求出含量。

3. 分析结果表述

试样中锡含量按式(8-6) 计算：

$$X=\frac{(m_1-m_2)\times 1000}{m_3\times\dfrac{V_2}{V_1}\times 1000} \tag{8-6}$$

式中　X——试样中锡的含量，mg/kg 或 mg/L；

m_1——测定用试样消化液中锡的质量，μg；

m_2——试剂空白液中锡的质量，μg；

V_1——试样消化液总体积，mL；

V_2——测定用试样消化液体积，mL；

m_3——试样质量，g。

计算结果保留三位有效数字。

4. 方法解读

（1）苯芴酮比色法中只有四价锡离子与苯芴酮反应生成 1∶2 橙红色配合物，而二价离子不显色。不少市售锡标准溶液是盐酸介质中的二价锡离子，只适用于原子吸收法和原子荧光法，不适于苯芴酮法。

（2）用苯芴酮（即苯基荧光酮，为橙红色粉末）比色法测锡干扰较少，但有些试剂稳定性较差，需临用前配制。

（3）加入酒石酸可以掩蔽某些元素（如 F、Al 等）的干扰；抗坏血酸能掩蔽铁离子的干扰，动物胶（明胶）在本实验中作为保护性胶体，可使反应中产生的微溶性橙红色配合物呈均匀性胶体溶液，以防止生成沉淀。

（4）Sn^{4+}与苯芴酮生成橙红色配合物的反应受温度影响。在室温低时反应缓慢，为了加快反应，标准和样品溶液加入显色剂后，可在37℃恒温水浴中（或恒温箱内）保温30min后比色。

二、镉的测定

检测依据：GB 5009.15—2014《食品安全国家标准 食品中镉的测定》

测定方法：石墨炉原子吸收光谱法

1. 方法原理

样品经灰化或酸消解后，注入原子吸收分光光度计石墨炉中，电热原子化后吸收228.8nm共振线，在一定浓度范围，其吸光度与镉含量成正比，与标准系列比较定量。

2. 试剂

硝酸，硫酸，过氧化氢（30%），高氯酸，硝酸（1+1），硝酸（0.5mol/L），盐酸（1+1），磷酸铵溶液（20g/L），硝酸+高氯酸（4+1）混合酸，镉标准储备液（1.0mg/mL），镉标准使用液（100ng/mL）。

3. 分析步骤

（1）试样预处理　取适量样品用食品加工机或匀浆机制成匀浆保存备用。

（2）样品消解（根据实验条件可任选一方法）

① 干灰化法　称取1.00～5.00g（根据镉含量定）样品于瓷坩埚中，先小火炭化至无烟，移入马弗炉于500℃±25℃灰化6～8h，冷却。若个别样品灰化不彻底，则加1mL混合酸在小火上加热，反复多次直到消化完全，放冷。用硝酸（0.5mol/L）将灰分溶解，将试样消化液洗入或过滤入10～25mL容量瓶中，用水少量多次洗涤瓷坩埚，洗液合并于容量瓶并定容至刻度、摇匀备用；同时作试剂空白。

② 压力消解罐消解法　称取1.00～2.00g样品于聚四氟乙烯罐内，加硝酸2～4mL过夜。再加30%过氧化氢2～3mL（总量不能超过内罐容积的1/3）。盖好内盖，旋紧外盖，放入恒温干燥箱，于120℃保温3～4h，自然冷却至室温。将消化液定量转移至10mL（或25mL）容量瓶中。用少量水多次洗涤内罐，洗液合并于容量瓶中并定容至刻度，混匀；同时做试剂空白。

③ 湿法消解　称取样品1.00～5.00g于三角烧瓶中，放数粒玻璃珠，加10mL混合酸，加盖过夜，加一小漏斗在电炉上消解，若变棕黑色，再加混合酸，直至冒白烟，消化液无色透明、放冷移入10～25mL容量瓶，用水定容至刻度，摇匀；同时做试剂空白。

④ 过硫酸铵灰化法　称取1.00～5.00g试样于瓷坩埚中，加2～4mL硝酸浸泡1h以上，先小火炭化，冷却后加2.00～3.00g过硫酸铵盖于上面，继续炭化至不冒烟，转入马弗炉，于500℃恒温2h，再升至800℃，保持20min，冷却，加2～3mL硝酸（1.0mol/L）。将消化液定量转移至10mL（或25mL）容量瓶中。用少量水多次洗涤瓷坩埚，洗液合并于容量瓶中并定容至刻度，混匀；同时做试剂空白。

（3）测定

① 仪器参考条件　波长228.8nm；狭缝0.2～1.0nm；灯电流2～10mA；干燥温度105℃，20s；灰化温度400～700℃，20～40s；原子化温度1300～2300℃，4～5s；背景校正为氘灯或塞曼效应扣背景。

② 标准曲线绘制　将标准曲线工作液按浓度由低到高的顺序各取20μL，同时吸取20g/L磷酸氢二铵溶液5.0μL，注入石墨炉，测其吸光度，以标准曲线工作液的浓度为横坐标、相应的吸光度值为纵坐标，绘制标准曲线并求出吸光度与浓度关系的一元线性回归方程。

③ 样品测定　分别吸取试剂空白液和样液20μL，注入石墨炉，同时吸取20g/L磷酸氢

二铵溶液 5.0μL 注入石墨炉，在调整好的仪器条件下测定。测得吸光值，代入标准系列的一元线性回归方程中求得样液中镉含量，或由仪器自动计算出样品含量结果。

4. 分析结果表述

试样中镉含量按式(8-7) 计算：

$$X=\frac{(A_1-A_2)\times V\times 1000}{m\times 1000} \tag{8-7}$$

式中 X——试样中镉含量，μg/kg（或 μg/L）；

A_1——测定试样消化液中镉含量，ng/mL；

A_2——空白液中镉含量，ng/mL；

m——试样质量或体积，g 或 mL；

V——试样消化液总体积，mL。

注：石墨炉原子吸收测定结果以浓度单位表示，如 A_1 和 A_2 的单位，样品浓度与进样量无关。

结果保留两位有效数字。重复性条件下获得两次独立结果的绝对差值不得超过算术平均值的 20%。

5. 方法解读

镉是易挥发元素，通常食品样品中的镉灰化温度超过 300℃时就会出现损失。可采用在食品样液中加入基体改进剂使被测元素形成热稳定化合物。石墨炉原子吸收测定镉中基体改进剂有以下几种：

(1) 应用 0.2μg/L 氯化钯＋0.2μg/L 硝酸镁可有效分离背景吸收信号和原子吸收信号，提高灰化温度和原子化效率，能有效消除样品的基体效应。

(2) 磷酸铵对提高镉的灰化温度有明显作用，硝酸镁对提高铅的灰化温度有明显作用。而混合改进剂对提高铅、镉的灰化温度都有明显促进作用。采用磷酸-硝酸铵-硝酸镁作为改进剂，测定铅、镉的灰化温度分别为 900℃、700℃。

(3) 加入 10g/L 磷酸二氢铵基体改进剂使镉的灰化温度提高，氯化钠分析挥发温度降低，可消除氯化钠分子的干扰，降低背景吸收，保证测定结果的准确度。

(4) 采用酒石酸为基体改进剂，可有效消除 GFAAS（石墨炉原子吸收光谱法）测定婴儿配方食品中铅和镉的基体干扰。镉是以氧化物的形式进行原子化，当石墨炉中有大量游离碳时，氧化物迅速被还原成相应的原子，因此加入大量酒石酸后，在高温下分解出大量新生碳会使氧化物分解反应加速进行，从而降低原子化温度。

三、总砷及无机砷的测定

(一) 总砷的测定

1. 氢化物原子荧光光谱法

测定依据：GB 5009.11—2014《食品中总砷和无机砷的测定》

(1) 方法原理 食品试样经湿消解或干灰化处理后，加入硫脲使五价砷预还原为三价砷，再加入硼氢化钠或硼氢化钾使还原生成砷化氢，由氩气载入石英原子化器中分解为原子砷，在特制砷空心阴极灯的发射光激发下产生原子荧光，其荧光强度在固定条件下与被测液中的砷浓度成正比，与标准系列比较定量。

(2) 分析步骤

① 试样处理

a. 干灰化 准确称取样品 1.0～2.5g，于 50～100mL 坩埚中，加 150g/L 六水硝酸镁

10mL混匀，低热蒸干，将氧化镁1g仔细覆盖在干渣上，于电炉上灰化至冒黑烟，移入550℃高温灰化4h，取出放冷，小心加入盐酸（1+1）水溶液，注入25mL容量瓶中或比色管中，向容量瓶或比色管中加入50g/L硫脲2.5mL，另用硫酸水溶液（1+9）分次刷洗坩埚后转出合并，直至定容，混匀备用。同时做空白试验。

b. 湿消解　准确称取罐头样品1.0～2.5g，于50～100mL锥形瓶中，同时做两份试剂空白。加硝酸20～40mL、硫酸1.25mL，摇匀后放置过夜，置于电热板上加热消解。注意避免炭化。若不能消解完全，可加入高氯酸1～2mL，继续加热至完全消解，再持续蒸发至高氯酸白烟散尽、硫酸白烟开始冒出，冷却，加水25mL，再蒸发至硫酸冒白烟。冷却。用水将内容物转入25mL容量瓶或比色管中，加入50g/L硫脲2.5mL，加水至刻度混匀备用。

② 标准系列制备　取25mL容量瓶或比色管6支，依次准确加入1μg/mL砷标准使用液0mL、0.05mL、0.2mL、0.5mL、2.0mL、5.0mL（各相当于砷浓度0ng/mL、2.0ng/mL、8.0ng/mL、20.0ng/mL、80.0ng/mL、200.0ng/mL），分别加硫酸水溶液（1+9）12.5mL、50g/L硫脲2.5mL，加水定容，混匀备用。

③ 测定　设定仪器条件，预热20min；进入空白值测量状态，连续用标准系列的“0”管进样，待读数稳定后，按空档键记录下空白值；依次测定标准系列的其他管；完成测定后应仔细清洗进样器，并再用“0”管测试使读数回零后，进行空白试验和试样测定。

（3）分析结果表述　先对标准系列的结果进行回归运算，然后根据回归方程求出试剂空白液和试样被测液的砷浓度，再按式(8-8)计算砷含量：

$$X=\frac{c_1-c_0}{m}\times\frac{25}{1000} \tag{8-8}$$

式中　X——试样中砷含量，mg/kg；

c_1——试样被测液的浓度，ng/kg；

c_0——试剂空白液的浓度，ng/kg；

m——试样质量，g。

（4）方法解读

① 方法原理　在酸性环境中，硫脲使五价砷还原为三价砷，自身被氧化成甲脒化二硫。

硼氢化钠与酸作用生成大量新生态氢：

$$NaBH_4+H^++3H_2O \rightleftharpoons H_3BO_3+Na^++8H\cdot$$

三价砷再被新生态氢还原为气态砷化氢逸出：

$$AsO_3^{3-}+6H\cdot+3H^+=AsH_3\uparrow+3H_2O$$

砷化氢被氩气和反应中产生的氢气载入石英管炉中，受热后分解为原子态砷，在砷灯发射光的激发下产生原子荧光。

$$2AsH_3=2As+3H_2$$

② 原子荧光法属于痕量分析，所使用的各种酸均不同程度地含有待测元素，应尽可能选用优级纯试剂。所用玻璃器皿均应用硝酸（1+9）浸泡后再用去离子水清洗，以免污染，降低试剂空白，以利提高测定的准确性。

③ 由于测定时硝酸的存在会妨碍砷化氢的产生，对测定有干扰，消解完全后应尽可能加热驱除硝酸。消解过程中若发生炭化会使砷严重损失，应避免样品被炭化。

④ 硼氢化钠溶液可在冰箱中保存10天，取出后应当日使用。也可称取14g硼氢化钾代替硼氢化钠。

⑤ 试样处理中盐酸水溶液的作用是中和氧化镁，并溶解灰分。

⑥ 每完成一次测定，更换不同浓度的溶液时，要对进样器进行清洗，以确保数据的准确性。

2. 银盐法

测定依据：GB 5009.11—2014《食品中总砷和无机砷的测定》

(1) 方法原理 样品经消化后，以碘化钾、氯化亚锡将高价砷还原为三价砷，然后与锌粒和酸产生的新生态氢生成砷化氢，利用二乙基硫代氨基甲酸盐在吡啶或吡啶化合物等有机碱的存在下与砷化氢反应生成棕红色胶态银，与标准系列比较定量。

(2) 分析步骤

① 样品预处理

a. 硝酸-高氯酸-硫酸法 称取5.00～10.00g样品，置于250～500mL定氮瓶中，加数粒玻璃珠、10～15mL硝酸-高氯酸混合液，放置片刻，小火缓缓加热，待作用缓和，放冷。沿瓶壁加入5mL或10mL硫酸，再加热，至瓶中液体开始变成棕色时，不断沿瓶壁滴加硝酸-高氯酸混合液至有机质分解完全。加大火力，至产生白烟，待瓶口白烟冒净后，瓶内液体再产生白烟为消化完全，该溶液应澄明无色或微带黄色，放冷。加20mL水煮沸，除去残余的硝酸至产生白烟为止，如此处理两次，放冷。将冷后的溶液移入50mL或100mL容量瓶中，用水洗涤定氮瓶，洗液并入容量瓶中，放冷，加水至刻度，混匀。定容后的溶液每10mL相当于1g试样，相当加入硫酸量1mL。取与消化样品相同量的硝酸-高氯酸混合液和硫酸，按同一方法做试剂空白试验。

b. 灰化法 称取5.00g磨碎样品，置于坩埚中，加1g氧化镁及10mL硝酸镁溶液，混匀，浸泡4h。于低温或置水浴锅上蒸干，用小火炭化至无烟后移入马弗炉中加热至550℃，灼烧3～4h，冷却后取出。加5mL水湿润后，用细玻棒搅拌，再用少量水洗下玻棒上附着的灰分至坩埚内。放水浴上蒸干后移入马弗炉于550℃灰化2h，冷却后取出。加5mL水湿润灰分，再慢慢加入10mL盐酸（1+1），然后将溶液移入50mL容量瓶中，坩埚用盐酸（1+1）洗涤3次，每次5mL，再用水洗涤3次，每次5mL，洗液均并入容量瓶中，再加水至刻度，混匀。定容后的溶液每10mL相当于1g样品，其加入盐酸量不少于（中和需要量除外）1.5mL。全量供银盐法测定时，不必再加盐酸。按同一操作方法做试剂空白试验。

② 测定 吸取一定量的消化后的定容溶液（相当于5g样品）及同量的试剂空白液，分别置于150mL锥形瓶中，补加硫酸（1+1）至总量为5mL，加水至50～55mL。

a. 标准曲线的绘制 吸取0.0mL、2.0mL、4.0mL、6.0mL、8.0mL、10.0mL砷标准使用液（相当于0.0μg、2.0μg、4.0μg、6.0μg、8.0μg、10.0μg砷），分别置于150mL锥形瓶中，加水至40mL，再加10mL硫酸（1+1）。

b. 用湿法消化液 于样品消化液、试剂空白液及砷标准溶液中各加3mL碘化钾溶液（150g/L）、0.5mL酸性氯化亚锡溶液，混匀，静置15min。各加入3g锌粒，立即分别塞上装有乙酸铅棉花的导气管，并使管尖端插入盛有4mL银盐溶液的离心管中的液面下。在常温下反应45min后，取下离心管，加三氯甲烷补足4mL。用1cm比色杯，以零管调节零点，于波长520nm处测吸光度，绘制标准曲线。

c. 用灰化法消化液 取灰化法消化液及试剂空白液分别置于150mL锥形瓶中。吸取0.0mL、2.0mL、4.0mL、6.0mL、8.0mL、10.0mL砷标准使用液（相当于0.0μg、2.0μg、4.0μg、6.0μg、8.0μg、10.0μg砷），分别置于150mL锥形瓶中，加水至43.5mL，再加6.5mL盐酸。以下按b.自“于样品消化液”起依法操作。

(3) 分析结果表述 试样中的砷含量按式(8-9) 计算：

$$X=\frac{(A_1-A_2)\times 1000}{m\times\dfrac{V_2}{V_1}\times 1000} \tag{8-9}$$

式中　X——试样中砷的含量，mg/kg或mg/L；

A_1——测定用试样消化液中砷的质量，μg；

A_2——试剂空白液中砷的质量，μg；

m——样品质量或体积，g或mL；

V_1——样品消化液的总体积，mL；

V_2——测定用样品消化液的体积，mL。

计算结果保留两位有效数字。

在重复性条件下获得的两次独立测定结果的绝对差值不得超过算术平均值的10%。

(4) 方法解读

① 食品样品消化后，样品消解液中的五价砷被碘化钾和氯化亚锡还原为三价砷，再被锌和硫酸反应产生的新生态氢还原成砷化氢，利用二乙基二硫代氨基甲酸银Ag (DDC) 在吡啶或吡啶化合物等有机碱NR_3的作用下与砷化氢反应生成棕红色胶态银，进行比色测定。反应式如下：

$$H_3AsO_4 + 2KI + 2HCl \longrightarrow H_3AsO_3 + I_2 + 2KCl + H_2O$$

$$H_3AsO_4 + SnCl_2 + 2HCl \longrightarrow H_3AsO_3 + SnCl_4 + H_2O$$

$$H_3AsO_3 + 3Zn + 3H_2SO_4 \longrightarrow AsH_3 \uparrow + 3ZnSO_4 + 3H_2O$$

$$6Ag(DDC) \longrightarrow 6Ag + 3HDDC + As(DDC)_3$$

反应过程中生成的游离HDDC需与有机碱NR_3结合，以利反应完成。

$$AsH_3 + 6Ag(DDC) \longrightarrow AsAg_3 \cdot 3Ag(DDC) + 3HDDC$$

$$AsAg_3 \cdot 3Ag(DDC) + 3HDDC + 3NR_3 \longrightarrow 6Ag + As(DDC)_3 + 3(NR_3H)(DDC)$$

② 银盐其化学组成为二乙基二硫代氨基甲酸银-三乙醇胺-三氯甲烷。银盐溶液的配制方法为：称取0.25g二乙基二硫代氨基甲酸银置于乳钵中，加少量三氯甲烷研磨，移入100mL量筒中，加入1.8mL三乙醇胺，再用三氯甲烷分次洗涤乳钵，洗液一并移入量筒汇总，再用三氯甲烷稀释至100mL，放置过夜。放入棕色瓶中贮存。

③ 乙酸铅棉花塞入导气管，是为吸收可能产生的硫化氢，使其生成硫化铅滞留在棉花上，以免吸收液吸收产生干扰（硫化氢与银离子生成灰黑色的硫化银）。但乙酸铅棉花要塞得不松不紧为宜。

④ 砷化氢的发生和吸收应防止在阳光直射下进行，同时控制反应温度在25℃左右。温度过高反应快，吸收不彻底；温度过低，反应时间延长。

⑤ 氯化亚锡试剂不稳定，在配制时，加浓盐酸溶解氯化亚锡并稀释，并加入数粒金属锡粒，使其持续反应生成氯化亚锡及新生态氢，使溶液具有还原性。

⑥ 吸收液中的Ag (DDC) 浓度以0.20%～0.25%为宜，浓度过低将影响测定的灵敏度及重现性。

⑦ 吡啶有恶臭并且毒性强，可用生物碱（如马钱子碱、麻黄素）或其他有机碱（三乙醇胺）的三氯甲烷溶液作为吸收液。

3. 砷斑法

(1) 方法原理　样品经消化后，样品消化液中五价砷在酸性条件下被碘化钾、氯化亚锡还原为三价砷，然后与锌粒和酸产生的新生态氢生成砷化氢，砷化氢与溴化汞试纸反应生成黄色或黄褐色的色斑，根据呈色深浅比较定量。

(2) 仪器　测砷装置如图8-1所示。

玻璃测砷管：全长18cm，上粗下细，自管口向下至14cm一段的内径为6.5mm，自此以下逐渐狭细，末端内径约为1～3mm，近末端1cm处有一孔，直径2mm，狭细部分紧密插入橡皮塞中，使下部伸出至小孔恰在橡皮塞下面。上部较粗部分装放乙酸铅棉花，长5～

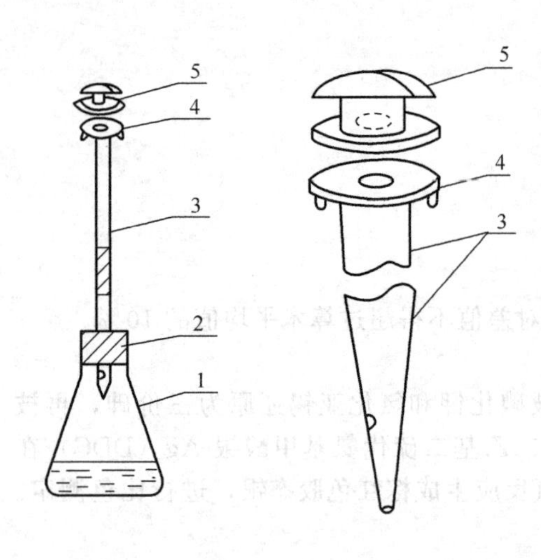

图 8-1　测砷装置
1—锥形瓶；2—橡皮塞；3—测砷管；4—管口；5—玻璃帽

6cm，上端至管口处至少 3cm。测砷管顶端为圆形扁平的管口，上面磨平、下面两侧各有一钩，为固定玻璃帽用。

玻璃帽：下面磨平，上面有弯月形凹槽，中央有圆孔，直径 6.5mm。使用时将玻璃帽盖在测砷管的管口，使圆孔互相吻合，中间夹一溴化汞试纸，光面向下，用橡皮圈或其他适宜的方法将玻璃帽与测砷管固定。

(3) 分析步骤

① 样品消化　同银盐法。

② 测定　吸取一定量样品消化后定容的溶液（相当于 2g 粮食，4g 蔬菜、水果，4mL 冷饮，5g 植物油，其他样品参照此量）及同量的试剂空白液分别置于测砷瓶中，加 5mL 碘化钾溶液（150g/L）、5 滴酸性氯化亚锡溶液及 5mL 盐酸［样品如用硝酸-高氯酸-硫酸或硝酸-硫酸消化液，则要减去样品中硫酸的体积（mL）；如用灰化法消化液，则要减去样品中盐酸的体积（mL）］，再加适量水至 35mL。

吸取 0.0mL、0.5mL、1.0mL、2.0mL 砷标准使用液（相当于 0.0μg、0.5μg、1.0μg、2.0μg 砷），分别置于测砷瓶中，各加 5mL 碘化钾溶液（150g/L）、5 滴酸性氯化亚锡溶液及 5mL 盐酸，各再加水至 35mL。于盛样品消化液、试剂空白液及砷标准溶液的测砷瓶中各加 3g 锌粒，立即塞上预先装有乙酸铅棉花及溴化汞试纸的测砷管，于 25℃放置 1h，取出样品及试剂空白的溴化汞试剂纸与标准砷斑比较。

(4) 分析结果表述　同银盐法。

(5) 方法解读

砷斑法（Gutzei 法）原理：样品经消化后，样品消化液中五价砷在酸性条件下被碘化钾、氯化亚锡还原为三价砷，再被锌粒和酸产生的新生态氢还原为砷化氢，砷化氢与溴化汞试纸反应生成黄色或黄褐色的色斑，根据呈色深浅比较定量。

$$AsH_3 + 3HgBr_2 \longrightarrow As(HgBr)_3 + 3HBr$$

$$2As(HgBr)_3 + AsH_3 \rightarrow 3AsH(HgBr)_2$$

$$As(HgBr)_3 + AsH_3 \rightarrow 3HBr + As_2Hg_3 \text{（黄色）}$$

(二) 无机砷的测定

1. 氢化物原子荧光光度法

(1) 方法原理　食品中的砷可能以不同的化学形式存在，包括无机砷和有机砷。在 6mol/L 盐酸水浴条件下，无机砷以氯化物形式被提取，实现无机砷和有机砷的分离。在 2mol/L 盐酸条件下测定总无机砷。

(2) 分析步骤

① 试样处理　称取经粉碎、过 80 目筛的干样 2.50g（称样量依据试样含量酌情增减）于 25mL 具塞刻度试管中，加盐酸（1+1）溶液 20mL，混匀。或称取鲜样 5.00g（试样应先打成匀浆）于 25mL 具塞刻度试管中，加 5mL 盐酸，并用盐酸（1+1）溶液稀释至刻度，混匀。置于 60℃水浴锅 18h，其间多次振摇，使试样充分浸提。取出冷却，脱脂棉过滤，取 4mL 滤液于 10mL 容量瓶中，加碘化钾-硫脲混合溶液 1mL、正辛醇（消泡剂）8 滴，加水定容。放置 10min 后测试样中无机砷。如浑浊，再次过滤后测定。同时做试剂

空白试验。

注：试样浸提冷却后，过滤前用盐酸（1+1）溶液定容至25mL。

② 仪器参考操作条件

光电倍增管（PMT）负高压：340V；砷空心阴极灯电流：40mA；原子化器高度：9mm；载气流速：600mL/min；读数延迟时间：2s；读数时间：12s；读数方式：峰面积；标液或试样加入体积：0.5mL。

③ 标准系列

无机砷测定标准系列：分别准确吸取1μg/mL三价砷（As^{3+}）标准使用液0mL、0.05mL、0.1mL、0.25mL、0.5mL、1.0mL于10mL容量瓶中，分别加盐酸（1+1）溶液4mL、碘化钾-硫脲混合溶液1mL、正辛醇8滴，定容[各相当于含三价砷（As^{3+}）浓度0ng/mL、5.0ng/mL、10.0ng/mL、25.0ng/mL、50.0ng/mL、100.0ng/mL]。

（3）分析结果表述

试样中无机砷含量按式（8-10）计算：

$$X=\frac{(c_1-c_2)\times F}{m}\times\frac{1000}{1000\times 1000} \tag{8-10}$$

式中　X——试样中无机砷含量，mg/kg或mg/L；

c_1——试样测定液中无机砷浓度，ng/mL；

c_2——试剂空白浓度，ng/mL；

m——试样质量或体积，g或mL；

F——固体试样，F=10mL×25mL/4mL，液体试样，F=10mL。

（4）方法解读　本方法采用6mol/L盐酸提取食品中无机砷，样品液C过滤后再加入碘化钾-硫脲混合液，将五价砷还原为三价砷，采用原子荧光光度法测定总无机砷。

采用6mol/L盐酸溶液浸泡样品会使部分有机砷如甲基胂、乙基胂等进入样液，这些有机砷的溶出情况与水浴温度和浸提时间有关。

应用原子荧光光度法测定时，甲基胂、乙基胂等随样液进入气液分离器。在酸性条件下，硼氢化钾将三价砷还原为砷化氢气体，而部分易挥发的甲基胂、乙基胂等也可能与砷化氢一起随载气（氩气）进入原子化器，在高温下产生原子荧光信号，对无机砷的测定产生正干扰。

2. 银盐法

（1）方法原理　试样在6mol/L盐酸溶液中经70℃水浴加热后，无机砷以氯化物的形式被提取，经碘化钾、氯化亚锡还原为三价砷，然后与锌粒和酸产生的新生态氢生成砷化氢，经银盐溶液吸收后，形成红色胶态物，与标准系列比较定量。

（2）分析步骤

① 试样处理

a. 固体干试样　称取1.00～10.00g经研磨或粉碎的试样，置于100mL具塞锥形瓶中，加入20～40mL盐酸溶液（1+1），以浸没试样为宜，置70℃水浴保温1h。取出冷却后，用脱脂棉或单层纱布过滤，用20～30mL水洗涤锥形瓶及滤渣，合并滤液于测砷锥形瓶中，使总体积为50mL左右。

b. 蔬菜、水果　称取1.00～10.00g打成匀浆或剁成碎末的试样，置于100mL具塞锥形瓶中，加入等量的浓盐酸，再加入10～20mL盐酸溶液（1+1），以下按a. 中自“置70℃水浴保温1h……”起依法操作。

c. 肉类及水产品　称取1.00～10.00g试样，加入少量盐酸溶液（1+1），在研钵中研磨成糊状，用30mL盐酸溶液（1+1）分次转入100mL具塞锥形瓶中，以下按a. 中自“置

70℃水浴保温1h……”起依法操作。

d. 液体食品　吸取10.00mL试样置测砷瓶中，加入30mL水、20mL盐酸溶液（1+1）。

② 标准系列制备　吸取0mL、1.0mL、3.0mL、5.0mL、7.0mL、9.0mL砷标准使用液（相当于0μg、1.0μg、3.0μg、5.0μg、7.0μg、9.0μg砷），分别置于测砷瓶中，加水至40mL，加入8mL盐酸溶液（1+1）。

③ 测定　试样液及砷标准溶液中各加3mL碘化钾溶液（150g/L）、酸性氯化亚锡溶液0.5mL，混匀，静置15min。向试样溶液中加入5～10滴辛醇后，于试样液及砷标准溶液中各加入3g锌粒，立即分别塞上装有乙酸铅棉花的导气管，并使管尖端插入盛有5mL银盐溶液的刻度试管中的液面下。在常温下反应45min后，取下试管，加三氯甲烷补足至5mL。用1cm比色杯，以零管调节零点，于波长520nm处测吸光度，绘制标准曲线。

（3）分析结果表述　试样中无机砷的含量按式（8-11）计算：

$$X=\frac{(m_1-m_2)}{m_3\times 1000}\times 1000 \tag{8-11}$$

式中　X——试样中无机砷的含量，mg/kg或mg/L；

m_1——测定用试样溶液中砷的质量，μg；

m_2——试剂空白中砷的质量，μg；

m_3——试样质量或体积，g或mL。

计算结果保留两位有效数字。

在重复性条件下获得的两次独立测定结果的绝对差值不得超过算术平均值的10%。

（4）方法解读　采用盐酸溶液（1+1）水浴加热提取，银盐法测定无机砷含量的分析法可能存在灵敏度达不到要求的问题。由于样品处理采用盐酸提取，样品溶液中存在有机物，采用脱脂棉或纱布过滤难以去除。测定时加入盐酸和锌粒反应，生成砷化氢和氢气的同时，溶液中有机物会产生泡沫对测定产生干扰，即使加入辛醇也不能消除。有资料表明，添加1μg三价砷，按本法操作测定的吸光度值很小，回收率较低，重现性差。

第四节　罐头食品的商业无菌检验

罐头食品经过适度的热杀菌以后，不含有致病的微生物，也不含有在通常温度下能在其中繁殖的非致病性微生物，这种状态称作商业无菌。商业无菌并非完全灭菌，其中可能存在耐高温的、无毒的嗜热芽孢杆菌，在适当的加工和贮藏条件下处于休眠状态，不会出现食品安全问题。由于绝对灭菌指完全不存在活菌，如要达到完全灭菌，则在加热过程中温度达到121℃以上时，会导致罐头食品加速香味消散、色泽和坚实度改变以及营养成分损失，因而采用商业无菌的方法。

检测依据：GB/T 4789.26—2013《食品安全国家标准 食品微生物学检验 商业无菌检验》

一、培养基和试剂

无菌生理盐水、结晶紫染色液、二甲苯、含4%碘的乙醇溶液。

二、检验程序

商业无菌检验程序如图8-2所示。

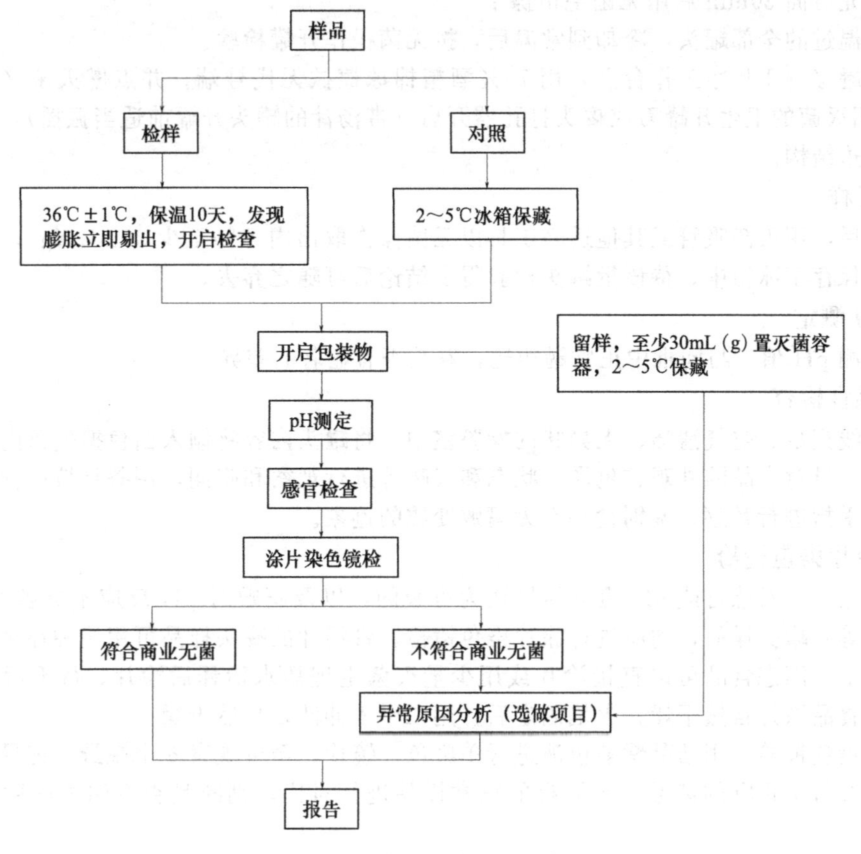

图 8-2 商业无菌检验程序

三、检验步骤

1. 样品准备

去除表面标签，在包装容器表面用防水的油性记号笔做好标记，并记录容器、编号、产品性状、泄露情况以及是否有小孔或锈蚀、压痕、膨胀及其他异常情况。

2. 称量

1kg 及以下的包装物精确到 1g，1kg 以上的包装物精确到 2g。10kg 以上的包装物精确到 10g。各罐头的重量减去空罐的平均重量即为该罐头的净重。称重前对样品进行记录编号。

3. 保温

每个批次取 1 个样品置 2～5℃冰箱内保存作为对照，将其余样品在 36℃±1℃下保温 10 天。保温过程中每天检查，如有膨胀或泄露现象，应立即剔出，并开启检查。

保温结束时，再次称重并记录，比较保温前后样品重量有无变化。如有变轻，表明样品发生泄露，将所有包装物置于室温直至开启检查。

4. 开罐

如有膨胀的样品，则将样品先置于 2～5℃冰箱内冷藏数小时后开启。

如有用冷水和洗涤剂清洗待检样品的光滑面，水冲洗后用无菌毛巾擦干。以含 4%碘的乙醇溶液浸泡消毒光滑面 15min 后用无菌毛巾擦干，在密闭罩内点燃至表面残余的碘乙醇溶液全部燃烧完。膨胀样品以及采用易燃包装材料的样品不能灼烧，以含 4%碘的乙醇溶液浸泡消毒光滑面30min后用无菌毛巾擦干。

取保温过的全部罐头，冷却到常温后，按无菌操作开罐检验。

将样罐移置于超净工作台上，用75%酒精棉球擦拭无代号端，并点燃灭菌（胖听罐不能烧）。用灭菌的卫生开罐刀或罐头打孔器开启（带汤汁的罐头开罐前适当振摇），开罐时不能伤及卷边结构。

5. 留样

开罐后，用灭菌吸管或其他适当工具以无菌操作取出内容物至少30mL（g），移入灭菌容器内，保存于冰箱中。待该批罐头检验得出结论后可随之弃去。

6. pH测定

取样测pH值，与同批中正常罐相比，看是否有显著的差异。

7. 感官检查

在光线充足、空气清洁、无异味的检验室中，将罐头内容物倾入白色搪瓷盘内，由有经验的检验人员对产品的外观、色泽、状态和气味等进行观察和嗅闻，用餐具按压食品或戴上薄指套以手指进行触感，鉴别食品有无腐败变质的迹象。

8. 涂片染色镜检

（1）涂片　对感官或pH检查结果认为可疑的，以及腐败时pH反应不灵敏的（如肉、禽、鱼类等）罐头样品，均应进行涂片染色镜检。带汤汁的罐头样品可用接种环挑取汤汁涂于载玻片上，固态食品可以直接涂片或用少量灭菌生理盐水稀释后涂片。待干后用火焰固定。油脂食品涂片自然干燥并火焰固定后，用二甲苯冲洗，自然干燥。

（2）染色镜检　用结晶紫染色液进行单染色，镜检，至少观察5个视野，记录菌体的形态特征以及每个视野的菌数。与同批的正常样品进行对比，判断是否有明显的微生物增殖现象。

技能训练十四　水果罐头锡含量测定

一、分析检测任务

产品检测方法标准	GB/T 5009.16—2014《食品中锡的测定》第二法
产品验收标准	GB 11671—2003《果、蔬罐头卫生标准》
关键技能点	微波消解仪的使用
	分光光度计的使用
检测所需设备	微波消解仪，食品组织捣碎机，分光光度计
检验所需试剂	硝酸，高氯酸，过氧化氢，百里溴酚蓝指示剂，氢氧化钠溶液（0.5mol/L），酒石酸溶液（100g/L），锡标准溶液，酚酞指示剂（10g/L），氨水（1+1），硫酸溶液（1+9），动物胶（5g/L），抗坏血酸（10g/L），苯芴酮溶液（0.1g/L）

二、任务实施

1. 操作步骤

（1）试剂配制

① 酚酞指示剂（10g/L）　称取1g酚酞溶于100mL 95%乙醇。

② 氨水溶液（1+1）　量取50mL氨水，缓慢加入50mL水中，冷却后混匀。

③ 硫酸溶液（1+9）　量取10mL浓硫酸，缓慢加入90mL水中，冷却后混匀。

④ 酒石酸溶液（100g/L）　称取10g酒石酸加水溶解后，放冷，并定容至100mL。

⑤ 抗坏血酸（10g/L）　称取抗坏血酸1g加水溶解后定容至100mL，临用时配制。

⑥ 葡萄糖标准溶液（1mg/mL）　称取1g（精确至0.0001g）经过98～100℃干燥2h的葡萄糖，加水溶解后加入5mL盐酸并以水定容至1L。

⑦ 动物胶溶液（5g/L）　称取动物胶0.5g加水溶解后定容至100mL，临用时配制。

⑧ 苯芴酮溶液（0.1g/L）　称取0.010g苯芴酮加少量甲醇及硫酸溶液（1+9）数滴溶解后，以甲醇定容至100mL。

⑨ 锡标准贮备液（1mg/mL）　准确称取0.1000g金属锡，置于小烧杯中，加10mL硫酸，盖以表面皿，加热至锡完全溶解，移去表面皿，继续加热至发生浓白烟，冷却，慢慢加50mL水，移入100mL容量瓶中，用硫酸溶液（1+9）多次洗涤烧杯，洗液并入容量瓶并稀释至刻度，混匀。

⑩ 锡标准工作液（10μg/mL）　吸取10mL锡标准贮备液于100mL容量瓶中，以硫酸溶液（1+9）稀释至刻度，混匀，如此再次稀释直至每毫升相当于10.0μg。

（2）微波消解法样品处理

① 取一定量的罐头样品于洁净的食品搅拌机中匀浆。

② 称取混合均匀的试样0.5000g于消解罐内，加硝酸6mL浸泡15min。

③ 加过氧化氢1mL，塞好内塞，旋紧外盖，将消解罐均匀放入转盘内，按设定程序升温进行消解。

④ 消解完成后，将消解罐转入专用电加热板内，于160℃赶酸至消解液为黄豆粒大小。

⑤ 冷却后用10mL纯水少量多次洗涤消解罐，洗液合并于25mL比色管中。

⑥ 加入100μL百里溴酚蓝指示剂，用氢氧化钠溶液（0.5mol/L）调节消解液由黄色变成蓝色后，定容至刻度，混匀备用。

⑦ 同时做空白试验。

（3）测定

① 标准曲线的绘制

a. 吸取锡标准工作液0mL、0.20mL、0.40mL、0.60mL、0.80mL、1.00mL（相当于0μg、2μg、4μg、6μg、8μg、10μg锡），分别置于25mL比色管中。

b. 各加入0.5mL酒石酸溶液（100g/L）及1滴酚酞指示剂，混匀。

c. 用氨水（1+1）中和至淡红色。

d. 分别加入3mL硫酸（1+9）、1mL动物胶（5g/L）及2.5mL抗坏血酸（10g/L），混匀。

e. 准确加入2mL苯芴酮溶液（0.1g/L），加水至25mL，混匀。

f. 1h后，用分光光度计于490nm波长下，用2cm比色皿测定吸光度。

g. 以试剂空白调零，绘制标准曲线。

② 样品测定　准确吸取试样消化液1.00～5.00mL（视含锡量而定）和同量的试剂空白溶液，分别置于25mL比色管中，按标准曲线的绘制同样操作，测定样品的吸光度。根据标准曲线或计算直线回归方程，将试样吸光度值与曲线比较或代入方程求出含量。

2. 原始数据的记录与处理

实验原始数据

1. 标准曲线绘制

锡的质量/μg	0	2.0	4.0	6.0	8.0	10.0
吸光度(A)						

回归方程：

2. 样品测定

测定用样品消化液中锡的质量 $m_1/\mu g$	试剂空白液中锡的质量 $m_2/\mu g$	试样质量 m_3/g	样品消化液的总体积 V_1/mL	测定用样品消化液的体积 V_2/mL	锡的含量 $X/(mg/kg)$

计算公式：

$$X=\frac{(m_1-m_2)\times 1000}{m_3\times\frac{V_2}{V_1}\times 1000}$$

式中 X——试样中锡的含量，mg/kg 或 mg/L；

m_1——测定用试样消化液中锡的质量，μg；

m_2——试剂空白液中锡的质量，μg；

V_1——试样消化液总体积，mL；

V_2——测定用试样消化液体积，mL；

m_3——试样质量，g。

计算结果保留三位有效数字。

三、关键技能点操作指南

1. 微波消解仪操作规程

（1）接通电源，按下电源开关，待自检成功后即进入欢迎界面。

（2）点击屏幕欢迎界面上任一处位置，进入参数选择界面。在此界面中，选择所需的方法程序。

（3）在相应的菜单任务栏上点击后，进入参数设置界面。若需调整某项参数，点击激活此参数任务栏，利用界面右方的上、下方向键对参数值进行增减。

（4）任务设置或调整完成后，点击“储存”键将当前方法保存下来。利用上、下方向键可选择方法储存位置。

（5）点击“应用”键，使用当前方法程序进行消解，点击“确认”键等待程序启动，进入装卸消解罐界面。

（6）进入装卸消解罐界面。界面中指示的位置为正对炉门的罐位；点击屏幕上的“转盘”键或按侧门上的转盘功能按钮，使消解罐逐一移动；也可以直接点击所需的罐点位置，使转盘转到相应的位置；完成后，点击“退出”键，转入等待启动界面。

（7）按下侧门上的“启动”功能键，进入程序运行界面。

（8）在消解完成后，打开炉门，取出消解罐。放在冷却机上冷却至室温后，方可拧开消解罐。

（9）消解罐当日使用结束后，必须拆卸，并用清水冲洗各个部件至无酸味。晾干或擦干备用。

（10）注意弹性体老化程度，如果老化严重，禁止使用。

（11）整理现场完毕后，方可离开。

2. 使用注意事项

（1）微波启动后15s内不能关掉，微波停止后5min内不得关机。

（2）必须保持微波腔体、转盘、腔体保护板干燥清洁。

（3）开关机间隔应大于1min。

（4）不要空载运行机器。

（5）严禁使用高氯酸，使用硫酸、磷酸时应有严格的温控措施。

（6）不得在反应罐内使用碱类、盐类消解样品。

（7）加样时不要使样品沾污在容器壁上，如沾污，在加入溶剂时冲洗到溶液内。

（8）对于加酸后即有反应或有气泡现象的，要预消解（不盖盖子，放置15min）。

（9）溶液量不得少于8mL，但不超过30mL。

（10）同一批消解必须保证每个反应罐内试剂一致、样品一致，空白和样品不要一起消解。

（11）仪器消解过程中，人不能站于仪器正前方。

（12）溶样杯不能放在冰水中冷却。

（13）容器罐里的温度在室温时，才允许打开容器罐。

（14）打开容器罐时，人要站在操作台的正前方，整个过程中必须戴防腐蚀的手套；不允许侧身去观看容器，以免从卸压圈的小孔里出来的酸喷到身体上。

（15）消解样品量应小于0.5g，在消解之前最好用硝酸预处理30min。

四、技能操作考核点

序号	考核项目	考核内容	技能操作要点
1	准备工作	着装	着工作服，整洁
		比色管洗涤	比色管洗涤及试漏
		比色管编号	比色管编号
2	试样预处理	称样	天平称量操作规范
		移液管使用	移取溶液前是否润洗，释放液体垂直、靠壁、停留30s
		微波消解	严格按操作规程进行操作
3	标准使用液的配制	移液管洗涤、润洗	蒸馏水冲洗，样品润洗，少量多次
		移液管握法	移液管握法正确
		取样	每次移取时均移至顶端刻度
		放液	移液管垂直，锥形瓶倾斜，移液完成后停靠处理，正确判断是否需要“吹”
		取样准确	取样准确，读数方法正确
		洗耳球使用	使用熟练
		容量瓶的洗涤及试漏	洗涤及试漏方法正确
		初步混匀	加水适量时，初步混匀
		定容	至接近标线时，用滴管滴加定容
		摇匀	摇匀，上下翻倒数次

续表

序号	考核项目	考核内容	技能操作要点
4	标准系列溶液的配制及样品显色	移液管洗涤、润洗	正确洗涤和润洗
		移液管使用	移液管握法、取样方法、读数、放液正确
		标准系列溶液的配制	准确吸取规定体积的标准使用液
		样品	准确吸取一定体积水样
		稀释	正确稀释标准系列溶液和水样，定容至 50mL
		添加试剂及显色剂	加入试剂顺序正确，体积准确
5	比色测定	分光光度计的使用	检查仪器，正确调节至测量波长
		比色皿	淋洗、润洗、拿取方法正确，装液量合适
		比色排序	溶液的比色排序合理
		调零	正确调零
		样品测定	平行测定至少两次
		整理	比色结束后整理分光光度计
6	结束工作	整理	废液处理，清洗、整理实验用仪器和台面
		文明操作	无器皿破损、仪器损坏
		实验室安全	安全操作
7	实验结果	标准曲线的绘制	熟悉应用 Excel 绘制标准曲线
			回归线的相关系数(R)≥0.99
		数据记录、结果计算和有效数字的保留	数据记录准确、完整、美观，能正确保留有效数字
			计算公式正确，且结果正确
		结果的准确度	平行操作结果重复性，相对极差≤5%
			测定结果的准确度达到规定要求，结果误差不超过 10%

单元复习与自测

一、选择题

1. 银盐法测砷含量时，用（　）棉花吸收可能产生的 H_2S 气体。

A. 乙酸铅　B. 乙酸钠　C. 乙酸锌　D. 硫酸锌

2. 我国规定肉类罐头中亚硝酸盐的残留量不得超过（　）g/kg。

A. 0.03　B. 0.05　C. 0.15　D. 0.5

3. 一般罐头的微生物检验项目是（　）。

A. 细菌总数　B. 大肠菌群　C. 商业无菌　D. 霉菌

4. 罐头食品中对亚硝酸盐使用的限量为（　）。

A. ≤100mg/kg　B. ≤5mg/kg　C. ≤50mg/kg　D. ≤10mg/kg

5. 食品法典委员会规定鱼肉罐头制品中组胺含量（　）。

A. ≤100mg/kg　B. ≤200mg/kg　C. ≤300mg/kg　D. ≤400mg/kg

6. 测定鱼肉罐头中组胺含量时通常采用（　）提取组胺。

A. 正丁醇　B. 异丁醇　C. 正戊醇　D. 异戊醇

7. 测定亚硝酸盐时，重氮盐与（　）偶合形成稳定的紫红色染料。

A. 对氨基苯磺酸　B. 盐酸萘乙二胺　C. 对苯二酚　D. 硫氰酸钾

8. 砷斑法测 As，其中溴化汞试纸的作用是与砷化氢反应生成（　　）色斑点。

A. 绿　B. 黑　C. 黄　D. 蓝

9. 在测定亚硝酸盐含量时，在样品液中加入饱和硼砂溶液的作用是（　　）。

A. 提取亚硝酸盐　B. 沉淀蛋白质　C. 便于过滤　D. 还原硝酸盐

10. 在测定火腿肠中亚硝酸盐含量时，加入（　　）作蛋白质沉淀剂。

A. 硫酸钠　B. 硫酸铜　C. 亚铁氰化钾和乙酸锌　D. 乙酸铅

11. 使用分光光度法测定食品亚硝酸盐含量的方法称为（　　）。

A. 盐酸副玫瑰苯胺比色法　B. 盐酸萘乙酸比色法

C. 格里斯比色法　D. 双硫腙比色法

12. 砷斑法是在（　　）试纸片上呈黄橙色斑点定量砷。

A. 溴化汞　B. 溴化钠　C. 氯化汞　D. 氯化钠

13. 试样消解结束后应用蒸馏水洗消化瓶（　　）后定容。

A. 一次　B. 两次　C. 三次　D. 五次

14. 在测砷装置的玻璃弯管中塞入（　　）排除硫化物干扰。

A. 乙酸铅棉花　B. 乙酸钠棉花　C. 乙酸棉花　D. 干燥棉花

二、简答题

1. 简述分光光度法测亚硝酸盐的原理，样品预处理时的蛋白质沉淀剂采用哪几种？

2. 简述苯芴酮比色法测锡的原理，样品测定时加入酒石酸、抗坏血酸及动物胶的作用分别是什么？

3. 简述石墨炉原子吸收光谱法测镉的原理。

4. 简述样品消化的方法。

5. 简述罐头食品商业无菌检验的步骤。

第九章　肉及其制品检验

第一节　肉与肉制品水分含量测定

肉制品中水分含量与微生物生长发育有关，是肉制品存储性好坏的重要因素之一。国家标准中规定了畜禽肉及肉制品的水分限量指标：猪肉≤76.5%，牛肉≤76.5%，羊肉≤77.5%，鸡肉≤76.5%，鸭肉≤80.0%；肉干、肉松及其他熟肉干制品≤20.0%，肉脯、肉糜脯≤16.0%，油酥肉松、肉松粉≤4.0%。

检测依据：GB/T 9695.15—2008《肉与肉制品　水分含量测定》

测定方法：蒸馏法

1. 方法原理

样品中的水分与甲苯或二甲苯共同蒸出，收集馏出液于接收管，根据馏出液体积计算含量。

2. 分析步骤

(1) 取样　按 GB/T 9695.19《肉与肉制品取样方法》取样。

① 鲜肉　从 3～5 片酮体或同规格的分割肉上取若干小块混为一份样品。每份样品为 500～1500g。

② 冻肉　成堆产品，在堆放空间的四角和中间设采样点，每点从上、中、下取若干小块混为一份样品，每份样品为 500～1500g；包装冻肉，随机取 3～5 包混合，总量不少于 1000g。

③ 肉制品　每件 500g 以上的产品，随机从 3～5 件上取若干小块混合，共需 500～1500g；每件 500g 以下的产品，随机取 3～5 件混合，总量不少于 1000g。

④ 小块碎肉　从堆放平面的四角和中间取样混合，共 500～1500g。

(2) 取样品不少于 200g，用绞肉机绞两次并混匀。

(3) 准确称取适量试样（精确至 0.001g，应使最终蒸出的水在 2～5mL，但最多取样量不得超过蒸馏瓶容量的 2/3），放入 250mL 锥形瓶中，加入新蒸馏的甲苯（或二甲苯）75mL，连接冷凝管与水分接收管，从冷凝管顶端注入甲苯，装满水分接收管。加热慢慢蒸馏，使每秒的馏出液为两滴，待大部分水分蒸出后，加速蒸馏约每秒 4 滴，当水分全部蒸出后，接收管内的水分体积不再增加时，从冷凝管顶端加入甲苯冲洗。如冷凝管壁附有水滴，可用附有小橡皮头的铜丝擦下，再蒸馏片刻至接收管上部及冷凝管壁无水滴附着，若接收管水平面保持 10min 不变，则为蒸馏终点，读取接收管水层的容积。

3. 分析结果表述

试样中水分的含量按式(9-1) 进行计算：

$$X=\frac{V}{m}\times 100 \tag{9-1}$$

式中　X——试样中水分的含量，mL/100g（或按水在20℃的密度0.99820g/mL计算质量）；

V——接收管内水的体积，mL；

m——试样的质量，g。

以重复性条件下获得的两次独立测定结果的算术平均值表示，精确到0.1%。

在重复性条件下获得的两次独立测定结果的绝对差值不得超过算术平均值的1%。

4. 方法解读

（1）有机溶剂一般用甲苯，其沸点为110.7℃。在此温度下有些样品可能会分解，此时可用苯代替，苯的沸点为80.2℃，但蒸馏时间需延长。

（2）加热温度不宜太高，温度太高时冷凝管上端的水汽难以全部回收。蒸馏时间一般为2～3h，随样品不同蒸馏时间也不同。

（3）为避免接收管和冷凝管壁附着水滴，仪器必须洗涤干净。

第二节　肉与肉制品挥发性盐基氮测定

挥发性盐基氮，是指动物性食品由于酶和细菌的作用，在腐败过程中使蛋白质分解而产生氨以及胺类等碱性含氮物质，它是食品卫生检验标准的一项重要指标。根据挥发性盐基氮含量的高低能判断冻、鲜肉及肉制品的新鲜程度。

国家标准对鲜肉及肉制品挥发性盐基氮的限量≤15mg/100g。

检测依据：GB/T 5009.44—2003《肉与肉制品卫生标准的分析方法》

测定方法：半微量定氮法

1. 方法原理

肉类中的挥发性盐基氮遇到弱碱氧化镁以氨的形式被游离蒸馏出来。蒸馏出来的氨被硼酸吸收后生成硼酸铵，使吸收液由酸性变为碱性，混合指示剂由紫色变为绿色，再由标准盐酸滴定至紫色。根据盐酸标准溶液消耗量按公式计算即得挥发性盐基氮含量。

2. 分析步骤

（1）试样处理　将试样除去脂肪、骨及腱后，绞碎搅匀，称取约10.0g置于锥形瓶中，加100mL水，不时振摇，浸渍30min后过滤，滤液置冰箱备用。

（2）蒸馏滴定　将盛有10mL吸收液及5～6滴混合指示液的锥形瓶置于冷凝管下端，并使其下端插入吸收液的液面下，准确吸取5.0mL上述试样滤液于蒸馏器反应室内，加5mL氧化镁混悬液（10g/L），迅速盖塞，并加水以防漏气。通入蒸汽，进行蒸馏，蒸馏5min即停止。吸收液用盐酸标准滴定溶液［c(HCl)＝0.010mol/L］或硫酸标准滴定溶液［$c(1/2H_2SO_4)$＝0.010mol/L］滴定，终点至蓝紫色。同时做试剂空白试验。

3. 分析结果表述

试样中挥发性盐基氮的含量按式(9-2)进行计算。

$$X=\frac{(V_1-V_2)\times c\times 14}{m\times 5/100}\times 100 \tag{9-2}$$

式中　X——试样中挥发性盐基氮的含量，mg/100g；

V_1——测定用样液消耗盐酸或硫酸标准溶液体积，mL；

V_2——试剂空白消耗盐酸或硫酸标准溶液体积，mL；

c——盐酸或硫酸标准溶液的实际浓度，mol/L；

14——1.00mL盐酸标准滴定溶液［c(HCl)＝1.000mol/L］或硫酸标准滴定溶液［$c(1/2H_2SO_4)$＝0.010mol/L］相当的氮的质量，mg；

m——试样质量，g。

计算结果保留三位有效数字。

在重复性条件下获得的两次独立测定结果的绝对差值不得超过算术平均值的10%。

4. 方法解读

（1）方法原理　肉类中的挥发性盐基氮在测定时遇弱碱性试剂氧化镁即以氨的形式被游离而蒸馏出来。蒸馏出来的氨被硼酸吸收后生成硼酸铵，使吸收液由酸性变为碱性。其反应式为：

$$2NH_3+4H_3BO_3 \rightarrow (NH_4)_2B_4O_7+5H_2O$$

混合指示剂由紫色变为绿色，再由标准盐酸滴定，使混合指示剂再由绿色返至紫色，即为终点。根据盐酸标准溶液消耗量按公式计算即得挥发性盐基氮含量。

（2）氧化镁混悬液的作用　一是提供碱性环境，在它的作用下，只有铵类物质才会生成氨被游离出来，从而被蒸汽带出，被硼酸吸收；二是可以起到消泡剂的作用。

（3）半微量蒸馏器在使用前应用蒸馏水并通入水蒸气对其室内进行充分洗涤，洗涤后开始做空白试验。操作结束后用稀硫酸溶液并通入水蒸气将其室内残留物洗净，然后再由蒸馏水进行同样洗涤。

（4）该法灵敏度为0.005mg（氮）。标准回收率为99.6%，加标回收率平均为96.5%，挥发完全，重现性好。

第三节　肉与肉制品三甲胺氮测定

三甲胺［$(CH_3)_3N$］是鱼、肉类食品中含有的氧化三甲胺［$(CH_3)_3NO$］经细菌及酶的作用还原成三甲胺氮而产生的。火腿中三甲胺氮含量增高，说明原料变质或者加工不当、天热时切片暴露太久，因而细菌生长引起变质。GB 2730—2005《腌腊肉制品卫生标准》中规定肉制品中三甲胺氮的指标≤2.5mg/100g。

检测依据：GB/T 5009.179—2003《火腿中三甲胺氮的测定》

1. 方法原理

三甲胺［$(CH_3)_3N$］是鱼肉类食品由于细菌的作用，在腐败过程中，将氧化三甲胺［$(CH_3)_3NO$］还原而产生的，系挥发性碱性含氮物质。将此项物质抽提于无水甲苯中，与苦味酸作用，形成黄色的苦味酸三甲胺盐，然后与标准管同时比色，即可测得试样中三甲胺氮含量。

2. 分析步骤

（1）试样处理　取被检肉样20g（视试样新鲜程度确定取样量）剪细研匀，加水70mL移入玻塞三角瓶中，并加20%三氯乙酸10mL，振摇，沉淀蛋白后过滤，滤液即可供测定用。

（2）制备标准曲线　准确吸取10μg/mL三甲胺氮标准液1.0mL、2.0mL、3.0mL、4.0mL、5.0mL（相当于10μg、20μg、30μg、40μg、50μg）于25mL Maijel Gerson反应瓶中，加蒸馏水至5.0mL，并同时做一空白，以下处理按试样操作方法，以光密度数制备成标准曲线。

（3）测定　取上述滤液5mL（亦可视试样新鲜程度确定之，但必须加水补足至5mL）于Maijel Gerson反应瓶中，加10%甲醛溶液1mL、甲苯10mL及（1+1）碳酸钾溶液3mL，立即盖塞，上下剧烈振摇60次，静置20min。吸去下面水层，加入无水硫酸钠约0.5g进行脱水，吸出5mL于预先已置有0.02%苦味酸甲苯溶液5mL的试管中，在410nm

处或用蓝色滤光片测得吸光度，并做一空白试验。

3. 分析结果表述

试样中的三甲胺氮含量按式(9-3) 计算：

$$X=\frac{\frac{OD_1}{OD_2}\times m}{m_1\times\frac{V_1}{V_2}}\times 100 \tag{9-3}$$

式中 X——试样中三甲胺氮含量，mg/100g；

OD_1——试样光密度；

OD_2——标准光密度；

m——标准管三甲胺氮质量，mg；

m_1——试样质量，g；

V_1——测定时体积，mL；

V_2——稀释后体积，mL。

4. 方法解读

(1) 甲醛作用是固定三甲胺。

(2) 三甲胺由于在称量过程中容易吸收潮解，称不准，需要定氮校正。三甲胺不稳定。

(3) 脱水是本方法的关键，因为有水会影响测定结果。如果有水存在，水与苦味酸结合使黄色加深，使结果偏高，故显色时应无水。可以将原方法中吸取水层改为吸取甲苯层。

第四节 肉与肉制品胆固醇测定

胆固醇又称胆甾醇，是一种环戊烷多氢菲的衍生物，广泛存在于动物体内，食物中的胆固醇以内脏（脑、肝）、蛋类、动物性油脂类、贝类、肉类、乳制品含量较高。

研究表明，长期过多摄入胆固醇可增加在肝脏和动脉壁上蓄积，引起心血管疾病。目前各国推荐的胆固醇摄入量一般不超过 300mg/d。

检测依据：GB/T 9695.24—2008《肉与肉制品 胆固醇含量测定》

测定方法：气相色谱法

1. 方法原理

肉与肉制品中的脂类经皂化后，胆固醇作为不皂化物被提取出来，用气相色谱法测定，外标法定量。

2. 分析步骤

(1) 取样 取样方法参见 GB/T 9695.19：取有代表性的样品 200g。

(2) 试样制备 使用适当的机械设备将试样均质。若使用绞肉机，试样要至少通过该设备两次。将试样装入密封的容器里，防止变质和成分变化。试样应在均质后 24h 内尽快分析。

(3) 皂化 称取 0.2～1.0g（准确至 0.001g）试样，置于 50mL 具塞试管中。加入 10mL 氢氧化钾溶液、10mL 无水乙醇，混匀，装上冷凝管，在 85～95℃ 水浴上缓慢皂化 1h，至试样溶液清澈。皂化后用流水冷却。

(4) 提取 将皂化后的试样溶液移入 50mL 分液漏斗中，再加入 10mL 乙醚，轻轻振摇，静置分层，将水层放入上述具塞试管中。加入 10mL 乙醚于具塞试管中，轻轻振摇，静置分层，将乙醚层移入上述分液漏斗中。再加入 10mL 乙醚于具塞试管中，重复提取一次，将乙醚层移入上述分液漏斗中。

用15mL水分三次洗涤分液漏斗中的溶液。分层后弃去水层。用10g无水硫酸钠干燥乙醚层，将乙醚层移入另一具塞试管中。通氮气吹干后，加入1.00mL无水乙醇，混匀。

（5）测定

① 气相色谱参考条件

色谱柱：DB-5弹性石英毛细管柱（30m×0.32mm×0.25μm），或相当者。

载气：高纯氮，纯度≥99.999%；恒流2.4mL/min。

柱温（程序升温）：初始温度为200℃，保持1min，以30℃/min升至280℃，保持10min。

进样口温度：280℃。

检测器温度：290℃。

进样量：1μL。

进样方式：不分流进样，进样1min后开阀。

空气流速：350mL/min。

氢气流速：30mL/min。

② 测定　根据试样溶液中胆固醇的含量情况，选定峰面积相近的标准工作液。标准工作液和试样溶液中胆固醇的响应值均应在仪器检测线性范围内。标准工作液和试样溶液等体积间隔进样测定。根据保留时间定性，外标法定量。标准色谱图参见图9-1。

对同一试样进行平行试验测定。

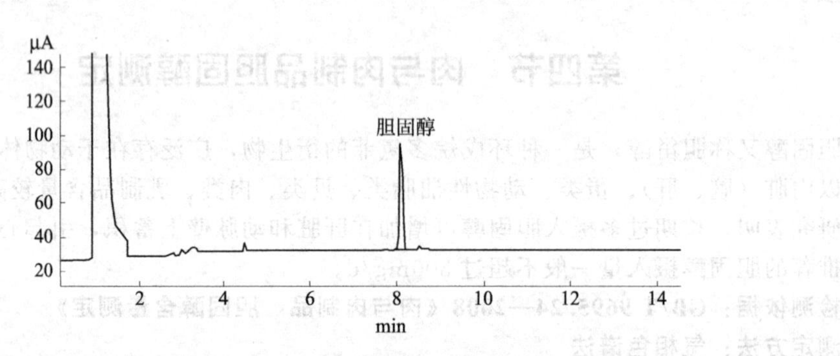

图9-1　胆固醇标准溶液的气相色谱

③ 空白试验　除不加入试样外，均按前面步骤进行测定。

3. 分析结果表述

试样中胆固醇的含量按式(9-4)计算：

$$X=\frac{c\times A\times V}{A_s\times m\times 1000}\times 100 \tag{9-4}$$

式中　X——试样中胆固醇的含量，mg/100g；

c——标准工作液中胆固醇的浓度，μg/mL；

A——试样溶液中胆固醇的峰面积；

V——试样溶液最终定容的体积，mL；

A_s——标准工作液中胆固醇的峰面积；

m——脂肪的质量，g。

计算结果应扣除空白，结果保留至小数点后一位。

同一分析者在同一实验室、采用相同的方法和相同的仪器、在短时间间隔内对同一样品独立测定两次。两次测试结果的相对差值不得超过10%。

4. 方法解读

胆固醇的测定方法主要有比色法、酶法、HPLC法和GC法。比色法是将由食品中提取的脂质用皂化法进行处理后再进行显色。一般来说，显色反应有两种：一种为氯化铁反应，一种为乙酸-硫酸反应。比色法操作简单，显色稳定、灵敏度高、应用广泛；缺点是特异性差，无法区分胆固醇酯与游离胆固醇，干扰因素多，精密度低。酶法主要是测血清、血浆中的胆固醇。HPLC法适合于分析生物制品，在食品上的应用较局限。GC法目前是胆固醇分析中较佳的方法，AOAC 994.10、日本均采用此法，适合胆固醇含量在1mg/100g以上所有食品的分析。

第五节　肉制品聚磷酸盐测定

磷酸盐为肉制品中常用的食品添加剂，在肉制品中使用的有焦磷酸钠、三聚磷酸钠、六偏磷酸钠等，统称为多聚磷酸盐。肉制品中使用磷酸盐的目的是提高肉的持水能力，使肉在加工过程中仍能保持其水分，减少营养成分损失，同时也保持了肉的柔嫩性，增加出品率。在肉制品中添加多聚磷酸盐还有调节pH值、乳化、缓冲、螯合金属离子等功能作用。但是当膳食中磷酸盐含量过多时，会降低人体组织钙的吸收，导致骨骼组织钙的流失，严重的还会造成发育迟缓、骨骼畸形，因此国家标准中规定了肉制品中添加磷酸盐的限量。

GB 2726—2005《熟肉制品卫生标准》中规定，熏煮火腿复合磷酸盐（以PO_4^{3-}计）的含量≤8.0g/kg；其他熟肉制品复合磷酸盐（以PO_4^{3-}计）的含量≤5.0g/kg。

检测依据：GB/T 9695.9—2009《肉与肉制品　聚磷酸盐测定》

测定方法：纤维素薄层色谱法

1. 方法原理

用三氯乙酸提取肉和肉制品中的聚磷酸盐，提取液经乙醇、乙醚处理后，在微晶纤维素薄层色谱板上分离，通过喷雾显色，检验聚磷酸盐。

2. 试剂

（1）标准参比混合液　在100mL水中溶解下列物质：磷酸二氢钠200mg；焦磷酸四钠300mg；三磷酸五钠200mg；六偏磷酸钠200mg（标准参比混合液在4℃条件下可稳定至少4周）。

（2）展开剂　将140mL异丙醇、40mL三氯乙酸溶液和0.6mL氢氧化铵混合均匀，保存于密闭瓶中。

（3）显色剂Ⅰ　量取50mL硝酸、50mL四水合铝酸铵溶液，混合均匀，在上述溶液中溶解10g酒石酸（现用现配）。

（4）显色剂Ⅱ　将195mL焦亚硫酸钠溶液和5mL亚硫酸钠溶液混匀，然后称取0.5g 1-氨基-2-萘酚-4-磺酸溶于上述溶液中，再称取40g乙酸钠溶于此溶液中，该溶液贮存于密闭的棕色瓶中，可在4℃条件下保存一周。

3. 分析步骤

（1）试样准备　按GB/T 9695.19规定的方法取样。至少取有代表性的试样200g，使用适当的机械设备将试样均质。均质后的试样要尽快分析。否则，要密封低温贮存，防止变质和成分发生变化。贮存的试样在启用时，应重新混匀。

（2）薄层板的制备　将可溶性淀粉0.3g溶于90mL沸水中，冷却后加入15g微晶纤维素粉，用匀浆器匀浆1min。用涂布器把浆液涂在玻璃板上，铺成0.25mm厚的浆层，在室温下自然干燥1h，然后在100℃烘箱中加热10min，取出立即放入干燥器中。也可以用商品微晶纤维素板。

(3) 提取液的制备　将50mL 50℃左右的温水倒入装有50g试样的烧杯中，立即充分搅拌，加入10g三氯乙酸，彻底搅匀。放入冰箱冷却1h后用扇形滤纸过滤。

若滤液浑浊，加入同体积的乙醚并摇匀，用吸管吸去乙醚，再加入同体积的乙醇，振摇1min，静置数分钟后再用扇形滤纸过滤。

(4) 薄层色谱分离

① 将适量的展开剂倒入展开缸中，使深度为5～10mm，盖上盖，避光静置30min。

② 用微量注射器吸取提取液3μL，若经过澄清处理的提取液取6μL，在距薄层板板底约2cm处点样，每次点样1μL，使点的直径尽量小。边点边用吹风机冷风挡吹干。

注：避免使用热风吹干，以防止磷酸盐水解。

③ 用同样的方法，将标准参比液3μL点在同一块板上，距样品点1～1.5cm，距板底距离与样品点一致。

④ 打开展开缸盖，迅速而小心地把点好样的薄层板放入缸中，盖上盖，在室温下避光展开。

⑤ 展开到溶剂前沿上升约10cm处，取出薄层板，放入60℃干燥箱中干燥10min，或在室温下干燥30min，或用吹风机冷风挡吹干。

(5) 磷酸盐的检验

① 将展开过的薄层板垂直立在通风橱中，用喷雾器把显色剂Ⅰ均匀地喷在薄板上，使之显现出黄斑。

② 用吹风机吹干薄层板后，放入100℃干燥箱中至少干燥1h，把硝酸全部除去。将薄层板从干燥箱中取出，检验是否有刺鼻的硝酸味道。

③ 薄层板冷却至室温后，放入通风橱中，喷显色剂Ⅱ，使之呈现出明显的蓝斑。

注：不是绝对要喷显色剂B，但此显色剂产生强烈的蓝斑可提高检测效果。

4. 分析结果表述

将试样斑点与聚磷酸盐标准混合液斑点的比移值相比较，计算其R_f。

正磷酸盐的斑点经常可见。如果样品中含有高浓度的磷酸盐，也可以看见二磷酸盐或聚合磷酸盐的斑点。

参比混合液磷酸盐的R_f值如下：正磷酸盐0.70～0.80；焦磷酸盐0.35～0.50；三磷酸盐0.20～0.30；六偏磷酸盐0。

注：可用鲜肉的提取液校正磷酸盐的R_f值，鲜肉中只含正磷酸盐。

第六节　肉制品淀粉测定

淀粉和淀粉的水解产品是人类膳食中可消化的碳水化合物，为人类提供营养和热量，肉制品中常使用淀粉、变性淀粉作为增稠剂。在肉制品中加入淀粉后，对于制品的持水性、组织形态均有良好的效果。在加热蒸煮时，淀粉颗粒可吸收熔化成液态的脂肪，减少脂肪流失，提高成品率。用在灌肠制品及西式火腿制品加工中，可明显改善制品的组织结构、切片性、口感和多汁性。但是为了保证产品质量，应严格控制淀粉的添加量。

检测依据：GB/T 9695.14—2008《肉制品　淀粉含量测定》

测定方法：碘量法

1. 方法原理

试样中加入氢氧化钾-乙醇溶液，在沸水浴上加热后，滤去上清液，用乙醇洗涤沉淀除去脂肪和可溶性糖，沉淀经盐酸水解后，用碘量法测定形成的葡萄糖并计算淀粉含量。

2. 分析步骤

(1) 淀粉分离 称取试样 25g（精确到 0.01g）放入 500mL 烧杯中，加入热的氢氧化钾-乙醇溶液 300mL，用玻璃棒搅匀，盖上表面皿，在沸水浴上加热 1h，不时搅拌。然后将沉淀完全转移到漏斗上过滤，用 80%热乙醇洗涤沉淀数次。

(2) 水解 将滤纸钻孔，用 1.0mol/L 盐酸 100mL，将沉淀完全洗入 250mL 烧杯中，盖上表面皿，在沸水浴中水解 2.5h，不时搅拌。溶液冷却至室温，用 300g/L 氢氧化钠中和至 pH 值约为 6，注意 pH 值不要超过 6.5。将溶液移入 200mL 容量瓶中，加入蛋白质沉淀剂 A[注1] 3mL，混合后再加入蛋白质沉淀剂 B[注1] 3mL，用水定容至刻度，摇匀，经不含淀粉的滤纸过滤。滤液中加入 300g/L 氢氧化钠 1～2 滴，使之对溴百里酚蓝指示剂呈碱性。

[注 1] 蛋白质沉淀剂 A：称取铁氰化钾 106g，用水溶解并稀释至 1000mL；

蛋白质沉淀剂 B：称取乙酸锌 220g，用水溶解，加入冰醋酸 30mL，用水稀释至 1000mL。

(3) 测定 准确吸取一定量滤液（V_2）稀释至一定体积（V_3），然后取 20mL（含葡萄糖 40～50mg）移入碘量瓶中，加入 25.00mL 碱性铜试剂[注2]，装上冷凝管，在电炉上 2min 内煮沸。改用温水继续煮沸 10min，迅速冷却至室温，取下冷凝管，加入 100g/L 碘化钾溶液 30mL，小心加入 1.0mol/L 盐酸 25mL，盖好盖待滴定。

用硫代硫酸钠标准溶液滴定上述溶液中释放出来的碘。当溶液变成浅黄色时，加入淀粉指示剂 1mL，继续滴定直至蓝色消失，记下消耗的硫代硫酸钠标准溶液体积。

同一试样进行两次测定并做空白试验。

[注 2] 碱性铜试剂

溶液 a：称取硫酸铜（$CuSO_4 \cdot 5H_2O$）25g，溶于 100mL 水中；

溶液 b：称取碳酸钠 114g，溶于 300～400mL 50℃水中；

溶液 c：称取柠檬酸（$C_6H_8O_7 \cdot H_2O$）50g，溶于 50mL 水中。

将溶液 c 缓慢加入溶液 b 中，边加边搅拌直至气泡停止产生。将溶液 a 加到此混合液中并连续搅拌，冷却至室温后，转移到 1000mL 容量瓶中，定容到刻度，混匀。放置 24h 后使用，若出现沉淀需过滤。

取 1 份此溶液加入 49 份煮沸并冷却的蒸馏水，pH 值应为 10.0±0.1。

3. 分析结果表述

(1) 葡萄糖量的计算 按式 (9-5) 计算消耗硫代硫酸钠物质的量（mmol，X_1）：

$$X_1 = 10 \times (V_0 - V_1)c \qquad (9\text{-}5)$$

式中 X_1——消耗硫代硫酸钠物质的量，mmol；

V_0——空白试验消耗硫代硫酸钠标准溶液的体积，mL；

V_1——试样消耗硫代硫酸钠标准溶液的体积，mL；

c——硫代硫酸钠标准溶液的浓度，mol/L。

根据 X_1 从表 9-1 硫代硫酸钠的物质的量（mmol）同葡萄糖量（m_1）的换算关系，查出相应的葡萄糖量（m_1）。

(2) 淀粉含量计算 试样中淀粉含量按式(9-6) 计算：

$$X_2 = \frac{m_1}{1000} \times 0.9 \times \frac{V_3}{25} \times \frac{200}{V_2} \times \frac{100}{m_0} = 0.72 \times \frac{V_3}{V_2} \times \frac{m_1}{m_0} \qquad (9\text{-}6)$$

式中　X_2——试样中淀粉含量，g/100g；

m_1——葡萄糖含量，mg；

0.9——葡萄糖折算成淀粉的换算系数；

V_3——稀释后的体积，mL；

V_2——取原液的体积，mL；

m_0——试样的质量，g。

取平行测定的算术平均值作为结果，精确到0.1%。

表 9-1　硫代硫酸钠的物质的量（mmol）同葡萄糖量（m_1）的换算关系

$X_1[10(V_0-V_1)c]$	相应的葡萄糖量 m_1/mg	$X_1[10(V_0-V_1)c]$	相应的葡萄糖量 m_1/mg
1	2.4	13	33.0
2	4.8	14	35.7
3	7.2	15	38.5
4	9.7	16	41.3
5	12.2	17	44.2
6	14.7	18	47.1
7	17.2	19	50.0
8	19.8	20	53.0
9	22.4	21	56.0
10	25.0	22	59.1
11	27.6	23	62.2
12	30.3	24	68.3

第七节　肉及其制品中兽药残留的检测

兽药残留即兽药在动物源食品中的残留，是指动物产品的任何可食部分所含兽药的母体化合物及其他代谢物，以及与兽药有关的杂质。因此，兽药残留包括原药及药物在动物体内的代谢产物和兽药生产中所伴生的杂质。

由于畜牧业发展的需要，兽药和饲料添加剂在治疗和预防动物疾病、促进动物生长、提高饲料转化率、控制生殖周期及繁殖功能、改善饲料的适口性和动物性食品对人的口味等方面起着重要的作用。残留在动物性食品中的兽药及饲料添加剂，将随着食物链进入人体，对人类的健康构成潜在的威胁。

兽药残留主要有以下危害：如发生急性中毒会表现出心悸，面色潮红、四肢肌肉颤动，手抖甚至不能站立，头晕，乏力等症状；抗菌药物，如青霉素、磺胺类药物、四环素和某些氨基糖苷类抗生素能使部分人群发生过敏反应。兽药残留的另一危害是在饲料中长期使用抗生素，许多细菌产生了耐药性，这种耐药菌株很容易在动物与动物、动物与人之间转移。如果不加以控制兽药抗生素的滥用，将会导致人得病后无药可治的后果。因此，对肉品中兽药残留进行检测，于保障人类健康具有重要意义。

在动物源食品中较易引起兽药残留超标的兽药主要有抗生素类、磺胺类、呋喃类、抗寄生虫类和激素类药物等。

一、动物组织中喹诺酮类药物的检测

喹诺酮类兽药是近年发展起来的一类广谱抗菌药，随着该类药物使用量的增多和人们对食品安全的关注，兽药残留问题越来越被人们所重视。用于氟喹诺酮类兽药残留检测的方法主要有微生物法、免疫分析法、液相色谱法、高效液相色谱法等。微生物法是一种抗菌药物残留检测的快速筛选方法，但该法的检测限量高于欧盟所规定的最低检测限量；免疫分析技术是以抗原抗体的结合反应为基础的分析技术，其特点是特异性强，简单、灵敏、快捷，可用于大量样品的快速检测。目前主要的检测方法是高效液相色谱法，但该方法样品前处理比较繁琐，不适合大量样品的快速检测。

1. 方法原理

利用固相萃取方法对动物组织中喹诺酮类兽药残留进行净化、富集，再通过 HPLC 法对其进行测定。

2. 分析步骤

(1) 组织样品的提取 取动物组织，匀浆，于－20℃保存。

动物肌肉样品的提取：称取动物肌肉组织于 50mL 离心管中，添加适量的标准溶液，漩涡混匀，避光静置 15min 后，加入 10mL PBS 溶液（pH7.4）进行提取，涡动 10s，3500 r/min离心 5min，上清液倒入另一干净试管中，残留组织再用 10mL PBS 溶液重复提取一次，合并上清液。

动物肝脏组织的提取：称取动物肝脏组织于 50mL 离心管中，添加适量的标准溶液，漩涡混匀，避光静置 15min 后，加入 10mL PBS 溶液（pH7.4）进行提取，涡动 10s，15000 r/min于 4℃离心 5min，上清液倒入另一干净试管中，残留组织再用 10mL PBS 溶液重复提取一次，合并上清液。

(2) 标准曲线的绘制 依照 0ng/mL、0.30ng/mL、0.50ng/mL、1.00ng/mL、10.00ng/mL、50.00ng/mL、100.00ng/mL、200.00ng/mL 的浓度分别准确量取 QNs 的混合标准工作液，氮气吹干，用 0.01mol/L 磷酸缓冲溶液定容至 1.0mL，HPLC-FLD 测定。每一浓度进样三次，以标准工作液的浓度为横坐标、各药物的峰面积为纵坐标，绘制标准曲线。

(3) 样品的净化

① SPE 净化

活化：2mL 甲醇、2mL 水活化。

上样：取 10mL 肌肉样品提取液上样。

洗涤：3mL 甲醇-氨水（1＋4）洗涤。

洗脱：2mL 甲醇-氨水（19＋1）洗脱，收集，氮气吹干，PB 定容至 1.0mL。用 0.22μm 滤膜过滤，待检。

② IAC 柱净化

活化：2mL 甲醇、2mL 水活化。

上样：取 10mL 肌肉样品提取液上样。

洗涤：3mL 甲醇-氨水（1＋4）洗涤。

洗脱：2mL 甲醇-氨水（19＋1）洗脱，收集，氮气吹干，PB 定容至 1.0mL。用 0.22μm 滤膜过滤，待检。

(4) 色谱参考条件

色谱柱：Symmetry C_{18} 色谱柱（5μm，250mm×4.6mm，i.d.）

流动相：0.02%甲酸水溶液（pH2.8）-乙腈。

流速：1.0mL/min。

进样量：100μL。

柱温：35℃。

3. 方法解读

（1）固相萃取原理　固相萃取简称SPE，利用选择性吸附与选择性洗脱的液相色谱法分离原理。较常用的方法是使液体样品溶液通过吸附剂，保留其中被测物质，再选用适当强度溶剂冲去杂质，然后用少量溶剂迅速洗脱被测物质，从而达到快速分离净化和浓缩的目的。

固相萃取过程包括甲醇活化、水活化、上样、水淋洗、洗脱液洗脱五步。

（2）QNs混合标准工作液的配制方法　分别称取适量MAR（麻保沙星）、NOR（诺氟沙星）、CIP（盐酸环丙沙星）、LOM（洛美沙星）、DAN（单诺沙星）、ENR（恩诺沙星）、SAR（沙拉沙星）、DIF（盐酸二氟沙星）、OXO（恶喹酸）、FLU（氟甲喹）等十种标准品，溶解于2mL 0.03%NaOH溶液中，用甲醇定容至100mL，即为100μg/mL的标准储备液。分别量取适量10种标准储备液，配制10种QNs的混合标准工作液。

二、动物组织中己烯雌酚、呋喃唑酮、磺胺类药物残留测定

己烯雌酚是一种人工合成的非甾体雌激素，由于其有增加蛋白质沉积和减少脂肪沉积的作用而被广泛应用于促生长、增加瘦肉率、提高料肉比等方面，一些不法商人为了追求利益而在动物饲养过程中滥用。经医学实验表明，己烯雌酚为第一类强致癌物质。磺胺类、呋喃唑酮类药物为广谱抗菌药，是多种动物治疗感染性疾病的主要药物。其检测方法主要是高效液相色谱法。

1. 方法原理

样品中己烯雌酚、呋喃唑酮、磺胺类药物经提取，用微孔滤膜过滤后进HPLC色谱仪测定。

2. 分析步骤

（1）样品处理

① 样品萃取　准确称取5g均质动物组织样品于50mL离心管中，加入20mL乙腈和4g无水硫酸钠，用玻棒充分搅拌以防止样品与无水硫酸钠在离心管结块，振荡5min后置于低速离心机上离心10min（3000r/min），转移乙腈提取液于分液漏斗中，残渣再用20mL乙腈提取一次，二次提取液中加入20mL正己烷，移入分液漏斗中与一次提取液合并，分液并收集乙腈层（下层），加入5mL正丙醇，40℃下在旋转蒸发仪上浓缩至干。

② 样品净化　取SPE（Alumina B）小柱，先用A液3mL冲洗柱子，不收集。用A液3mL溶解样品，上柱，收集洗脱液A于10mL具塞刻度离心管中，再用2mL A液洗两次柱子，真空抽干，用A液准确定容至10.0mL，混匀，经0.45μm滤膜过滤，待HPLC分析。换用B液8mL洗脱SPE小柱，收集B液于另一只10mL具塞刻度离心管中，用B液准确定容至10.0mL，混匀，经0.45μm滤膜过滤，待检。

（2）色谱条件

色谱柱：Hypersil ODS C_{18}色谱柱（5m，250mm×4.6mm，Thermo electron Co.）。

进样量：20μL。

柱温：30℃。

五种磺胺色谱分离的线性梯度洗脱条件如下：

0～10min为0.02mol/L磷酸＋乙腈（85%＋15%）；10～12min由0.02mol/L磷酸＋乙腈（85%＋15%）变为0.02mol/L磷酸＋乙腈（75%＋25%）；12～25min为0.02mol/L

磷酸＋乙腈（75%＋25%）；25～26min 由 0.02mol/L 磷酸＋乙腈（75%＋25%）变为 0.02mol/L 磷酸＋乙腈（85%＋15%）。流速 1.2mL/min，波长 270nm。

用于已烯雌酚、呋喃唑酮色谱洗脱的流动相为 0.02mol/L 磷酸＋乙腈（60%＋40%），流速 1.0mL/min，进样量为 20μL，柱温 30℃，波长 0～10min 为 365nm、10～30min 为 280nm。

技能训练十五　畜禽肉中兽药残留检测

一、分析检测任务

产品检测方法标准	农业部 1025 号公告-14—2008 动物性食品中氟喹诺酮类药物残留检测——高效液相色谱法
检测产品	牛肉
关键技能点	移液管使用
	高效液相色谱仪操作规程(色谱工作站的使用)
	固相萃取技术
检测所需设备	HPLC(配备荧光检测器),电子天平,漩涡混合器,离心机,固相萃取柱,固相萃取仪
检测所需试剂	标准缓冲溶液(pH6.86);标准缓冲溶液(pH4.00);磷酸盐缓冲溶液(pH7.0),甲醇、乙腈为色谱純,三乙胺为分析纯

二、任务实施

1. 安全提醒

(1) 甲醇具有高挥发性，为神经毒性，可经呼吸道、皮肤和消化道进入人体，对视神经及多个脏器造成损伤。

(2) 操作过程中产生的废液以及上机检测后的样液应由实验室回收交由专门环保部门处理，严禁倒入下水道。

(3) 提取、净化、定容等步骤涉及有害或有刺激性气体发生的试剂，使用时应在通风橱内进行，不可将头伸进通风橱内。

2. 操作步骤

(1) 采样　准确称取 3 份牛肉样品（事先粉碎成肉糜）2g±0.05g 于 50mL 具塞离心管中。

(2) 提取

① 准确移取 20.0mL 磷酸盐缓冲液在每份已称量好的牛肉样品中，用玻璃棒搅匀。

② 将离心管置于漩涡振荡器上，中速振荡 5min。

③ 用空离心管和纯化水在托盘天平上进行配平，然后高速离心（10000r/min，5min）。

④ 将上清液倒入 50mL 烧杯中，以备过柱用。

(3) 净化

① 将固相萃取柱安装在固相萃取仪，分别先用 6.0mL 甲醇、再用 6.0mL 水活化。

② 取离心所得上清液 5.0mL 过柱。

③ 用水 2.0mL 清洗，挤干。

④ 用流动相 2.0mL 洗脱；并用 5mL 试管收集洗脱液。

⑤ 用 2mL 的一次性注射器吸取洗脱液，并将收集的洗脱液过 0.22μm 有机系膜，直接装在样品瓶中，待检。

（4）测定

① 检测仪器　安捷伦 1200 高效液相色谱仪（配备荧光检测器）。

② 色谱柱　C_{18} 150mm×4.6mm（i. d.），粒径 5μm。

③ 流动相　0.05mol/L 磷酸（用三乙胺调节 pH 至 2.4）+乙腈（82+18，体积之比），使用前经微孔滤膜过滤。

④ 流速　0.8mL/min。

⑤ 检测波长　激发波长 280nm，发射波长 450nm。

⑥ 柱温　25℃。

⑦ 进样量　20μL。

（5）空白试验　除不加试料外，采用完全相同的测定步骤进行平行操作。

3. 原始数据记录与处理

原始数据记录				
项目	环丙沙星	达氟沙星	恩诺沙星	沙拉沙星
图谱中标准溶液抗生素浓度 c_S/(μg/mL)	0.1000	0.1000	0.1000	0.1000
图谱中标准溶液抗生素峰面积 A_S(按图谱完整填写)				
图谱中空白样品抗生素峰面积 A_b				
图谱中空白溶液抗生素浓度 c_b/(μg/mL)				
加入牛肉样品中的标液抗生素浓度 c/(μg/mL) 注:加入的标液中含有四种抗生素中的一种,需定性,其浓度为 100μg/mL	25.0	25.0	25.0	25.0

计算公式：

$$X=\frac{Ac_SV_1V_3}{A_SV_2M}$$

式中　X——供试组织中达氟沙星、恩诺沙星、环丙沙星或沙拉沙星的残留量，ng/g；

A——供试试料试样溶液中相应药物的峰面积；

A_S——对照标准工作液中相应药物的峰面积；

c_S——标准工作液中相应药物的浓度，μg/mL；

V_1——提取用磷酸盐缓冲液的总体积，mL；

V_2——用 C_{18} 固相萃取柱所用备用液体积，mL；

V_3——洗脱用流动相体积，mL；

M——供试组织样品的质量，g。

注:计算结果需扣除空白值,测定结果保留三位有效数字。

三、关键技能点操作指南

1. 固相萃取仪的原理与操作

（1）固相萃取仪的结构与原理　固相萃取真空装置（图 9-2）包括化学稳定性盖子、垫圈、底座、玻璃槽、真空表、真空控制阀、12/24 流速控制阀、12/24 可置换溶剂导向管、支撑板和收集管支架支撑杆。

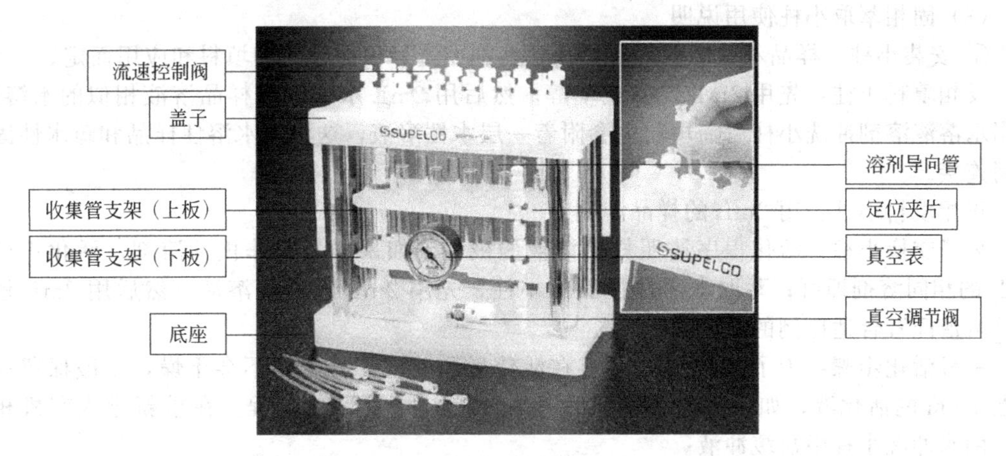

图 9-2　固相萃取装置

固相微萃取技术（SPME）方法包括吸附和解吸两步。吸附过程中待测物在样品及石英纤维萃取头外涂渍的固定相液膜中平衡分配，遵循相似相溶原理。这一步主要是物理吸附过程，可快速达到平衡。如果使用液态聚合物涂层，当单组分单相体系达到平衡时，涂层上吸附的待测物的量与样品中待测物浓度线性相关。解吸过程随 SPME 后续分离手段的不同而不同。对于气相色谱（GC），萃取纤维插入进样口后进行热解吸，而对于液相色谱（LC），则是通过溶剂进行洗脱。

SPME 有两种萃取方式，一种是将萃取纤维直接暴露在样品中的直接萃取法，适于分析气体样品和洁净水样中的有机化合物；另一种是将纤维暴露于样品顶空中的顶空萃取法，广泛适用于废水、油脂、高分子量腐殖酸及固体样品中挥发、半挥发性的有机化合物的分析。

(2) 真空装置使用操作指南

① 逆时针旋转流量阀，打开流量控制阀。

② 在流速控制阀处于关闭状态中，缓慢将溶液加入到 SPE 小柱中。然后，顺时针全部打开，为了保证合适的真空，在萃取过程中，没有萃取的小管的阀应处于关闭状态。不要将阀门拧得太紧，否则会损坏控制装置。

③ 打开真空泵，将预加入溶液加入到每个萃取管中。

④ 握住每根管子上端，逆时针方向旋转 1/4 圈，部分地打开流量控制阀。

⑤ 缓慢关闭流量控制阀直到真空表指针到 10 (25.4cm)Hg。当溶液液面接近柱床时，顺时针旋转控制阀，减小流速，当溶液到达柱床时，完全关闭流量控制阀。

⑥ 打开流量控制阀。

⑦ 添加冲洗液到小柱上，部分地关闭流量控制阀，吸取溶液到小柱中。

⑧ 打开真空流量控制阀，如果需要，重复第⑦步。

⑨ 拿走真空萃取装置的盖子，将收集瓶和支撑板放入玻璃槽中，将盖子重新放回原位，确定每根溶剂导管深入到收集瓶中大约 1cm 位置。

⑩ 关闭流量控制阀。

⑪ 添加洗脱液到每个萃取小柱中，关闭真空控制阀，打开每一个流量控制阀，直到洗脱液滴速通过小柱。

⑫ 打开真空控制阀，如果需要，重复第⑩～⑪步，在真空装置完全去真空之前，不要拿走 SPE 小柱，否则会导致洗脱液溅入玻璃槽中。

⑬ 转移收集瓶支撑板，根据需要对样品进行稀释、蒸发浓缩、分析等处理。

（3）固相萃取小柱使用说明

① 安装小柱，样品萃取之前活化柱床，溶剂的选择根据小柱的填料和应用而定。

反相填料小柱：先用 2mL 乙腈或甲醇，然后用 2mL 水或者和样品溶液相似的水溶液。当用水溶液溶剂冲洗小柱后，填料上会附着一层水性溶液，这将使水溶性样品和疏水性固定相间连接。

正相填料小柱：用 2mL 的样品溶剂。

离子交换小柱：活化程序按照样品溶液的极性，如果样品是非极性溶剂，活化小柱用 2mL 的相同溶剂即可；萃取水溶性样品的小柱，先用 2mL 的甲醇溶液，然后用 2mL 根据样品溶液配置合适比例的水溶液。

一般活化步骤：为了确保 SPE 填料在活化后和处理样品之间不会干燥，一般保留在填料上 1mm 的活化液，如果在进样前发现小柱干燥，重复活化过程。在重新导入有机相之前，用水冲洗小柱中盐缓冲液。

② 添加样品　用移液管或者微量加样枪等准确转移样品到小柱，用正压或者负压使样品缓慢通过萃取小柱，流速会影响一些特定化合物的保留量，一般来说，不应超过 5mL/min。为了避免堵塞小柱管，对还有颗粒物的样品在萃取前最好先过滤或离心。在加入小柱前，也可以加入内标。

③ 冲洗填料　如果你所需要的化合物保留在小柱上，用不会冲洗掉所需化合物的溶液冲洗掉不需要的化合物，一般不超过一个柱的体积即可；如果所需化合物不被保留在小柱上，用大约和小柱同体积的样品溶剂从小柱中冲洗残留的所需样品即可，冲洗的步骤完全等同于洗脱的步骤。

④ 用目标化合物洗脱　用小体积（一般为 200μL～4mL）洗脱液清洗小柱，一般两小份洗脱液比一大份洗脱液更有效。当每份洗脱液和柱床接触 30s～1min 时，回收率最好。

2. 高效液相色谱仪的操作规程

以 Agilent 1260 高效液相色谱仪为例。

（1）开机前准备

① 根据实验要求配制流动相，须经 0.45μm 滤膜过滤，之后再进行脱气处理，使用前必须用超声波振荡 10～15min，按无机相和有机相分别装入溶剂瓶 A（装有洗盐装置，最好固定盛放无机盐水相）、B 中；对照品和样品溶液进样前要经 0.45μm 滤膜过滤。

② 若流动相中含有缓冲盐，则必须以每分钟 2～3 滴的速度虹吸 10%的异丙醇水冲洗 seal-wash，以防有盐结晶在泵头产生而损坏泵头。

（2）采样前准备

① 打开计算机，进入 Windows 系统，从上到下依次打开各模块电源。

② 待各模块自检完成后，双击桌面上的“仪器 1 联机”图标，将自动进入化学工作站界面。

③ 从“视图”菜单中选择“方法和运行控制”界面，也可单击工作站界面左侧的“方法和运行控制”项，进入方法和运行控制窗口。

④ 打开 Purge 阀（逆时针），右击“泵”图标出现参数设定菜单，单击“设定泵”选项进入泵编辑界面。

⑤ 设“流量”逐步增大流速至 5mL/min，A 通道设到 100%，单击“确定”。

⑥ 单击“泵”图标，出现参数设定菜单，单击“泵控制”选项，选中“开”，单击“确定”则系统开始 Purge，直到管路内由溶剂瓶 A 到泵入口无气泡为止；切换 B 通道（B 通道设到 100%）继续 Purge 直到所有通道管路内均无气泡为止（查看柱前压力，若大于 10bar，则应更换排气阀内滤芯/过滤白头）。

⑦ 将泵的流量设到 0.5mL/min，若使用双泵则应设定溶剂配比，如 A＝80%，B＝

20%；关闭排气阀（顺时针）；再将流量设到 0.8mL/min，2min 后设定至方法所需流速，冲洗色谱柱 20～30min。

⑧ 单击泵下面的瓶图标，输入溶剂瓶 A、B 内流动相的实际体积（为保护泵和色谱柱，请按实际体积输入）和停泵的体积，单击“确定”，如果各溶剂瓶溶剂体积小于停泵体积，泵将自动停止。

⑨ 把缓冲液（用于柱子过渡的，与流动相等比例的乙腈/水、甲醇/水或 10%的水溶液）换成流动相，排气后，逐步增加至所需流速，待柱压基本稳定后，打开检测器等，观察基线情况。

（3）数据采集

① 采集方法编辑

a. 编辑完整方法：从“方法”菜单中选择“编辑完整方法”项，选中除“数据分析”外的三项，单击“确定”进入下一界面。

b. 方法信息：在“方法注释”栏中加入（如方法的用途等），单击“确定”进入下一界面。

c. 泵参数设定：在“流速”处输入方法所需流量（如 1mL/min）；默认 A 为 100%，如需二元高压，在“溶剂 B”处输入所需比例，则溶剂 A=100－B，也可“插入”一行“时间表”编辑二元梯度；在“压力限”处输入柱子的最大耐高压（建议设定 200bar）以保护柱子，单击“确定”进入下一界面。

d. VWD 检测器参数设定：在“波长”下方的空白处输入所需的检测波长，如 254nm；在“峰宽（响应时间）”下方点击下拉式三角框，选择合适的响应时间［如＞0.1min（2s）］；如有特殊要求，也可在“时间表”中可以“插入”一行输入随时间切换的波长（如 1min 波长=300nm），点击“确定”。

e. 在“运行时选项表”中选中“数据采集”选项，单击“确定”。

f. 单击“方法”菜单选中“方法另存为”输入方法名，单击“确定”。

g. 从“视图”菜单中选中“在线信号”，选中“信号窗口 1”，然后单击“改变”钮，将所要查看的信号移到右边框中，单击“确定”。

h. 进样器参数设定：在进样模式中输入“进样量”××μL，默认为 20μL。“标准进针”只能输入进样体积，此方式无洗针功能。“针清洗后进样”可以输入进样体积和洗瓶位置为××，此方式针从样品瓶抽完样品后会在洗瓶中洗针。

进样器进样程序参数设定：选中使用进样程序，在“函数”中添加相应函数即可按程序进样。

i. TCC 检测器参数设定：在“温度”左侧下面的方框内输入所需温度，并选中它，右侧选中“与左侧相同”——使柱温箱的温度左右一致。

② 运行方法

a. 单针进样

ⓐ 选择“单针进样”图标。

ⓑ 从“运行控制”菜单中选择“样品信息”选项，输入“操作者名称”，数据存储目录路径中的子目录，子目录即为数据图谱存储的文件夹，输入后，鼠标点击其他地方，会自动弹出“E：\——不存在，要创建它吗?”单击“确定”。“数据文件”中选择“手动”或“前缀/计数器”（区别：“手动”每次做样之前必须给出新名字，否则仪器会将上次的数据覆盖掉；“前缀/计数器”在“前缀”框中输入前缀，如 20120505，在“计数器”框中输入计数器的起始位，仪器会自动命名如 20120505000001、20120505000002 等）。“样品位置”填写进样瓶的位置。

ⓒ 点击界面中的“开始”运行方法，中间停止采样点“结束”。

b. 序列进样

ⓐ“序列”下“序列参数”，设置同单针进样，样品位置不填。

ⓑ“序列”下选择“序列表”，在表格中可进行“插入”、“剪切”“复制”“粘贴”“追加行”等操作，表格中必须填写“样品瓶”、“样品名称”、“方法名称”、“进样次数”、“数据文件”、“进样量”等信息，其他信息可选择编辑。编辑完成后，单击“确定”。在“序列”菜单中选择“序列模板另存为”为新建序列命名。

ⓒ 在“仪器”菜单中选择“运行序列”运行当前序列。停止采集数据选择“仪器”菜单中“停止运行/进样/序列”。或者同单针进样的方法。

（4）数据分析方法编辑

① 从“视图”菜单中单击“数据分析”进入数据分析界面。

② 从“文件”菜单选择“调用信号”选中所做的数据文件，单击“确定”，也可直接双击打开。

③ 做谱图优化：从“图形”菜单中选择“信号选项”，再从“范围”中选择“自动量程”及合适的显示时间，单击“确定”或选择“自定义量程”调整，反复进行直到图的比例合适为止。

④ 积分优化

a. 从“积分”中选择“自动积分”，若积分结果不理想，再从菜单中选“积分事件”选项，选择合适的“斜率灵敏度”、“峰宽”、“最小峰面积”、“最小峰高”。

b. 从“积分”菜单中选择“积分”选项，则数据被积分。

c. 如积分结果还不理想，则修改相应的积分参数直到满意为止。

d. 单击左边“保存并退出”图标将积分参数存入当前方法中。

（5）打印报告

① 从“报告”菜单中选择“设定报告”选项。

② 单击“定量结果”框中“定量”右侧的黑三角，选中所采用的报告方法（如面积外标法等），单击“确定”。

③ 从“报告”菜单中选择“打印”则报告打印结果将显示在屏幕上，如想输出到打印机，则单击“报告”底部的“打印”钮即可。

（6）关机

① 关机前，用95％水冲洗柱子和系统0.5～1h，流量0.5～1.0mL/min，再用100％有机溶剂冲0.5h，然后关闭系统。

② 退出化学工作站及其他窗口，关闭计算机（用shutdown关）。

③ 关掉主机电源开关。

（7）注意事项

① 氘灯是易耗品，应最后开灯，不分析样品即关灯。

② 流动相不要使用多日存放的蒸馏水（易长菌）。

③ 流速突然变大或变小会导致柱压的突然改变，时间久了柱子填料会坍陷或松动，最终柱压下降，所以泵开始和结束前要注意缓慢改变流速。

四、技能操作考核点

序号	项目	考核内容	技能操作要点
1	流动相处理	滤膜选择、抽滤装置安装和抽滤方法，流动相配制、脱气方法	滤膜选择正确、抽滤装置安装和抽滤方法正确，流动相配制正确、脱气方法正确

续表

序号	项目	考核内容	技能操作要点
2	预处理操作	样品称重	天平称量操作规范
		移液管的使用	移取溶液前是否润洗，释放液体垂直、靠壁、停留 30s
		容量瓶的使用	洗涤及试漏方法正确
3	开机准备操作	色谱柱的选择和安装正确	
		输液泵开启正确、流动相更换熟练	
		正确排气泡	
		检测条件设置正确（流量、时间、温度、检测波长）	
		色谱系统平衡、检测器预热方法正确	
4	测量操作	注射器前处理（洗涤）	取样前用溶剂反复洗针，再用要分析的溶液至少洗 3 次以上，并且避免针内带有气泡
		抽样操作	
		进样操作	
		进样阀位置正确	
5	色谱工作站的使用	工作站的开启和方法设置	
		色谱图的绘制	
		色谱图的处理	
		色谱图的应用	
6	记录与报告	原始记录填写	规范、及时
		结论报告填写	规范、完整
7	文明操作	清洗玻璃器皿、放回原处、清理实验台、关闭仪器，切断电源	
8	数据处理	工作曲线绘制	好（$R^2 \geqslant 0.999$）
		精密度	RSD≤3％

单元复习与自测

一、选择题

1. 复合磷酸盐在肉禽制品加工过程中，其用途为（　　）。

A. 防腐剂　　B. 发色剂　　C. 水分保持剂　　D. 乳化剂

2. 食品添加剂卫生标准 GB 2760—2014 中规定，罐头、肉制品中复合磷酸盐使用量不得超过（　　）。

A. 0.1g/kg　　B. 0.2g/kg　　C. 1.0g/kg　　D. 2.0mg/kg

3. 半微量法测定肉、蛋及其制品中挥发性盐基氮，其滴定终点为（　　）。

A. 深蓝色　　B. 淡黄色　　C. 桃红色　　D. 亮绿色

4. 在肉制品生产过程中起增稠、乳化、稳定作用的是（　　）。

A. 亚硝酸盐 B. 复合磷酸盐 C. 淀粉 D. 亚铁氰化钾

5. 蒸馏法测定肉制品中水分，样品中的水分与（ ）共同蒸出。

A. 二甲苯 B. 三氯甲烷 C. 氯仿

6. 肉制品中挥发性盐基氮的测定方法为（ ）。

A. 分光光度法 B. 半微量定氮法 C. 碘量法

7. 腌腊肉制品卫生标准中规定肉制品中三甲胺氮的指标应是（ ）。

A. ≤0.01mg/100g B. ≤0.1mg/100g C. ≤2.5mg/100g

8. 肉制品中聚磷酸盐测定是采用（ ）提取肉制品中的聚磷酸盐。

A. 磷酸二氢钠 B. 三氯甲烷 C. 三氯乙酸

二、简答题

1. 简述肉制品中挥发性盐基氮的测定方法及原理。测定中氧化镁混悬液的作用是什么？

2. 简述肉制品中三甲胺氮的测定方法及原理。测定中甲醛的作用是什么？测定的关键步骤是哪一步？

3. 肉制品中使用磷酸盐的目的是什么？简述聚磷酸盐测定的方法及原理。

4. 简述肉制品淀粉测定的方法及原理。

5. 简述高效液相色谱法测定禽肉中兽药残留（喹诺酮类药物）的方法原理及步骤。试分析测定中的关键步骤及注意事项。

6. 简述固相萃取的原理。

7. 简述固相萃取小柱活化的方法及步骤。

第十章　调味品检验

第一节　酱油中食盐的测定

氯化钠是人们日常生活中最普遍使用的调味品之一，是许多食品中的重要成分。氯化钠也是人类生命活动过程不可缺少的物质，它在保持组织细胞与血液之间的电平衡和化学平衡方面起着举足轻重的作用。食盐在食品中既能抑制有害微生物的繁殖，起到防腐作用，又可增加产品的风味，提高产品的质量。

但随着医学研究的深入，发现食盐含量过高同样会影响食品的质量及口味，而高盐摄入与高血压、心血管疾病等的关联引起各国人民的广泛关注。我国国家标准对许多种类食品的食盐限量都做出了规定。

传统发酵食品中食盐含量均较高，如酱油中食盐含量一般在18%左右、豆酱含盐量在12%～15%等。高的食盐含量带来了许多的负面影响。对于厂家来讲，高盐发酵周期较长，少则三个月，多则半年以上，导致设备投资大，管理费用高，生产成本上升，不利于提高市场竞争力和发展生产。降低发酵食品中食盐的含量，已成为研究发酵食品的热点之一。因此，控制产品食盐含量对产品品质和加工工艺有着重要的意义。

测定依据：GB/T 5009.39—2003《酱油卫生标准的分析方法》

测定方法：莫尔法

1. 方法原理

用硝酸银标准溶液滴定试样中的氯化钠，生成氯化银沉淀，待全部氯化银沉淀后，过量的硝酸银与铬酸钾指示剂生成铬酸银，使溶液呈橘红色即为终点。由硝酸银标准滴定溶液消耗量计算氯化钠的含量。

2. 分析步骤

吸取2.0mL试样稀释液于150～200mL锥形瓶中，加100mL水及1mL铬酸钾溶液(50g/L)，混匀，用硝酸银标准溶液（0.100mol/L）滴定至初显橘红色。

3. 分析结果表述

试样中食盐（以氯化钠计）的含量按式(10-1)计算：

$$X=\frac{(V_1-V_2)\times c\times 0.0585}{5\times \frac{2}{100}}\times 100 \tag{10-1}$$

式中　X——试样中食盐（以氯化钠计）的含量，g/100mL；

V_1——测定用试样稀释液消耗硝酸银标准滴定溶液的体积，mL；

V_2——试剂空白消耗硝酸银标准滴定溶液的体积，mL；

c——硝酸银标准滴定溶液的浓度，mol/L；

0.0585——与1.00mL 硝酸银标准溶液 [$c(AgNO_3)=0.100mol/L$] 相当的氯化钠的质量，g。

在重复性条件下获得的两次独立测定的绝对差值不得超过算术平均值的10%。

4. 方法解读

影响直接测定法灵敏度的因素很多，如铬酸钾的加入量、溶液的酸度、温度及观察红色出现的方法等。特别由于被测定的对象有颜色存在使得测定时必须加入一定量的铬酸钾才可准确指示终点，这使得每次测定要做空白试验。在实际操作中，此方法的终点很多时候不易判断和观察，故对氯化钠含量的测定较易出现误差，究其出现误差的原因分析如下：

(1) 指示剂的用量　由于K_2CrO_4溶液呈黄色，其用量直接影响终点误差，浓度颜色影响终点观察。一般在100mL 溶液中加入2mL 浓度为50g/L 的K_2CrO_4溶液，测定终点误差在滴定分析所允许的误差范围内。

(2) 溶液的酸度　滴定必须在中性或碱性溶液中进行，最适宜pH 范围为6.5～10.5 的溶液。因Ag_2CrO_4沉淀易溶于酸，而Ag^+在碱性溶液中又会生成Ag_2O沉淀，故国标法的测定（莫尔法）只适用于在近中性或弱碱性（pH 为6.5±0.5）的溶液中进行。在实际检测中，因酱油、食醋中含有大量的有机酸和乙酸，均呈酸性（一般酱油的pH 为4.0～5.0，食醋的pH 为2.8～4.0），在滴定过程中生成Ag_2CrO_4沉淀又溶于溶液中；酱油中如有铵盐存在，NH_3与Ag^+能生成络离子$Ag(NH_3)^+$而使AgCl 沉淀和Ag_2CrO_4沉淀溶解。这两种情况均会影响检验者对终点的判断，容易出现误差，导致检测结果的不准确。

需通过以下操作减少这些影响：

① 调节酱油、食醋的稀释的待测样液的pH 值到中性。

② 对于酱油中的NaCl 的检测，因有铵盐的存在，溶液的pH 值则不能超过7.2，否则会产生NH_3而影响测定。所以溶液的pH 值最好控制在6.5～7.2。

③ 滴定时应剧烈振动溶液。因AgCl 沉淀对溶液中的Cl^-有显著的吸附作用，在化学计量点前（化学计量点前：$Ag^+ + Cl^- = AgCl$ 白色沉淀；化学计量点时：$2Ag^+ + CrO_4^{2-} = Ag_2CrO_4$砖红色沉淀），$Cl^-$浓度因被吸附而降低，会导致$Ag_2CrO_4$提前于化学计量点前析出，故在滴定过程中，应剧烈振动溶液，则使被吸附的Cl^-解析出来和Ag^+作用，从而确保检验结果的准确性。

第二节　酱油中无盐固形物的测定

酱油是具有酸、甜、苦、鲜、咸等味觉的大众生活调味品。食盐成分代表了其中的咸味，食盐的平均含量为18g/100mL；以乳酸为主的有机酸代表了酸味；以葡萄糖为主的糖类、糖醇及氨基酸等代表了其中的甜味；苦味不仅有亮氨酸等苦味氨基酸和小分子肽类，还包括酱油本身的味道；鲜味主要指谷氨酸、甘氨酸及丙氨酸等氨基酸。这些味觉成分除食盐外，在酿造过程中大量生成，形成了酱油中可溶性的固形物质。用国标法或挥发法测得的这些可溶性无盐固形物，不包括挥发性有机酸及醇类等物质，因为这些成分在测定过程中已经被挥发掉了。酱油在特定的酿造工艺条件下，产品中可溶性无盐固形物的含量范围几乎是固定的。因此，可溶性无盐固形物含量的高低代表了酱油质量等级的大小，这些成分含量越多，说明可溶性固形物含量越高。GB 18186—2000《酿造酱油》中规定，高盐稀态发酵酱油三级指标可溶性固形物含量≥8.00g/100mL；低盐固态发酵酱油三级指标可溶性固形物含量≥10.00g/100mL。

酱油中可溶性无盐固形物含量是指其中的可溶性总固形物含量减去食盐含量后所得的差值，是判定酱油质量的一项重要指标。

测定依据：GB/T 5009.39—2003《酱油卫生标准的分析方法》

测定方法：重量法

1. 方法原理

用直接干燥法测得可溶性总固形物含量，减去食盐含量即为可溶性无盐固形物含量。

2. 分析步骤

（1）试液的制备　将样品充分振摇后，用滤纸滤入干燥的250mL锥形瓶中备用。

（2）可溶性总固形物的测定　吸取滤液10.00mL于100mL容量瓶中，加水稀释至刻度，摇匀。吸取稀释液5mL置于已烘至恒重的称量瓶中，移入103℃±2℃电热恒温干燥箱中，将瓶盖置于瓶边。4h后，将瓶盖盖好，取出，在干燥器内冷却至室温，称量。再烘0.5h，冷却，称量，直至两次称量差不超过1mg，即为恒重。

（3）氯化钠的测定　按本章第一节操作。

3. 分析结果表述

（1）样品中可溶性总固形物的含量按式(10-2)计算：

$$X_2=\frac{m_2-m_1}{\frac{10}{100}\times 5}\times 100 \tag{10-2}$$

式中　X_2——样品中可溶性总固形物含量，g/100mL；

m_2——恒重后可溶性总固形物和称量瓶的质量，g；

m_1——称量瓶的质量，g。

（2）样品中可溶性无盐固形物含量按式(10-3)计算：

$$X=X_2-X_1 \tag{10-3}$$

式中　X——样品中可溶性无盐固形物含量，g/100mL；

X_2——样品中可溶性总固形物含量，g/100mL；

X_1——样品中氯化钠含量，g/100mL。

第三节　酱油中氨基酸态氮的测定

调味品以其味道鲜美的显著特征，成为日常生活的必需品，而其呈鲜的物质基础即为氨基酸与食盐。与此同时，氨基酸与糖类物质在高温条件下，也可发生呈色反应，赋予调味品及酱腌制品鲜艳的红色。在调味品及酱腌制品检验中，氨基酸的含量测定主要通过测定其中氮元素含量，间接了解氨基酸的含量高低。

氨基酸态氮也是衡量酱油质量优劣的重要指标，是富含的蛋白质经发酵酿造分解的产物，是酱油重要营养成分之一。国家标准规定酱油中氨基酸态氮≥0.4g/100mL。

测定依据：GB/T 5009.39—2003《酱油卫生标准的分析方法》

测定方法：甲醛值法（第一法）和比色法（第二法）

一、甲醛值法

1. 方法原理

利用氨基酸的两性作用，加入甲醛以固定氨基的碱性，使羧基显示出酸性，用氢氧化钠标准溶液滴定后定量，以酸度计指示终点。

2. 分析步骤

（1）吸取5.0mL试样，置于100mL容量瓶中，加水至刻度。混匀后吸取20.0mL，置于200mL烧杯中，加60mL水。开动磁力搅拌器，用氢氧化钠标准溶液[c(NaOH)＝0.050mol/L]滴定至酸度计指示pH8.2，记下消耗氢氧化钠的体积(mL)，可计算总酸含量。

(2) 加入10.0mL甲醛溶液，混匀。再用氢氧化钠标准滴定溶液继续滴定至pH9.2，记下消耗氢氧化钠标准滴定溶液[c(NaOH)＝0.050mol/L]的体积(mL)。

(3) 同时取80mL水，先用氢氧化钠[c(NaOH)＝0.050mol/L]调节至pH8.2，再加入10.0mL甲醛溶液，用氢氧化钠标准滴定溶液[c(NaOH)＝0.050mol/L]滴定至pH9.2，做试剂空白实验。

3. 分析结果表述

试样中氨基酸态氮的含量按式(10-4)进行计算：

$$X=\frac{(V_1-V_2)\times c\times 0.014}{5\times \frac{V_3}{100}}\times 100 \tag{10-4}$$

式中 X——试样中氨基酸态氮的含量，g/100mL；

V_1——测定用试样稀释液加入甲醛后消耗氢氧化钠标准滴定溶液的体积，mL；

V_2——试剂空白试验加入甲醛后消耗氢氧化钠标准滴定溶液的体积，mL；

V_3——试样稀释液取用量，mL；

c——氢氧化钠标准滴定溶液的浓度，mol/L；

0.014——与1.00mL氢氧化钠标准溶液[c(NaOH)＝1.000mol/L]相当的氮的质量，g。

计算结果保留两位有效数字。

在重复性条件下获得的两次独立测定结果的绝对差值不得超过算术平均值的10%。

4. 方法解读

(1) 酱油中氨基酸态氮测定原理：氨基酸具有酸、碱两重性质，因为氨基酸含有—COOH显示酸性，又含有—NH_2显示碱性。由于这两个基团的相互作用，使氨基酸成为中性的内盐。当加入甲醛溶液时，—NH_2与甲醛结合，其碱性消失，破坏内盐的存在，就可用碱来滴定—COOH，以间接方法测定氨基酸的量。用双指示剂法来测定酱油中氨基酸态氮的含量。

常温下，甲醛能迅速与氨基酸的氨基结合，生成羟甲基化合物，使上述平衡右移，促使氨基释放H^+，使溶液的酸度增加，滴定中和终点移至酚酞的变色域内(pH9.0左右)。

甲醛本身是不电离的，呈中性。但是在水中，2分子(甚至更多)甲醛发生聚合，形成乙酸(以至更高级的酸)。放置时间很久的甲醛溶液，其实就是乙酸溶液，另外，它也可以与碱反应，这是因为在碱催化下，甲醛发生歧化反应，变成甲酸和甲醇，从而与碱发生反应。

(2) 加入甲醛溶液后立即滴定，防止时间过久，甲醛会聚合影响测定结果的准确性。

(3) 将测定的氨基酸态氮乘以蛋白质系数，可求得样品的蛋白质含量。

(4) 本法可以同时测定酱油中的总酸度，根据滴定至pH8.2时所消耗的氢氧化钠滴定溶液的体积来计算。

二、比色法

1. 方法原理

在pH4.8的乙酸钠-乙酸缓冲溶液中，氨基酸态氮与乙酰丙酮和甲醛反应生成黄色的3,5-二乙酰-2,6二甲基-1,4二氢化吡啶氨基酸衍生物，在波长400nm处测定吸光度，与标准系列比较定量。

2. 分析步骤

（1）试样制备　精密吸取1.0mL试样于50mL容量瓶中，加水稀释至刻度，混匀。

（2）标准曲线的绘制　精密吸取氨氮标准使用溶液0mL、0.05mL、0.1mL、0.2mL、0.4mL、0.6mL、0.8mL、1.0mL（相当于氨基氮0μg、5.0μg、10.0μg、20.0μg、40.0μg、60.0μg、80.0μg、100.0μg）分别于10mL比色管中。向各比色管分别加入4mL乙酸钠-乙酸缓冲溶液（pH4.8）及4mL显色剂[注]，用水稀释至刻度，混匀。置于100℃水浴中加热15min取出，水浴冷却至室温后，移入1cm比色皿内，以零管为参比，于波长400nm处测量吸光度，绘制标准曲线或计算直线回归方程。

［注］显色剂：15mL 37%甲醇与7.8mL乙酰丙酮混合，加水稀释至100mL，剧烈振摇混匀（室温下放置稳定三天）。

（3）试样测定　精密吸取2mL试样稀释溶液（约相当于氨基酸态氮100μg）于10mL比色管中。按上步标准曲线绘制中自"加入4mL乙酸钠-乙酸缓冲溶液（pH4.8）及4mL显色剂……"起依法操作。试样吸光度与标准曲线比较定量或代入标准回归方程，计算试样含量。

3. 分析结果表述

试样中氨基酸态氮的含量按式(10-5)计算：

$$X=\frac{c}{V_1\times\frac{V_2}{50}\times1000\times1000}\times100 \tag{10-5}$$

式中　X——试样中氨基酸态氮的含量，g/100mL；

V_1——试样体积，mL；

V_2——测定用试样溶液体积，mL；

c——试样测定液中氮的质量，μg。

在重复性条件下获得的两次独立测定结果的绝对差值不得超过算术平均值的10%。

4. 方法解读

（1）本法适用于酱油中氨基酸态氮的含量测定，同时也适用于酱、酱菜、虾油、虾酱、饮料、发酵酒等样品中氨基酸态氮的含量测定。

（2）测定的影响因素

① 反应温度：反应温度对显色速度影响很大；随着温度升高，吸光度随之增大。

② 缓冲溶液和pH值对测定的影响：在乙酸-乙酸钠缓冲液中，最适合的pH值为4.5～5.2；缓冲溶液的最佳用量范围为3.5～5.0mL。

③ 显色剂最佳用量范围为3.0～5.0mL。

（3）测定时的注意事项

① 酱油颜色深，测定前要经过50倍稀释。

② 显色后的产物可在室温下稳定2h。

③ 若个别样品在反应完毕后出现溶液微浑现象，是由于加热时间过长引起，应重新测定。时间控制在15min内。

第四节　调味品中硫酸盐的测定

食盐中的硫酸盐多以硫酸钠或硫酸镁的形式存在，过多则味苦，甚至引起轻微腹泻。GB 2721—2003《食用盐卫生标准》中规定硫酸盐（以SO_4^{2-}计）含量≤2g/100g。

在味精生产中，硫酸盐是一个主要的控制指标。根据GB/T 8967—2007《谷氨酸钠

（味精）》中规定，成品味精中硫酸盐含量≤0.03g/100g。在味精生产的中间产品（发酵液、母液、结晶料液）中含有大量硫酸根离子，控制硫酸盐含量显得尤为重要。

测定依据：GB/T 5009.42—2003《食盐卫生标准的分析方法》

测定方法：铬酸钡法

1. 方法原理

铬酸钡溶解于稀盐酸中，可与样液中微量的硫酸根生成硫酸钡沉淀。溶液中和后，多余的铬酸钡及生成的硫酸钡呈沉淀状态，过滤除去，而滤液则含有为硫酸根所取代的铬酸离子，与标准系列比较定量。

2. 分析步骤

称取25.00g试样，置于400mL烧杯中，加约200mL水，置沸水浴上加热，用玻璃棒不断搅拌使其全部溶解。将其通过恒量滤纸过滤，滤液收集于500mL容量瓶中，用热水反复冲洗沉淀及滤纸，直至无氯离子反应为止［加1滴硝酸银（50g/L）溶液检查无白色浑浊为止］。加水至刻度，混匀。

吸取上述滤液10.0～20.0mL，置于锥形瓶中，加水至50mL。吸取0mL、0.50mL、1.0mL、3.0mL、5.0mL、7.0mL硫酸盐标准溶液（相当于0mg、0.50mg、1.0mg、3.0mg、5.0mg、7.0mg硫酸根），分别置于锥形瓶中，各加水至50mL。于每瓶中加入3～5粒玻璃珠（以防爆沸）及1mL盐酸（1+4），加热煮沸5min。再分别加入2.5mL铬酸钡混悬液[注]，再煮沸5min。使铬酸钡和硫酸根生成硫酸钡沉淀。取下锥形瓶放冷，于每瓶内逐滴加入氨水（1+2），中和至呈柠檬黄色为止。再分别过滤于50mL具塞比色管中，用水洗涤三次，洗液收集于比色管中，最后用水稀释至刻度。用1cm比色皿以零管调节零点，于420nm处测定吸光度，绘制标准曲线比较。

［注］铬酸钡混悬液：称取19.44g铬酸钾与24.44g氯化钡分别溶于1000mL水中，加热至沸。将两溶液共同倾入大烧杯中，生成黄色铬酸钡沉淀。待沉淀沉降后，倾出上层液体，然后每次用1000mL水洗涤沉淀5次，最后加水至1000mL成混悬液，每次使用前混匀。

3. 分析结果表述

试样中硫酸盐的含量（以硫酸根计）按式(10-6)计算：

$$X=\frac{m_1}{m_2\times\frac{V}{500}\times 1000}\times 100 \tag{10-6}$$

式中 X——试样中硫酸盐的含量（以硫酸根计），g/100g；

V——测定时试样稀释液的体积，mL；

m_1——测定用试样相当硫酸盐的质量，mg；

m_2——试样的质量，g。

计算结果保留两位有效数字；重复性条件下获得两次独立测定结果的绝对差值不得超过算术平均值的10%。

4. 方法解读

（1）本法所用玻璃器皿不能用重铬酸钾洗液处理。

（2）样品中除硫酸根离子外还有碳酸根可与钡离子形成沉淀，因此在加入铬酸钡之前，应在酸性条件下加热除去水中的碳酸盐。

（3）铬酸钡试剂是混悬液，每次只需取一份样品所需的量，并且每取一次应混匀一次。

（4）重铬酸根与铬酸根在一定pH值条件下是可逆的。

$$2CrO_4^{2-}+2H^+ \underset{OH^-}{\rightleftharpoons} Cr_2O_7^{2-}+H_2O$$

所以氨水必须过量，使反应向生成铬酸根离子的方向进行。当滴加氨水溶液变成柠檬黄后再过量两滴。

第五节　食盐中亚铁氰化钾测定

亚铁氰化钾为一种抗结剂，在“绿色”标志的食品中禁止使用，食盐中添加亚铁氰化钾可以防止食盐因水分含量高而结块。我国 GB 2721—2003《食用盐卫生标准》中规定其最大使用量为 10.0mg/kg。

测定依据：GB/T 5009.42—2003《食盐卫生标准的分析方法》

测定方法：硫酸亚铁法

1. 方法原理

亚铁氰化钾在酸性条件下，与硫酸亚铁生成蓝色复盐，与标准比较定量。最低检出浓度为 1.0mg/kg。

2. 分析步骤

称取 10.00g 试样溶于水，移入 50mL 容量瓶中，加水至刻度，混匀，过滤，弃去初滤液，然后吸取 25.0mL 滤液置于比色管中。

吸取 0mL、0.1mL、0.2mL、0.3mL、0.4mL 亚铁氰化钾标准使用液（相当于 0μg、10.0μg、20.0μg、30.0μg、40.0μg 亚铁氰化钾），分别置于 25.0mL 比色管中，加水至刻度。

试样管和标准比色管各加 2mL 硫酸亚铁溶液（80g/L）及 1mL 稀硫酸，混匀。20min 后，用 3cm 比色杯，以零管调节零点，于波长 670nm 处测吸光度，绘制标准曲线，试样从曲线上查出含量，或与标准色列目测比较。

3. 分析结果表述

试样中亚铁氰化钾的含量按式(10-7) 计算：

$$X=\frac{m_1\times 1000}{m_2\times \frac{25}{50}\times 1000\times 1000} \tag{10-7}$$

式中　X——试样中亚铁氰化钾的含量，g/kg；

m_1——测定用样液中亚铁氰化钾的质量，μg；

m_2——试样的质量，g。

计算结果保留两位有效数字；重复性条件下获得的两次独立测定结果的绝对差值不得超过算术平均值的 10%。

第六节　调味品中谷氨酸钠的测定

谷氨酸钠（$C_5H_8NO_4Na$），化学名 α-氨基戊二酸钠，是味精的主要成分。其含量是决定味精品质的重要指标。目前测定谷氨酸钠的方法有旋光计法、酸度计法、高氯酸非水溶液滴定法。前面两种方法为 GB/T 5009.43—2003《味精卫生标准分析方法》中规定的测定方法，由于味精中氯化钠和核苷酸的存在会影响谷氨酸钠的旋光度，并且味精中若掺杂蔗糖、淀粉时无法用旋光法测定；酸度计法设备简单、操作方便，但是味精中若有铵盐掺假，会影响测定结果的准确性。而高氯酸滴定法能够有效排除蔗糖、淀粉等这些具有旋光性或水不溶性物质的干扰。

检测依据：GB/T 5009.43—2003《味精卫生标准的分析方法》

一、旋光计法

1. 方法原理

味精中的L-谷氨酸钠在盐酸溶液中以L-谷氨酸形式存在。L-谷氨酸具有旋光性，在一定条件下旋光度大小与其浓度成正比，在一定温度下测其吸光度，并在该温度下与纯L-谷氨酸的比旋光度比较，即可求得味精中谷氨酸钠的质量分数，即味精纯度。

2. 仪器

旋光计。

3. 分析步骤

称取约5.0g充分混匀的试样置于烧杯中，加20～30mL水，再加16mL盐酸溶液（1+1），溶解后移入50mL容量瓶中加水至刻度，摇匀。

将该溶液置于2dm旋光管内观察旋光度，同时需测定旋光管内溶液温度。如温度低于或高于20℃，需要校正后计算。

4. 分析结果表述

（1）当温度为20℃时，试样中谷氨酸钠含量直接按式(10-8)计算：

$$X_1=\frac{d_{20}\times 50\times 187.13}{5\times 2\times 32\times 147.13}\times 100 \tag{10-8}$$

式中 X_1——试样中谷氨酸钠的含量（含一分子结晶水），g/100g；

d_{20}——20℃时观察所得的旋光度；

32——纯谷氨酸20℃时的比旋光度；

187.13——谷氨酸钠（含一分子结晶水）分子量；

147.13——谷氨酸的分子量；

2——旋光管长度。

如温度不在20℃，需进行校正。t℃时纯谷氨酸之比旋光度按式（10-9）计算：

$$[d_t]=[32+0.06\times(20-t)]\times 147.13/187.13=25.16+0.047\times(20-t) \tag{10-9}$$

（2）试样中谷氨酸钠的含量（含一分子结晶水）按式(10-10)计算：

$$X_2=\frac{d_t\times 50\times 1000}{5\times 2\times[25.16+0.047\times(20-t)]} \tag{10-10}$$

式中 X_2——试样中谷氨酸钠的含量（含一分子结晶水），g/100g；

d_t——t℃时观察所得的旋光度；

t——测定时温度，℃。

计算结果保留三位有效数字。重复性条件下获得的两次独立测定结果的绝对差值不得超过算术平均值的10%。

二、高氯酸非水滴定法

1. 方法原理

在乙酸存在下，用高氯酸标准溶液滴定样品中的谷氨酸钠，以电位滴定法确定其终点，或以α-萘酚苯基甲醇为指示剂，滴定溶液至绿色为其终点。

2. 分析步骤

（1）电位滴定法　按仪器使用说明书处理电极和校正电位滴定仪。用小烧杯称取试样0.15g，精确至0.0001g，加甲酸3mL，搅拌至完全溶解，再加冰醋酸30mL，摇匀。将盛有试液的小烧杯置于电磁搅拌器上，插入电极，搅拌，从滴定管中陆续滴加高氯酸标准滴定溶液，分别记录电位（或 pH）和消耗高氯酸标准滴定溶液的体积，超过突跃点后，继续滴加高氯酸标准滴定溶液至电位（或 pH）无明显变化为止。以电位 E（或 pH）为纵坐标，以滴定时消耗高氯酸标准滴定溶液的体积 V 为横坐标，绘制 E-V 滴定曲线，以该曲线的转折点（突跃点）为其滴定终点。

（2）指示剂法　称取试样 0.15g（精确至 0.0001g）于三角瓶内，加甲酸 3mL，搅拌至完全溶解，再加乙酸 30mL、α-萘酚苯基甲醇-乙酸指示液 10 滴，用高氯酸标准滴定溶液滴定试样液，当颜色变绿即为滴定终点，记录消耗高氯酸标准滴定溶液的体积（V_1）。同时做空白试验，记录消耗高氯酸标准滴定溶液的体积（V_2）。

（3）高氯酸溶液浓度的校正　若滴定试样与标定高氯酸标准溶液的温度之差超过 10℃时，则应按式(10-12) 重新标定高氯酸标准溶液的浓度；若不超过 10℃，则按式（10-11）计算：

$$c_1=\frac{c_0}{1+0.0011\times(t_1-t_0)} \tag{10-11}$$

式中 c_1——滴定试样时高氯酸溶液的浓度，mol/L；

c_0——标定时高氯酸溶液的浓度，mol/L；

0.0011——乙酸的膨胀系数；

t_1——滴定试样时高氯酸溶液的温度，℃；

t_0——标定时高氯酸溶液的温度，℃。

3. 分析结果表述

样品中谷氨酸钠含量按式(10-12) 计算：

$$X_4=\frac{0.09357\times(V_1-V_0)\times c}{m}\times 100 \tag{10-12}$$

式中 X_4——样品中谷氨酸钠（含一分子结晶水）含量，%；

V_1——试样消耗高氯酸标准滴定溶液的体积，mL；

V_0——空白消耗高氯酸标准滴定溶液的体积，mL；

c——高氯酸标准滴定溶液的浓度，mol/L；

m——试样质量，g；

0.09357——1.00mL 高氯酸标准溶液（1.000mol/L）相当于谷氨酸钠（含一分子结晶水）的质量，g。

计算结果保留至小数点后第一位。重复性条件下获得的两次独立测定结果的绝对差值不得超过算术平均值的 0.3%。

第七节　调味品及酱腌制品山梨酸、苯甲酸的测定

苯甲酸、山梨酸是国际粮农组织和卫生组织推荐的高效安全的防腐保鲜剂，苯甲酸、山梨酸作为防腐剂广泛应用于调味品及酱腌制品生产中，可抑制杂菌生长、提高保质期等。在我国允许限量使用，标准中规定苯甲酸、山梨酸的含量应≤0.5mg/kg。

测定依据：GB/T 5009.29—2003《食品中山梨酸、苯甲酸的测定》

一、气相色谱法

1. 方法原理

试样酸化后，用乙醚提取山梨酸、苯甲酸，用附氢火焰离子化检测器的气相色谱仪进行分离测定，与标准系列比较定量。

2. 分析步骤

(1) 试样提取　称取2.50g事先混合均匀的试样，置于25mL带塞量筒中，加0.5mL盐酸(1+1)酸化，用15mL、10mL乙醚提取两次，每次振摇1min，将上层乙醚提取液吸入另一个25mL带塞量筒中，合并乙醚提取液。用3mL氯化钠酸性溶液(40g/L)洗涤两次，静置15min，用滴管将乙醚层通过无水硫酸钠滤入25mL容量瓶中。加乙醚至刻度，混匀。准确吸取5mL乙醚提取液于5mL带塞刻度试管中，置于40℃水浴上挥干，加入2mL石油醚-乙醚(3+1)混合溶剂溶解残渣，备用。

(2) 色谱参考条件　色谱柱：玻璃柱，内径3mm，长2m，内装涂以5%DEGS+1%磷酸固定液的60～80目Chromosorb W AW。

气流速度：载气为氮气，50mL/min(氮气和空气、氢气之比按各仪器型号不同选择各自的最佳比例条件)。

温度：进样口230℃；检测器230℃；柱温170℃。

(3) 测定　进样2μL标准系列中各浓度标准使用液于气相色谱仪中，可测得不同浓度山梨酸、苯甲酸的峰高。以浓度为横坐标、相应的峰高值为纵坐标，绘制标准曲线。

同时进样2μL试样溶液，测得峰高与标准曲线比较定量。

注：山梨酸保留时间2min 53s，苯甲酸保留时间6min 8s。

3. 分析结果表述

试样中山梨酸或苯甲酸的含量按式(10-13)计算：

$$X=\frac{A\times 1000}{m\times \frac{5}{25}\times \frac{V_2}{V_1}\times 1000} \tag{10-13}$$

式中　X——试样中山梨酸或苯甲酸的含量，mg/kg；

A——测定用试样液中山梨酸或苯甲酸的质量，μg；

V_1——加入石油醚-乙醚(3+1)混合溶剂的体积，mL；

V_2——测定时进样的体积，μL；

m——试样的质量，g；

5——测定时吸取乙醚提取液的体积，mL；

25——试样乙醚提取液的总体积，mL。

测得苯甲酸的量乘以1.18，即为试样中苯甲酸钠的含量。

计算结果保留两位有效数字。

在重复性条件下获得的两次独立测定结果的绝对差值不得超过算术平均值的10%。

4. 方法解读

(1) 乙醚和石油醚最好使用色谱纯，无水硫酸钠使用前应烘干，确保其脱水性。

(2) 通过无水硫酸钠层过滤后的乙醚提取液应达到去除水分的目的，否则5mL的提取液在40℃挥去乙醚后仍残留少量水分而影响测定结果。这时必须将残留水分挥干，但会析出极少量的白色氯化钠。若出现上述情况，可搅松残留的无机盐后加入乙醚-石油醚(3+1)振摇，取上清液进样，否则氯化钠覆盖部分山梨酸、苯甲酸使测定结果偏低。

二、高效液相色谱法

1. 方法原理

试样加温除去二氧化碳和乙醇，调pH至近中性，过滤后进高效液相色谱仪，经反相色谱分离后，根据保留时间和峰面积进行定性和定量。

2. 分析步骤

（1）试样处理 称取10.0g试样，放入小烧杯中。水浴加热除去乙醇，用氨水（1+1）调pH约为7，加水定容至适当体积，经0.45μm滤膜过滤。

（2）高效液相色谱参考条件

柱：YWG-C_{18} 4.6mm×250mm，10μm不锈钢柱。

流动相：甲醇：乙酸铵溶液（0.02mol/L）（5+95）。

流速：1mL/min。

进样量：10μL。

检测器：紫外检测器，230nm波长，0.2AUFS。

根据保留时间定性，外标峰面积法定量。

3. 分析结果表述

试样中苯甲酸或山梨酸的含量按式(10-14)计算：

$$X=\frac{A\times 1000}{m\times\frac{V_2}{V_1}\times 1000} \tag{10-14}$$

式中 X——试样中山梨酸或苯甲酸的含量，g/kg；

A——进样体积中山梨酸或苯甲酸的质量，mg；

V_1——进样体积，mL；

V_2——试样稀释液总体积，mL；

m——试样的质量，g。

计算结果保留两位有效数字。

在重复性条件下获得的两次独立测定结果的绝对差值不得超过算术平均值的10%。

技能训练十六 酱菜中山梨酸、苯甲酸的测定

一、分析检测任务

产品检测方法标准	GB 5009.29—2003 食品中山梨酸、苯甲酸的测定(第一法)
产品验收标准	GB 2760—2014 食品添加剂使用标准
关键技能点	气相色谱仪使用
检测所需设备	1. 气相色谱仪,具有氢火焰离子化检测器 2. 天平:感量为1mg
检测所需试剂	本方法所用试剂均为分析纯。水为GB/T 6682—2008规定的二级水或去离子水 1. 乙醚:不含过氧化物 2. 石油醚:沸程30～60℃ 3. 盐酸 4. 无水硫酸钠 5. 盐酸(1+1) 6. 氯化钠酸性溶液(40g/L) 7. 山梨酸、苯甲酸标准溶液 8. 山梨酸、苯甲酸标准使用液

二、任务实施

1. 操作步骤

(1) 试剂配制

① 盐酸 (1+1)　取100mL浓盐酸，加水稀释至200mL。

② 氯化钠酸性溶液 (40g/L)　于氯化钠溶液 (40g/L) 中加少量盐酸 (1+1) 酸化。

③ 山梨酸、苯甲酸标准溶液　准确称取山梨酸、苯甲酸各0.2000g，置于100mL容量瓶中，用石油醚-乙醚 (3+1) 混合溶剂溶解后并稀释至刻度。此溶液每毫升相当于2.0mg山梨酸或苯甲酸。

④ 山梨酸、苯甲酸标准使用液　吸取适量山梨酸、苯甲酸标准溶液，以石油醚-乙醚 (3+1) 混合溶剂稀释至每毫升相当于50μg、100μg、150μg、200μg、250μg山梨酸或苯甲酸。

(2) 试样提取

① 称取2.50g事先混合均匀的试样，置于25mL带塞量筒中。

② 加0.5mL盐酸 (1+1) 酸化。

③ 用15mL、10mL乙醚提取两次，每次振摇1min，将上层乙醚提取液吸入另一个25mL带塞量筒中，合并乙醚提取液。

④ 用3mL氯化钠酸性溶液 (40g/L) 洗涤两次，静置15min。

⑤ 用滴管将乙醚层通过无水硫酸钠滤入25mL容量瓶中。加乙醚至刻度，混匀。

⑥ 准确吸取5mL乙醚提取液于5mL带塞刻度试管中，置于40℃水浴上挥干，加入2mL石油醚-乙醚 (3+1) 混合溶剂溶解残渣，备用。

(3) 色谱参考条件

① 色谱柱　玻璃柱，内径3mm，长2m，内装涂以5%磷酸固定液的60～80目Chromosorb W AW。

② 气流速度　载气为氮气，50mL/min (氮气和空气、氢气之比按各仪器型号不同选择各自的最佳比例条件)。

③ 温度　进样口230℃；检测器230℃；柱温170℃。

(4) 上机检测　进样2μL标准系列中各浓度标准使用液于气相色谱仪中，可测得不同浓度山梨酸、苯甲酸的峰高。以浓度为横坐标、相应的峰高值为纵坐标，绘制标准曲线。同时进样2μL试样溶液，测得峰高与标准曲线比较定量。

2. 原始数据记录与处理

仪器编号			色谱柱		
检测器			定量方式		
气体流量/(mL/min)	载气(N_2)		温度/℃	进样口	
	燃气(H_2)			柱温	
	助燃气(空气)				
进样体积V_2/μL					
进样浓度c/(mg/L)					
称样量m/g					
定容体积V_1/mL					
稀释倍数f					

续表

保留时间/min		标样浓度 c/(mg/L)	标样 A_s（峰面积）	样品 A（峰面积）	样品质量浓度 w	平均	相对极差 /%
标样	样品						

计算公式：

$$X=\frac{A\times 1000}{m\times \frac{5}{25}\times \frac{V_2}{V_1}\times 1000}$$

式中 X——试样中山梨酸或苯甲酸的含量，mg/kg；

A——测定用试样液中山梨酸或苯甲酸的质量，μg；

V_1——加入石油醚-乙醚(3+1)混合溶剂的体积，mL；

V_2——测定时进样的体积，μL；

m——试样的质量，g；

5——测定时吸取乙醚提取液的体积，mL；

25——试样乙醚提取液的总体积，mL。

测得苯甲酸的量乘以1.18，即为试样中苯甲酸钠的含量。

计算结果保留两位有效数字。

在重复性条件下获得的两次独立测定结果的绝对差值不得超过算术平均值的10%。

三、关键技能点操作指南

气相色谱仪上机操作指南

（以安捷伦6890N气相色谱仪为例）

1. 仪器的使用

（1）使用前的准备　检查仪器的使用登记记录，了解前一次的使用情况是否处于正常状态。上机操作人员需认真阅读本标准操作程序，并经上机前操作培训，了解仪器的工作原理、熟知注意事项、掌握基本操作后，才能上机。

（2）开机

① 打开氮、氢、空气发生器，设置压力0.4MPa，检查是否存在漏气，正面数值显示为0后，打开气相主机电源，并等待主机通过自检。

② 打开计算机，进入操作系统；双击PC桌面Online图标进入工作站。

（3）编辑整个方法，主要编辑采集参数

① 从View菜单中选择Method and Run control界面。

② 打开Method菜单，单击Edit Entire method，进入界面，先选择各项，单击OK。写出方法信息，如果使用自动进样器，选择GC Injector；若手动进样，则选择Manual。

③ 进入仪器控制参数编辑界面（Instrument Edit Columns 6890），设定相应参数值，每设好一种参数，点击Apply，最后一个参数编辑完成，点击OK。

④ 编好仪器控制参数后，即会进入到积分参数设定的界面，单击OK，跳过积分参数，编辑后进入报告设定界面，设定报告。

⑤ 保存方法：打开Method菜单，选择Save as Method输入一个新名字。

（4）样品分析及关机程序

① 调出在线窗口。如果没有基线显示，单击Change键，从中选择要观测的信号，单击OK后，可见蓝色基线显示。

② 填写样品信息，从 Run Control 中选择 Sample Info，填写样品信息后单击 OK。待观测到基线比较平坦后，在色谱仪上进样品，在键盘上按 Start 启动运行。

③ 实验结束时，在仪器控制参数中关闭检测器工作状态，将各功能块降温。待柱温降至室温，其他部分降至 50℃以下时，退出化学工作站，关闭色谱仪电源，待气体发生器正面数值显示为 0 时，关闭气体发生器电源。

(5) 数据分析

① 启动化学工作站的 Off line 状态，进入数据分析 Data Analysis 界面。

② 调出数据文件进行图谱优化，从 Graphics 中选择 signal Operation，选择 Autoscale，选择合适的保留时间范围，单击 OK。

2. 微量注射器的使用

气相色谱中液体进样一般用微量注射器。微量注射器是很精密的进样工具，容量精度高，误差小于5%，气密性达 2kg/cm，由玻璃和不锈钢制成；由芯子、垫圈、针头、玻璃管、顶盖等组成；微量注射器使用时应该注意以下几点：

(1) 它是易碎器械，使用时应该多加小心。不用时要放入盒内，不要来回空抽（特别是在未干情况下来回拉动），否则会严重磨损，破坏其气密性。

(2) 当试样中高沸点样品沾污注射器时，一般可以用下述溶液依次清洗：5%氢氧化钠水溶液、蒸馏水、丙酮、氯仿，最后抽干，不宜使用强碱溶液洗涤。

(3) 如果注射器针头堵塞，应该用直径为 0.5mm 细钢丝耐心地穿通。不能用火烧，防止针尖退火而失去穿刺能力。

(4) 若不慎将注射器芯子全部拉出，应该根据其结构小心装配，不可强行推回。

(5) 进样操作步骤

① 洗针　用少量试样溶液将注射器润洗几次。

② 取样　将注射器针头插入试样液面以下，慢慢提升芯子并稍多于需要量。如注射器内有气泡，则将针头朝上，使气泡排出，再将过量试样排出。用吸水纸擦拭针头外所沾试液，注意勿擦针头的尖，以免将针头内试液吸出。

③ 进样　取好样后应该立即进样。进样时注射器应该与进样样口垂直，一手拿注射器，另一只手扶住针头，帮助进样，以防针头弯曲。针头穿过硅橡胶垫圈，将针头插到底，紧接着迅速注入试样。注入试样的同时，按下起始键。切忌针头插进后停留而不马上推入试样。推针完后马上将注射器拔出。整个进样动作要稳当、连贯、迅速。针头在进样器中的位置、插入速度、停留时间和拔出速度都会影响进样重现性，操作中应予以注意。

3. 维护与保养

(1) 严格按照说明书的要求，进行规范操作，这是正确使用和科学保养仪器的前提。

(2) 经常进行试漏检查（包括进样垫），确保整个流路系统不漏气。

(3) 注射器要经常用溶剂（如丙酮）清洗，实验结束后，立即清洗干净，以免被样品中的高沸点物质污染。

(4) 进样口温度一般应高于柱温 30～50℃。检测器温度不能低于进样口温度，否则会污染检测器。进样口温度应高于柱温的最高值，同时化合物在此温度下不分解。

(5) 含酸、碱、盐、水、金属离子的化合物不能分析，要经过处理后方可进行。

(6) 要尽量用磨口玻璃瓶作试剂容器。避免使用胶皮塞，因其可能造成样品污染。如果使用胶皮塞，要包一层聚乙烯膜，以保护胶皮塞不被溶剂溶解。

(7) 取样前用溶剂反复洗针，再用要分析的样品至少洗 3 次以上。并且避免针内带有气泡。

(8) 仪器要定期空走程序升温老化柱子，这样会提高柱子的使用寿命和降低仪器污染。

4. 使用时注意事项

(1) 必须先通入载气，再开电源，实验结束时应先关掉电源，再关载气。

(2) 色谱峰过大、过小，应利用“衰减”键调整。

(3) 注意气瓶温度不要超过40℃，在2m以内不得有明火。使用完毕，立即关闭氢气钢瓶的气阀。

(4) 仪器使用时必须打开门窗，保持室内通风良好，防止氢气泄漏发生危险。

(5) 氮、氢、空气发生器开机后，若正面显示数值10min后仍不显示0，则证明有漏气点，应立即关机。

(6) 安装拆卸色谱柱必须在常温下。

(7) 进样时，手不要拿注射器的针头和有样品部位，不要有气泡，进样速度要快，每次进样保持相同速度，针尖到汽化室中部开始注射样品。

(8) 氢气和空气的比例应为1∶10，当氢气比例过大时FID检测器的灵敏度急剧下降。在使用色谱时，若别的条件不变但灵敏度下降，要检查氢气和空气流速。

四、技能操作考核点

序号	考核项目	考核内容	技能操作要点
1	准备工作	着装	着工作服，整洁
2	试样预处理	样品称量	正确称量(调平、读数、取样适量、熟练)
		转移溶液	保证样品全部转移
		定容	检漏、初步混匀、正确定容、混匀
3	标准使用液及标准系列溶液的配制	移液管握法	移液管握法正确
		取样	每次移取时均移至顶端刻度
		放液	移液管垂直，锥形瓶倾斜，移液完成后停靠处理，正确判断是否需要“吹”
		取样准确	取样准确，读数方法正确
		洗耳球使用	使用熟练
		容量瓶的洗涤及试漏	洗涤及试漏方法正确
		初步混匀	加水适量时，初步混匀
		定容	至接近标线时，用滴管滴加定容
		摇匀	摇匀，上下翻倒数次
4	开机操作	开机预热，检查气路连接正确性和气密性	进行
		开机顺序	开气、开计算机、开机器、走基线
		点火操作	
		检测条件设置	
		样品参数设置	正确设置参数
5	测量操作	样品处理	
		注射器前处理	取样前用溶剂反复洗针，再用要分析的样品至少洗3次以上。并且避免针内带有气泡
		测量顺序	标准溶液从低浓度到高浓度
		抽样操作	
		进样操作	
		测量完毕操作	

续表

序号	考核项目	考核内容	技能操作要点
6	色谱工作站的使用	分析方法的设置	
		色谱图绘制	
		色谱图处理	
		色谱图应用	
7	关机操作	关闭气路顺序	依次关闭乙炔气、空压机，并将空压机防水处理
		关机顺序	退出化学工作站，依次关掉主机、计算机、打印机电源
8	数据处理	原始数据	正确保存数据，填写原始数据表
		工作曲线绘制	回归线的相关系数 $R^2 \geqslant 0.99$
		结果准确度	测定结果的准确度达到规定要求，结果误差不超过10%
9	结束工作	文明操作	无器皿破损、仪器损坏
		实验室安全	安全操作
		标准曲线的绘制	熟悉应用Excel绘制标准曲线

单元复习与自测

一、选择题

1. 酱油中食盐的测定，通常选用的指示剂是（　　）。

A. 溴甲酚蓝　B. 溴甲酚绿-甲基红　C. 铬酸钾　D. 重铬酸钾

2. 苯甲酸钠在食品中常用作（　　）。

A. 酸味剂　B. 发色剂　C. 防腐剂　D. 漂白剂

3. 我国《食品添加剂使用卫生标准》规定：用于在食盐中添加亚铁氰化钾的用量以（　　）为限量。

A. 0.1g/kg　B. 0.01g/kg　C. 1.0g/kg　D. 0.001g/kg

4. 测定味精中谷氨酸钠时，加入的甲醛是与（　　）反应。

A. 羧基　B. 氨基　C. 巯基　D. 甲基

5. 气相色谱仪的开机顺序为（　　）。

A. 开气→开计算机→开机器→走基线　B. 开计算机→开气→开机器→走基线

6. 国标中规定低盐固态发酵酱油三级指标可溶性固形物含量应（　　）。

A. ≥8.00g/100mL　B. ≥10.00g/100mL　C. ≥12.00g/100mL　D. ≥1.00g/100mL

7. 国标中规定酱油中氨基酸态氮指标应（　　）。

A. ≥0.1g/100mL　B. ≥0.2g/100mL　C. ≥0.4g/100mL　D. ≥0.8g/100mL

8. 食盐中加入（　　）作为拮抗剂。

A. 氯化钾　B. 亚铁氰化钾　C. 氰化钾

9. 国标中规定苯甲酸、山梨酸的允许限量为（　　）。

A. ≤0.5mg/kg　B. ≥0.2mg/kg　C. ≥0.4mg/kg　D. ≥0.8mg/kg

二、简答题

1. 什么是酱油中可溶性无盐固形物？
2. 简述酱油中氨基酸态氮的测定方法及原理。
3. 简述食盐中硫酸盐的测定方法及原理。
4. 在气相色谱法测定苯甲酸含量中，无水硫酸钠层的作用是什么？

第十一章　茶叶检验

第一节　茶叶中水浸出物的测定

茶叶中水浸出物是指在规定的条件下，用沸水浸出茶叶中的水溶性物质，是茶汤的主要呈味物质。水浸出物含量高低反映了茶叶中可溶性物质的多少，标志着茶汤的厚薄、滋味的浓强程度，从而在一定程度上反映茶叶品质的优劣。国家标准中规定了茶叶的水浸出物含量指标，见表 11-1。

表 11-1　茶叶中水浸出物的含量指标

类别	水浸出物质量分数/%		
绿茶	炒青、烘青、蒸青、晒青绿茶　≥34.0	大叶种绿茶　≥36.0	
红茶	大叶功夫红茶　≥32.0	中小叶功夫红茶　≥28.0	红碎茶　≥32.0
普洱茶	晒青茶　≥35.0	生茶　≥35.0	熟茶　≥28.0

测定依据：GB/T 8305—2013《茶水浸出物测定》，GB/T 8302—2013《茶取样》

1. 方法原理

用沸水回流提取茶叶中的水可溶性物质，再经过滤、冲洗、干燥、称量浸提后的茶渣，计算水浸出物。

2. 分析步骤

（1）试样的制备

① 取样　按 GB/T 8302—2013 的规定取样。

a. 大包装茶取样

ⓐ 取样件数　1～5 件，取样 1 件；6～50 件，取样 2 件；51～500 件，每增加 50 件（不足 50 件者按 50 件计）增取 1 件；501～1000 件，每增加 100 件（不足 100 件者按 100 件计）增取 1 件；1000 件以上，每增加 500 件（不足 500 件者按 500 件计）增取 1 件。

在取样时如发现茶叶品质、包装或堆存有异常情况时，可酌情增加或扩大取样数量，以保证样品的代表性，必要时应停止取样。

ⓑ 取样步骤

包装时取样：即在产品包装过程中取样。在茶叶定量装件时，每装若干件后，用取样铲取出样品约 250g。所取的原始样品盛于有盖的专用茶箱中，然后混匀，用分样器或四分法逐步缩分至 500～1000g，作为平均样品，分装于两个茶样罐中，供检验用。检验用的试验样品应有所需的备份，以供复验或备查之用。

包装后取样：即在产品成件、打包、刷唛后取样。在整批茶叶包装完成后的堆垛中，从不同堆放位置，随机抽取规定的件数。逐件开启后，分别将茶叶全部倒在塑料布上，用取样铲各取出有代表性的样品约250g，置于有盖的专用茶箱中，混匀。用分样器或四分法逐步缩分至500～1000g，作为平均样品，分装于两个茶样罐中，供检验用。检验用的试验样品应有所需的备份，以供复验或备查之用。

b. 小包装茶取样

ⓐ 取样件数　同大包装茶。

ⓑ 取样步骤

包装时取样：同大包装茶。

包装后取样：在整批包装完成后的堆垛中，从不同堆放位置随机抽取规定的件数，逐件开启。从各件内不同位置处，取出2～3盒（听、袋）。所取样品保留数盒（听、袋），盛于防潮的容器中，供进行单个检验。其余部分现场拆封，倒出茶叶、混匀，再用分样器或四分法逐步缩分至500～1000g，作为平均样品，分装于两个茶样罐中。检验用的试验样品应有所需的备份，以供复验或备查之用。

c. 紧压茶取样　同大包装茶。

d. 沱茶取样　随机抽取规定件数，每件取1个（约100g）。在取得的总个数中，随机抽取6～10个作为平均样品，分装于两个茶样罐或包装袋中，供检验用。检验用的试验样品应有所需的备份，以供复验或备查之用。

e. 砖茶、饼茶、方茶取样　随机抽取规定的件数，逐件开启，从各件内不同位置处，取出1～2块。在取得的总块数中，单块质量在500g以上的，留取2块；500g及500g以下的，留取4块。分装于两个包装袋中，供检验用。检验用的试验样品应有所需的备份，以供复验或备查之用。

f. 捆包的散茶取样　随机抽取规定的件数，从各件的上、中、下部取样，再用分样器或四分法缩分至500～1000g，作为平均样品，分装于两个茶样罐或包装袋中，供检验用。检验用的试验样品应有所需的备份，以供复验或备查之用。

② 分样　可采用四分法或分样器分样。

a. 四分法　将试样置于分样盘中，来回倾倒，每次倾倒时应使试样均匀洒落盘中，呈宽、高基本相等的样堆。将茶堆十字分割，取对角两堆样，充分混匀后，即成两份试样。

b. 分样器分样　将试样均匀倒入分样斗中，使其厚度基本一致，并不超过分样斗边沿。打开隔板，使茶样经多格分隔槽，自然洒落于两边的接茶器中。

c. 试样制备　先用磨碎机将少量试样磨碎，弃去，再磨碎其余部分。

（2）铝质烘皿的准备　将铝盒连同15cm定性快速滤纸置于120℃±2℃的恒温干燥箱内烘1h，取出，在干燥器内冷却至室温，称量（精确至0.001g）。

（3）操作步骤　称取2g（准确至0.001g）磨碎试样于500mL锥形瓶中，加沸蒸馏水300mL，立即移入沸水浴中，浸提45min（每隔10min摇动一次）。浸提完毕后立即趁热减压过滤（用经处理的滤纸）。用约150mL沸蒸馏水洗涤茶渣数次，将茶渣连同已知质量的滤纸移入铝盒内，然后移入120℃±2℃的恒温干燥箱内烘1h，加盖取出冷却1h，再烘1h，立即移入干燥器内冷却至室温，称量。

3. 分析结果表述

茶叶中水浸出物以干态质量分数表示，按式(11-1)计算：

$$\text{水浸出物}(\%)=\left(1-\frac{m_1}{m_0\times m}\right)\times 100\% \tag{11-1}$$

式中　m_1——干燥后的茶渣质量，g；

m——试样干物质含量，%；

m_0——试样质量，g。

同一样品的两次测定值之差，每100g不得超过0.5g。

如果符合重复性的要求，取两次测定的算术平均值作为结果（保留小数点后一位）。

第二节　茶叶中灰分的测定

茶叶灰分测定对评定茶叶品质具有重要的意义，水溶性灰分和茶叶品质呈正相关。鲜叶越幼嫩，含钾、磷较多，水溶性灰分含量越高，茶叶品质越好。随着茶芽新梢的生长，叶片的老化，钙、镁含量逐渐增加，总灰分含量增加。水溶性灰分含量减少，说明茶叶品质差。因此，水溶性灰分含量高低，是区别鲜叶老嫩的标志之一。

茶叶灰分检验项目有四项：

(1) 茶叶总灰分检验；

(2) 茶叶水溶性灰分和水不溶性灰分检验；

(3) 酸不溶性灰分检验；

(4) 水溶性灰分碱度检验。

一、茶叶总灰分的测定

测定依据：GB/T 8306—2013《茶　总灰分测定》，GB/T 8302—2013《茶　取样》

标准规定，总灰分是在特定的条件下，茶叶经525℃±25℃灼烧灰化后所残留物质的总称，约占干物质质量的4%～7%。总灰分含量是衡量茶叶产品是否干净（是否混有杂质）的一个指标。各类茶叶标准均规定不能超过一定限量。

1. 方法原理

试样经525℃±25℃加热灼烧，分解有机物至恒量。

2. 分析步骤

(1) 试样的制备

① 取样　按GB/T 8302的规定取样（见本章第一节）。

② 试样制备

a. 紧压茶以外的各类茶：先用磨碎机将少量试样磨碎，弃去，再磨碎其余部分。将磨碎样品转入预先干燥的容器中，立即密封。

注：如果水分含量太高，不能将样品磨碎到所规定的细度（磨碎样品能完全通过孔径为600～1000μm的筛子），必须将样品预先干燥（烘温不超过100℃）。待试样冷却后再进行磨碎。

b. 紧压茶：在不同形状（砖、块、饼）的紧压茶表面，分别取不少于5处的采样点，用台钻或点钻钻洞取样、混匀，按其他茶方法制备试样。

(2) 坩埚准备　将洁净的坩埚置于525℃±25℃高温炉内，灼烧1h，待炉温降至300℃左右时，取出坩埚，于干燥器内冷却至室温，称量（准确至0.001g）。

(3) 分析步骤　称取混匀的磨碎试样2g（准确至0.001g）于坩埚内，在电热板上徐徐加热，使试样充分炭化至无烟。将坩埚移入525℃±25℃高温炉内，灼烧至无炭粒（不少于2h）。待炉温降至300℃左右时，取出坩埚，置于干燥器内冷却至室温，称量。再移入高温炉内以上述温度灼烧1h，取出，冷却，称量。再移入高温炉内，灼烧30min，取出，冷却，称量。重复此操作，直至连续两次称量差不超过0.001g为止。以最小称量为准。

3. 分析结果表述

茶叶总灰分以干态质量分数表示，按式(11-2)计算：

$$\text{总灰分含量}(\%)=\frac{m_1-m_2}{m_0\times w}\times 100\% \tag{11-2}$$

式中 m_1——试样和坩埚灼烧后的质量，g；

m_2——坩埚的质量，g；

m_0——试样质量，g；

w——试样干物质含量，%。

如果符合重复性的要求，取两次测定的算术平均值作为结果（保留小数点后一位）。

重复性条件下同一样品获得的测定结果的绝对差值不超过算术平均值的5%。

二、茶叶中水溶性灰分和水不溶性灰分的测定

水溶性灰分和水不溶性灰分是指茶叶总灰分在规定条件下，溶于水和不溶于水的部分。水溶性灰分占茶叶总灰分的比例大，表明茶叶内含物质丰富、品质好。

检测依据：GB/T 8307—2013《茶水溶性灰分和水不溶性灰分测定》

1. 方法原理

用热水提取总灰分，经无灰滤纸过滤、灼烧、称量残留物，测得水不溶性灰分；由总灰分和水不溶性灰分的质量之差算出水可溶性灰分。

2. 分析步骤

用25mL热蒸馏水，将灰分从坩埚中洗入100mL烧杯中。加热至微沸（防溅），趁热用无灰滤纸过滤，用热蒸馏水分次洗涤烧杯和滤纸上的残留物，直至滤液和洗液体积达150mL为止。将滤纸连同残留物移入坩埚中，在沸水浴上小心地蒸去水分。移入高温炉内，以525℃±25℃灼烧至灰中无炭粒（约1h）。待炉温降至300℃左右时，取出坩埚，于干燥器内冷却至室温，称量。再移入高温炉内灼烧30min，取出坩埚，冷却并称量。重复此操作，直至连续两次称量差不超过0.0001g为止，即为恒量，以最小称量为准。

注：保留滤液以测定水溶性灰分碱度，保留水不溶性灰分以供酸不溶性灰分的测定。

3. 分析结果表述

（1）水不溶性灰分　茶叶中水不溶性灰分，以干态质量分数表示，按式(11-3)计算：

$$\text{水不溶性灰分含量}(\%)=\frac{m_1-m_2}{m_0\times w}\times 100\% \tag{11-3}$$

式中 m_1——坩埚和水不溶性灰分的质量，g；

m_2——坩埚的质量，g；

m_0——试样质量，g；

w——试样干物质含量，%。

（2）水溶性灰分　茶叶中水溶性灰分，以干态质量分数表示，按式(11-4)计算：

$$\text{水溶性灰分含量}(\%)=\frac{m_3-m_4}{m_0\times w}\times 100\% \tag{11-4}$$

式中 m_3——总灰分的质量，g；

m_4——水不溶性灰分的质量，g；

m_0——试样质量，g；

w——试样干物质含量，%。

如果符合重复性的要求，取两次测定的算术平均值作为结果（保留小数点后一位）。

重复性条件下同一样品获得的测定结果的绝对差值不超过算术平均值的5%。

三、茶叶中酸不溶性灰分的测定

酸不溶性灰分是指茶叶总灰分在规定条件下，经盐酸处理后残留的部分。酸不溶性灰分超过限量指标，说明茶叶内含有泥砂等杂质。

检测依据：GB/T 8308—2013《茶　酸不溶性灰分测定》

1. 方法原理

用盐酸溶液处理总灰分，过滤、灼烧并称量灼烧后残留物。

2. 分析步骤

用25mL 10%盐酸溶液将总灰分分次洗入100mL烧杯中，盖上表面皿，在水浴上小心加热，至溶液由浑浊变透明时，继续加热5min。趁热用无灰滤纸过滤，用热蒸馏水少量反复洗涤烧杯和滤纸上的残留物，至洗液不呈酸性为止（约150mL）。将滤纸连同残渣移入原坩埚内，在水浴上小心蒸去水分。移入高温炉内，以525℃±25℃灼烧至无炭粒为止（约1h）。待炉温降到300℃左右时，取出坩埚，于干燥器内冷却至室温，称量。再移入高温炉内灼烧30min，冷却并称量。重复此操作，直至连续两次称量差不超过0.001g为止，以最小称量为准。

3. 分析结果表述

茶叶中酸不溶性灰分以干态质量分数表示，按式(11-5)计算：

$$\text{酸不溶性灰分}(\%)=\frac{m_1-m_2}{m_0\times w}\times 100\% \tag{11-5}$$

式中　m_1——坩埚和酸不溶性灰分的质量，g；

m_2——坩埚的质量，g；

m_0——试样的质量，g；

w——试样干物质含量，%。

如果符合重复性的要求，取两次测定的算术平均值作为结果（保留小数点后两位）。重复性条件下同一样品获得的测定结果的绝对差值不超过算术平均值的5%。

四、茶叶中水溶性灰分碱度的测定

水溶性灰分碱度指的是中和茶叶的水溶性灰分浸出液所需要酸的量，或相当于该酸量的碱量。或换算为相当于干态磨碎样品中所含氢氧化钾的质量分数。

这项指标是防止茶叶掺假，国家红茶标准要求碱度控制在1%～3%。

检测依据：GB/T 8309—2013《茶水溶性灰分碱度的测定》

1. 方法原理

用甲基橙作指示剂，以盐酸标准溶液滴定水溶性灰分的滤液。

2. 分析步骤

将水溶性灰分溶液冷却后，以甲基橙作指示剂，用0.1mol/L盐酸溶液滴定。

3. 分析结果表述

(1) 水溶性灰分碱度用100g干态磨碎样品所需盐酸的量（物质的量，mol/100g）表示，按式(11-6)计算：

$$\text{水溶性灰分碱度}(\%)=\frac{V}{10\times m_0\times m}\times 100\% \tag{11-6}$$

式中　V——滴定时消耗0.1mol/L盐酸标准溶液的体积，mL；

m_0——试样的质量，g；

m——试样干物质（干态）含量，%。

(2) 水溶性灰分碱度用氢氧化钾的质量分数表示，按式(11-7)计算：

$$\text{水溶性灰分碱度}(\%)=\frac{56\times V}{10\times 1000\times m_0\times m}\times 100\% \tag{11-7}$$

式中　V、m_0、m——含义同式(11-6)；

56——氢氧化钾的摩尔质量，g/mol。

如果符合重复性的要求，则取两次测定的算术平均值作为结果（保留小数点后一位）。

重复性条件下同一样品获得的测定结果的绝对差值不超过算术平均值的10%。

第三节　茶叶中氟含量的测定

茶树具有强烈富集氟的特性，并在树体内积蓄，积蓄的时间愈长，氟含量愈高，而且茶叶中42%～86%的氟可被溶解到茶水中。氟在人体内以微量成分存在，是维持骨骼正常发育必不可少的微量元素之一，但是如果人体摄入氟的量过高，就会引起慢性氟中毒。目前我国尚没有关于茶叶氟含量的国家标准，有研究表明，砖茶的氟含量可以是普通茶叶的数十倍乃至数百倍，砖茶氟含量控制在250mg/kg以下即为安全水平。

测定依据：NY/T 838—2004《茶叶中氟含量的测定方法》

测定方法：氟离子选择电极法

1. 方法原理

氟离子选择电极的氟化镧单晶膜对氟离子产生选择性的响应，在氟电极和饱和甘汞电极对中，电位差可随溶液中氟离子活度的变化而改变，电位变化规律符合能斯特方程。

$$E = E^{\ominus} - (2.303RT/F)\lg C_F$$

E与$\lg C_F$成线性关系。$2.303RT/F$为直线的斜率（25℃时为59.16）。

2. 分析步骤

（1）试样的制备　按照GB 8302《茶叶　取样》的规定取样，见本章第一节。

紧压茶按GB/T 8303—2013中规定制备茶样：用锤子和凿子将紧压茶分成4～8份，再在每份不同处取样，用锤子击碎，混匀，制备试样。

紧压茶以外的各类茶：先用磨碎机将少量试样磨碎，弃去，再磨碎其余部分，作为待测试样。

（2）测定　称取制备的茶样0.5000g±0.0200g，转入聚乙烯烧杯中。加入25mL的高氯酸溶液（0.1mol/L），开启磁力搅拌器搅拌30min。继续加入25mL TISAB溶液，插入氟离子选择电极和参比饱和甘汞电极，再搅拌30min，读取平衡电位E_x，然后由校准曲线上查找氟含量。每次测量之前，都要用蒸馏水充分冲洗电极，再用滤纸吸干。

（3）校准　把氟离子标准贮备液稀释至适当的浓度，用50mL容量瓶配制浓度分别为0μg/mL、2μg/mL、4μg/mL、6μg/mL、8μg/mL、10μg/mL的氟离子标准溶液，并在定容前分别加入25mL TISAB溶液，充分摇匀，转入100mL聚乙烯烧杯中。插入氟离子电极和参比饱和甘汞电极，开动磁力搅拌，由低浓度到高浓度依次读取平衡电位，在半对数纸上绘制E-$\lg C_F$曲线。

3. 结果计算

茶叶中氟含量，按式(11-8)计算：

$$X = \frac{c \times 50 \times 1000}{m \times 1000} \tag{11-8}$$

式中　X——样品氟的含量，mg/kg；

c——测定用样液中氟的浓度，μg/mL；

m——样品质量，g。

取三次测定的算术平均值作为结果，结果保留小数点后一位，任意两次平行测定结果相差不大于10%。

4. 方法解读

（1）TISAB溶液：总离子强度缓冲剂。由乙酸钠（3mol/L）和柠檬酸钠溶液（0.75mol/L）

等量混合，临用前现配制。

(2) 茶叶中铝、铁、钙、硅等离子含量较高，会对氟电极产生干扰，柠檬酸钠离子强度调节剂对这些离子具有较好的掩蔽作用，结果稳定。

第四节　茶叶中茶多酚的测定

茶多酚是茶叶中多酚类物质的总称，包括黄烷醇类、花色苷类、黄酮类、黄酮醇类和酚酸类等，其中以黄烷醇类物质（儿茶素）最为重要。茶多酚又称茶鞣或茶单宁，占茶叶重量的15%～30%，是形成茶叶色香味的主要成分之一，也是茶叶中有保健功能的主要成分之一。在茶汤中呈苦涩味，有较强的刺激性，是红、绿茶中的重要物质。

测定依据：GB/T 8313—2008《茶叶中茶多酚和儿茶素类含量的检测方法》

测定方法：福林酚法

1. 方法原理

茶叶磨碎样中的茶多酚用70%的甲醇在70℃水浴上提取，福林酚试剂氧化茶多酚中—OH基团并显蓝色，最大吸收波长为765nm，用没食子酸作校正标准定量茶多酚。

2. 分析步骤

(1) 试样的制备

母液：称取0.2g（精确到0.0001g）均匀磨碎的试样于10mL离心管中，加入在70℃预热过的70%甲醇溶液5mL。用玻璃棒充分搅拌均匀湿润，立即移入70℃水浴中，浸提10min。浸提后冷却至室温，转入离心机在3500r/min转速下离心10min。将上清液转移至10mL容量瓶，残渣用5mL的10%甲醇溶液提取一次。重复以上操作。合并提取液定容至10mL，摇匀，过0.45μm膜，待用（该提取液4℃下至多保存24h）。

测试液：移取母液1.0mL于10mL容量瓶中，用水定容至刻度，摇匀，待测。

(2) 测定　用移液管分别移取没食子酸工作液、水（作空白对照）及测试液各1.0mL于刻度试管内，在每个试管内分别加入5.0mL的福林酚试剂，摇匀。反应3～8min。加入4.0mL 7.5% Na_2CO_3溶液，加水定容至刻度，摇匀。室温下放置60min，用10mm比色皿，在765nm波长条件下用分光光度计测定吸光度。根据没食子酸工作液的吸光度与各工作溶液的没食子酸浓度，制作标准曲线。

3. 结果计算

比较试样和标准工作液的吸光度，按式（11-9）计算：

$$茶多酚含量(\%)=\frac{A\times V\times d}{SLOPE_{std}\times m\times 10^6\times m_1}\times 100 \quad (11-9)$$

式中　A——样品测试液吸光度；

V——样品提取液体积，10mL；

d——稀释因子（通常为1mL稀释成100mL，则其稀释因子为100）；

$SLOPE_{std}$——没食子酸标准曲线的斜率；

m——样品干物质含量，%；

m_1——样品质量，g。

同一样品两次测定值之差，每100g试样不得超过0.5g。

4. 方法解读

样品吸光度应在没食子酸标准工作曲线的校准范围内。若样品吸光度高于50μg/mL浓度的没食子酸标准工作液的吸光度，则应重新配置没食子酸标准工作液进行校准。

第五节 茶叶中咖啡碱的测定

在茶叶水浸出物中除去叶蛋白、茶多酚等物质后，留下的生物碱其特定波长为274nm者，均称为茶叶咖啡碱。咖啡碱是茶叶中主要的嘌呤碱，呈苦味，是构成茶汤的重要滋味物质。

检测依据：GB/T 8312—2013《茶咖啡碱测定》

一、高效液相色谱法

1. 方法原理

茶叶中咖啡碱经沸水和氧化镁混合提取后，经高效液相色谱仪、C_{18}分离柱、紫外检测器检测，与标准系列比较定量。

2. 分析步骤

（1）试液制备 按照GB 8302《茶叶取样》的规定取样。按照GB 8303《茶磨碎试样的制备及其干物质含量测定》的规定，制备试样。

称取1.0g（准确至0.0001g）磨碎茶样，置于500mL烧瓶中。加4.5g氧化镁及300mL沸水，于沸水浴中加热，浸提20min（每隔5min摇动一次）。浸提完毕后立即趁热减压过滤，滤液移入500mL容量瓶中。冷却后，用水定容至刻度，混匀。取一部分试液，通过0.45μm滤膜过滤，待用。

（2）测定

① 色谱参考条件

检测波长：紫外检测器，波长280nm。

流动相：水：甲醇的体积比为7：3。

流速：0.5～1.5mL/min。

柱温：40℃。

进样量：10～20μL。

② 测定 准确吸取制备液10～20μL注入高效液相色谱仪，并用咖啡碱标准液制作标准曲线，进行色谱测定。

3. 分析结果表述

比较试样和标准样的峰面积，按式（11-10）计算：

$$咖啡碱(\%)=\frac{C_1\times\frac{L_1}{L_2}}{M_1\times m_1\times 1000}\times 100\% \qquad (11\text{-}10)$$

式中 C_1——测定液中咖啡碱含量，μg；

L_1——样品总体积，mL；

L_2——进样体积，μL；

M_1——试样的质量，g；

m_1——试样干物质含量，%。

同一样品两次测定值之差，每100g试样不得超过0.2g。

重复性条件下同一样品获得的测定结果的绝对差值不得超过算术平均值的10%。

二、紫外分光光度法

1. 方法原理

茶叶中的咖啡碱易溶于水，除去干扰物质后，在波长274nm处测定其含量。

2. 分析步骤

(1) 试样的制备 称取 3g (准确至 0.001g) 磨碎试样于 500mL 锥形瓶中，加沸蒸馏水 450mL，立即移入沸水浴中，浸提 45min (每隔 10min 摇动一次)。浸提完毕后立即趁热减压过滤。滤液移入 500mL 容量瓶中，残渣用少量热蒸馏水洗涤 2～3 次，并将滤液滤入上述容量瓶中，冷却后用蒸馏水稀释至刻度。

(2) 测定 用移液管准确吸取试液 10mL，移入 100mL 容量瓶中，加入 4mL 0.01mol/L 盐酸和 1mL 碱式乙酸铅溶液，用水稀释至刻度。摇匀，静置澄清过滤。准确吸取滤液 25mL，注入 50mL 容量瓶中。加入 0.1mL 4.5mol/L 硫酸溶液，加水稀释至刻度，混匀，静置澄清过滤。用 10mm 比色杯，在波长 274nm 处以试剂空白溶液作参比，测定吸光度。

(3) 咖啡碱标准曲线的制作 分别吸取 0mL、1mL、2mL、3mL、4mL、5mL、6mL 咖啡碱工作液于一组 25mL 容量瓶中，各加入 1.0mL 盐酸，用水稀释至刻度，混匀。用 10mm 石英比色杯，在波长 274nm 处，以试剂空白溶液作参比，测定吸光度。将测得的吸光度与对应的咖啡碱浓度绘制标准曲线。

3. 分析结果表述

茶叶中咖啡碱含量以干态质量分数表示，按式 (11-11) 计算：

$$咖啡碱(\%)=\frac{\frac{C_2\times L_1}{1000}\times\frac{100}{10}\times\frac{50}{25}}{M_2\times m_2}\times 100\% \qquad (11\text{-}11)$$

式中 C_2——根据试样测得的吸光度，从咖啡碱标准曲线上查得的咖啡碱相应含量，mg/mL；

L_1——试液总量，mL；

M_2——试样用量，g；

m_2——样品干物质含量，%。

如果符合重复性，取两次测定的算术平均值作为结果，保留小数点后一位。

第六节 茶叶中铅含量的测定

由于茶叶种植环境及生产加工过程中的污染，茶叶中重金属残留引发的问题愈发严重，其中铅已纳入国家标准的控制项目。铅能引起神经系统的损伤，它可通过呼吸道、消化道进入体内，长期积累而不能全部排泄，在人体半衰期可达 5 年，造成人体慢性中毒。

为此，GB 2762—2012 中规定各类食品中铅的含量限值，要求茶叶中的铅含量不得超过 5.0mg/kg，并将铅含量列为茶叶卫生质量强制性检查项目之一。

测定依据：GB 5009.12—2010《食品安全国家标准 食品中铅的测定》

测定方法：火焰原子吸收光谱法 (第三法)

1. 方法原理

试样经处理后，铅离子在一定 pH 条件下与二乙基二硫代氨基甲酸钠 (DDTC) 形成络合物，经 4-甲基-2-戊酮萃取分离，导入原子吸收光谱仪中，火焰原子化后，吸收 283.3nm 共振线，其吸收量与铅含量成正比，与标准系列比较定量。

2. 分析步骤

(1) 试样处理 取均匀试样 10～20g (精确到 0.01g) 于烧杯中，加入硝酸-高氯酸混合酸 (9+1) 消化完全后，转移、定容于 50mL 容量瓶中。

(2) 萃取分离 视试样情况，吸取 25.0～50.0mL 上述制备的样液及试剂空白液，分别置于 125mL 分液漏斗中，补加水至 60mL。加 2mL 柠檬酸铵溶液 (250g/L)、溴百里酚蓝水溶液 (1g/L) 3～5 滴，用氨水 (1+1) 调 pH 至溶液由黄变蓝，加硫酸铵溶液 (300g/L)

10.0mL、DDTC溶液（50g/L）10mL，摇匀。放置5min左右，加入10.0mL MIBK（4-甲基-2-戊酮），剧烈振摇提取1min。静置分层后，弃去水层，将MIBK层放入10mL带塞刻度管中，备用。分别吸取铅标准使用液（10μg/mL）0.00mL、0.25mL、0.50mL、1.00mL、1.50mL、2.00mL（相当于0.0μg、2.5μg、5.0μg、10.0μg、15.0μg、20.0μg铅）于125mL分液漏斗中。与试样相同方法萃取。

（3）测定

① 浸泡液可经萃取直接进样测定。

② 萃取液进样，可适当减小乙炔气的流量。

③ 仪器参考条件：空心阴极灯电流8mA；共振线283.3nm；狭缝0.4nm；空气流量8L/min；燃烧器高度6mm。

3. 分析结果表述

试样中铅含量按式(11-12)进行计算：

$$X=\frac{(c_1-c_0)\times V_1\times 1000}{m\times V_3/V_2\times 1000} \tag{11-12}$$

式中　X——试样中铅的含量，mg/kg或mg/L；

c_1——测定用试样中铅的含量，μg/mL；

c_0——试剂空白液中铅的含量，μg/mL；

m——试样质量或体积，g或mL；

V_1——试样萃取液体积，mL；

V_2——试样处理液的总体积，mL；

V_3——测定用试样处理液的总体积，mL。

以重复性条件下获得的两次独立测定结果的算术平均值表示，结果保留两位有效数字。在重复性条件下获得的两次独立测定结果的绝对差值不得超过算术平均值的20%。

第七节　茶叶中游离氨基酸的测定

茶叶中的游离氨基酸，是茶叶水浸出物中呈游离状态存在的具有α-氨基酸的有机酸，它们不仅是决定茶汤滋味的主要成分，而且与茶叶的品质有一定的相关性。茶叶中的氨基酸超过25种，茶氨酸是茶叶中游离氨基酸的主体部分。不同等级和不同品种的茶叶，茶氨酸都占茶叶游离氨基酸的50%以上，占茶叶干重的1%～2%。它是1950年由日本学者酒户弥二郎从绿茶中分离并命名的，属酰胺类化合物（*N*-乙基-γ-谷氨酰胺），极易溶于水，具有焦糖的香味和类似味精的鲜爽味，对绿茶滋味具有重要作用。茶氨酸还能缓解茶的苦涩味，并增强其甜味，是茶叶品质的重要评价因子之一。

测定依据：GB/T 8314—2013《茶　游离氨基酸总量测定》

测定方法：分光光度法

1. 方法原理

α-氨基酸在pH8.0的条件下与茚三酮共热，形成紫色络合物，用分光光度法在特定的波长下测定其含量。

2. 分析步骤

（1）试液的制备　按照GB 8302《茶叶　取样》的规定取样。按照GB 8303《茶磨碎试样的制备及其干物质含量测定》的规定，制备试样。

称取3g（准确至0.001g）磨碎试样于500mL锥形瓶中，加沸蒸馏水450mL，立即移入沸水浴中，浸提45min（每隔10min摇动一次）。浸提完毕后立即趁热减压过滤。滤液移入

500mL容量瓶中，残渣用少量热蒸馏水洗涤2～3次，并将滤液滤入上述容量瓶中，冷却后用蒸馏水稀释至刻度。

（2）测定　准确吸取试液1mL，注入25mL的容量瓶中，加0.5mL pH8.0磷酸盐缓冲液和0.5mL 2%茚三酮溶液，在沸水浴中加热15min。待冷却后加水定容至25mL。放置10min后，用5mm比色杯，在570nm处，以试剂空白溶液作参比，测定吸光度。

（3）氨基酸标准曲线的制作　分别吸取0.0mL、1.0mL、1.5mL、2.0mL、2.5mL、3.0mL氨基酸工作液于一组25mL容量瓶中，各加水4mL、pH8.0磷酸盐缓冲液0.5mL和2%茚三酮溶液0.5mL，在沸水浴中加热15min，冷却后加水定容至25mL，测定吸光度。将测得的吸光度与对应的茶氨酸或谷氨酸浓度绘制标准曲线。

3. 分析结果表述

茶叶中游离氨基酸含量以干态质量分数表示，按式(11-13)计算：

$$\text{游离氨基酸总量(以茶氨酸或谷氨酸计)}(\%)=\frac{\frac{C}{1000}\times\frac{L_1}{L_2}}{M_0\times m}\times 100\% \qquad (11\text{-}13)$$

式中　L_1——试液总量，mL；

L_2——测定用试液量，mL；

M_0——试样的质量，g；

C——根据测定的吸光度从标准曲线上查得的茶氨酸或谷氨酸的质量，mg；

m——试样干物质含量，%。

如果符合重复性要求，则取两次测定的算术平均值作为结果，结果保留小数点后一位。

同一样品两次测定值之差，每100g试样不得超过0.1g。

技能训练十七　茶叶中重金属铅测定

一、分析检测任务

产品检测方法标准	GB 5009.12—2010《食品安全国家标准 食品中铅的测定》(第三法)
产品验收标准	GB 2762—2012《食品安全国家标准　食品中污染物限量》
关键技能点	原子吸收光谱仪使用
	萃取分离操作
检测所需设备	1. 原子吸收光谱仪，附石墨火焰原子化器 2. 天平：感量为1mg 3. 马弗炉 4. 瓷坩埚 5. 可调式电热板或电炉 所用玻璃仪器均以硝酸(10%)浸泡24h以上，用水反复冲洗，最后用去离子水冲洗晾干后，方可使用
检测所需试剂	本方法所用试剂均为分析纯。水为GB/T 6682—2008规定的二级水或去离子水 1. 混合酸：硝酸-高氯酸(9+1) 2. 硫酸铵溶液(300g/L) 3. 柠檬酸铵溶液(250g/L) 4. 溴百里酚蓝水溶液(1g/L) 5. 二乙基二硫代氨基甲酸钠(DDTC)溶液(50g/L)

续表

检测所需试剂	6. 氨水(1+1) 7. 铅标准储备液(1mg/mL) 8. 铅标准使用液(10μg/mL) 9. 4-甲基-2-戊酮(MIBK) 10. 盐酸(1+11) 11. 磷酸(1+10)

二、任务实施

1. 操作步骤

(1) 试剂配制

① 硫酸铵溶液 (300g/L) 称取30g硫酸铵，用水溶解并稀释至100mL。

② 柠檬酸铵溶液 (250g/L) 称取25g柠檬酸铵，用水溶解并稀释至100mL。

③ 二乙基二硫代氨基甲酸钠 (DDTC) 溶液 (50g/L) 称取5g二乙基二硫代氨基甲酸钠，用水溶解并稀释至100mL。

④ 铅标准储备液 (1mg/mL) 准确称取1.000g金属铅，分次加少量硝酸 (1+1)，加热溶解，总量不超过37mL，移入1000mL容量瓶稀释至刻度，混匀。

⑤ 铅标准使用液 吸取铅标准储备液1.0mL于100mL容量瓶中，加硝酸 (0.5mol/L) 至刻度，如此经多次稀释成10.0μg/mL、20.0μg/mL、30.0μg/mL、40.0μg/mL、60.0μg/mL、80.0μg/mL铅标准使用液。

(2) 试液的制备

① 去除茶叶中的杂物和灰尘，碾碎，过30目筛，混匀。

② 称取5～10g试样 (精确至0.01g)，置于瓷坩埚中，小火炭化。

③ 移入马弗炉中，500℃以下灰化16h后，取出坩埚，放冷。

④ 加少量混合酸，小火加热不使干涸。必要时再加混合酸，如此反复处理，直至残渣中无炭粒。

⑤ 待坩埚稍冷，加10mL盐酸 (1+11)，溶解残渣并移入50mL容量瓶中，用水反复洗涤坩埚，洗液并入容量瓶中，稀释至刻度，混匀备用。

⑥ 取与试样量相同的混合酸和盐酸，按同一操作方法做试剂空白试验。

(3) 萃取分离

① 分别吸取样品1号消解液和2号消解液25.00mL及试剂空白消解液25.00mL，分别置于125mL分液漏斗中，补加水至60mL。

② 加2mL柠檬酸铵溶液、溴百里酚蓝水溶液3～5滴，用氨水调pH至溶液由黄变蓝。

③ 加10mL硫酸铵溶液、10mL DDTC溶液，摇匀备用。

④ 放置5min，加入10mL MIBK，剧烈振摇提取1min，静置分层后，弃去水层，将MIBK层放入10mL带塞刻度管中，备用。

⑤ 分别吸取铅标准使用液 (10.0μg/mL) 0.00mL、1.00mL、2.00mL、3.00mL、4.00mL、5.00mL (相当于0.0μg、10.0μg、20.0μg、30.0μg、40.0μg、50.0μg铅) 于125mL分液漏斗中，与试样相同方法萃取。

(4) 上机测定 (北京普析TAS-990F)

① 开机 依次打开稳压器、计算机、打印机，计算机启动完毕，检查仪器工作灯 (Pb

灯）所在位置，打开主机电源。

② 仪器初始化

a. 在计算机窗口上双击“AAwin”图标，选择联机，仪器进行初始化，若自检各部分操作正常，仪器将自动进入选择工作灯，预热灯界面。

b. 选择正确的工作灯和预热灯，按照提示进行下一步操作。

c. 元素测定参数一般按默认值即可，设置燃气流量1500mL/min，按“下一步”。

d. 按巡峰按钮仪器开始自动寻找制定的测定波长（283.3nm），需2～5min。

e. 巡峰完毕，关闭巡峰窗口，按“下一步”，再按“关闭”，仪器进入主界面。

③ 仪器调整

a. 选择测量方法　单击“仪器”下“测量方法”选择火焰吸收，点“确定”。

b. 燃烧器参数设置　单击“仪器”下“燃烧器参数”选择适当燃烧器流量（1500mL/min为化学计量焰）与高度（1500mL/min时高度大约为12mm），反复调整燃烧器位置（－5～＋5），使元素灯光束从燃烧器缝隙正上方通过，按“确定”退出。

④ 设定测量参数　单击工具条上“参数”按钮，测量次数选3次；测量方式选“自动”；刷新时间选“30秒”；计算方式选“连续”；积分时间选“1秒”，滤波系数选“1”（测量参数设定一般按默认值即可）。

⑤ 样品设置

a. 单击“样品”，按照提示设定；一般校正方法为“标准曲线”；曲线方程为“一次方程”；选择浓度单位（μg/mL），输入样品名称（茶叶Pb），点击“下一步”。

b. 输入标准样品的相应浓度（0.00μg/mL、10.00μg/mL、20.00μg/mL、30.00μg/mL、40.00μg/mL、50.00μg/mL），点击“下一步”。

c. 全不选，点击“下一步”。

d. 如果计算样品实际含量，则要依次输入“重量系数”、“体积系数”、“稀释比例”和“校正系数”，单击完成退出。

仪器预热20～30min。

⑥ 测量　测量前应检查仪器是否液封，如未液封，则加蒸馏水进行液封。

a. 打开空气压缩机，调出口压力为0.2～0.5MPa；打开乙炔，调出口压力为0.05～0.07MPa，点击工具栏中“点火”按钮，待火焰预热10min后开始测量。

b. 首先看状态栏能力值是否在100%左右，如不在则点“能量”，再点“自动能量平衡”（测量前先用去离子水吸喷，进行仪器管路清洗）。

c. 点击工具条上“测量”按钮，出现测量对话框。

d. 吸入标准空白溶液，等数据稳定后点“校零”，再点“开始”按钮读数。

e. 依次吸入其他标准样品，等数据稳定后点“开始”按钮读数。

f. 吸入样品空白溶液，等数据稳定后点“校零”。

g. 依次吸入其他待测样品，等数据稳定后点“开始”按钮读数。

注：每测一个未知样品前，仪器管路都需用去离子水吸喷，防止污染及实验结果的不准确。

h. 测定完成后吸喷去离子水5min。

i. 依次关闭乙炔气、空压机，并将空压机进行放水处理。

⑦ 数据保存与打印　测量完成后，按“保存”或“打印”按钮，依照提示可保存测量数据或打印相应的数据和曲线。

⑧ 关机步骤　退出AAwin操作系统后，依次关掉主机、打印机电源。

2. 原始数据记录与处理

样品名称		样品状态	粉状（ ）、匀浆（ ）、原样（ ）
检测项目		检测依据	
前处理方法	湿法消解（ ）、微波消解（ ）、干法（ ），浸提（ ）		
仪器条件	燃气组成： 空心阴极灯： 检测器检测波长/nm：		

重复次数	1	2	样品空白
取样量 m/g			
试样处理总体积 V_2/mL			
试样萃取体积 V_1/mL			
测定用试样处理液的总体积 V_3/mL			
被测液质量浓度 c/(mg/L)			
测定值 X/(mg/kg)			
平均值 $\overline{X}$/(mg/kg)			
相对平均偏差/%			
真实值 t/(mg/kg)	50		
相对误差/%			

标准曲线							
标准曲线	质量浓度/(mg/L)						
	吸光度						
	回归方程						

计算公式：

$$X=\frac{(c_1-c_0)\times V_1\times 1000}{m\times V_3/V_2\times 1000}$$

式中 X——试样中铅的含量，mg/kg 或 mg/L；

c_1——测定用试样中铅的含量，μg/mL；

c_0——试剂空白液中铅的含量，μg/mL；

m——试样质量或体积，g 或 mL；

V_1——试样萃取液体积，mL；

V_2——试样处理液的总体积，mL；

V_3——测定用试样处理液的总体积，mL。

以重复性条件下获得的两次独立测定结果的算术平均值表示，结果保留两位有效数字。

三、关键技能点操作指南

1. 萃取分离操作

(1) 分液漏斗在使用前准备

① 将漏斗颈上的旋塞芯取出，涂上凡士林，插入塞槽内转动使油膜均匀透明，且转动自如。

② 关闭旋塞，将分液漏斗放在铁架台的铁圈上，往漏斗内注水，打开上口玻璃塞，或使塞上的凹槽对准漏斗口上的小孔，使分液漏斗与大气相通，约 1min，检查旋塞处是否漏水；若不漏，将活塞旋转 180°后再观察约 1min。

(2) 使用及注意事项

① 使用前玻璃活塞应涂薄层凡士林，但不可太多，以免阻塞流液孔。使用时，左手虎口顶住漏斗球，用拇指、食指转动活塞控制加液。此时玻璃塞的小槽要与漏斗口侧面小孔对

齐相通，才便于加液顺利进行。

② 分液漏斗液体的总体积不可超过其容积的2/3。

③ 振荡时，将塞子的小槽与漏斗口侧面小孔错位封闭塞紧并倒置分液漏斗，使液体充分混合，摇动一会儿要注意放气。

④ 分液时，下层液体从漏斗颈流出，上层液体要从漏斗口倾出。放液时，磨口塞上的凹槽与漏斗口颈上的小孔要对准，这时漏斗内外的空气相通，压力相等，漏斗里的液体才能顺利流出。

⑤ 分液漏斗不能加热。漏斗用后要洗涤干净。长时间不用的分液漏斗要把旋塞处擦拭干净，塞芯与塞槽之间放一纸条，以防磨砂处粘连。

2. 原子吸收分光光度计

以北京普析TAS-990F为例。

(1) 火焰原子化法操作界面的步骤

① 开机步骤

a. 先开乙炔气，主阀一圈半，次级输出压力0.09MPa。

b. 再开空气压缩机，输出压力0.35MPa。

c. 打开主机电源。

② 运行软件

a. 单击element selection（元素选择），单击OK。

b. 点击Connect连接主机。

ⓐ 安全提示　乙炔主表不低于0.5MPa；燃气出口压力0.09MPa（不超过0.12MPa）、助燃0.35MPa（不超过0.4MPa）；每次开机时，检查气管、废液管是否漏气漏水；检查废液罐是否有水（必须有水）；检查废液管不要插到液面以下；检查完毕，单击OK。

ⓑ 选择元素　单击select element（选择元素）。

ⓒ 编辑参数　选中元素后，单击"编辑参数"之后可选各种参数。

- optics parameters（光学参数）
- lamp mode（点灯模式）
- 发射模式（emission）
- 不扣背景（Non-BGC）
- 氘灯扣背景（BGC-D2）
- SR扣背景
- 点lamp pos setting进行灯位设置，或者在关机情况下进行灯位设置
- 在Lamp on（点灯）打勾。单击"谱线搜索"。搜索到的实际值与理论值上下不超过0.7nm
- 点close结束；点"下一步"
- Repeat Measurement Conditions（重复测量条件）

样品	重复次数	最大重复次数	相对标准偏差	标准偏差
Blank(空白)	2	3	99	0.001
Standard(标准)	2	3	2	0
Sample(样品)	2	3	2	0
未知				

- Measurement Parameter（测量参数）一般选（SM-M-M-）

- Pre-spray-time（预喷雾时间）
- Integration time（积分时间即测量时间）

ⓓ 编辑 设置参数完毕，按确定键。

按下一步，点“编辑”设置标准点个数；然后输入标准品浓度，点确定；

设置样品数（不超过300）；

依次点下一步、下一步、完成。

ⓔ 测量 窗口显示实时图、最近四次吸光值图、标准曲线图与测得数据表格。

ⅰ 点火：同时按住黑白两个按钮几秒，直至火点着，松手放开。

ⅱ 待显示数据稳定后，点自动调零。

ⅲ 进1%硝酸样，待显示数据稳定后，点空白（blank）测空白值。

ⅳ 依次进标准样，数据稳定后，点开始（start）测量，得到标准曲线。

ⅴ 放入待测样品，数据稳定后，点开始（start）测量，得到所求值。

③ 关机步骤

a. 实验完毕，用水冲洗进样管2次。

b. 关闭软件。

c. 在主机不关的情况下关乙炔钢瓶，然后按排气键（Purge）排乙炔气至减压阀指针为零。

d. 关掉空压机，给空压机排水、放气。

e. 关主机。

（2）维护与保养

① 开机前，检查各插头是否接触良好，调好狭缝位置，将仪器面板的所有旋钮回零再通电。开机应先开低压，后开高压，关机则相反。

② 空心阴极灯需要一定预热时间。灯电流要由低到高慢慢升到规定值，防止突然升高，造成阴极溅射。有些低熔点元素灯如Sn、Pb等，使用时防止震动，工作后轻轻取下，阴极向上放置，待冷却后再移动装盒。装卸灯要轻拿轻放，窗口如有污物或指印，用擦镜纸轻轻擦拭。空心阴极灯发光颜色不正常，可用灯电流反向器（相当于一个简单的灯电源装置），将灯的正、负相反接，在灯最大电流下点燃20～30min；或在大电流100～150mA下点燃1～2min，使阴极红热。阴极上的钛丝或钽片是吸气剂，能吸收灯内残留的杂质气体，这样可以恢复灯的性能。闲置不用的空心阴极灯，定期在额定电流下点燃30min。

③ 喷雾器的毛细管是用铂-铱合金制成，不要喷雾高浓度的含氟样液。工作中防止毛细管折弯，如有堵塞，可用细金属丝清除，小心不要损伤毛细管口或内壁。

④ 日常分析完毕，应在不灭火的情况下喷雾蒸馏水，对喷雾器、雾化室和燃烧器进行清洗。喷过高浓度酸、碱后，要用水彻底冲洗雾化室，防止腐蚀。吸喷有机溶液后，先喷有机溶剂和丙酮各5min，再喷1%硝酸和蒸馏水各5min。燃烧器如有盐类结晶，火焰呈锯齿形，可用滤纸或硬纸片轻轻刮去，必要时卸下燃烧器，用1∶1乙醇-丙酮清洗，用毛刷蘸水刷干净。如有熔珠，可用金相砂纸轻轻打磨，严禁用酸浸泡。

⑤ 单色器中的光学元件严禁用手触摸和擅自调节。可用少量气体吹去其表面灰尘，不准用擦镜纸擦拭。防止光栅受潮发霉，要经常更换暗盒内的干燥剂。光电倍增管室需检修时，一定要在关掉负高压的情况下，才能揭开屏蔽罩，防止强光直接照射，引起光电倍增管产生不可逆的“疲劳”效应。

⑥ 点火时，先开助燃气，后开燃气；关闭时，先关燃气，后关助燃气。

⑦ 使用石墨炉时，样品注入的位置要保持一致，减少误差。工作时，冷却水的压力与惰性气流的流速应稳定。一定要在通有惰性气体的条件下接通电源，否则会烧毁石墨管。

四、技能操作考核点

序号	考核项目	考核内容	技能操作要点
1	准备工作	着装	着工作服，整洁
		分液漏斗准备	洗涤及试漏
		玻璃器皿准备	所有玻璃器皿均用20%硝酸浸泡24h以上，烘干备用
2	试样预处理	样品称量	正确称量(调平、读数、取样适量、熟练)
		样品、试剂空白消化	干法灰化的正确操作(马弗炉的使用)
		转移溶液	保证样品全部转移
		定容	检漏、初步混匀、正确定容、混匀
3	萃取分离	正确转移溶液	移液管润洗，握法，最后一滴处理，管外壁液体处理
		正确分液	加液顺序，试剂污染，振荡手势，液体泄漏，正确放气，正确取液
4	标准使用液及标准系列溶液的配制	移液管握法	移液管握法正确
		取样	每次移取时均移至顶端刻度
		放液	移液管垂直，锥形瓶倾斜，移液完成后停靠处理，正确判断是否需要"吹"
		取样准确	取样准确，读数方法正确
		洗耳球使用	使用熟练
		容量瓶的洗涤及试漏	洗涤及试漏方法正确
		初步混匀	加水适量时，初步混匀
		定容	至接近标线时，用滴管滴加定容
		摇匀	摇匀，上下翻倒数次
5	开机操作	开机预热，检查气路连接正确性和气密性	进行
		开机顺序	依次打开稳压器、计算机、打印机，计算机启动完毕，检查仪器工作灯(Pb灯)所在位置，打开主机电源
		仪器初始化	正确选灯和寻峰
		检测条件设置	选择光谱带宽、设置燃气流量、调节燃烧器高度
		样品参数设置	正确设置参数
6	点火操作	液封	操作正确，安全意识强
		点火顺序(开气操作)	先打开空气压缩机，再打开乙炔气
7	测量操作	测量调零操作	测量前吸喷去离子水调零
		测量顺序	标准溶液从低浓度到高浓度
		数据采集	数据是否在测量稳定时采集
		测量完毕操作	测后是否吸喷去离子水，待读数回零再测另一个样品，测试完毕吸喷去离子水5min
8	关机操作	关闭气路顺序	依次关闭乙炔气、空压机，并将空压机放水处理
		关机顺序	退出AAwin操作系统，依次关掉主机、计算机、打印机电源

续表

序号	考核项目	考核内容	技能操作要点
9	数据处理	原始数据	正确保存数据，填写原始数据表
		工作曲线绘制	回归线的相关系数 $R^2 \geq 0.99$
		结果准确度	测定结果的准确度达到规定要求，结果误差不超过10%
10	结束工作	文明操作	无器皿破损、仪器损坏
		实验室安全	安全操作
		标准曲线的绘制	熟悉应用Excel绘制标准曲线

单元复习与自测

一、选择题

1. 茶叶的取样件数，按照GB/T 8302的规定，6～50件取样（　　）件。

A. 1　　B. 2　　C. 3　　D. 4

2. 茶水分的测定，恒重法的标准，连续两次称量差不超过（　　）g。

A. 0.005　　B. 0.001　　C. 0.002　　D. 0.02

3. 茶叶中水浸出物指的是（　　）。

A. 在规定的条件下，用沸水浸出茶叶中的水可溶性物质

B. 规定的温度加热至恒重时的质量损失

C. 在规定的条件下，茶叶经525℃±25℃灼烧灰化后所得的残渣

D. 在规定的条件下，茶叶经100℃±2℃灼烧灰化后所得的残渣

4. 茶叶中水浸出物的测定条件是（　　）。

A. 干燥　　B. 沸水浴中，浸提45min

C. 过滤　　D. 525℃±25℃灼烧

5. 茶叶中的灰分指的是（　　）。

A. 在规定的条件下，茶叶经525℃±25℃灼烧灰化后所得的残渣

B. 在规定的条件下，用沸水浸出茶叶中的水可溶性物质

C. 规定的温度加热至恒重时的质量损失

D. 在规定的条件下，茶叶经825℃±25℃灼烧灰化后所得的残渣

6. 茶叶灰分的测定恒重，直至连续两次称量差不超过（　　）g。

A. 0.02　　B. 0.005　　C. 0.002　　D. 0.001

7. 茶叶水溶性灰分碱度测定时的指示剂为（　　）。

A. 溴甲酚紫　　B. 酚酞　　C. 溴甲酚蓝　　D. 甲基橙

8. 茶叶水溶性灰分碱度指的是（　　）。

A. 中和水溶性灰分浸出液所需要酸的量

B. 相当于中和水溶性灰分浸出液所需要酸的碱量

C. A和B

D. 在规定的条件下，用沸水浸出茶叶中的水可溶性物质

9. 茶叶中茶多酚的测定用到的校准溶液是（　　）。

A. 福林酚　　B. 没食子酸　　C. 茚三酮　　D. 茶多酚

10. 茶叶中茶多酚的测定方法是（　　）。

A. 分光光度法　　B. 液相色谱法　　C. 原子吸收法　　D. 电位滴定法

11. 茶叶中茶多酚的测定最大吸收波长是（　　）nm。

A. 280　　B. 765　　C. 620　　D. 540

12. 茶叶中茶多酚的提取用（　　）。

A. 70%的甲醇　　B. 70%的乙醇　　C. 沸水　　D. 30%的甲醇

13. 茶叶中茶多酚的提取温度是（　　）。

A. 120℃　　B. 50℃　　C. 70℃　　D. 100℃

14. 高效液相色谱法测定茶叶中咖啡碱用的分离柱是（　　）。

A. C_{18}　　B. 硅胶柱　　C. 离子交换柱　　D. 凝胶柱

15. 茶叶中咖啡碱的提取试剂是（　　）。

A. 沸水和氧化镁　　B. 甲醇　　C. 乙醇　　D. 乙醚

16. 茶叶中咖啡碱的测定检测波长为（　　）。

A. 765nm　　B. 280nm　　C. 620nm　　D. 540nm

17. 茶叶中铅的测定处理样品中用的混合酸是（　　）。

A. 硝酸-高氯酸　　B. 盐酸-高氯酸　　C. 硫酸-高氯酸　　D. 硝酸-盐酸

18. 在茶叶卫生质量要求中，水浸出物的控制标准为（　　）。

A. ≥22%　　B. 34%　　C. 52%　　D. 74%

19. 测铅用的所有玻璃仪器均需用下面的（　　）溶液浸泡 24h 以上。

A. 1∶5 的 HNO_3　　B. 1∶5 的 HCl　　C. 1∶5 的 H_2SO_4　　D. 1∶2 的 HNO_3

20. 茶叶中咖啡碱测定时，游离出的咖啡碱经酸化后，用（　　）抽提。

A. 乙醚　　B. 石油醚　　C. 甲醇　　D. 三氯甲烷

21. 原子吸收光谱分析中，乙炔是（　　）。

A. 燃气-助燃气　　B. 载气　　C. 燃气　　D. 助燃气

22. 原子吸收光谱法是基于气态原子对光的吸收符合（　　），即吸光度与待测元素的含量成正比而进行分析检测的。

A. 多普勒效应　　B. 光电效应　　C. 朗伯-比尔定律

23. 原子吸收光谱分析中，测定的灵敏度、准确度及干扰等，在很大程度上取决于（　　）。

A. 空心阴极灯　　B. 火焰　　C. 原子化系统　　D. 分光系统

24. 原子吸收光谱分析中采用标准加入法进行分析可消除（　　）的影响。

A. 光谱干扰　　B. 基体干扰　　C. 化学干扰　　D. 背景吸收

二、简答题

1. 简述茶叶中灰分测定的意义。
2. 采用氟离子选择电极法测定茶叶中氟含量时，如何消除铁离子对氟电极的干扰？
3. 简述火焰原子吸收光谱法测定茶叶中铅的原理。

三、计算题

用原子吸收光谱法测定试液中的 Pb，准确吸取 50.00mL 试液 2 份，用铅空心阴极灯在波长 283.3nm 处，测定一份试液的吸光度为 0.325；在另一份试液中加入浓度为 50.0mg/L 的铅标准溶液 3.00mL，测得吸光度为 0.670。计算试液中铅的质量浓度（g/L）是多少？

附录　国家职业标准针对食品检验工的知识和技能的要求

职业功能	工作内容	初级工要求		中级工要求		高级工要求	
		技能要求	相关知识	技能要求	相关知识	技能要求	相关知识
一、检验的前期准备及仪器维护	样品制备	能按照本工种要求进行抽样、称（取）样，制备样品	产品标准中抽样的有关知识				
	常用玻璃器皿及仪器的使用	能使用烧杯、天平等，并能够排除一般故障	食品检验常用工具、玻璃器皿和常用辅助设备的种类、名称、规格、用途及维护保养知识	能正确使用容量瓶、滴定管；能安装调试一般的常用仪器设备，并能解决一般故障	食品检验一般常用仪器设备的性能、工作原理、结构及使用知识	能使用各种食品检验用的玻璃器皿	玻璃器皿的使用常识
	溶液的配制	能配制百分浓度的溶液	常用药品、试剂的初步知识；分析天平的使用知识	能配制物质的量浓度的溶液	滴定管的使用知识；溶液中物质的量浓度的概念	能进行标准溶液的配制	标准溶液配制方法
	培养液的配制			能正确使用天平、高压灭菌装置	培养基的基础知识		
	无菌操作			能正确配制各种消毒剂；掌握杀菌的方法	消毒、杀菌的基础知识		
二、检验（按所承担的食品检验类别，选择表中所列十项中的一项）	粮油及制品检验	能对油脂密度、油脂折射率、水分、灰分、白度、黏度、杂质、含砂量、磁性金属物、面筋、矿物油、感官、净含量、标签等进行测（判）定	密度瓶、折射仪的使用及注意事项； 重量法的知识	能对酸度、过氧化值、粗纤维、粗蛋白、细度、斑点、色泽、羰基价、淀粉、碘价、皂化价、不皂化物、熔点进行测定	容量法的知识； 微生物的基本知识；可见分光光度仪的使用知识	能对磷化物、氰化物、汞、铅、砷、镍、磷、过氧化苯甲酰进行测定	原子吸收分光光度计的使用常识

续表

职业功能	工作内容	初级工要求		中级工要求		高级工要求	
		技能要求	相关知识	技能要求	相关知识	技能要求	相关知识
二、检验（按所承担的食品检验类别，选择表中所列十项中的一项）	糕点、糖果检验	能对水分、比容、酸度、碱度、细度、感官、净含量、标签进行测（判）定	真空干燥箱的使用常识及注意事项；重量法的知识及注意事项	能对脂肪、蛋白质、总糖、酸价、过氧化值、细菌总数、大肠菌群、霉菌、蔗糖、食用合成色素进行测定	容量法的知识；微生物的基本知识；可见分光光度仪的使用知识	能对铅、砷、铜、锌、致病菌、丙酸钙进行测定	细菌鉴定的原理；原子吸收分光光度计的使用常识
	乳及乳制品检验	能对水分、溶解度、灰分、酸度、杂质、感官、净含量、标签进行测（判）定	真空干燥箱、离心机的使用及注意事项；重量法的知识	能对脂肪、蛋白质、乳糖及蔗糖、细菌总数和大肠菌群、脲酶、亚硝酸盐、硝酸盐、膳食纤维、非脂乳固体、霉菌、酵母菌、乳酸菌进行测定	容量法的知识；微生物的基本知识；可见分光光度仪的使用知识	能对铅、铁、锰、铜、锌、锡、汞、钾、钙、镁、磷、致病菌、商业无菌进行测定	细菌鉴定的原理；原子吸收分光光度计的使用常识
	白酒、果酒、黄酒检验	能对酒精度、pH、固形物、感官、净含量、标签进行测（判）定	酒精计、pH计、浊度计的使用常识及注意事项；重量法的知识	能对总酸、还原糖、细菌总数、大肠菌群、氨基酸态氮、滴定酸、挥发酸、二氧化硫、干浸出物、总脂进行测定	容量法的知识；微生物的基本知识；可见分光光度仪的使用知识	能对氰化物、铅、铁、锰、氧化钙进行测定	原子吸收分光光度计的使用常识
	啤酒检验	能对总酸度、浊度、色度、泡沫、二氧化碳、感官、净含量、标签进行测（判）定	pH计、浊度计、色度仪的使用常识及注意事项	能对酒精度、细菌总数、大肠菌群、原麦芽汁浓度、双乙酰、总酸、二氧化硫进行测定	密度瓶的使用知识；容量法的知识；微生物的基本知识；可见分光光度仪的使用知识	能对重金属、苦味质、铅进行测定	原子吸收分光光度计的使用常识
	饮料检验	能对pH、水分及总固形物、灰分、可溶性固形物、二氧化碳、感官、净含量、标签进行测（判）定	pH计的使用常识及注意事项；重量法的知识	能对总酸、蛋白质、脂肪、细菌总数、大肠菌群、霉菌、酵母菌、乳酸菌、总糖、人工合成色素进行测定	密度瓶的使用知识；容量法的知识；微生物的基本知识；可见分光光度仪的使用知识	能对铅、铜、锡、钾、钠、钙、镁、锌、维生素C、果汁含量、茶多酚、咖啡因、致病菌、商业无菌进行测定	细菌鉴定的原理；原子吸收分光光度计的使用常识

续表

职业功能	工作内容	初级工要求		中级工要求		高级工要求	
		技能要求	相关知识	技能要求	相关知识	技能要求	相关知识
二、检验(按所承担的食品检验类别，选择表中所列十项中的一项)	罐头食品检验	能对总干物质、pH、果胶质、可溶性固形物、固形物、感官、净含量、标签进行测(判)定	pH计的使用常识及注意事项；重量法的知识	能对脂肪、蛋白质、总糖、亚硝酸盐、复合磷酸盐、组胺、氯化钠进行测定	容量法的知识；微生物的基本知识；可见分光光度仪的使用知识	能对铅、砷、锡、铜、汞、致病菌、商业无菌进行测定	细菌鉴定的原理；原子吸收分光光度计的使用常识
	肉、蛋及其制品检验	能对pH、水分、灰分、感官、净含量、标签进行测(判)定	pH计的使用常识及注意事项；重量法的知识	能对挥发性盐基氮、脂肪、酸价、过氧化值、细菌总数、大肠菌群、亚硝酸盐、人工合成色素、蛋白质、胆固醇、淀粉、三甲胺氮、组胺、复合磷酸盐、氯化钠进行测定	容量法的知识；微生物的基本知识；可见分光光度仪的使用知识	能对铅、砷、锡、铜、汞、钙、致病菌进行测定	细菌鉴定的原理；原子吸收分光光度计的使用常识
	调味品、酱腌制品检验	能对pH、水分、灰分、无盐固形物、白度、粒度、水不溶物、水溶性杂质、感官、净含量、标签进行测(判)定	pH计、白度仪的使用常识及注意事项；重量法的知识	能对氨基氮、食盐、细菌总数、大肠菌群、霉菌、亚硝酸盐、总酸、铵盐、亚铁氰化钾、乙酸、不挥发酸、谷氨酸钠、硫酸盐、透光率进行测定	容量法的知识；微生物的基本知识；可见分光光度仪的使用知识	能对铅、砷、锌、致病菌进行测定	细菌鉴定的原理；原子吸收分光光度计的使用常识
	茶叶检验	能对茶叶粉末和碎茶含量、水分、水浸出物、水溶性灰分、水不溶性灰分、感官、净含量、标签进行测(判)定	重量法的知识	能对水溶性灰分、碱度、粗纤维、氟、霉菌、酵母菌进行测定	容量法的知识；微生物的基本知识	能对茶多酚、咖啡碱、游离氨基酸总量、铅、铜进行测定	原子吸收分光光度计的使用
三、检验结果分析	检验报告编制	能正确记录原始数据；能正确使用计算工具报出检验结果	数据处理的一般知识	能正确计算和处理实验数据	误差一般知识和数据处理常用方法	编制检验报告	误差和数据处理的基本知识

参考文献

[1] 藏剑甬．食品理化检测技术［M］．北京：中国轻工业出版社，2013.

[2] 王朝臣．食品理化检验项目化教程［M］．北京：化学工业出版社，2013.

[3] 郝生宏．食品分析检测［M］．北京：化学工业出版社，2011.

[4] 王一凡．食品检验综合技能实训［M］．北京：化学工业出版社，2009.

[5] 王磊．食品检验工基础知识［M］．北京：机械工业出版社，2014.

[6] 卢利军，牟俊．粮油及其制品质量与检验［M］．北京：化学工业出版社，2009.

[7] 王世平．食品标准与法规［M］．北京：科学出版社，2010.

[8] 程云燕，李双石．食品分析与检验（模块教学法教改教材）．北京：化学工业出版社，2007.

[9] 王竹天．食品卫生检验方法（理化部分）注解（上）、（下）．北京：中国标准出版社，2008.

[10] 彭亚锋，钱玉根，黄文．焙烤食品检验技术［M］．北京：中国计量出版社，2010.

[11] 郝利平，夏延斌，陈永泉，廖小军．食品添加剂［M］．北京：中国农业大学出版社，2002.

[12] 叶磊，杨学敏．微生物检测技术［M］．北京：化学工业出版社，2009.

[13] 姚勇芳．食品微生物检验技术［M］．北京：科学出版社，2011.

[14] 王晓英，顾宗珠，史先振．食品分析技术［M］．武汉：华中科技大学出版社，2010.

[15] 中华人民共和国国家标准．食品卫生检验方法：理化部分（一，二，三）．北京：中国标准出版社，2012.

[16] 徐思源．食品分析与检验［M］．北京：中国劳动社会保障出版社，2013.

[17] 张水华．食品分析［M］．北京：中国轻工业出版社，2004.

[18] 侯晓燕，王金亮．食品中铝的测定方法探讨［J］．预防医学论坛，2010，16（10）：929-931.